"十三五"国家重点出版物出版规划项目
面向可持续发展的土建类工程教育丛书
北京市高等教育精品教材立项项目
21世纪高等教育建筑环境与能源应用工程系列规划教材

建筑设备自动控制原理

第2版

主　编　李炎锋
副主编　谢静超　李俊梅　田沛哲
主　审　刘春蕾

机械工业出版社

本书阐述了经典自动控制理论的基本内容，着重阐明基本概念、基本理论和基本分析方法；介绍了暖通空调领域应用的调节对象、测量装置、调节器及其特征参数工程整定、执行器；简要介绍了控制系统的数学模型及相关理论、计算机控制系统等方面的内容。本书注重将自动控制理论与工程实际结合，并力图反映建筑智能化领域的技术发展要求。读者通过学习，能够初步掌握自动控制的基本原理，能够提出暖通专业对建筑设备自动化控制工艺的要求，并能够配合自控专业技术人员进行楼宇控制系统的安装调试。

本书可以作为高等院校建筑环境与能源应用工程专业、能源与动力工程专业及相关专业的教材，也可以作为从事建筑设备运行控制以及楼宇自动化系统设计的工程技术人员的参考书，还可以作为注册公用设备工程师（暖通空调、动力）执业资格考试课程“自动控制原理”部分的复习参考书。

本书配有ppt电子课件，免费提供给选用本书作为教材的授课教师。需要者请登录机械工业出版社教育服务网（www. cmpedu. com）注册，免费下载。或将申请信息（姓名、电话、所属院校、职称、授课专业等）发送至邮箱1847737699@ qq. com，索取。

图书在版编目（CIP）数据

建筑设备自动控制原理/李炎锋主编. —2版. —北京：机械工业出版社，2019. 9

（面向可持续发展的土建类工程教育丛书）

北京市高等教育精品教材立项项目 21世纪高等教育建筑环境与能源应用工程系列规划教材 “十三五”国家重点出版物出版规划项目

ISBN 978-7-111-63538-3

Ⅰ. ①建… Ⅱ. ①李… Ⅲ. ①房屋建筑设备-自动控制理论-高等学校-教材 Ⅳ. ①TU855

中国版本图书馆CIP数据核字（2019）第182081号

机械工业出版社（北京市百万庄大街22号 邮政编码100037）
策划编辑：刘 涛 责任编辑：刘 涛 王 荣 刘丽敏
责任校对：佟瑞鑫 封面设计：陈 沛
责任印制：孙 炜
保定市中画美凯印刷有限公司印刷
2019年11月第2版第1次印刷
184mm×260mm · 17印张 · 418千字
标准书号：ISBN 978-7-111-63538-3
定价：46.00元

电话服务	网络服务
客服电话：010-88361066	机 工 官 网：www. cmpbook. com
010-88379833	机 工 官 博：weibo. com/cmp1952
010-68326294	金 书 网：www. golden-book. com
封底无防伪标均为盗版	机工教育服务网：www. cmpedu. com

第2版前言

随着建筑信息化、智能化技术发展以及大数据、人工智能技术对传统建筑行业的不断渗透和融合，在建筑环境与能源应用工程专业培养具有暖通空调领域以及自动控制领域知识的交叉复合型人才的需求非常迫切。《建筑设备自动控制原理》第1版于2011年出版，一晃已过8年。在综合考虑人才需求，以及北京工业大学建筑环境与能源应用工程专业“自动控制原理”授课团队、近20所院校任课教师在教材使用过程中提出的一些需要修正的问题与意见的基础上，编写团队启动了教材的修订工作。

空气调节过程的自动控制是自动控制技术的一个应用领域，是热力过程自动控制的一个重要分支。由于空调技术应用面广，从工业环境、办公楼房、机房到家用均有迅速的发展，因此它的控制问题显得非常突出。目前，建筑智能化技术得到飞速发展。暖通空调（Heating，Ventilation and Air Conditioning，HVAC）系统及其计算机控制是智能建筑中楼宇自动化系统（Building Automation System，BAS）必不可少的重要组成部分。在智能建筑中，为HVAC各系统服务的监控点的数量常常占整个建筑物监控点总数的一半以上，HVAC各系统的耗电量占整个建筑物耗电量的一半以上。因此，空调系统和相应的控制设备不仅在整个建筑物的一次投资中占有非常大的比例，而且对建筑物建成后的运行费用有重要的影响。

自动控制理论是自动控制技术的基础理论，它是一门理论性较强的工程学科。随着现代科学的日新月异，自动控制理论已经成为应用广泛的学科之一，同时在实际应用中与其他相关学科交叉渗透、日臻完善，并不断发展创新。

自动控制技术在暖通空调工程中的应用，要求暖通空调工程师必须具备一定的自动控制方面的知识。在《注册公用设备工程师（暖通空调、动力）执业资格考试基础考试大纲》中已经将“自动控制原理”列入考试课程范围。大纲中明确要求熟悉空调自动控制方法及运行调节。本书主要依据大纲中所列出的内容要求编写，使读者在自动控制方面能够初步掌握自动控制的基本原理，准确提出本专业对自动控制的要求，正确绘制自动控制原理图，并能配合自动控制技术人员进行调试。

与自动控制专业的本科学习该课程的情况相比，目前，作为建筑环境与能源应用工程专业、能源与动力工程以及其他相关专业本科生学习自动控制原理的推荐教材较少。据了解，各校讲授课程的内容体系、深度、广度各不相同。很多自动控制原理方面的教材对于建筑环境与能源应用工程专业、能源与动力工程专业的本科生来说学习难度大。然而根据行业的应用需求情况，这些专业的学生没有必要学习自动控制理论的全部内容。本书是为工科院校建筑环境与能源应用工程专业、能源与动力工程专业设置的自动控制原理课程的理论教学而编写的教材，适合少学时的自动控制原理的教学需要，其他相关专业可以根据实际情况选择部分内容进行教学，结合实际授课的情况进行补充。

主编所在的北京工业大学建筑环境与能源应用工程专业是教育部特色专业建设点，在暖通空调自动控制、建筑智能化相关领域的教学、工程设计、科学研究方面积累了丰富的经验。在编写本书过程中，编者注意总结多年教学过程中的实践经验，注意吸取当前暖通空调自动控制方面的新技术、新成果，力求反映出暖通空调领域的自动控制技术的发展水平。

结合注册公用设备工程师考试大纲的要求，本书主要介绍自动控制理论的一些基本概念、原理以及分析方法。在讲解各个部分时注意结合暖通空调以及相关领域的热工参数控制，力求在讲解理论过程中使学生对专业知识有较为深入的了解。本书共分7章，主要依据自动控制系统4个模块（调节对象、测量装置、调节器、执行器）的原理、特性以及应用进行划分。第1章给出自动控制理论以及控制系统的一些基本概念；第2章主要讲解线性调节对象特性参数、数学模型以及反应曲线等，并对测量装置的特性进行讲解；第3章讲述不同形式调节器的特性以及调节器参数工程整定，同时对复杂系统包括串级调节以及前馈调节进行介绍；第4章主要介绍执行器（调节阀）的流量特性以及选型；第5章主要讲解控制系统的结构图、控制系统的传递函数以及稳态误差的分析；第6章主要介绍控制系统时域响应、频域响应以及稳定性判断，同时对控制系统的校正进行简单介绍；第7章主要介绍计算机控制系统，包括系统类型、脉冲信号采集等，并简要介绍计算机控制系统在暖通空调领域的应用，该章内容可以为今后进行智能建筑中空调控制系统的设计、运行奠定基础。此外，各章都给出了一定数量的练习题，包括注册公用设备工程师（暖通空调、动力）执业资格考试“自动控制原理”部分的历年真题以及部分高校的考研试题。

本书适用于32~64学时的教学要求。对于教学学时较少、理论深度要求稍浅的院校，可以将第5~7章的若干章节降低要求或者做部分精简，也可以根据实际情况选择部分内容进行教学。在学习本课程之前，要求学生具备高等数学、电工学、工程热力学、传热学以及空调制冷等预备知识。

本书由北京工业大学李炎锋教授任主编，北京工业大学谢静超、李俊梅以及北京联合大学田沛哲任副主编。其中，第1、5章由李俊梅编写，第3、4、6章由李炎锋编写，第2、7章由谢静超、田沛哲编写。北京工业大学建筑工程学院研究生冯姗、王致远、张召峰参与了部分章节的校核工作。李炎锋教授负责全书的统稿工作。

北京工业大学建筑工程学院的研究生樊宪来、张鹏、王泽航、王璐琪、刘慧强、赵守冲、乔雅心、田思楠、周锦玥、李嘉欣、李云飞、董启伟、徐晨亮、赵建龙、黄有波、白振鹏、程樟等参加了部分资料整理和校正工作。在此对大家给予的支持和帮助表示衷心感谢！河北建筑工程学院刘春蕾教授在本书审稿过程中提出了宝贵的意见和建议，对于提高本书的水平大有裨益。在编写过程中，编者参考了有关专著等资料，在此表示感谢。

《建筑设备自动控制原理》第2版是“‘十三五’国家重点出版物出版规划项目”中的“面向可持续发展的土建类工程教育丛书”之一。本书同时得到2017年度北京工业大学本科重点建设课程拟立项（编号KC2017SB034）以及2018年北京工业大学教育教学研究课题（编号ER2018B020205）资助，在此表示感谢。

虽然编者尽了自己最大的努力，但由于本书内容涉及面较广，编者的水平有限，加上编写时间仓促，选材与撰写如有不足之处，恳请广大读者和专家予以批评和指正，以臻完善。

编 者

第1版前言

在科学技术发展的进程中，自动控制技术一直起着极其重要的作用。自动控制理论作为一门涉及多学科的科学，已经广泛应用到电气、机械、航空航天和冶金等工程领域。随着科学技术的发展，人类利用自动控制技术已经把梦想变为现实。

空气调节的自动控制技术是近代自动控制技术的一种应用，是热力过程自动控制的一个重要分支。由于空调技术应用面广，从工业环境、办公楼房、机房到家用均有迅速的发展，因此它的控制问题显得很有活力和特色。目前，建筑智能化技术得到了飞速发展。暖通空调（Heating，Ventilation and Air Conditioning，HVAC）系统及其计算机控制是智能建筑中楼宇自动化系统（Building Automation System，BAS）必不可少的重要组成部分。在建筑智能化系统中，为 HVAC 各系统服务的监控点的数量常常占整个建筑物监控点总数的一半以上，HVAC 各系统的耗电量占整个建筑物耗电量的一半以上。因此，暖通空调和相应的控制设备不仅在整个建筑物的一次投资中占有可观的比例，而且对建筑物建成后的运行费用有重要的影响。

自动控制原理是自动控制技术的基础理论，它是一门理论性较强的工程科学。随着现代科学的日新月异，自动控制理论已经成为应用广泛的学科之一，同时在实际应用中与其他相关学科交叉渗透、日臻完善，并不断发展创新。

自动控制技术在暖通空调工程中的应用要求暖通空调工程师必须具备一定的自动控制方面的知识。在《注册公用设备工程师（暖通空调）执业资格考试基础考试大纲》中已经将“自动控制原理”列入考试课程范围。大纲中明确要求熟悉空调自动控制方法及运行调节。本书主要依据大纲中所列出的内容要求编写。在自动控制方面应达到初步掌握自动控制的基本原理，能够准确提出本专业对自动控制的要求，正确绘制自动控制原理图，并能配合自动控制技术人员进行调试。

与自动控制专业的本科教学不同，目前没有专门作为建筑环境与设备工程专业、制冷空调专业、热能动力工程以及其他相关专业本科生学习自动控制原理的推荐教材。据了解，各校讲授课程的内容体系、深度、广度各不相同。很多的《自动控制原理》教材对于建筑环境与设备工程专业、制冷空调专业的本科生学习难度较大，况且根据暖通空调行业的应用情况，这些专业学生没有必要学习自动控制理论的全部内容。另外，由自动控制专业教师讲解该课程则难以将自动控制技术理论与暖通空调领域的专业实践应用充分结合，不能很好地实现设置自动控制原理课程的目标。

本书主要是为工科院校建筑环境与设备工程专业、建筑电气与智能化专业、制冷空调专业、热能与动力工程专业设置的“自动控制原理”课程的理论教学而编写的教材，适合少学时的“自动控制原理”的教学需要，其他相关专业可以根据实际情况选择部分内容进行教学，结合自己的实际授课情况进行补充。

主编所在的北京工业大学建筑环境与设备工程专业是教育部特色专业建设点，在暖通空调自动控制、建筑智能化相关领域的教学、工程设计、科学研究方面积累了丰富的经验。在编写本书过程中，编者既注意总结多年教学过程中的实践经验，又注意结合当前暖通空调自动控制方面的新技术、新成果，力求完善暖通空调自动控制领域所需的知识理论体系。

结合注册公用设备工程师考试大纲的要求，本书主要介绍自动控制理论的一些基本概念、原理以及分析方法。在讲解各个部分时注意结合暖通空调以及相关领域的热工参数控制，力求在讲解理论过程中使学生对专业知识有较深入的了解。本书共分6章，主要依据自动控制系统4个模块（调节对象、测量装置、调节器、执行器）的原理、特性以及应用进行划分。第1章给出自动控制理论以及控制系统一些基本概念；第2章主要讲解线性调节对象特性参数、数学模型以及反应曲线等，并对测量装置的特性进行讲解；第3章讲述不同形式调节器的特性以及调节器参数工程整定，同时对复杂系统包括串级调节以及前馈调节进行了介绍；第4章主要介绍执行器（调节阀）的流量特性以及选型；第5章主要讲解控制系统的结构图、时域响应、频域响应以及稳定性判断，同时对控制系统的校正进行简单介绍；第6章主要介绍计算机过程控制系统，包括系统类型和脉冲信号采集等，并简要介绍计算机控制系统在暖通空调领域的应用，该章的内容可以为今后进行建筑智能化系统空调控制系统的设计、运行奠定基础。

本书适用于32~64学时的教学要求。对于教学学时较少、理论深度要求稍浅的院校，讲解时可以将第4~6章的若干章节降低要求或者做部分精简，也可以根据实际情况选择部分内容进行教学。在学习本课程之前要求学生具备高等数学、电工学、工程热力学、传热学以及空调制冷等预备知识。

本书由北京工业大学李炎锋教授主编，北京工业大学李俊梅老师、孙育英老师、谢静超老师、王雪竹老师，辽宁科技大学王雪梅老师以及北京联合大学田沛哲老师参编。其中，第1章由王雪竹、谢静超编写，第3、4章由李炎锋编写，第5章由李俊梅编写，第2、6章由孙育英、王雪梅、田沛哲编写。李炎锋教授负责全书的统稿工作。

在编写过程中，南京工业大学建筑环境与设备工程专业的程建杰老师提出了宝贵的指导意见。北京工业大学建筑工程学院的研究生林欣欣、刘闪闪、孙晓龙、邢雪飞、王超、赵明星、隋婧、张宁、刘绚和刘晓阳等参加了部分内容的编写和校正工作。本书的出版得到2009年北京市高等教育精品教材立项的资助，在此对大家给予的支持和帮助表示衷心的感谢！

河北建筑工程学院的刘春蕾教授在本书的审稿过程中提出了宝贵的意见和建议，对于提高教材的水平大有裨益。作者已进行了认真的修改，在此对刘春蕾教授表示感谢。

由于编者水平有限，加上编写时间仓促，书中疏漏与错误之处在所难免，恳请广大读者和专家予以批评和指正，以臻完善。

编　者

2011.6

目 录

第1章 绪论

本章介绍自动控制的基本概念、自动控制理论的发展、控制系统的分类以及对控制系统设计的基本内容。

1.1 自动控制的基本概念

在现代科学技术的众多领域中，自动控制技术起着越来越重要的作用。所谓自动控制，就是在没有人直接参与的情况下，利用外加的设备或装置（控制装置），使机器、设备或生产过程（控制对象）的某个工作状态或参数（被控量）自动地按照预定的规律运行，如数控车床按预定程序自动切削、人造卫星准确进入预定轨道并回收、雷达自动跟踪空中的飞行体等。

随着计算机技术的发展和应用，自动控制理论和技术在宇航、机器人控制、导弹制导及核动力等高新技术领域中的应用也越来越深入广泛。不仅如此，自动控制技术的应用范围现在已扩展到了生物、医学、环境、经济管理和其他许多社会生活领域中，成为现代社会生活中不可缺少的一部分。随着社会文明程度的高度发展，自动控制理论和技术必将进一步发挥更加重要的作用。作为一个工程技术人员，了解和掌握自动控制的有关知识是十分必要的。

1.1.1 基本概念

1. 自动控制

事实上，任何技术设备、工作机械或生产过程都必须按要求进行。例如，要想使发电机正常供电，其输出的电压和频率必须保持恒定，尽量不受负荷变化的干扰。导弹能够准确命中目标，人造卫星能够按照预定轨道运行并返回地面，以及工业生产过程中，诸如温度、压力、流量、液位、频率等方面的控制，所有这一切都是以高水平的自动控制技术为前提的。

2. 自动控制系统

自动控制系统是指能够对被控对象的工作状态进行自动控制的系统。它一般由控制装置和被控对象组成，被控对象是指那些要求实现自动控制的机器、设备或生产过程。控制装置是指被控对象起控制作用的设备总体。自动控制系统的功能和组成是多种多样的，其结构有简单的，也有复杂的。它可以只控制一个物理量，也可以控制多个物理量，甚至控制一个企业机构的全部生产和管理过程。它可以是一个具体的工程系统，也可以是比较抽象的社会系统、生态系统或经济系统。

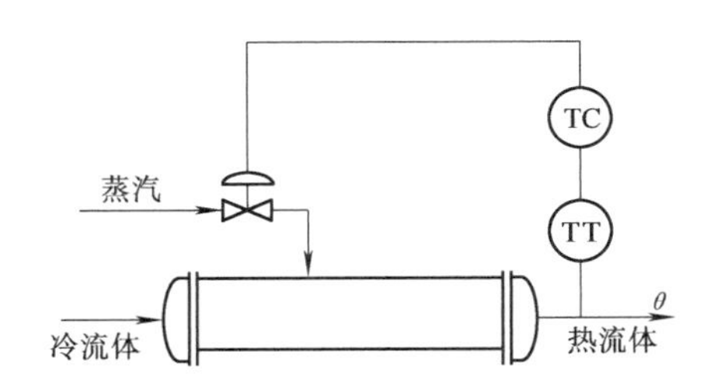

图1-1　蒸汽加热器温度控制系统

图1-1所示的是蒸汽加热器温度控制系统，其中TT为温度变送器，TC为温度控制器。该系统中用蒸

汽加热冷流体，工艺要求热流体出口温度保持一定。若忽略热损失，当蒸汽带进的热量与热流体带出的热量相等时，热流体出口温度保持在规定的数值上。由于冷流体流量、冷流体入口温度和蒸汽阀前压力等因素的波动，将会使出口温度下降或上升。为此，设置一个温度控制系统来控制蒸汽加热器出口温度。温度检测元件安装在蒸汽加热器热流体出口处，检测出口温度高低，检测信号经过温度变送器送至控制器。当出口温度与规定温度之间出现偏差时，控制器就立刻根据偏差数值和特性进行控制——开大或关小蒸汽阀门，使出口温度保持规定数值。

上述蒸汽加热器温度控制系统的控制过程为：加热器的温度通过温度计测量出来经温度变送器 TT 送至温度控制器 TC，与给定值比较，按比较的结果（偏差）进行一定的计算，然后带动控制阀移动，改变蒸汽量，以消除干扰，使加热器的温度保持在给定值。

3. 框图

常用框图来表示一个控制系统的结构及信号在系统中的传递路径，如图 1-2 所示，框图通常由以下几部分组成。

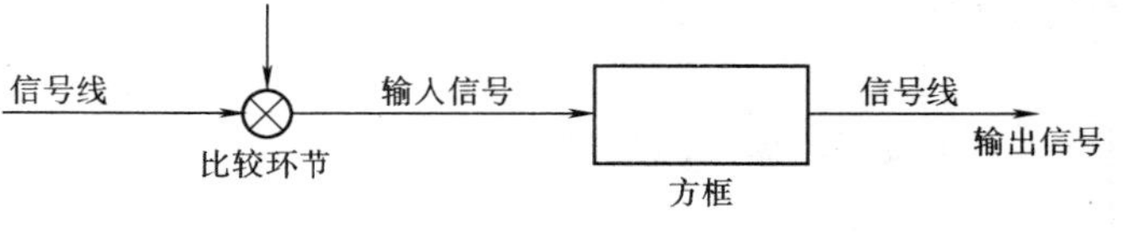

图 1-2 框图的组成

1）方框：控制装置和被控对象分别用方框表示。

2）信号线：方框的输入和输出以及它们之间的连接用带箭头的信号线表示，包括进入方框的输入信号和离开方框的输出信号。

3）比较环节：表示两个或两个以上的信号的叠加，常用符号⊗表示。

4）引出点：表示在该位置同一信号传输到几个地方。

4. 开环控制

开环控制是指控制装置与被控对象之间只有顺向作用而没有反向联系的控制过程。因此，开环控制系统的输出信号不对系统的控制作用发生影响。

5. 反馈

反馈是指将系统或者元件的输出信号直接（或经过变换后）引回到其输入端与输入信号进行比较（即相加或者相减）。当反馈信号与输入信号符号相反时，称为负反馈；符号相同时，称为正反馈。反馈在自动控制理论中是一个很重要的概念，因此经典控制理论又称反馈控制理论。

6. 闭环控制

闭环控制是指系统的被调参数（输出信号）与控制作用之间存在着反馈的控制方式，采用闭环控制的系统称为闭环控制系统或反馈控制系统。

7. 复合控制

复合控制就是将开环控制和闭环控制相结合的一种控制方式，也称为补偿调节。实质上，它是在闭环控制回路的基础上，附加一个对输入信号或对扰动作用的补偿通路（见图 1-3）来提高系统的控制精度。补偿装置增加干扰信号的补偿控制作用，可以在干扰对被控量产生不利影响的同时及时提供控制作用以抵消此不利影响，因此又称为前馈控制。纯闭环控制则要等待该不利影响反映到被调参数之后才引起控制作用，对干扰的反应较慢；但如果没有反馈信号回路，只按干扰进行补偿控制时，则只有前

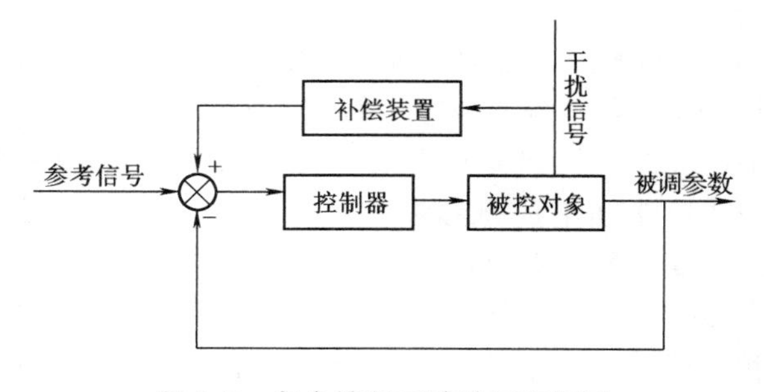

图 1-3 复合控制系统的原理框图

馈控制作用，控制方式相当于开环控制，被调参数不能得到精确控制。两者的结合既能得到高精度控制，又能提高抗干扰能力，因此获得广泛的应用。当然，采用这种复合控制的前提是干扰信号可以被测量到。

复合控制的突出优点是：该方式能在不影响闭环控制系统稳定性的条件下，有效地提高控制系统的精度，或者说，前馈控制有效地解决了系统的控制精度与稳定性之间的矛盾。

1.1.2 开环控制与闭环控制的实例

1. 炉温开环控制系统

图1-4a所示为一炉温开环控制系统，电炉是控制对象，炉温是要求进行自动控制的物理量，称为被控量。控制装置是电阻丝和开关，电阻丝接通电源受时间继电器触点S的控制，触点S闭合与断开的时间按照在正常情况下炉温可达到的希望值的经验数据预先设定。实际炉温虽然可能高于或低于希望值，但基本能保持恒温。但是，如果工作条件发生变化，例如，炉门开关次数增加，由于没有对被控制量炉温进行测量，并根据实际炉温与希望值的偏差来改变触点S闭合和断开时间，炉温就会低于希望值，因此，系统的控制精度较低。从本例可以看出，开环控制的特点是控制装置只按照给定的输入信号对被控制量进行单项控制，而不对控制量进行测量并反馈影响控制作用。因此，开环控制不具有修正由于扰动（使被控制量偏离希望值的因素）而出现的被控制量与希望值之间的偏差的能力，即开环系统的抗干扰能力较差。

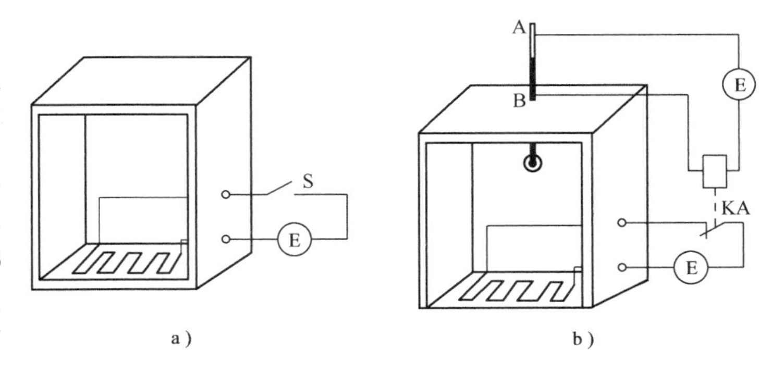

图1-4 炉温控制系统

a）炉温开环控制系统 b）炉温闭环控制系统

2. 炉温闭环控制系统

如果在图1-4a所示炉温开环控制系统中加入一个接触式水银温度计测量炉温，就可由开环系统转换成闭环系统，如图1-4b所示。水银温度计的两个触点A和B接在继电器KA的线圈电路中，它们随着水银柱的升降接通或断开电源，使KA的常闭触点S断开或闭合。例如，当温度升至希望值时（对应水银柱A点位置），A、B两点接通，此时继电器线圈回路电源接通，常闭触点断开，电阻丝没有电流流过，炉温开始下降，当温度低于设定值时，水银柱下降，继电器线圈无电流通过，常闭触点闭合，电阻丝与电源接通，使温度上升。调整水银温度计触点A的位置，就可改变炉温的希望值。图1-5所示是炉温闭环控制系统的框图。

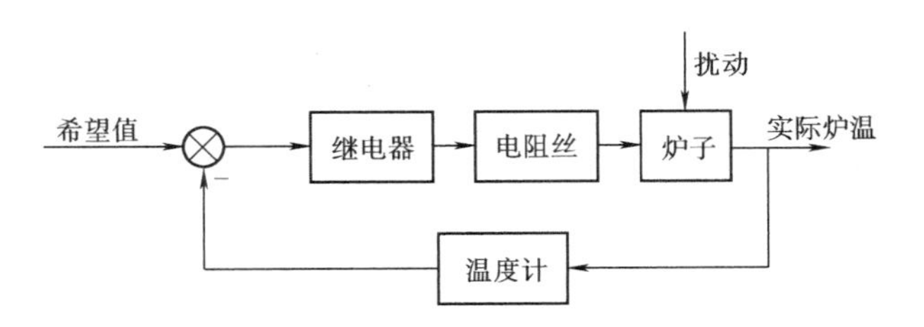

图1-5 炉温闭环控制系统框图

在闭环控制系统中，被控制量一般由测量装置反馈到输入端，然后由比较装置将反馈量与输入信号加以比较，得到实际值与希望值之间的偏差，再对控制量进行调整。有时测量与比较由同一个装置完成，如炉温控制系统中的温度计。

3. 房间温度控制系统

图1-6所示为房间温度控制系统原理图。室外冷空气与一部分回风混合，由风机送（吸）入空调器，经热水加热盘管加热，使空气温度升高，送至房间，使房间的温度保持采暖工况要求。在这个系统中，必须使热水的加热量 Q_i 与房间散失的热量 Q_o 随时相协调，否则会引起房间温度的波动。

加热量 Q_i 通过改变热水调节阀的开度 ΔL 来实现。若由人工来完成，需先观察房间内温度，再根据它和给定值的偏差，人工调节热水阀的开度，这将十分费事，但仍很难使房间内温度稳定。如果装上一台温度调节器，它的温度测量装置感受房间内的温度，根据调节器的调节规律，操纵热水调节阀的开度，调节热水流量以改变加热量 Q_i，使被调参数保持在给定值范围内，完成这一工作就叫自动调节。若自动调节系统设计得当，系统将准确而稳定地工作。在调节系统中，温度发信器将测到的房间温度送到调节器并和给定的温度值进行比较，按偏差的大小，调节器发出信号指挥执行器（执行机构与调节阀）动作，调节热水流量，以改变送风温度使房间温度保持恒定。

在本例中，被调参数是房间温度，被控对象是空调器及房间（包括送风管），它和发信器、温度调节器组成一个闭环系统。

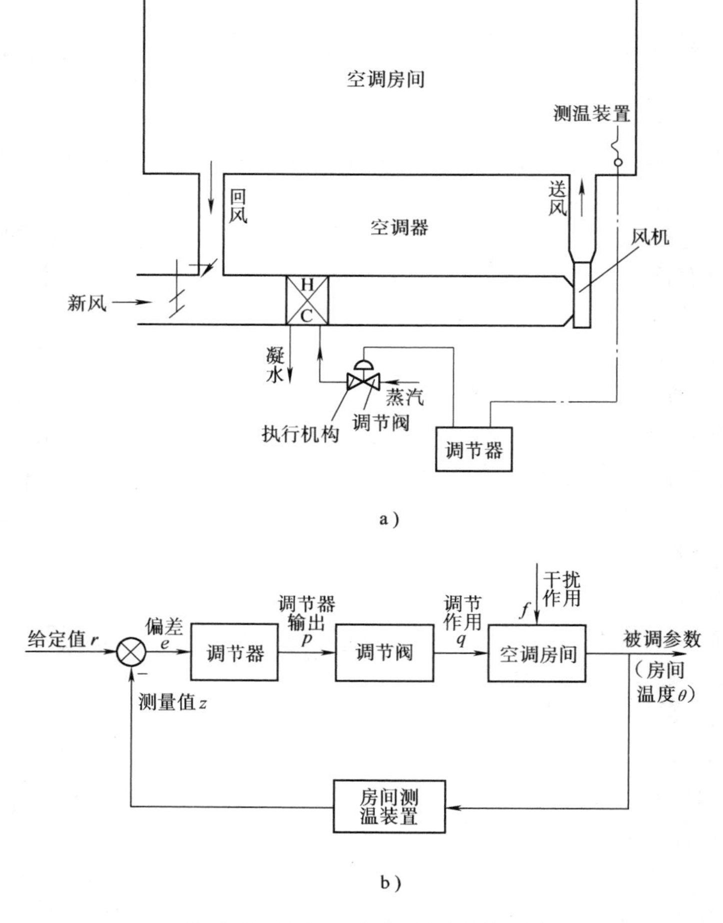

图1-6 房间温度控制系统原理图

a）系统图 b）框图

4. 制冷系统

制冷系统通常由冷凝器、压缩机、蒸发器及电子膨胀阀等装置组成，其工作原理如图 1-7所示。压缩机将制冷剂压缩后送入冷凝器，在冷凝器中制冷剂被冷却后变成液体，液体制冷剂进入蒸发器，在蒸发器中吸收热蒸发。系统中蒸发回路的任务是通过电子膨胀阀的开度来控制蒸发器的热量。

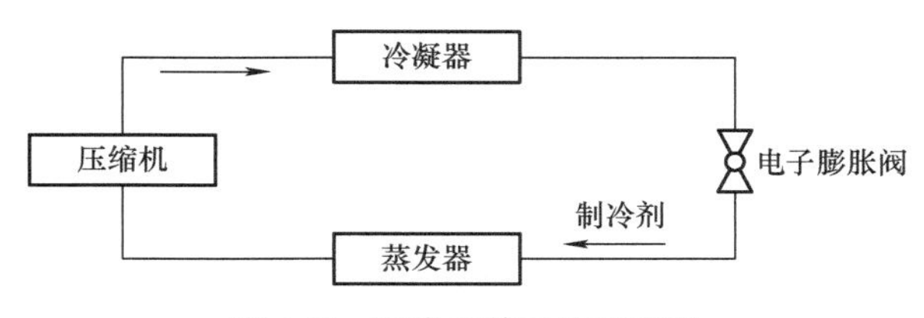

图 1-7 制冷系统工作原理图

制冷系统中蒸发器过热控制系统框图如图 1-8 所示，其中电子膨胀阀是执行机构，蒸发器为被控对象，蒸发器的过热度为被调参数。当蒸发器的过热度经检测装置检测后，与给定值进行偏差计算，将差值送入控制器中，通过控制作用调节电子膨胀阀的开度来改变制冷剂的流量，由此改变蒸发器吸收的热量，如此不断控制调节。当蒸发器的过热度等于给定值时，系统回路重新达到平衡。

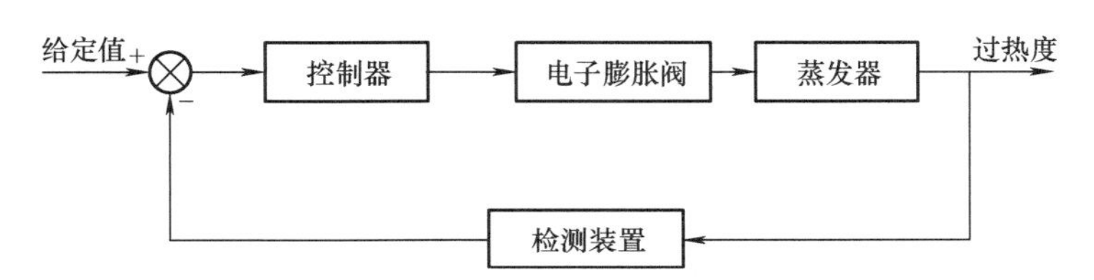

图 1-8 制冷系统中蒸发器过热控制系统框图

1.1.3 开环控制与闭环控制的比较

一般来说，开环控制结构简单、成本较低、工作稳定。因此，当系统的输入信号及扰动作用能预先知道且要求精度不高时，可以采用开环控制。但由于开环控制不能自动修正被调参数与给定值的偏差，所以，系统元件参数变化以及外来的未知扰动对控制精度的影响较大。

闭环控制具有自动修正被调参数出现偏离给定值的能力，因此可以修正元件参数变化以及外界扰动引起的误差，其控制精度较高。但正是由于存在反馈，闭环控制也有其不足之处，即被调参数可能出现振荡，严重时会使系统无法工作。这是由于被调参数出现偏离之后，经过反馈便形成一个修正偏离的控制作用。这个控制作用和它所产生的修正偏离的效果之间，一般是有时间延迟的，延迟使被调参数的偏离不能立即得到修正，从而有可能使被调参数处于振荡状态。因此，如果系统参数选择不当，不仅不能修正偏离，反而会使偏离越来越大，系统无法工作。自动控制系统设计的重要课题之一，就是要解决闭环控制中的振荡或发散问题。

1.1.4 闭环系统的基本组成

从上述闭环控制系统典型的实例看到，尽管控制系统由不同的元件组成，系统的功能也不一样，但它们都是采用了负反馈原理。相同的工作原理决定了它们必然具有相同的结构，如它们都有测量装置、比较装置、放大装置和执行机构。自动控制系统的基本组成如图1-9所示。一般来说，一个简单控制系统由两大部分、四个环节组成：

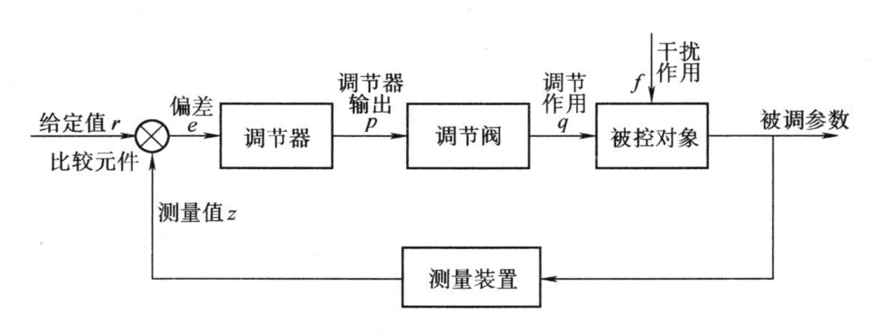

图1-9 基本自动控制系统框图

两大部分：控制装置（控制器、执行器、测量装置）、被控对象。

四个环节：被控对象、控制器、执行器、测量装置。

典型的自动控制系统框图如图1-10所示。图中系统的基本元件和被控对象用方框表示；信号的传输方向用箭头表示，该传输方向是单向不可逆的，这是由元件的物理特性所决定的；“-”号表示输入信号与反馈信号相减，即负反馈。若是“+”号，则表示正反馈。

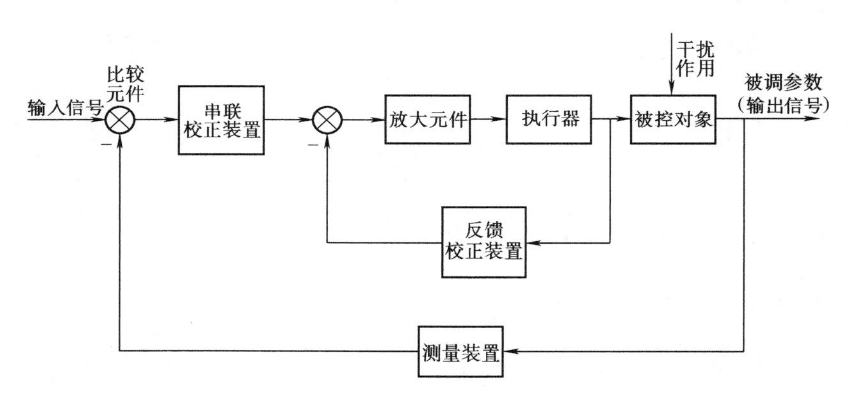

图1-10 典型的自动控制系统框图

闭环控制系统基本组成元件的定义如下：

测量装置：也称测量元件对系统被调参数输出量进行测量的元件。

比较元件：对系统被调参数输出量与输入信号进行加减运算，给出偏差信号，控制信号的综合作用。

放大元件：对微弱的误差信号进行放大，输出足够功率和要求的物理量的元件。

执行器：根据放大后的误差信号，对被控对象执行控制使控制参数趋于希望值的装置。执行器包括调节机构和执行机构。

被控对象：自动控制系统所控制的机器、设备或生产过程。

被调参数：被控对象内要求实现自动控制的物理量，通常是输出信号，如空调房间的温度。

干扰作用：又称扰动或干扰信号。它与控制作用相反，是一种不希望的、影响系统输出的不利因素。扰动信号既可来自系统内部，又可来自系统外部。前者称内部扰动，后者称为外部扰动。

校正装置：用于改善系统性能的元件。

实践证明：按反馈原理组成的控制系统，往往不能有效地完成任务，因为系统的内部存在不利控制因素。由于非线性惯性的存在破坏系统正常工作，因此要加校正装置。

1.2 自动控制理论的发展

自动控制理论是研究自动控制共同规律的技术科学，既是一门古老的、已臻成熟的学科，又是一门正在发展的、具有强大生命力的新兴学科。从 1868 年马克斯威尔（J. C. Maxwell）提出低阶系统稳定性判据至今 100 多年里，自动控制理论的发展可分为四个主要阶段。

1.2.1 经典控制理论阶段

控制理论在发展初期，是以反馈理论为基础的自动调节原理，主要用于工业控制。第二次世界大战期间，为了设计和制造飞机及船用自动驾驶仪、火炮定位系统、雷达跟踪系统等基于反馈原理的军用装备，促进和完善了自动控制理论的发展。

1895 年，数学家劳斯（Routh）和赫尔维茨（Hurwitz）分别独立地提出了高阶系统的稳定性判据，即 Routh 和 Hurwitz 判据。1932 年，奈奎斯特（H. Nyquist）提出了频率响应理论，即根据稳态正弦输入的开环响应确定闭环系统的响应性能；1948 年，伊万斯（W. R. Evans）提出了根轨迹法。至此，控制理论发展的第一阶段基本完成，形成了以频率法和根轨迹法为主要方法的经典控制理论。

经典控制理论的基本特征如下：

1）主要用于线性定常系统的研究，即用于常系数微分方程描述的系统的分析与综合。

2）只用于单输入、单输出的反馈控制系统。

3）只讨论系统输入与输出之间的关系，而忽视系统的内部状态，是一种对系统的外部描述方法。

应该指出的是，反馈控制是一种最基本最重要的控制方式，引入反馈信号后，系统对来自内部和外部干扰的响应变得十分迟钝，从而提高了系统的抗干扰能力和控制精度，与此同时，反馈作用又带来了系统稳定性问题。这个曾一度困扰人们的系统稳定性问题激发了人们对反馈控制系统进行深入研究的热情，推动了自动控制理论的发展和完善。因此从某种意义上讲，经典控制理论是伴随着反馈控制技术的产生和发展而逐渐完善和成熟起来的。

1.2.2 现代控制理论阶段

由于经典控制理论只适用于单输入、单输出的线性定常系统，只注重系统的外部描述而忽视系统的内部状态，因而在实际应用中有很大的局限性。

随着航天事业和计算机的发展，20 世纪 60 年代初，在经典控制理论的基础上，以线性代数理论和状态空间分析法为基础的现代控制理论迅速发展起来。1954 年，贝尔曼（R. Belman）提出动态规划理论；1956 年，庞特里雅金（L. S. Pontryagin）提出极大值原理；1960 年，卡尔曼（R. K. Kalman）提出多变量最优控制和最优滤波理论。

在数学工具、理论基础和研究方法上，现代控制理论不仅能提供系统的外部信息（输出量和输入量），而且还能提供系统内部状态变量的信息。它无论对线性系统或非线性系统、定常系统或时变系统、单变量系统或多变量系统，都是十分重要的。

1.2.3 大系统理论阶段

从20世纪70年代开始，现代控制理论继续向深度和广度发展，出现了一些新的控制方法和理论，如：① 现代频域方法，它是以传递函数矩阵为数学模型，研究线性定常多变量系统；② 自适应控制理论和方法，是以系统辨识和参数估计为基础，在实时辨识基础上在线确定最优控制规律；③ 鲁棒控制方法，是在保证系统稳定性和其他性能基础上，设计不变的鲁棒控制器，以处理数学模型的不确定性。

随着控制理论应用范围的扩大，从个别小系统的控制发展到若干个相互关联的子系统组成的大系统进行整体控制，从传统的工程控制领域推广到包括经济管理、生物工程、能源、运输、环境等大型系统以及社会科学领域。例如人体就可以看作为大系统，其中有体温的控制、化学成分的控制、情感的控制等。

大系统理论是过程控制与信息处理相结合的系统工程理论，具有规模庞大、结构复杂、功能综合、目标多样、因素众多等特点，目前仍处于发展和开创性阶段。

1.2.4 智能控制理论阶段

人工智能的出现和发展，促进了自动控制向着更高层次——智能控制发展。从人工智能的角度来看，智能控制是智能科学的一个新的应用领域。从控制的角度看，智能控制是控制科学发展的一个新的阶段，它无须人的干预就能够独立驱动智能机器实现其目标的自动控制。智能控制的概念和原理主要是针对被控对象、环境控制目标或任务的复杂性提出来的，它的指导思想是依据人的思维方式和处理问题的技巧，解决那些目前需要人的智能才能解决的复杂的控制问题。被控对象的复杂性体现为：模型的不确定性、高度非线性、分布式的传感器和执行器、动态突变、多时间标度、复杂的信息模式、庞大的数据量和严格的特性指标等。

智能控制的任务在于对实际环境或过程进行组织，即决策和规划，实现广义问题的求解。这些问题的求解过程与人脑的思维程度具有一定的相似性，即具有不同程度的智能。一般认为，智能控制的方法包括学习控制、模糊控制、神经元网络控制和专家控制等。

长期以来，自动控制科学已对整个科学技术的理论和实践做出了重要贡献，为人类社会带来了巨大利益。随着社会进步和科学技术的发展，必将对控制科学提出更高的要求，自动控制既面临严峻的挑战，又存在良好的发展机遇。为解决这一问题，一方面需要推进硬件、软件和智能的结合，实现控制系统的智能化；另一方面要实现自动控制科学与计算机科学、信息科学、系统科学以及人工智能的结合，为自动控制提供新思想、新方法和新技术，创立边缘新学科，推动自动控制的发展。

1.3 自动控制系统的分类

自动控制系统有很多分类方法，如按照系统的控制方法分类，可将系统分为开环控制与闭环控制；按照信号的连接特点分类，可分为反馈控制、前馈控制以及含有反馈和前馈的复合控制系统；按系统功用可分为温度控制系统、压力控制系统、位置控制系统等；按系统的性能可分为线性系统和非线性系统、连续系统和离散系统、定常系统和时变系统、确定系统和不确定系统等。几种常见的分类描述如下。

1.3.1 按输入信号特征分类

1. 恒值控制系统

如果系统的输入量是常数，并要求在干扰作用下，其输出量在某一希望值附近做微小变化，则这类系统称为恒值控制系统。如空调房间的温度和湿度控制，生产过程中的温度、压力、流量和液位高度等自动控制系统就属于这一类。系统的任务是消除或减少扰动信号对系统输出的影响，使被控制量（即系统的输出量）保持在给定或希望的数值上，如工业控制中的电动机调速系统、温度控制系统和位置控制系统等。

2. 程序控制系统

如果系统的输入量是已知给定值的时间函数，则这类系统称为程序控制系统，如化工中反应的压力、温度和流量控制。一类是按时间给定的程序系统，给定值直接给出确定时间的函数，如有发条的玩具、电唱机和磁带录音机等；另一类是按照空间坐标规定的程序系统，执行机构的行动按空间给定的轨迹进行，其轨迹的运行规律与时间无关，如仿形机床等。

3. 随动控制系统

如果系统的输入量是时间的未知函数，即给定量的变化规律是事先不能确定的，并要求输出量精确地跟踪输入量变化，则这类系统称为随动系统。如雷达天线跟踪系统，当被跟踪目标位置未知时就属于这类系统。随动系统的任务是要求输出量以一定的精度和速度跟踪参考输入量，跟踪的速度和精度是随动系统的两项主要性能指标。典型的随动系统有飞行器的距离、方向、速度自动跟踪系统，无线定位系统，舰船操舵系统，火炮自动跟踪系统等。

1.3.2 按所使用的数学方法分类

1. 线性系统和非线性系统

（1）线性系统　自动控制系统是一个动态系统，它的运动规律通常可以用微分方程或者差分方程来描述。当系统的运动规律用线性微分方程或者线性差分方程描述时，则这类系统称为线性系统。线性系统也是指构成系统的所有元件都是线性元件的系统。线性系统有两个重要特性：叠加性和齐次性。

1）叠加性。当系统同时存在几个输入量时，其输出量等于各输入量单独作用时所引起的输出量的和。如果用箭头表示输入量 x 和输出量 y 的对应关系，上述性质可表示如下。

设有线性系统的微分方程式为

$$\frac{d^2y(t)}{dt^2}+\frac{dy(t)}{dt}+y(t)=x(t)$$

当 $x(t)=x_1(t)$ 时，方程式的解为 $y_1(t)$；当 $x(t)=x_2(t)$ 时，方程式的解为 $y_2(t)$，即有

$$\frac{d^2y_1(t)}{dt^2}+\frac{dy_1(t)}{dt}+y_1(t)=x_1(t)$$

$$\frac{d^2y_2(t)}{dt^2}+\frac{dy_2(t)}{dt}+y_2(t)=x_2(t)$$

当输入 $x(t)=x_1(t)+x_2(t)$时，容易验证原方程式的解为 $y(t)=y_1(t)+y_2(t)$，这就是叠加性。

叠加性表明，两个不同的外作用同时作用于系统所产生的总响应，等于两个外作用单独作用时分别产生的响应之和。

在线性系统中，根据叠加原理，如果有几个不同的外作用同时作用于系统，则可将它们分别处理，求出在各个外作用单独作用时系统的响应，然后将它们叠加。

2）齐次性。当输入量增大为原来的 k 倍或缩小为原来的 $1/k$ 时（k 为实数），系统输出量也按同一比例增大或缩小。即当 $x(t)=ax_1(t)$ 时，式中 a 为常数，则方程式的解为 $y(t)=ay_1(t)$，这就是齐次性。

齐次性表明，当外作用的数值增大若干倍时，其响应也相应增大同样的倍数。

（2）非线性系统　非线性系统是指构成系统的元件中含有非线性元件的系统，它只能用非线性微分方程描述，不满足叠加原理。控制系统中，控制装置或元件的输出、输入之间的静态特性曲线，对于线性系统，是一条直线；对于非线性系统，则不是一条直线。

典型的非线性系统特性包括饱和特性、死区特性、间隙特性和继电器特性等，如图 1-11 所示。关于非线性系统特性的详细描述可以参考相关的文献。

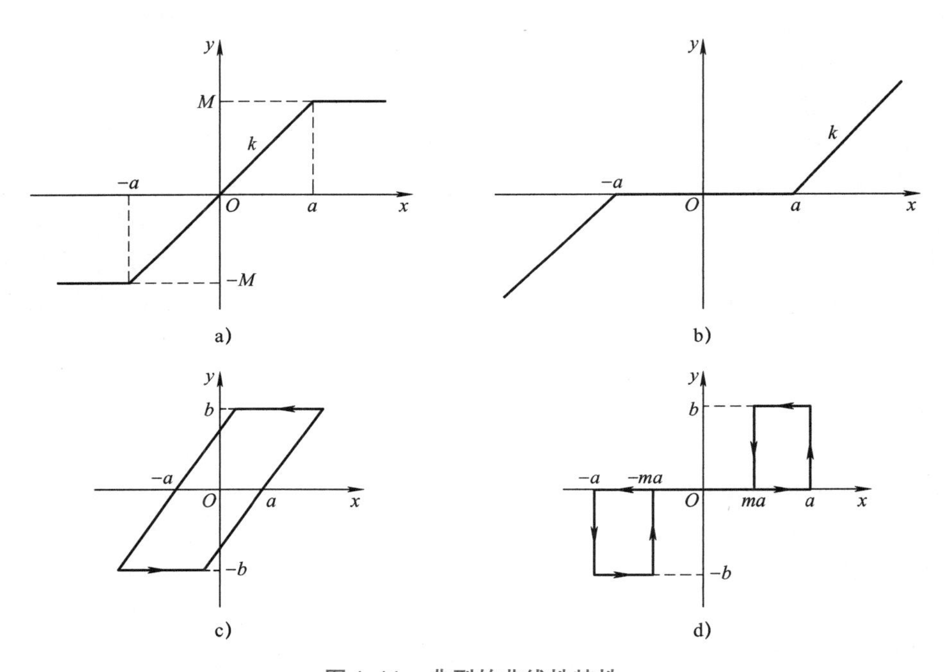

图 1-11　典型的非线性特性

a）饱和特性　b）死区特性　c）间隙特性　d）继电器特性

线性系统的稳定性只取决于系统的结构及其参数，并且与输入信号及其初始值无关。线性系统局部稳定与全局稳定是一致的。与线性系统相比，非线性系统的稳定性要复杂得多。非线性系统的稳定性不仅与其系统结构及其参数有关，还与系统输入信号的类型及其初始值有关。由于一些非线性系统可能有多个平衡状态，故非线性系统的局部稳定性与全局稳定性一般是不一致的。

实际中，理想的线性系统是不存在的，构成系统的元件中总会或多或少含有非线性特性，如果系统的这种非线性特性在一定条件下，或在一定范围内呈线性特性，则可将它们进行线性化处理，这类系统或元件的特性称为非本质非线性特性。反之，称之为本质非线性，只能用非线性理论进行分析研究。

2. 定常系统和时变系统

(1) 定常系统 如果系统中参数不随时间变化，则这类系统称为定常系统。在实践中遇到的系统，大多数属于这一类。一个线性系统微分方程的系数为常数，那么系统称为线性定常系统。例如

$$\frac{d^2y(t)}{dt^2}+2\frac{dy(t)}{dt}+y(t)=x(t)$$

(2) 时变系统 如果系统中的参数是时间 t 的函数，则这类系统称为时变系统。如果一个线性系统微分方程的系数为时间的函数，那么系统称为线性时变系统。例如

$$\frac{d^2y(t)}{dt^2}+2t\frac{dy(t)}{dt}+y(t)=x(t)$$

1.3.3 连续系统和离散系统

按系统中信号的特征可将系统分为连续系统和离散系统。连续系统是指系统内各处的信号都是以连续的模拟量传递的系统。即系统中各元件的输入量和输出量均为时间的连续函数。连续系统的运动规律可以用微分方程来描述。

系统内某处或数处信号是以脉冲序列或数码形式传递的系统则称为离散系统，如图 1-12 所示，其运动方程只能用差分方程描述。在离散系统中，脉冲序列可由脉冲信号发生器或振荡器产生，也可用采样开关将连续信号变成脉冲序列，这类控制系统又称为采样控制系统或脉冲控制系统。而用数字计算机或数字控制器控制的系统又称为数字控制系统或计算机控制系统。图 1-13 和图 1-14 分别表示脉冲控制系统和数字控制系统的结构图。

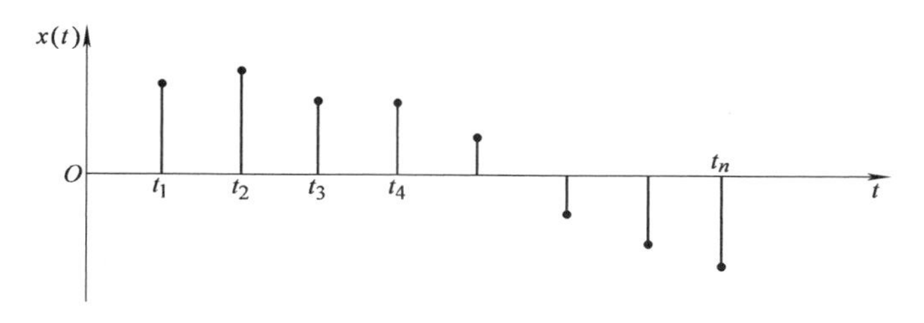

图 1-12 离散信号

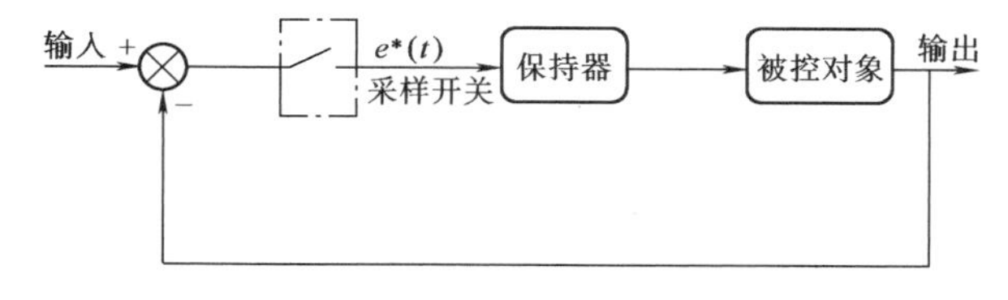

图 1-13 脉冲控制系统结构图

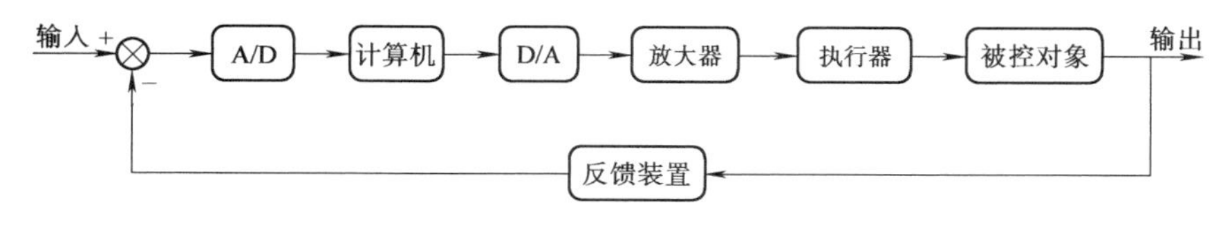

图 1-14 采样数字控制系统结构图

1.4 典型外界干扰作用

在工程实践中，自动控制系统承受的外作用形式多种多样，既有确定性外作用，又有随机性外作用。对不同形式的外作用，系统被控量的变化情况（即响应）各不相同，为了便于用统一的方法研究和比较控制系统的性能，通常选用几种确定性函数作为典型外作用。可选作典型外作用的函数应具备以下条件：

1）这种函数在现场或实验室中容易得到。

2）控制系统在这种函数作用下的性能应代表在实际工作条件下的性能。

3）这种函数的数字表达式简单，便于理论计算。

目前，控制工程设计中常用的典型外作用函数有阶跃函数、斜坡函数、脉冲函数和正弦函数等确定性函数，此外，还有伪随机函数。

1. 阶跃函数

阶跃函数的数学表达式为

$$f(t)=\begin{cases}R & t\geqslant 0\\ 0 & t<0\end{cases} \tag{1-1}$$

式(1-1) 表示一个在 $t=0$ 时出现的幅值为 R 的阶跃变化函数，如图 1-15 所示。在实际系统中，这意味着 $t=0$ 时突然加到系统上的一个幅值不变的外作用。幅值 $R=1$ 的阶跃函数，称单位阶跃函数，用 $1(t)$ 表示。

阶跃函数是自动控制系统在实际工作条件下经常遇到的一种外作用形式。例如，电源电压突然跳动、负载突然增大或减小、飞机飞行中遇到的常值阵风扰动等，都可视为阶跃函数形式的外作用。在控制系统的分析设计工作中，一般将阶跃函数作用下系统的响应特性作为评价系统动态性能指标的依据。本书所讲到的干扰多是指阶跃函数干扰。

2. 斜坡函数

斜坡函数的数学表达式为

$$f(t)=\begin{cases}0 & t<0\\ vt & t\geqslant 0\end{cases} \tag{1-2}$$

式(1-2) 表示从 $t=0$ 时刻开始，以恒定速率 v 随时间而变化的函数，如图 1-16 所示。在工程实践中，某些随动系统就常常工作于这种外作用下，例如雷达和高射炮等防空系统，当雷达跟踪的目标以恒定速率飞行时，便可视为该系统工作于斜坡函数作用之下。

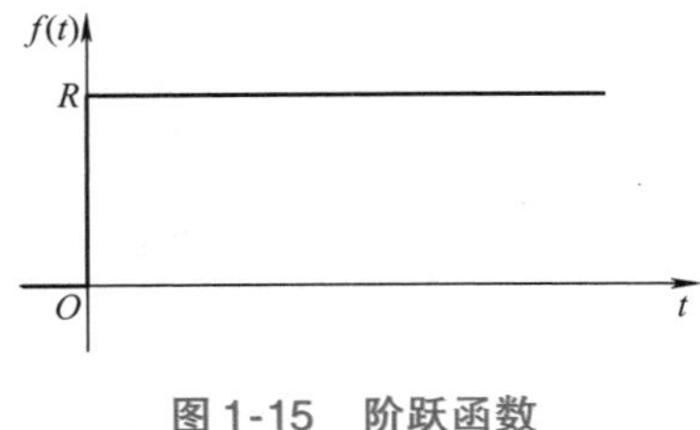

图 1-15 阶跃函数

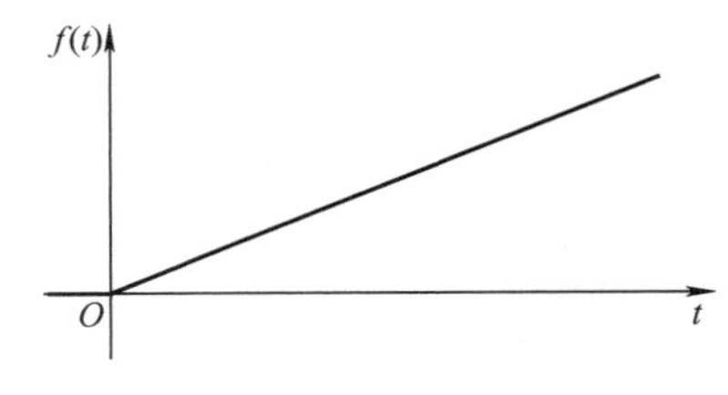

图 1-16 斜坡函数

3. 脉冲函数

脉冲函数的曲线如图 1-17 所示，其数学表达式为

$$f(t)=\begin{cases}0 & t<0\\ A/\varepsilon & 0\leqslant t\leqslant \varepsilon\\ 0 & t>\varepsilon\end{cases} \tag{1-3}$$

式中，A 为脉冲函数的强度，$A=\int_{-\infty}^{+\infty}f(t)\mathrm{d}t$。

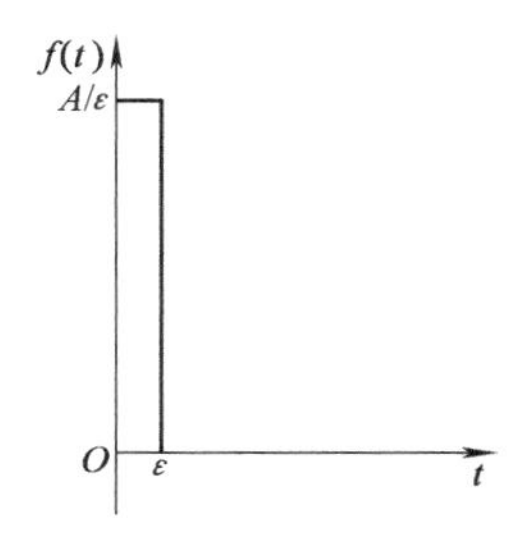

图 1-17 脉冲函数

当 $A=1$ 时，$\varepsilon\to 0$ 的脉冲函数为单位脉冲函数，记为 $\delta(t)$，即

$$\delta(t)=\begin{cases}0 & t\neq 0\\ \infty & t=0\end{cases} \tag{1-4}$$

$$\int_{-\infty}^{+\infty}\delta(t)\mathrm{d}t=1$$

强度为 A 的脉冲函数可表示为 $A\delta(t)$。

$$\delta(t-t_0)=\begin{cases}0 & t\neq t_0\\ \infty & t=t_0\end{cases} \tag{1-5}$$

$$\int_{-\infty}^{+\infty}\delta(t-t_0)\mathrm{d}t=1$$

单位脉冲函数是单位阶跃函数的导数。

必须指出，脉冲函数在现实中是不存在的，只有数学上的定义，但它却是一个重要而有效的数学工具。在自动控制理论研究中，它也具有重要作用。例如，一个任意形式的外作用可以分解成不同时刻的一系列脉冲函数之和，这样通过研究控制系统在脉冲函数的作用下的响应特性，便可以了解任意形式外界作用下的响应特性。

4. 正弦函数

正弦函数的数学表达式为

$$f(t)=\begin{cases}0 & t<0\\ A\sin\omega t & t\geqslant 0\end{cases} \tag{1-6}$$

式中，A 为正弦函数的振幅；ω 为正弦函数角频率。

图 1-18 给出的正弦函数是控制系统常用的一种典型外作用，很多实际的随动系统就是经常在这种正弦函数外作用下工作的。例如，舰船的消摆系统、稳定平台的随动系统等，就是在形如正弦函数的波浪下工作的。更为重要的是，系统在正弦函数作用下的响应，即频率响应，是自动控制理论中研究控制系统性能的重要依据。

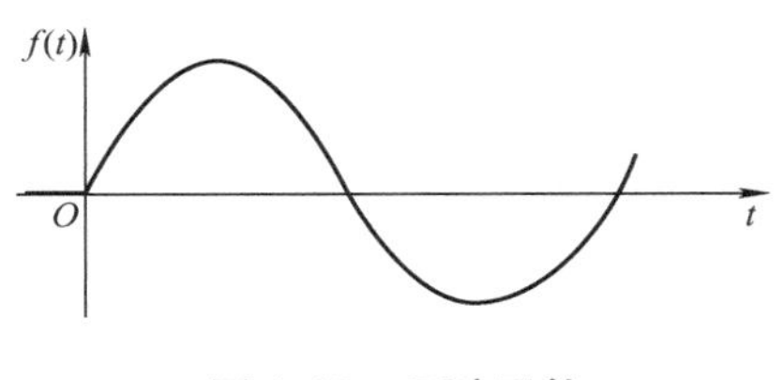

图 1-18 正弦函数

1.5 对控制系统的基本要求及其评价指标

当自动控制系统受到各种干扰（扰动）或者人为要求给定值（参考输入）发生改变时，被控量就会发生变化，偏离给定值。通过系统的自动控制作用，经过一定的过渡过程，被控量又恢复到原来的稳定值或者稳定到一个新的给定值，这时系统从原来的平衡状态过渡到一个新的平衡状态。把被控量在变化过程中的过渡过程称为动态过程（即随时间而变化的过程），而把被控量处于平衡状态称为静态或稳态。

尽管控制系统有各种不同的类型，对每个系统的要求也各不相同，但对系统的要求和对系统性能的评价通常可分为三个方面：系统的稳定性、系统的动态性能（快速性）和系统的静态性能（准确性）。自动控制系统最基本的要求是被控量的稳态误差（偏差）为零或在允许的范围内（具体误差可以多大，要根据具体的生产过程的要求来确定）。对于一个好的自动控制系统来说，要求稳态误差尽可能小，最好为零。

性能评价可以通过一些调节质量指标来实现。调节质量指标分析大都是按过渡过程曲线形状来讨论，通过对过渡过程分析建立调节质量指标。系统的性能对于调节系统设计非常重要。调节质量指标是设计和实际运用中要求调节系统能够满足的性能指标，它是衡量调节性能好坏的标准。调节质量指标有许多个，但最基本的指标是要求调节系统稳定。只有在保证系统稳定的前提下，讨论其他调节质量指标才有意义。

1.5.1 系统的稳定性

若一个系统在受到扰动作用后偏离了平衡状态，而当扰动消失后该系统能自动返回原来的平衡状态，则称该系统是稳定的或具有稳定性。稳定系统的数学特征是其输出量具有非发散性；反之，系统是不稳定的。稳定性是系统能正常工作的前提条件，控制系统稳定与否只与系统本身的结构参数有关，与外部条件无关。

当系统受到外部扰动的影响或是参考输入发生变化的时候，被控量就会随之发生变化，经过一段时间后，被控量就恢复到原来的平衡状态或到达一个新的给定状态，这一过程称为过渡过程。

调节系统的过渡过程可以用被调参数与时间坐标曲线描述，也可以用微分方程来描述。在单位阶跃干扰作用下，分析过渡过程中被调参数的变化规律，并以此来评价调节系统的调节质量。过渡过程曲线是调节系统的调节质量好坏的写照。

以图1-6所示的房间空气温度调节系统为例分析。该空调房间温度调节系统原处于平衡状态，如干扰为新风，温度升高，则调节对象的热平衡受到破坏，被调参数（房间温度 θ）y 升高。由于调节器的作用，相应地关小了蒸汽调节阀，又会使房间的温度 θ 重新稳定。把房间温度因受干扰而波动、通过调节作用又重新稳定的过程记录下来，就是房间温度的过渡过程曲线，如图1-19所示。它以时间为横坐标，以房间温度为纵坐标，也可以用微分方程形式表示，一般是高阶微分方程式。

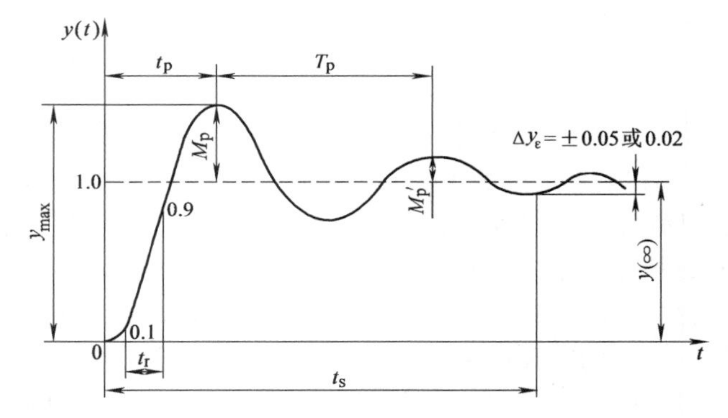

图1-19 调节系统过渡过程与调节质量指标图

调节系统保证了稳定性后，还有一系列调节质量指标，对照图1-19，分别叙述这些质量指标的定义。

1. 衰减率 Ψ

讨论调节系统的稳定程度通常用过渡过程的衰减率 Ψ 来衡量，即

$$\Psi=\frac{M_p-M_p'}{M_p}=1-\frac{M_p'}{M_p} \tag{1-7}$$

式中，M_p' 为过渡过程的第三个波幅（波峰）值；M_p 为过渡过程的第一个波幅（波峰）值，如图1-19所示。

一般调节过程为了保证稳定性，总要求 $\Psi>0$。通常认为 $\Psi=0.75$ 比较理想，即过渡过程的第一波峰与第三波峰之比 $n=4$ 时（$n=\frac{M_p}{M_p'}=4$，$\Psi=1-\frac{M_p'}{M_p}=0.75$）调节过程收敛得快

慢适中，常为人们所选用。

一般自控系统被控量变化过程有4种，稳定性分析如图1-20所示。调节过程不允许 $\Psi<0$，即不允许扩散增幅振荡，因为它无法使被调参数稳定，调节系统工作亦遭破坏。对于 $\Psi=0$ 的等幅振荡，只要其振荡在给定范围内，也能采用。制冷空调中常用的双位调节（如电冰箱温控）过程就属于这类情况。

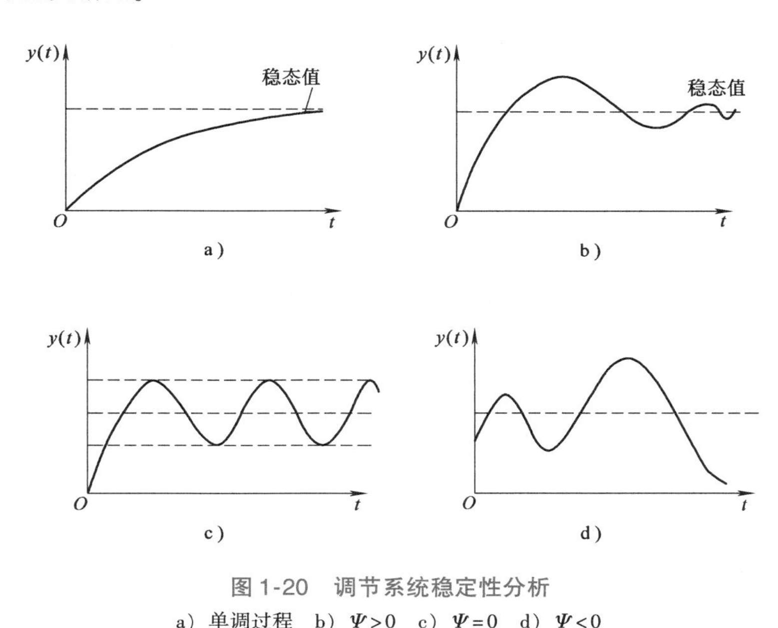

图1-20 调节系统稳定性分析

a）单调过程 b）$\Psi>0$ c）$\Psi=0$ d）$\Psi<0$

2. 衰减比 n

衰减比为被调参数在过渡过程中的第一个波峰值与第三个波峰值的比值，即

$$n=\frac{M_p'}{M_p},\Psi=1-\frac{1}{n} \tag{1-8}$$

1.5.2 系统动态特性

在时域分析中，通常用单位阶跃信号作用下，系统输出的超调量 M_P、上升时间 t_r、峰值时间 t_p、过渡过程时间（或调整时间）t_s 等特征量表示过渡过程中系统的动态性能。

1. 动态偏差（最大超幅量）M_p

被调参数在过渡过程中，第一个最大峰值超出新稳态 $y(\infty)$ 的量 M_p 称为动态偏差。设计调节系统时，必须对此做出限制性规定，M_p 越大，则品质越差。响应曲线第一次超过稳定值达到峰值时，超过部分幅度与稳态值之比称为超调量，记作 σ，σ 常用百分数来表示。

$$\sigma\%=\frac{M_p}{y(\infty)}\times100\% \tag{1-9}$$

式中，$y(\infty)$ 表示响应曲线的稳态值。

2. 振荡周期 T_p

调节系统过渡过程中，相邻两个波峰所经历的时间，或振荡一周所需时间，叫作振荡周期 T_p。

3. 调节过程时间 t_s

调节过程时间亦称过渡过程时间，它是指调节系统受到干扰作用，被调参数开始波动到进入新稳定值上下 ±5%（有的场合要求 ±2%）范围内所需时间，这个范围称为 Δy_ε（见图1-19）。Δy_ε 的选取范围根据调节系统任务而定。对于有差调节系统，取 $\Delta y_\varepsilon \leqslant 5\% y(\infty)$；对于无差调节系统，一般取 $\Delta y_\varepsilon \leqslant 2\% y(\infty)$ 或更小。

调节过程一旦进入 Δy_ε 范围，就认为处于新的稳定状态，但并不是指处于绝对的稳定状态。一般希望调节过程时间 t_s 短些。通常期望值为

$$t_s = 3T_p \tag{1-10}$$

4. 峰值时间 t_p

峰值时间是指过渡过程达到第一峰值所需的时间，即达到最大偏差值所经历的时间。

5. 上升时间 t_r

对于有振荡的系统，上升时间是指响应曲线从稳态值的10%上升到稳态值的90%所需的时间。有时也将上升时间定义为从零开始至第一次到达稳态值所需要的时间。

6. 延滞时间 t_d

延滞时间是指响应曲线到达稳态值的50%所需要的时间。

1.5.3 静态特性

静态特性是指稳定的系统在过渡过程结束后，其稳态输出偏离希望值的程度，用稳态误差来度量，这是系统精度的衡量指标。开环控制系统的稳态误差通常与系统的增益或放大倍数有关，而反馈控制系统（闭环系统）的控制精度主要取决于它的反馈深度。稳态误差越小，系统的精度越高。

1. 静态偏差

静态偏差也称残余偏差或稳态偏差，它表示调节系统受干扰后，达到新的平衡时，被调参数的新稳定值与给定值之差。图1-19中，新稳定值为 $y(\infty)$，给定值为0，静态偏差为 $y(\infty)$。

若 $y(\infty)=0$，表示调节系统受干扰后，被调参数能回到给定值，这种系统为无差系统；若 $y(\infty)>0$，则为有差系统。一般舒适空调系统允许有一定的静态偏差，例如某空调室设计温度为24℃ ±2℃，则该系统的给定值为24℃，要求静态偏差 $y(\infty) \leqslant 2℃$；又如某冷库设计温度为18℃ ±1℃，即静态偏差 $y(\infty) \leqslant 1℃$ [对于随动系统，$y(\infty)$ 应理解为误差 $e(t)$，$t \to \infty$]。

2. 最大偏差 y_{max}

由图1-19可知，最大偏差 $y_{max} = M_p + y(\infty)$。例如，要求某温度调节系统最大偏差不超过5℃，即 $y_{max} \leqslant 5℃$。

各种不同用途的调节系统，除了系统都要求稳定外，对调节系统其他质量指标要求各有不同。一般调节系统都希望 M_p、$y(\infty)$ 及 t_s 值小些。

整体上讲，对一个自动控制的性能要求，可以概括为三方面：稳定性、快速性和准确性。

1）稳定性。一个自动控制系统的最基本的要求是系统必须是稳定的，不稳定的控制系统是不能工作的。

2）快速性。在系统稳定的前提下，希望控制过程（过渡过程）进行得越快越好。但是有矛盾，如果要求过渡过程时间很短，可能使动态误差（偏差）过大。合理的设计应该兼

顾这两方面的要求。

3）准确性。要求动态误差（偏差）和稳态误差（偏差）都越小越好。当与快速性有矛盾时，应兼顾这两方面的要求。

制冷空调对象属于慢热工作对象，有些参数（如温度）的调节目的是为了改善工作和生活条件，故对动态偏差要求可以放宽一些，调节过程时间要求也不严，往往只对静态偏差要求严格。如此可以给调节系统设计带来方便，突出了稳定性和静态偏差两个指标，而把其他质量指标放在次要地位。

本章小结

本章介绍了自动控制和自动控制系统的基本概念、有关名词术语及控制理论发展的几个重要阶段；以炉温控制系统为例说明了开环控制和闭环控制两种基本控制方式，指出“反馈”是自动控制原理的一个非常重要的概念；介绍了控制系统分类的一般方法，可根据系统的控制方式、信号的特点、元器件的性质及系统的功用等，将系统分成各种不同的类型。尽管系统的结构、组成和类型各有不同，但都可以用框图来表示其工作原理和信号的传递过程，并且用性能指标来分析和评价系统的性能。本章最后一节介绍调节系统稳定性能指标。系统分析可分为三方面的内容：稳定性分析、动态性能分析和静态性能分析，在以后的各章节中将对这三方面的问题进行详细的介绍。

习 题

一、选择题

1-1 从自动控制原理的观点看，家用电冰箱工作时，房间的室温为（ ）。

（A）给定量（或参考输入量） （B）输出量（或被控制量）

（C）反馈量 （D）干扰量

1-2 从自动控制原理的观点看，发电机组运行时频率控制系统的“标准50Hz”应为（ ）。

（A）给定量（或参考输入量） （B）输出量（或被控制量）

（C）反馈量 （D）干扰量

1-3 从自动控制原理的观点看，下列哪一种系统为开环控制系统？（ ）

（A）家用空调器温度控制系统 （B）家用电热水器恒温控制系统

（C）家用电冰箱温度控制系统 （D）国内现有的无人操作交通红绿灯自动控制系统

1-4 从自动控制原理的观点看，家用空调器的温度传感器应为（ ）。

（A）输入元件 （B）反馈元件 （C）比较元件 （D）执行元件

1-5 从自动控制原理的观点看，下列哪一种系统为闭环控制系统？（ ）

（A）普通热水加热式暖气设备的温度调节

（B）遥控电视机的定时开机（或关机）控制系统

（C）抽水马桶的水箱水位控制系统

（D）商店、宾馆自动门的启闭系统

1-6 自动控制系统的正常工作受到很多条件的影响，保证自动控制系统正常工作的先决条件是（ ）。

（A）反馈性 （B）调节性 （C）稳定性 （D）快速性

1-7 下列关于负反馈的描述中，不正确的是（ ）。

（A）负反馈系统利用偏差进行输出状态的调节

（B）负反馈能有利于生产设备或工艺过程的稳定运行
（C）闭环控制系统是含负反馈组成的控制系统
（D）开环控制系统不存在负反馈，但存在正反馈
1-8 下列描述中，错误的是（ ）。
（A）反馈系统也称为闭环系统
（B）反馈系统的调节或控制过程是基于偏差的调节或控制过程
（C）反馈控制原理就是按偏差控制原理
（D）反馈控制中偏差信号一定是输入信号与输出信号之差
1-9 由温度控制器、温度传感器、换热器、流量计等组成的控制系统，其中被控对象是（ ）。
（A）温度控制器 （B）温度传感器
（C）换热器 （D）流量计
1-10 下列概念中，错误的是（ ）。
（A）闭环控制系统的精度通常比开环系统高 （B）开环系统不存在稳定性问题
（C）反馈可能引起系统振荡 （D）闭环系统总是稳定的
1-11 下列有关自动控制的相关描述，正确的是（ ）。
（A）反馈控制实质上是被控对象输出要求进行控制的过程
（B）只要引入反馈控制，就一定可以实现稳定的控制
（C）稳定的闭环控制系统总是使偏差趋于减小
（D）自动化装置包括变送器、传感器、调节器、执行器和被控对象
1-12 下列不属于自动控制系统的组成部分的是（ ）。
（A）被控对象 （B）测量变送器
（C）执行器 （D）微调器
1-13 在如下指标中，哪个不能用来评价控制系统的时域性能？（ ）
（A）最大超调量 （B）带宽
（C）稳态误差 （D）调整时间
1-14 对于一个位置控制系统，下列对非线性现象的描述，哪项是错的？（ ）
（A）死区
（B）和力成比例关系的固体间摩擦（库仑摩擦）
（C）和运动速度成比例的黏性摩擦
（D）和运动速度二次方成比例的空气阻力
1-15 在图1-21中，由元件的死区引起的控制系统的非线性静态特性为（ ）。

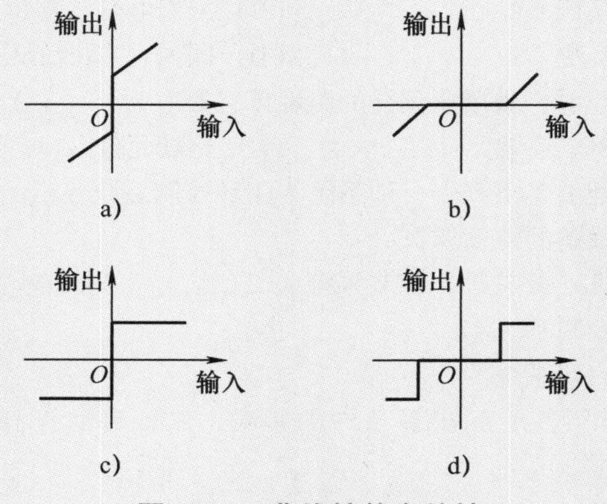

图1-21 非线性静态特性

1-16 在图1-22中，由元件的饱和引起的控制系统的非线性静态特性为（ ）。

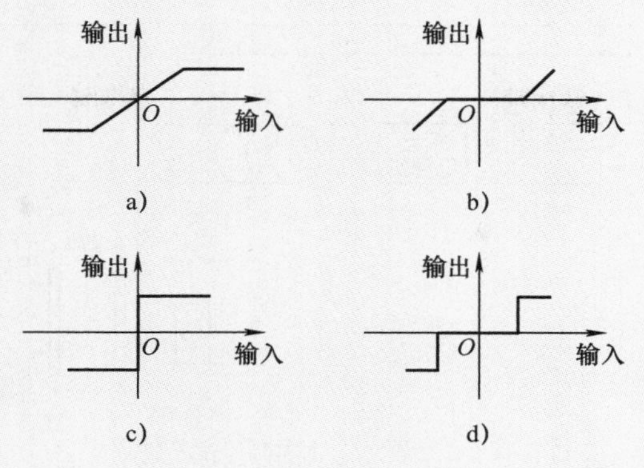

图 1-22 非线性静态特性

1-17 下列描述系统的微分方程中，$r(t)$ 为输入变量，$c(t)$ 为输出变量，方程中为非线性时变系统的是（ ）。

(A) $8\dfrac{d^2c(t)}{dt^2}+4\dfrac{dc(t)}{dt}+2c(t)=r(t)$ (B) $t\dfrac{dc(t)}{dt}+2c(t)=r(t)+8\dfrac{dr(t)}{dt}$

(C) $4\dfrac{dc(t)}{dt}+b(t)\sqrt{c(t)}=kr(t)$ (D) $8\dfrac{d^2c(t)}{dt^2}+4c(t)=2r(t)$

1-18 下列元件的动态方程中，哪个是线性方程？（ ）

(A) $7\dfrac{d^3y}{dt^3}+5\dfrac{d^2y}{dt^2}+6\left(\dfrac{dy}{dt}\right)^2+9y=0$ (B) $7\dfrac{d^3y}{dt^3}+5\dfrac{d^2y}{dt^2}+3\sin y=0$

(C) $\dfrac{d^2y}{dt^2}+y\dfrac{dy}{dt}+y=156-t$ (D) $3\dfrac{d^3y}{dt^3}+2\dfrac{d^2y}{dt^2}+2y=at^2+\sin t$

二、分析计算题

1-19 试列举几个日常生活中开环控制系统和闭环控制系统的实例，并分析它们的工作原理。

1-20 开环控制系统与闭环控制系统各有什么特点？

1-21 说明负反馈的工作原理及其在自动控制系统中的应用。

1-22 学校中师生之间的教与学可以看成一个闭环系统。选择系统的输入量和输出量，绘出该系统的原理图。

1-23 图 1-23 是液位自动控制系统原理示意图。在任何情况下，希望液面高度 c 维持不变，试说明该系统的工作原理并画出系统框图。

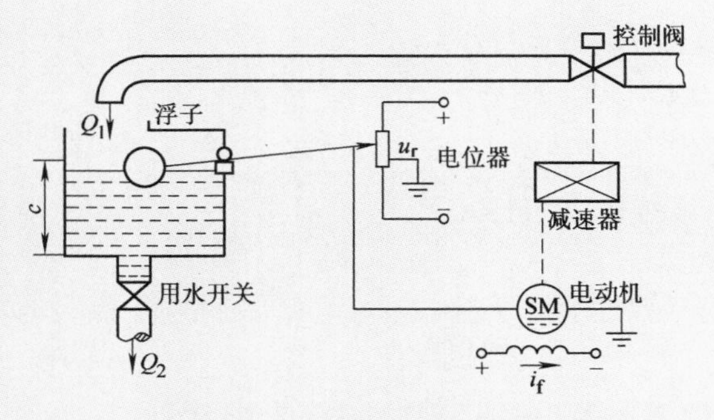

图 1-23 液位自动控制系统

1-24 图 1-24 是仓库大门自动系统控制原理示意图。试说明该系统自动控制大门开闭的工作原理并画出系统框图。

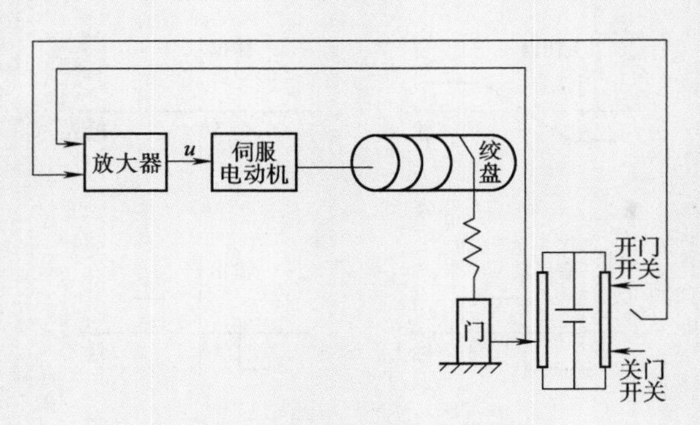

图1-24　仓库大门自动开闭控制系统

1-25　电冰箱的工作原理如图1-25所示。试简述该系统的工作原理，指出该系统的被控对象、被控量和给定量，画出系统框图。

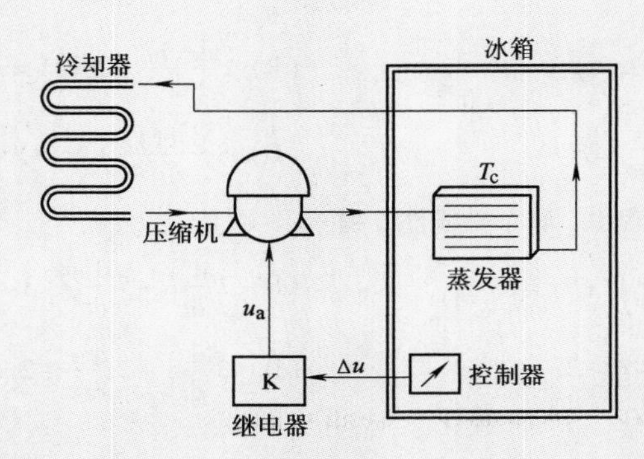

图1-25　电冰箱制冷系统工作原理

1-26　下列方程中，$r(t)$、$c(t)$ 分别表示系统的输入和输出，判断各方程所描述的系统的类型（线性或非线性、定常或时变、动态或静态）。

1）$2t\ddot{c}(t)+5\dot{c}(t)+e^{-t}c(t)=r(t)$

2）$c(t)=r^2(t)+\sqrt{t}\,\ddot{r}(t)$

3）$\ddot{c}(t)+3\dot{c}(t)+6c(t)+10=r(t)$

4）$c(t)=e^{-r(t)}$

5）$\ddot{c}(t)+3\dot{c}(t)c^2(t)+2c(t)\dot{r}(t)-r^2(t)=0$

6）$c(t)=\begin{cases}0 & c(t)<2\\ 2r(t) & c(t)\geqslant 2\end{cases}$

7）$\dot{c}(t)+2c(t)+3\int_{-\infty}^{t}c(\tau)d\tau=4r(t)+8$

8）$t^2\dot{c}(t)+e^{-t}c(t)=r(t)\sin\omega t$

第 2 章 调节对象及测量装置的特性

2

2.1 基本概念

调节对象是调节系统中最基本的环节。调节系统质量的好坏，不但与调节器的动态特性有关，更和调节对象的动态特性有关。调节对象的动态特性一定程度上决定了调节过程和调节质量。调节器只是根据调节对象特性将调节过程的质量指标加以改善。因此，研究清楚调节对象特性是设计好调节系统的基础。

对象特性常用延迟 τ、时间常数 T 和放大系数（传递系数）K 来综合表示，其中放大系数（传递系数）K 为静态特性参数，延迟 τ、时间常数 T 为动态特性参数。对象的动态特性取决于对象的结构，即对象所组成环节的性质、环节的数目以及连接方式等。

当对象受阶跃作用输入信号，对象的输出信号，即被调参数随时间而变化的曲线称为反应曲线。干扰的形式往往是多种多样的。针对某一具体对象，需找出其主要干扰形式。常用的典型干扰形式有阶跃变化、等速变化、脉冲与周期性波动等。

研究调节对象的特性，基本方法是向对象输入一个单位阶跃干扰，然后分析下列两点：

1）从新稳态数值求取对象的静态特性，如放大系数。

2）从过渡过程曲线求取对象动态特性参数，如时间常数 T 和延迟 τ 等。

下面分别讨论调节对象的一些基本性能参数。

2.1.1 容量与容量系数

任何一个调节对象，都储存一定能量或工质。对象储存能量或工质的能力称为对象的容量。

例如，某空调室的室内温度为 θ，这时室内所蓄的热量为对象的容量 U，则

$$U = \sum_{i=1}^{n} m_i c_i \theta \tag{2-1}$$

式中，m_i 为空调室及室内物品设备等各部分的质量；c_i 为空调壁面及室内物品设备等各部分的比热容；θ 为室内温度。

例如，某调节对象容器液位（见图 2-1a），其截面积为 A，液位高度为 H，则容量为 $V = AH$。

显然，被调参数（温度 θ、液位 H）增大，容量也增大，故容量是一个随着工况变化的参数。

容量系数 C 表示被调参数变化一个单位值时对象容量的改变量，也就是容量对被调参数的一阶导数。

空调室的容量系数

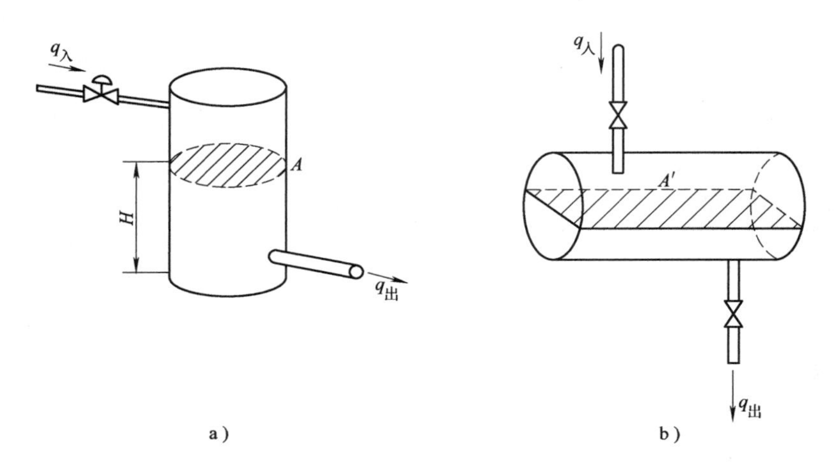

图2-1 液位调节对象
a）立式 b）卧式

$$C = \frac{dU}{d\theta} = \sum_{i=1}^{n} m_i c_i \tag{2-2}$$

房间的温度变化速度$\frac{d\theta}{dt}$将取决于房间的容量系数。

空调房间蓄热量的变化为

$$\frac{dU}{dt} = Q_入 - Q_出 \tag{2-3}$$

式中，$Q_入$ 为加入空调室的热功率，单位为 W；$Q_出$ 为流出空调室的热功率，单位为 W。则有

$$\sum_{i=1}^{n} m_i c_i \theta = Q_入 - Q_出$$

$$\frac{d\theta}{dt} = \frac{1}{C}(Q_入 - Q_出) \tag{2-4}$$

对于液位对象，其容量系数 C 为

$$C = \frac{dV}{dH} = \frac{d(AH)}{dH} = A \tag{2-5}$$

则

$$\frac{dH}{dt} = \frac{1}{A}(q_入 - q_出) = \frac{1}{C}(q_入 - q_出) \tag{2-6}$$

式中，$q_入$ 为流入液位对象的体积流量，单位为 m^3/s；$q_出$ 为流出液位对象的体积流量，单位为 m^3/s。

对于液位对象，容量系数 C 表示液位变化一单位值时容器蓄液量的变化，它就是容器的截面积。又如图 2-1b 所示，相同几何尺寸的容器，但卧式安装，其容量系数 C 就是变数，是随液位高度而变化的。此时常以额定工况时的容量系数作为计算值。

从这两例可以看到，在干扰作用下，被调参数的变化速度取决于容量系数 C，而不是取决于容量。按容量系数的定义，可写为

$$dU = Cd\theta, dV = CdH$$

一般来说，容量系数大的对象，其调节性也较好。若对象蓄存量变化相同的 dU 或 dV 时，容量系数 C 大的对象，被调参数变化小；C 小的对象，其被调参数变化大。容量系数 C 大的对象具有较大的储蓄（能）能力，或称有较大的惯性，受扰动作用后，被调参数反应比较缓慢。例如，同样 10 个人，若走进一个小房间，则房间温升大；若走进一个大房间，则房间温升小。

2.1.2 放大系数（传递系数）

为了说明放大系数的概念，先看图 2-2。有一个空调房间，原稳态温度为 θ_0，若送风温度与风量均不变，在 t_0 时，打开 500W 电灯及增加 5 人的人体热，相当于加入空调对象的阶跃扰动（$\Delta Q_{入}$）。由于加入热量增加，室内温度逐渐升高，同时渗出热亦相应增加，故室内温度升高，速度逐渐减小，最后趋于新的稳态值 θ_∞。由于干扰 $\Delta Q_{入}$ 加入，被调参数的稳态值变化了 $\Delta\theta=\theta_\infty-\theta_0$。令

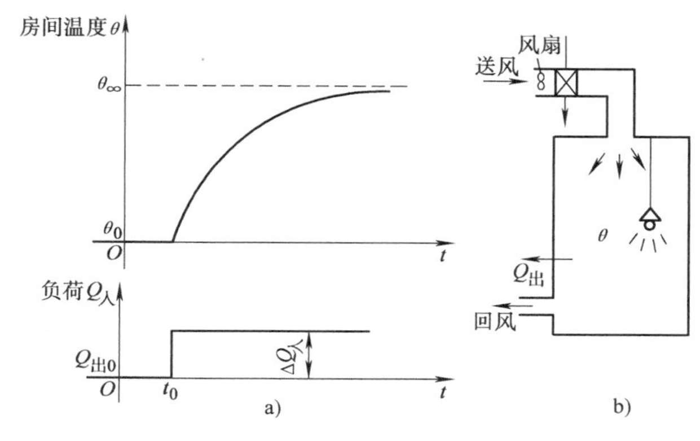

图 2-2 放大系数说明

a）反应曲线 b）房间示意图

$$K=\frac{\Delta\theta}{\Delta Q_{入}}=\frac{\theta_\infty-\theta_0}{\Delta Q_{入}} \quad (2\text{-}7)$$

式中，K 为对象的放大系数，也叫传递系数，单位为℃/W。它表示对象受到干扰，又重新达到新平衡的性能。其数值等于被调参数新旧稳态值之差与干扰幅度之比。放大系数 K 表征静态特性，它与被调参数的变化过程无关，而只和过程的始态和终态值有关。对象的放大系数 K 值越大，表示输入信号对输出信号（被调参数）的稳态影响越大；K 值越小，影响越小。

放大系数 K 值可以由计算或试验求得，其依据就是 K 值的定义及式(2-7)。

2.1.3 时间常数和反应曲线

再来看一个空调室例子。若空调室内负荷突然增加，此时送风量与温度不变，散热量 $Q_{出}$ 不是马上增加，故 t_0 加入扰动时刻，（$Q_{入}-Q_{出0}$）最大，故室温 θ 在 t_0 时刻上升速度最大。此后 $Q_{出}$ 亦逐渐增加，经一段时间后，$Q_{出}=Q_{入}$，室温又重新稳于 θ_∞，亦可画出其反应曲线，如图 2-3 所示。分析以上两例的被调参数变化过程可看到，液位与室温变化速度在 t_0 时刻最大，以后逐渐减小，最后变化速度为零。该反应曲线是一指数曲线，即

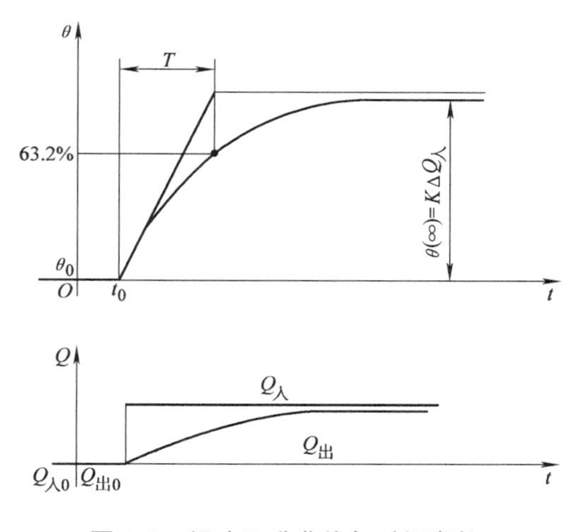

图 2-3 温度飞升曲线与时间常数

$$H(t)=H_\infty(1-e^{-\frac{t}{T}}) \quad (2\text{-}8)$$

$$\theta(t)=\theta_{\infty}(1-e^{-\frac{t}{T}}) \tag{2-9}$$

其一般形式为

$$y(t)=y_{\infty}(1-e^{-\frac{t}{T}}) \tag{2-10}$$

式中，$H(t)$、$\theta(t)$、$y(t)$ 为被调参数；T 为时间变数；e 为常数，e=2.718。

该指数曲线的形状只取决于 T 值的大小。时间常数 T 的定义如下：

1）T 取决于容量系数 C 和阻力系数 R，在数值上等于对象的容量系数 C 和阻力系数 R 的乘积，即 $T=RC$。

2）T 在数值上等于对象受阶跃干扰后被调参数到达新稳态值63.2%所需的时间。时间常数 T 还可以这样描述：当阶跃干扰加入后，被调参数若保持初始最大速度化，达到新稳态值 y_{∞} 时所需时间就是时间常数 T。

如试验测得飞升曲线，只要从飞升曲线的初始点作切线并和新稳态值相交，交点所对应的时间就是时间常数 T（见图2-3）。因从 t_0 点作切线不易作准确，故在试验测量时间常数时，可用 $y(t)=63.2\%y_{\infty}$ 时所经历时间 t 等于 T 的方法来求取 T 值。

从式(2-10) 可知：当 $t=T$ 时，$y=63.2\%y_{\infty}$；当 $t=3T$ 时，$y=95\%y_{\infty}$；当 $t\to\infty$ 时，$y\to y_{\infty}$。一般自动调节过程时间 t_s 可近似地认为 $t_s=3T$，因为假如加入干扰作用并经时间 t_s 后，被调参数已达到

$$\theta(t_s)=\theta(\infty)(1-e^{-3})=0.95\theta(\infty)$$

$0.95\theta(\infty)$ 已经十分接近新平衡值 $\theta(\infty)$，此时可以近似地认为自调节过程（反应曲线）已经结束。

对象划分常以容积的个数表示，以上两例对象的动态方程只含一个时间常数，就称单容对象（见图2-4a）。实际热工对象大多为多容对象（见图2-4b），多容对象具有多个时间常数。但它们可以用单容对象加延迟来近似处理。

图2-4c 中示出了对象时间常数分别为 T_1、T_2、T_3，容积数 $n=1$，2，…，8 时，在阶跃作用下被调参数的反应曲线。可以清楚地看到，时间常数越大，反应曲线越平坦，受到干扰作用后，恢复到新稳态的时间也越长。时间常数小，则情况相反。

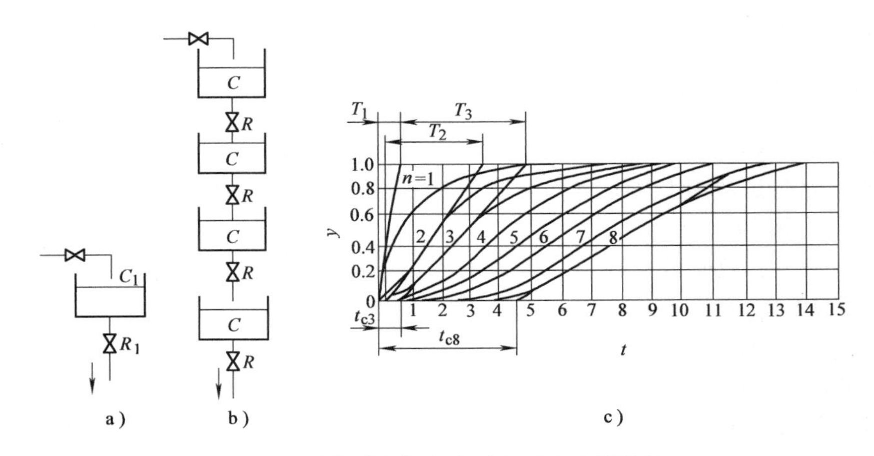

图2-4 单容对象与多容对象反应曲线比较

a）单容 b）多容 c）反应曲线

n—容积数 T_1、T_2、T_3—时间常数

同样把多容对象和单容对象相比，亦可推出与上面相同的结论。设该多容对象为 n 个时间常数均由 T 的单容对象串联组成。可以看出，若组成的单容对象阻力系数 R 不变，传递

系数 K 不变而仅增加容积数，则稳态值 $y(\infty)$ 不会改变。但增加容积数会延长自调节过程时间，若 $n \geqslant 2$，则 $t_s \geqslant 3T$（T 为单容对象时间常数）。

事实上对于多容对象，若加入干扰作用后，开始时被调参数上升速度很小，甚至趋近于零，以后才逐渐加速。容积数越多，总时间常数也越大，故自调节过程时间延长。其实质是容积数增加，容量系数增大，被调参数的初始变化速度减小。

2.1.4　调节对象的延迟

延迟大小是对象动态特性好坏的标志之一，延迟是对象的一个重要的特性参数。本节先讨论延迟的含义。

不少对象在加入干扰作用或调节作用后，被调参数并不立即改变，而要延迟一段时间后才变化，如图2-5所示。

夏季降温时，室外新风经空气冷却器送至房间。在 t_0 时刻，由于室内负荷增加，室内温度回升，温度调节器动作，制冷剂电磁阀打开，制冷剂经膨胀阀进入空气冷却器。可以发现，室内温度要隔相当长一段时间才会慢慢下降，这说明延迟常在工程中遇到。

对于调节对象，当调节（或干扰）作用加入后，被调参数并不能立即随着变化，总要延迟一段时间，这段时间在技术调节中，统称为“迟延”。

迟延由两部分组成，一部分叫纯迟延 τ_0（或称传递迟延），一部分叫容积迟延 τ_c，总迟延 $\tau = \tau_0 + \tau_c$。

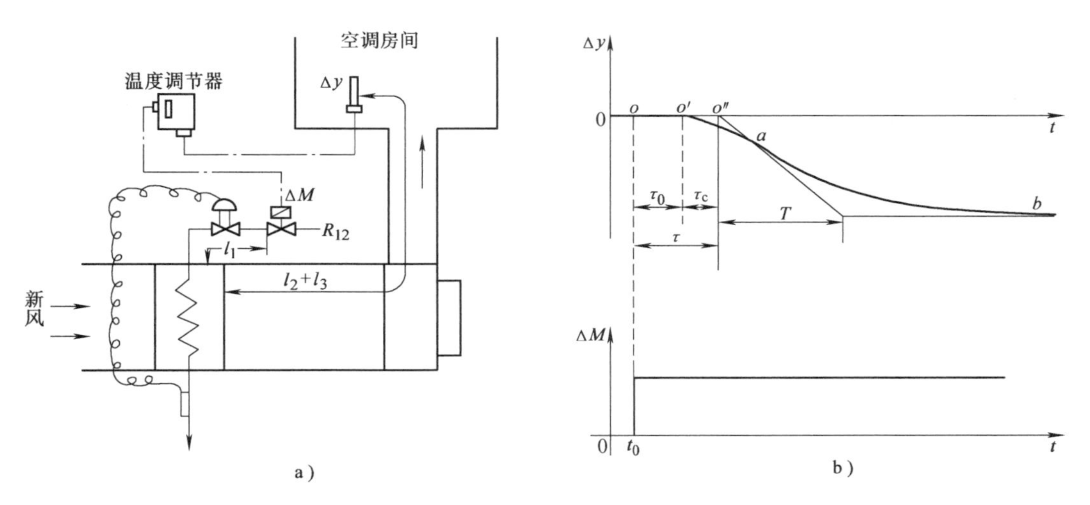

图2-5　调节对象的迟延

a）制冷系统　b）反应曲线

1. 纯迟延 τ_0

其产生原因是调节作用施加到对象，被调参数变化由发信器感受到，中间有一段传递距离，需要有一定时间。例如，图2-5a所示电磁阀至蒸发器有一段距离 l_1，若工质流速为 v_1，则该段传递迟延为 $\tau_{01} = l_1/v_1$；另外，蒸发器至空调布风器间有一段距离 l_2，设空气流速为 v_2，则该段传递迟延为 $\tau_{02} = l_2/v_2$；此外，布风器至测量点间距离为 l_3，设室内空气流速为 v_3，则其相应的传递迟延为 $\tau_{03} = l_3/v_3$；某些调节对象可能出现 τ_{04}、τ_{05}。在本例中，纯迟延为

$$\tau_0 = \tau_{01} + \tau_{02} + \tau_{03} \tag{2-11}$$

由上可知，τ_0 值的大小视具体系统布置情况而定。很显然，纯迟延降低了调节对象调

节性，由图2-5可知，在t_0时刻，调节作用已加入，但要经过τ_0时间后，被调参数才开始变化。在设计调节系统时，从调节观点出发，要尽力减小纯迟延时间τ_0，来安排系统及测量元件，调整调节机构位置。

2. 容积迟延τ_c

如图2-5所示，制冷剂要冷却空气，必须先克服金属管壁热阻，才能使室内空气温度变化，因为制冷剂与空气之间存在中间容积——金属管壁。这种由于存在中间容积而产生的迟延称为容积迟延，用符号τ_c。

若已知对象反应曲线，则容积迟延可通过作图法来近似求取。在图2-5b所示反应曲线上，找出其拐点a，过a作切线ao''，工程上近似地以$o'o''ab$代替曲线$o'ab$，称$o'o''$为容积迟延τ_c，即$\tau_c=o'o''$。这样，实用上就可把图2-5b所示空调温度多容对象反应曲线，用一段迟延τ（$\tau=\tau_0+\tau_c$）加上单容反应曲线$o''ab$来代替。把多容对象看成是迟延环节与单容对象的串联，在实际应用和计算中，将简便许多。从容积迟延的产生原因可以看出，调节对象的容积数越多（中间容积越多），容积迟延就越大。

由于调节对象存在迟延，将对调节过程产生很不利的影响。在迟延τ这段时间内，调节作用将无法影响被调参数，致使被调参数将自由变化，因而降低了调节质量，加大了调节过程波动幅度，降低了调节系统的稳定性，增大了动态偏差，延长了调节过程时间。

当对象迟延很大，如达几分钟以上时，设计调节系统时，就应考虑特殊的调节系统，如分割对象的分区段调节、串级调节等。以上讨论中，只谈及设计本身的迟延，对于一个调节系统，发信器本身亦存在迟延，例如温包或热电阻由于测量装置和介质之间存在保护套，所以就有一个容积迟延。一般发信器迟延数值比调节对象本身的迟延要小得多，故常可忽略不计。当发信器迟延较大时，则不能忽视。

从自动调节观点看，在设计制冷空调装置时，亦应尽力减小金属壁热容量与热阻，提高传热系数。在设计安装调节系统的时候，要设法减小迟延，并选择灵敏度高、热惯性小的发信器。要求执行机构尽可能安装在调节对象的地方，发信器安装在能最快反应被调参数的位置上。

制冷空调对象作为自控计算分析时，常简化对象为一个迟延环节及一个或者两个单容对象的串联，也就是把多容对象的飞升曲线简化为一个迟延加一个或者两个单容对象曲线的叠加。适当选择计算迟延τ与时间常数T值来近似代表多容对象方法，在理论上和实践上均已证明有足够的可靠性。

3. 特性比

一般地说，对于调节对象，迟延τ大，则调节性差；迟延τ小，则调节性好；时间常数T为适当大小，则调节性好；时间常数T值太大或太小，则调节性差。

分析迟延τ对调节过程的影响时，不仅要考虑迟延τ的绝对值大小，同时要注意该对象的时间常数T的大小。比值$\frac{\tau}{T}$能比较正确全面地反映被调对象的调节特性，称$\frac{\tau}{T}$为对象特性比。特性比$\frac{\tau}{T}$值大，则对象调节特性差；$\frac{\tau}{T}$值小，则调节特性好。例如当对象的特性比$\frac{\tau}{T}<0.3$时，可以使用最简单的双位调节器进行调节。

2.1.5 自平衡的概念

工程中亦有不少对象能在没有调节器的帮助下，受到干扰后，自己也能恢复新的平衡，但其静态偏差可能较大。在这些对象中，流入量和流出量的变化会影响被调参数的变化。同时，被调参数的变化亦会影响流入量和流出量的变化，即被调参数与流入量和流出量是相互影响的，人们称这种对象具有自平衡能力。若被调参数的变化对流入量和流出量没有影响，这种对象就没有自平衡能力。

一般的温度、压力及液位对象大多具有自平衡能力。

2.2　时域模型——调节对象的微分方程

控制系统分析设计中的一个关键问题是确定物理系统的数学模型，以便定量地给出一些变量之间的关系。建立系统的数学模型是进行系统分析的基础。

2.2.1　数学模型的概念

数学模型是描述系统内部各物理量之间动态关系的数学表达式，是系统分析和综合的基础。常用的数学模型有微（差）分方程、传递函数、结构图、信号流图、频率特性以及状态空间描述等。

数学模型的建立方法有解析法和试验法两种。用解析法建立系统的数学模型时，应根据系统及元部件的特点和连接关系，按照它们遵循的物理、化学等定律，列写出各物理量之间的数学关系式。用试验法确定数学模型时，要求对系统施加经典的测试信号，如阶跃、脉冲或正弦等信号，记录系统的时间响应曲线，从而估算出系统传递函数。

调节对象动态特性一般可用数学模型（微分方程）来描写，而微分方程的原型均可通过支配具体对象的物理模型来获得。有了对象数学模型，就可以用各种分析方法及计算机技术对被调对象做分析与综合。在推导对象动态方程时，为简化问题，常需做一些必要的假设，忽略对象实际存在的一些次要因素。例如，推导冷藏箱温度动态特性时，视温度为集中分布（实际上是三维分布参数），并忽略实际存在的非线性因素，而获得了线性微分方程。一般自控对象，工作于低频扰动范围，如这些简化对结果的精确性影响较小，可以允许采用集中参数法建立数学模型。用于自控的热工对象，大都工作于低频范围。

本节讨论对象特性，均做了线性化处理，便于拉普拉斯变换及传递函数运算。由于线性化，就可以应用叠加原理，几个不同的函数（如干扰作用与调节作用）作用于对象的反应，等于每个函数单独作用的反应之和。故线性系统对几个输入量的反应，可以单个分别处理，然后对其反应结果进行叠加。

2.2.2　建立调节对象微分方程的步骤

各种热工对象、制冷空调设备从本质上看都是一些储存能量与工质的容器，并伴随着能量和工质的储存与释放过程。建立对象的数学模型，绝不是单纯的数学工作，而是要求对研究对象的物理本质深入全面了解，才能从复杂的实际对象中抽出正确而简单地描述实际过程的微分方程式。这一基本观点，在建立对象的数学模型时是很重要的。主要步骤描述如下：

1）根据系统要求确定系统或元件的输入、输出变量，微分方程通常是输入和输出之间的数学关系。

2）根据物理或化学规律如牛顿第二定律、能量守恒定律、基尔霍夫定律等列出原始方程。如果是元件，就直接列写元件相应的原始方程；如果是由多个元件组成的系统，则对每一个元件建立原始方程。

3）在适当情况下进行简化，忽略一些次要因素。实际系统或多或少带有一定的非线性和分布参数特性，在精度允许的范围内，只有做一定的简化，才能得到既简单又能用的数学模型。

4）消去中间变量，得到系统或元件输入/输出的微分方程。

2.2.3 典型调节对象的数学模型

1. 冷藏箱空气温度数学模型

制冷装置的设计中，常规的热平衡及热负荷计算均属于静态计算，并不能确定箱内空气温度随时间的变化规律，下面求取空气温度的动态方程。

（1）冷藏箱内空气温度动态方程　为简化问题，假定箱内壁与箱内空气温度相同且均匀分布，箱壁不蓄热。该对象的简化图如图2-6所示。图2-6中，箱内空气温度为 θ；制冷剂蒸发温度为 θ_2；箱外空气温度为 θ_s；渗入箱内热流量为 $Q_入$（单位为W）；制冷剂带走的热流量为 $Q_出$（单位为W）。

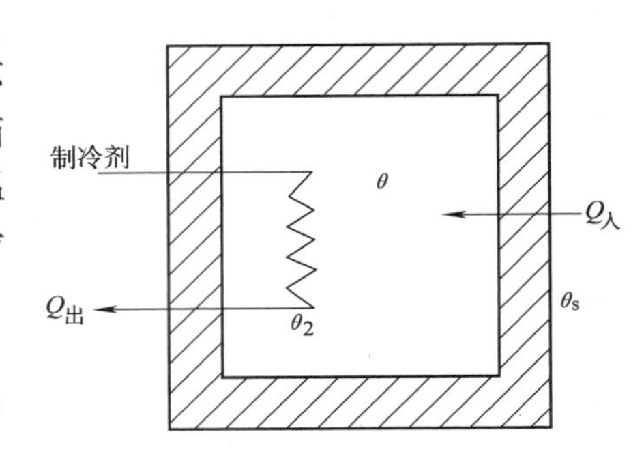

图2-6　冷藏箱对象示意图

渗入冷藏箱热量为

$$Q_入 = k_1 A_1 (\theta_s - \theta) \tag{2-12}$$

式中，k_1 为箱壁传热系数；A_1 为箱壁传热面积。

制冷剂带走的热量为

$$Q_出 = k_2 A_2 (\theta - \theta_2) \tag{2-13}$$

式中，k_2 为蒸发器当量传热系数；A_2 为蒸发器传热面积。

初始稳态时，有

$$Q_{入0} = Q_{出0},\ \theta = \theta_0$$

当渗入热流量 $Q_入$ 与制冷剂带走热流量不平衡时，热容量 U 发生变化，即

$$\frac{\mathrm{d}U}{\mathrm{d}t} = Q_入 - Q_出 \tag{2-14}$$

冷藏箱热容量

$$U = \sum_{i=1}^{n} m_i c_i \theta = C\theta \tag{2-15}$$

式中，C 为冷藏箱对象容量系数，$C = \sum_{i=1}^{n} m_i c_i$；$m_i$ 为箱壁、货物及设备的质量；c_i 为箱壁、货物、设备的比热容。故有

$$\frac{\mathrm{d}U}{\mathrm{d}t} = C\frac{\mathrm{d}\theta}{\mathrm{d}t} = Q_入 - Q_出 \tag{2-16}$$

将式(2-12)及式(2-13)代入式(2-16)，得

$$\begin{aligned} C\frac{\mathrm{d}\theta}{\mathrm{d}t} &= k_1 A_1 (\theta_s - \theta) - k_2 A_2 (\theta - \theta_2) \\ &= k_1 A_1 \theta_s + k_2 A_2 \theta_2 - (k_1 A_1 + k_2 A_2)\theta \end{aligned} \tag{2-17}$$

故

$$C\frac{\mathrm{d}\theta}{\mathrm{d}t} + (k_1 A_1 + k_2 A_2)\theta = k_1 A_1 \theta_s + k_2 A_2 \theta_2 \tag{2-18}$$

式(2-18)就是冷藏箱空气温度动态方程，方程左边为被调参数，是对象的输出信号；而方

程右边两项为输入信号，其中箱外温度 θ_s 为干扰作用参数，$k_1A_1\theta_s$ 为干扰作用项，θ_2 为调节作用参数，$k_2A_2\theta_2$ 为调节作用项。

（2）微分方程的增量表示　自动调节系统原处于初始平衡状态，此时，$Q_{入}=Q_{入0}$，$Q_{出}=Q_{出0}$，被调参数等于给定值，即 $\theta=\theta_0$。设该点为初始平衡点，受干扰作用后，被调参数才开始偏离初始平衡点。习惯上常选初始平衡点为额定点，但额定点并不一定是坐标原点，即 $\theta_0\neq0$，$Q_{入0}=Q_{出0}\neq0$，初始条件并不为零，以这样的坐标列写动态方程，求解起来很不方便。

如果把系统的坐标原点移到新初始点 O' 上（见图 2-7），用变量的增量来表示它的动态参数，则增量动态方程的初始条件就为零，动态曲线 $\Delta\theta=f(t)$ 就从新的坐标原点 O' 算起，对解方程带来很大方便。

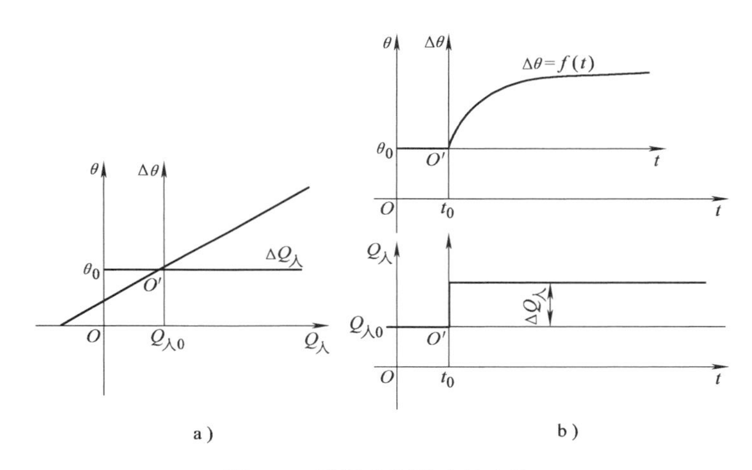

图 2-7　增量方程的坐标变换

a）静态特性　b）动态特性

增量方程的列写方法如下：

初始平衡状态时，有

$$\theta=\theta_0,\ \theta_s=\theta_{s0},\ Q_{入}=Q_{入0},\ \theta_2=\theta_{20},\ Q_{出}=Q_{出0}$$

则

$$k_1A_1(\theta_{s0}-\theta_{入0})=k_2A_2(\theta_0-\theta_{20}) \tag{2-19}$$

$$(k_1A_1+k_2A_2)\theta_0=k_1A_1\theta_{s0}+k_2A_2\theta_{20} \tag{2-20}$$

将动态方程式(2-18）中各变量用它的初始平衡值和增量和来表示，有

$$C\frac{\mathrm{d}(\theta_0+\Delta\theta)}{\mathrm{d}t}+(k_1A_1+k_2A_2)(\theta_0+\Delta\theta)=k_2A_2(\theta_{20}+\Delta\theta_2)+k_1A_1(\theta_{s0}+\Delta\theta_s) \tag{2-21}$$

将式(2-21）减去式(2-20)，并考虑到 $\frac{\mathrm{d}\theta_0}{\mathrm{d}t}=0$，则有

$$C\frac{\mathrm{d}\Delta\theta}{\mathrm{d}t}+(k_1A_1+k_2A_2)\Delta\theta=k_2A_2\Delta\theta_2+k_1A_1\Delta\theta_s \tag{2-22}$$

所以有

$$\frac{C}{k_1A_1+k_2A_2}\frac{\mathrm{d}\Delta\theta}{\mathrm{d}t}+\Delta\theta=\frac{k_1A_1}{k_1A_1+k_2A_2}\Delta\theta_s+\frac{k_2A_2}{k_1A_1+k_2A_2}\Delta\theta_2 \tag{2-23}$$

对比式(2-18）和式(2-21)，可见增量方程和原方程的形式完全一样。式中，$\Delta\theta$、$\Delta\theta_1$、$\Delta\theta_2$ 等是各变量对平衡状态下数值的增量。在自动调节（控制）书刊中，微分方程式的书

写，大多数都是省略增量符号，而用变量符号表示增量的概念。

因此，式(2-18) 可理解为对象的动态方程式，它的初始状态为零。

(3) 方程无量纲化 式(2-18) 和式(2-22) 均是有量纲的，各项均为热流量，单位为W。自动调节工程中，习惯于把数学模型写成无量纲方程，便于分析并更有通用性，也便于物理和数学模拟。

若令 $\Delta y=\dfrac{\Delta\theta}{\theta_0}$，$\Delta f=\dfrac{\Delta\theta_s}{\theta_{s0}}$，$\Delta M=\dfrac{\Delta\theta_2}{\theta_{20}}$，则式(2-22) 可写成

$$C\theta_0\frac{d\Delta y}{dt}+(k_1A_1+k_2A_2)\theta_0\Delta y=k_2A_2\Delta M\theta_{20}+k_1A_1\Delta f\theta_{s0}$$

故

$$\frac{C\theta_0}{(k_1A_1+k_2A_2)\theta_0}\frac{d\Delta y}{dt}+\Delta y=\frac{k_1A_1\theta_{s0}}{(k_1A_1+k_2A_2)\theta_0}\Delta f+\frac{k_2A_2\theta_{20}}{(k_1A_1+k_2A_2)\theta_0}\Delta M \tag{2-24}$$

令 $T=C\dfrac{1}{k_1A_1+k_2A_2}=CR$

式中，T 为时间常数，单位为 min 或 s；C 为冷藏箱容量系数；R 为冷藏箱的当量热阻，$R=\dfrac{1}{k_1A_1+k_2A_2}$。

并令

$$K_1=\frac{k_1A_1\theta_{s0}}{(k_1A_1+k_2A_2)\theta_0}\ \text{（干扰通道传递系数，无量纲）}$$

$$K_2=\frac{k_2A_2\theta_{20}}{(k_1A_1+k_2A_2)\theta_0}\ \text{（调节通道传递系数，无量纲）}$$

故式(2-22)、式(2-24) 可以改写成无量纲微分方程式

$$T\frac{d(\Delta y)}{dt}+\Delta y=K_1\Delta f+K_2\Delta M \tag{2-25}$$

为书写与讨论方便，亦可把增量符号省略，则式(2-25) 可写成

$$T\frac{dy}{dt}+y=K_1f+K_2M \tag{2-26}$$

式(2-26) 就是冷藏箱空气温度对象的数学模型（微分方程）无量纲表达式，这是一阶线性微分方程式。当已知对象时间常数 T 和传递函数 K_1、K_2 后，对象的动态方程便可直接写出。

2. 电阻电容（RC）回路动态特性

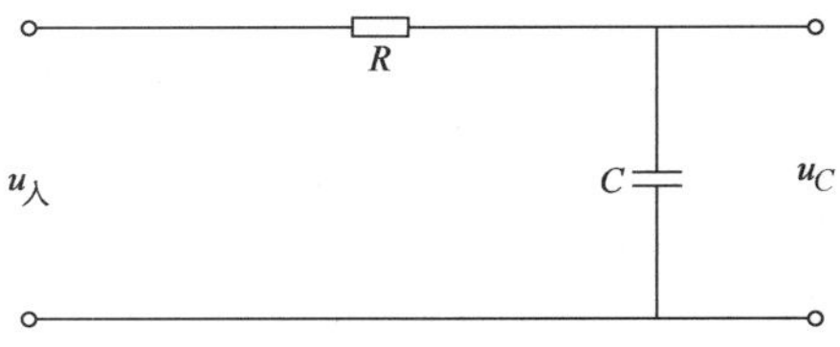

图2-8所示为常见的 RC 电路，当输入电压 $u_入$ 不变时，其初始平衡方程（$i_0=0$）为

$$u_{入0}=u_{C0} \tag{2-27}$$

当输入电压 $u_入$ 跃变时，电路中就有电流通过，其电压方程为

$$u_入=u_C+\Delta iR \tag{2-28}$$

图2-8 常见的 RC 电路

对电容器 C 而言，电容器端电压 u_C 与充电量 Q 之间有以下关系：

$$\Delta Q=C\Delta u_C$$

充电电流的变化为

$$\Delta i=\frac{d\Delta Q}{dt}=C\frac{d\Delta u_C}{dt} \tag{2-29}$$

用式(2-28)减去式(2-27)，有

$$u_{入} - u_{入0} = u_C - u_{C0} + \Delta iR$$

$$\Delta u_{入} = \Delta u_C + \Delta iR \tag{2-30}$$

将式(2-29)代入式(2-30)，得

$$\Delta u_{入} = \Delta u_C + RC\frac{\mathrm{d}\Delta u_C}{\mathrm{d}t} \tag{2-31}$$

设 $T=RC$（T 为 RC 电路的时间常数），则

$$T\frac{\mathrm{d}\Delta u_C}{\mathrm{d}t} + \Delta u_C = \Delta u_{入} \tag{2-32}$$

或写成

$$T\frac{\mathrm{d}u_C}{\mathrm{d}t} + u_C = u_{入} \tag{2-33}$$

这就是 RC 电路的动态方程。

以上两个调节对象，虽然对象各不相同，被调参数也不相同，但在一定的假设条件下，表征它们的动态方程是相同的，都是一阶微分方程。这表明这些对象在物理本质上的相似性。不同的对象或物理现象各异的各种对象，就可以用同一形式的微分方程式来描述，只是其时间常数与传递系数有不同的含义与数值，数学模拟方法就是基于这个基础建立起来的。

对于具有相同动态特性与微分方程的各种物理现象，由于它们之间有相似性，因此它们之间可相互模拟。在自动控制技术中，常以简明的水箱对象或 RC 电路来模拟各种复杂的热工、机械以及液力对象，即可以用模拟计算、测试技术来分析研究各种复杂的对象特性。

由上面的分析可知，在一定的假设条件下，建立对象的动态方程是进行数学模拟的基本内容之一。但对于复杂对象，要准确地列写它们的微分方程式非常困难。

为便于比较，现归纳上述冷藏箱以及 RC 电路的容量系数 C、阻力系数 R 和时间常数 T，见表2-1。

表2-1 两种调节对象特性参数比较表

特性参数 / 调节对象	被调参数 y	容量系数 C	阻力系数 R	时间常数 T
冷藏箱	空气温度 θ	$C=\sum_{i=1}^{n} m_i c_i$	$R=\frac{1}{k_1A_1+k_2A_2}$	$T=RC=\frac{\sum_{i=1}^{n} m_i c_i}{k_1A_1+k_2A_2}$
RC 电路	电压 u	C	R	$T=RC$

2.3 高阶线性调节对象（系统）微分方程

如果系统中的元件的特性都是线性，并能用线性微分方程描述其输入和输出关系的系统，称为线性系统。绝大多数控制系统，在一定的限制条件下，都可以用线性微分方程来描述。线性微分方程的求解，一般都有标准方法。因此，线性系统的研究具有重要的实用价值。线性系统的特性主要是叠加性和齐次性。

本节通过几个例子，说明用分析法建立线性系统数学模型的过程。

2.3.1 机械系统

【例2-1】 图2-9所示为一个弹簧阻尼系统，图中，质量为m的物体在外力$x(t)$的作用下，产生位移$y(t)$，求该系统的数学模型。

【解】 设阻尼器的黏性摩擦系数为c，在一定相对范围内可视其为常数，弹簧的弹簧系数为k，在弹性范围内可视为常数，该系统中外力$x(t)$和位移$y(t)$分别为系统的输入量和输出量。

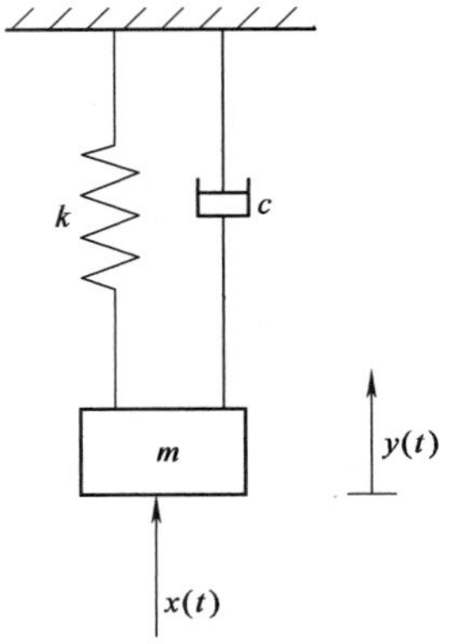

根据牛顿运动定律，物体m在外力$x(t)$的作用下克服弹簧阻力$F_k(t)$和阻尼器阻力$F_c(t)$，将产生加速度力ma，即

$$ma = \sum F(t) = x(t) - F_k(t) - F_c(t) \tag{2-34}$$

因为

$$F(t) = ky(t) \tag{2-35}$$

$$F_c(t) = cv(t) = c\frac{dy(t)}{dt} \tag{2-36}$$

式中，v为物体相对的移动速度，它是位移$y(t)$对时间t的导数。

图2-9 弹簧阻尼系统

将式(2-35)和式(2-36)代入式(2-34)，有

$$m\frac{d^2y(t)}{dt} + c\frac{dy(t)}{dt} + ky(t) = x(t) \tag{2-37}$$

式(2-37)即为图2-9所示的弹簧阻尼系统的用微分方程描述的数学模型，该系统的数学模型是一个线性定常二阶微分方程。

2.3.2 热力学系统

空调室简化图如图2-10所示，空调室容积为V（m^3）；室内温度为θ_t（℃）；室外温度为θ_s（℃）；送风温度为$\theta_入$（℃）；换气次数为n（1/h）；空调室内人体和设备热为Q_m（kW）；空气的比定容热容为c_V［kJ/(m^3·K)］，被调参数为室内空气温度θ_t（℃）。

为简化问题，假设围壁结构传热并蓄热，忽略家具蓄热作用。

空调室空气蓄热量变化方程式为

$$\frac{dU}{dt} = Q_入 - Q_出 \tag{2-38}$$

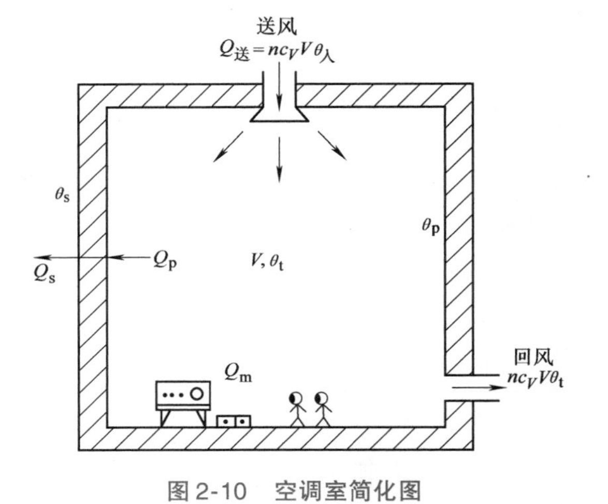

图2-10 空调室简化图

加入房间的热流量为

$$Q_入 = Q_送 + Q_m = nc_V V\theta_入 + Q_m \tag{2-39}$$

流出房间的热流量为

$$Q_出 = Q_p + Q_{回风} = nc_V V\theta_t + Q_p \tag{2-40}$$

式中，Q_m为人体、灯光照明和设备等发热流量；$\theta_入$为送风温度；Q_p为室内空气传给围壁的热流量，$Q_p = \alpha A(\theta_t - \theta_p)$；$\alpha$为空气和围壁间表面传热系数。

将式(2-39)、式(2-40) 代入式(2-38)，可得

$$\frac{\mathrm{d}U}{\mathrm{d}t}=nc_VV\theta_{入}+Q_m-Q_p-nc_VV\theta_t \tag{2-41}$$

式中，U 为空调室内空气蓄热量，$U=c_VV\theta_t$。

$$c_VV\frac{\mathrm{d}\theta_t}{\mathrm{d}t}=nc_VV\theta_{入}+Q_m-Q_p-nc_VV\theta_t$$

$$c_VV\frac{\mathrm{d}\theta_t}{\mathrm{d}t}+(nc_VV+\alpha A)\theta_t=nc_VV\theta_{入}+Q_m+\alpha A\theta_p \tag{2-42}$$

式(2-42) 由热平衡关系式推导出。按自动调节技术概念，这些变量可以看成是增量。

由于认为围壁是蓄热的，故其简化的蓄热方程式为

$$C_p\frac{\mathrm{d}\theta_p}{\mathrm{d}t}=Q_p-Q_s$$

$$C_p\frac{\mathrm{d}\theta_p}{\mathrm{d}t}=\alpha A(\theta_t-\theta_p)-kA(\theta_p-\theta_s) \tag{2-43}$$

式中，Q_p 为室内空气传给围壁的热流量；Q_s 为围壁外表面向外界散发的热流量；C_p 为围壁内表面层的容量系数。

由于考虑围壁蓄热，故对象就有空气和围壁两个蓄热容积，成了双容对象，其动态特性为二阶微分方程式。将式(2-42) 代入式(2-43)，得到二阶微分方程式为

$$\frac{C_pc_V}{\alpha A}\frac{\mathrm{d}^2\theta_t}{\mathrm{d}t^2}+\left(\frac{nC_pc_VV}{\alpha A}+C_p+Vc_V+\frac{kc_VV}{\alpha}\right)\frac{\mathrm{d}\theta_t}{\mathrm{d}t}+\left(nc_VV+\frac{nc_VVk}{\alpha}+kA\right)\theta_t=$$

$$kA\theta_s+\left(1+\frac{k}{\alpha}\right)[Q_m+nc_VV\theta_{入}] \tag{2-44}$$

如果再考虑家具设备的蓄热作用，那就形成了三个容积，其动态特性为三阶微分方程式。一般空调室中家具不多，故可近似地忽略家具的蓄热作用。如果不考虑围壁蓄热，就只有空调室空气容积，就成了单容一阶微分方程式。前面所讲的冷藏箱动态方程式就是实例。

在空调室温度动态特性推导中，近似地认为围壁传热的热阻集中在内层，围壁各点温度相等，蓄热作用集中在围壁内表面的一定厚层中，这样把问题简化为集中热阻和热容的对象来处理。

实际研究中，对于较厚围壁或冷藏箱（冰箱）箱体，可把厚壁分成许多平行薄层，层与层之间有热阻 R，每层各具有热容 C_i 和不同的温度 θ_i。厚壁传热的真实性质是具有分层热阻和分布热容的多容环节。多容对象的动态特性是高阶微分方程。

2.3.3　电气系统

【例2-2】　图2-11所示为 RLC 串联网络，其中输入电压为 $u_i(t)$，输出电压为电容两端的电压 $u_C(t)$，求该电气网络的数学模型。

【解】　根据基尔霍夫电压定律，电阻 R、电感 L 及电容 C 两端的电压和等于输入电压，则有

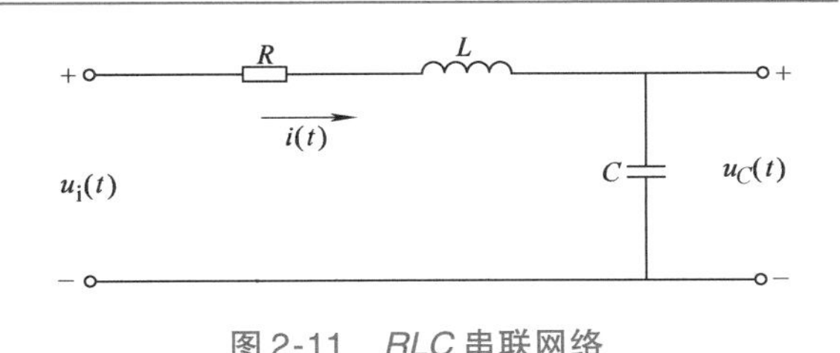

图2-11　RLC串联网络

$$Ri(t)+L\frac{\mathrm{d}i(t)}{\mathrm{d}t}+u_C(t)=u_i(t) \tag{2-45}$$

因为 $i(t)=\frac{\mathrm{d}q(t)}{\mathrm{d}t}$，$q(t)=Cu_C(t)$，所以有

$$i(t)=C\frac{\mathrm{d}u_C(t)}{\mathrm{d}t} \tag{2-46}$$

式中，$q(t)$ 为电荷量。将式(2-45) 代入式(2-46) 中，并整理可得

$$LC\frac{\mathrm{d}^2u_C(t)}{\mathrm{d}t^2}+RC\frac{\mathrm{d}u_C(t)}{\mathrm{d}t}+u_C(t)=u_\mathrm{i}(t) \tag{2-47}$$

式(2-47) 即为图2-11所示的 *RLC* 串联网络的用微分方程描述的数学模型，该系统的数学模型是一个线性定常二阶微分方程。

2.4 非线性微分方程的线性化

严格地说，实际控制系统的元件都含有非线性特性。例如，液位调节对象中流出量与液位高度之间存在非线性关系；伺服电动机有一定的起动电压（称为死区），同时由于它的电磁转矩不可能无限增加，因而出现饱和；又如齿轮减数器有间隙存在等。常见的非线性特性及其曲线在第1章已经介绍。

虽然含有非线性特性的系统可以用非线性微分方程来描述，但它的求解通常是非常复杂的。这时，除了可以用计算机进行数值计算外，有些非线性特性还可以在一定工作范围内用线性系统模型近似，称为非线性模型的线性化。线性化的方法有多种，例如，具有饱和特性的放大器，在小信号输入时，输入和输出的关系是线性的，可认为是线性元件；在机械系统中，如果只研究系统的动态性能，则在有润滑剂的情况下，往往可以忽略很小的干摩擦，而只考虑与速度成正比的黏性摩擦，当作用力也不超过线性范围时，就可以得到一个线性系统模型；此外，在工程实际中，常常把非线性特性在工作点附近用泰勒级数展开的方法进行线性化。

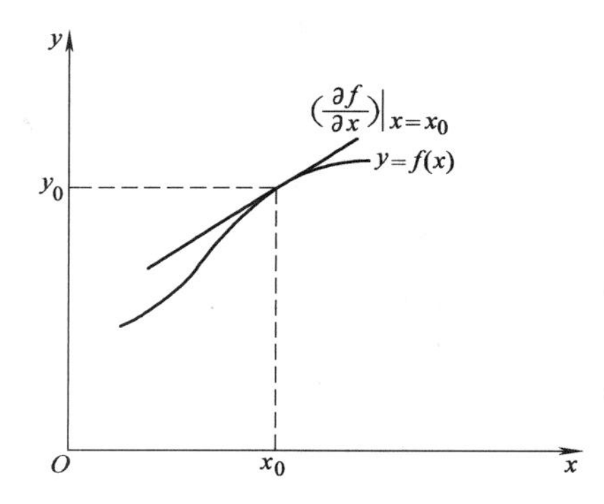

图2-12 小偏差线性化示意图

一般情况下，设非线性函数 $y=f(x)$，如图2-12所示。若函数 y 在其工作点 (x_0, y_0) 处各阶导数存在，则可用变量 x 的偏差形式，在工作点邻域将 y 展成泰勒级数，即

$$y=f(x)=f(x_0)+\left(\frac{\partial f}{\partial x}\right)\bigg|_{x=x_0}\Delta x+\frac{1}{2!}\left(\frac{\partial^2 f}{\partial x^2}\right)\bigg|_{x=x_0}\Delta x^2+\cdots \tag{2-48}$$

如果偏差 Δx 很小，则可以略去级数中偏差的高次幂项，从而得到以偏差为自变量的线性函数，即

$$\Delta y=f(x)-f(x_0)=\left(\frac{\partial f}{\partial x}\right)\bigg|_{x=x_0}\Delta x \tag{2-49}$$

式中，$\left(\frac{\partial f}{\partial x}\right)\bigg|_{x=x_0}$ 为函数 $y=f(x)$ 在 (x_0, y_0) 处的一阶导数值，它表示了 $y=f(x)$ 曲线在 (x_0, y_0) 处切线的斜率。由此表明，非线性函数在工作点处，可以用该点的切线进行方程线性化。

2.4.1　液位对象的微分方程线性化

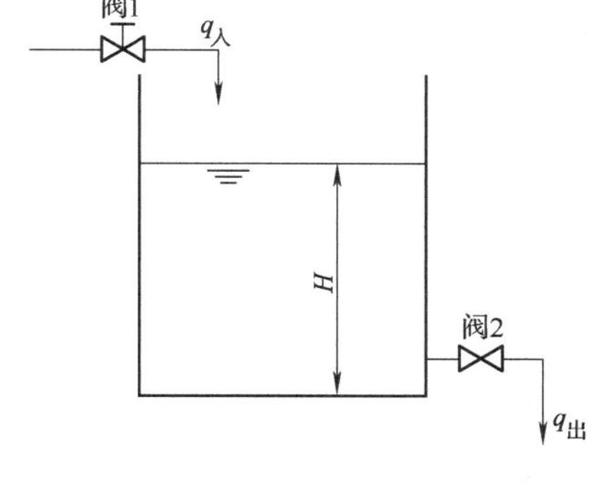

图 2-13　液位对象示意图

图 2-13 所示为液位对象。在初始平衡状态时，流入的体积流量 $q_{入0}$ 与流出的体积流量量 $q_{出0}$ 相等，液位稳定在 H_0 处。流入量 $q_入$ 由阀 1 控制，流出量依靠液位静压头从阀 2 自行流出，流出量与压头有关，$q_出=f(H)$。流出侧是有自平衡能力的。水箱的截面积为 A，容积为 V，被调参数液位 H 为对象输出信号。

水箱蓄存量变化方程为

$$\frac{dV}{dt}=q_入-q_出 \tag{2-50}$$

$$A\frac{dH}{dt}=q_入-q_出 \tag{2-51}$$

流出量与液位高度有关，即

$$q_出=C_v\sqrt{H}$$

式中，C_v 为阀 2 的流量系数。故

$$A\frac{dH}{dt}+C_v\sqrt{H}=q_入 \tag{2-52}$$

式(2-52) 为液位动态方程，是一非线性微分方程。为建立增量方程，必须先把式(2-52) 线性化。为避免调节系统方程的非线性，亦需事先进行线性化。非线性方程的线性化就是在对象的输入信号与输出信号的工作范围内，把它的非线性关系用近似方法改为线性关系。

把变量的非线性函数用泰勒级数展开成这个变量额定值附近的增量表达式，然后略去高于一次的增量项，就可得近似的线性函数。据此，可把非线性函数$\sqrt{H}$写成

$$\begin{aligned}\sqrt{H}&=\sqrt{H_0}+\left(\frac{d\sqrt{H}}{dH}\right)_{H_0}\frac{\Delta H}{1!}+\left(\frac{d^2\sqrt{H}}{dH^2}\right)\frac{\Delta H^2}{2!}+\cdots\\&\approx\sqrt{H_0}+\left(\frac{d\sqrt{H}}{dH}\right)_{H_0}\Delta H=\sqrt{H_0}+\frac{1}{2\sqrt{H_0}}\Delta H\end{aligned} \tag{2-53}$$

对于非线性方程还可以用切线法进行近似，在特性曲线 $q_出=f(H)$ 上，在小增量情况下，可以近似地以切线代替原来的曲线。图 2-14 给出 $q_出=f(H)$ 特性曲线，设额定工作点为 P，此时流出量为 $q_{出0}$，液位为 H_0，通过 P 点作切线，当液位在 H_0附近小范围内变化 ΔH 时，流出量的变化以直线 PQ 对应的流量代替曲线 PQ'所对应的流量。

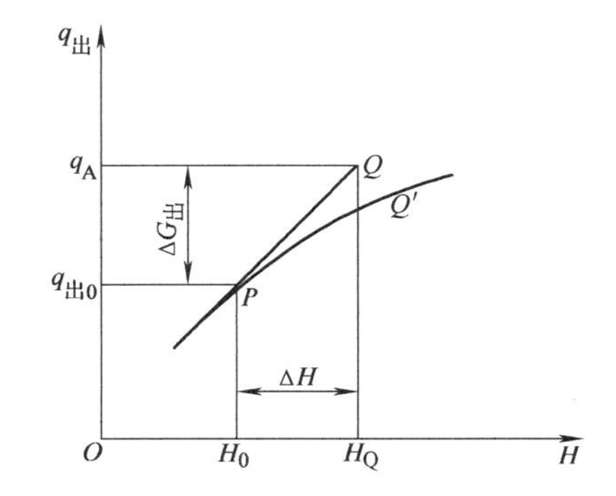

图 2-14　非线性曲线的线性化

初始稳态时，有

$$q_{入0}=q_{出0}=C_v\sqrt{H_0} \tag{2-54}$$

现将式(2-52) 用初始值和微增量之和来表示，即

$$A\frac{d(H_0+\Delta H)}{dt}+C_v\left(\sqrt{H_0}+\frac{\Delta H}{2\sqrt{H_0}}\right)=q_{入0}+\Delta q_入 \tag{2-55}$$

将式(2-55)减去初始稳态方程式(2-52)，有

$$A\frac{\mathrm{d}\Delta H}{\mathrm{d}t}+\frac{C_{\mathrm{v}}}{2\sqrt{H_0}}\Delta H=\Delta q_{\text{入}} \tag{2-56}$$

或

$$A\frac{2\sqrt{H_0}}{C_{\mathrm{v}}}\frac{\mathrm{d}\Delta H}{\mathrm{d}t}+\Delta H=\frac{2\sqrt{H_0}}{C_{\mathrm{v}}}\Delta q_{\text{入}} \tag{2-57}$$

令液阻系数

$$R=\frac{2\sqrt{H_0}}{C_{\mathrm{v}}}$$

则液位对象时间常数为

$$T=RC=\frac{2\sqrt{H_0}}{C_{\mathrm{v}}}A \tag{2-58}$$

所以

$$T\frac{\mathrm{d}\Delta H}{\mathrm{d}t}+\Delta H=R\Delta q_{\text{入}} \tag{2-59}$$

略去增量符号“Δ”，写成

$$T\frac{\mathrm{d}H}{\mathrm{d}t}+H=Rq_{\text{入}} \tag{2-60}$$

这就是水箱液位对象的动态方程（对于流入侧干扰），是一阶微分方程式。这样的对象为单容对象，它只包含一个时间常数（对应于一个容量系数 C 与一个液阻系数 R）。如果将上述受阶跃干扰后的液位变化过程再记录下来，就可得到液位对象的反应曲线如图2-15所示，亦称“飞升曲线”。很明显，这一过程亦是自平衡的结果，方程式(2-60)的解，也就是图2-15的反应曲线。

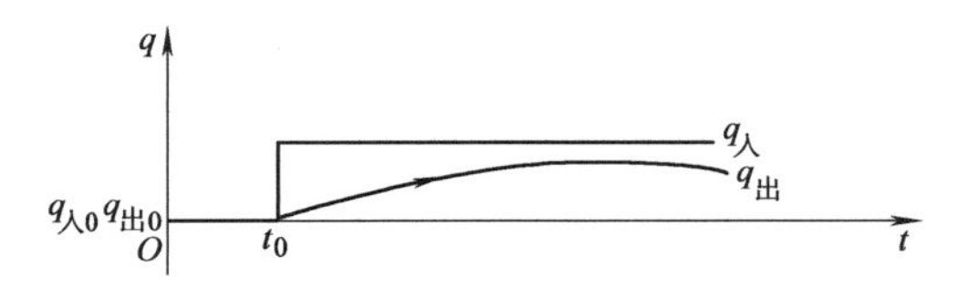

图2-15 液位对象飞升曲线

2.4.2 倒立摆系统的微分方程线性化

【例2-3】 如图2-16a所示一级倒立摆系统，小车可沿 x 轴移动，摆杆可绕 O 点转动。M 为小车质量，m 为摆杆上端部的摆球的质量。忽略摆杆的质量和摩擦，加在小车上的外力 $x(t)$ 是输入量，摆杆的角位移 $\theta(t)$ 是输出量，求系统的微分方程，并将方程在 $\theta=0$，$\frac{\mathrm{d}\theta}{\mathrm{d}t}=0$ 附近线性化。

【解】 设小车的位移 $y(t)$，则摆球在 x 轴上的位移是 $y(t)+l\sin\theta(t)$。摆球的受力情况如图2-16b所示，图中，mg 为重力，$mg\sin\theta(t)$ 为重力在垂直于摆杆方向上的分力。

根据牛顿第二定律，小车和摆球在 x 方向上满足

$$M\frac{\mathrm{d}^2y(t)}{\mathrm{d}t^2}+m\frac{\mathrm{d}^2}{\mathrm{d}t^2}[y(t)+l\sin\theta(t)]=x(t)$$

即

$$(M+m)\frac{\mathrm{d}^2y(t)}{\mathrm{d}t^2}+ml\cos\theta(t)\frac{\mathrm{d}^2\theta(t)}{\mathrm{d}t^2}-ml\left[\frac{\mathrm{d}\theta(t)}{\mathrm{d}t}\right]^2\sin\theta(t)=x(t) \tag{2-61}$$

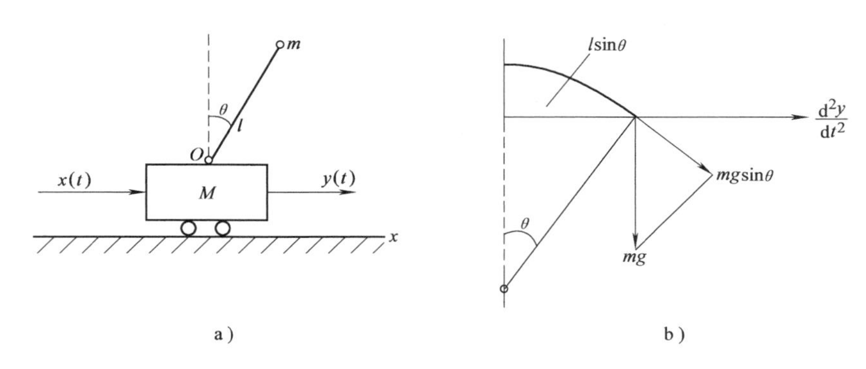

图 2-16　一级倒立摆系统
a）系统示意图　b）受力分析图

式(2-61) 是系统的一个微分方程，这是非线性微分方程。由式(2-61) 可知，在 $\theta=0$，$\frac{\mathrm{d}\theta}{\mathrm{d}t}=0$ 附近线性化，相当于在式(2-61) 中令 $\sin\theta(t)=\theta(t)$，$\cos\theta(t)=1$，$\left[\frac{\mathrm{d}\theta(t)}{\mathrm{d}t}\right]^2=0$，则对应的线性化方程为

$$(M+m)\frac{\mathrm{d}^2y(t)}{\mathrm{d}t^2}+ml\frac{\mathrm{d}^2\theta(t)}{\mathrm{d}t^2}=x(t) \tag{2-62}$$

根据力学中的加速度合成定理，摆球加速度应是相对加速度与牵连加速度的矢量和，而摆球加速度在垂直于摆杆方向上的投影（参见图 2-16b）为

$$\cos\theta(t)\frac{\mathrm{d}^2y(t)}{\mathrm{d}t^2}+l\frac{\mathrm{d}^2\theta(t)}{\mathrm{d}t^2}$$

根据牛顿第二定律，摆球在垂直于摆杆的方向上满足

$$m\cos\theta(t)\frac{\mathrm{d}^2y(t)}{\mathrm{d}t^2}+ml\frac{\mathrm{d}^2\theta(t)}{\mathrm{d}t^2}=mg\sin\theta(t) \tag{2-63}$$

对应的线性化方程为

$$\frac{\mathrm{d}^2y(t)}{\mathrm{d}t^2}+l\frac{\mathrm{d}^2\theta(t)}{\mathrm{d}t^2}=g\theta(t) \tag{2-64}$$

式(2-61) 和式(2-63) 是倒立摆的非线性微分方程，由对应的线性化方程式(2-62) 和式(2-64) 还可得到

$$ml\frac{\mathrm{d}^2\theta(t)}{\mathrm{d}t^2}-(M+m)g\theta(t)+x(t)=0 \tag{2-65}$$

对于含有某些非线性特性的系统，只要系统的变量偏离其工作点较小，就可以采用这种线性化方法。线性化是研究非线性系统的一种常用方法。可以线性化的系统，就可以采用线性数学模型近似表示非线性系统，也就可以采用线性控制理论进行分析和设计；不能够线性化的系统，则要用非线性系统的理论进行分析和设计。

2.5　调节对象微分方程式的讨论

调节对象动态特性一般是迟延环节和多容环节串联，而多容对象则可以简化为以迟延环节加单容对象来近似代替，因此可以通过对一阶微分方程分析对象微分方程中参数的含义及对调节过程的影响。

2.5.1 微分方程的求解

现以线性化后的液位对象微分方程式为例进行分析，已知其方程为

$$T\frac{\mathrm{d}H}{\mathrm{d}t}+H=KG_{入} \tag{2-66}$$

式中，H 为液位高度变化量；$G_{入}$ 为流入体积流量增量。

在液位对象中，液阻系数的含义与传递系数 K 的定义相同，因此，方程中用 K 替代方程式(2-66) 右侧的 R。

这是一阶线性常微分方程，其解是齐次方程通解和非齐次方程的特解之和，步骤如下：

1. 齐次方程的通解 H_c

齐次方程

$$T\frac{\mathrm{d}H}{\mathrm{d}t}+H=0 \tag{2-67}$$

其特征方程为

$$Ts+1=0$$

特征方程根为

$$s=-\frac{1}{T}$$

故齐次方程通解为

$$H_c=C\mathrm{e}^{-\frac{t}{T}} \tag{2-68}$$

式中，C 为待定积分常数。

2. 非齐次方程特解 H_p

若干扰作用 $G_{入}(t)$ 是阶跃干扰，则特解为

$$H_p=KG_{入} \tag{2-69}$$

特解即方程的稳态解，其微分项为零。

3. 微分方程式的全解

由上述通解和特解相加而得

$$H=H_c+H_p=C\mathrm{e}^{-\frac{t}{T}}+KG_{入} \tag{2-70}$$

4. 以初始条件定积分常数 C

当 $t=0$，突然加入阶跃干扰 $G_{入}$时，液位不可能立即变化，故将 $t=0$，$H=0$ 代入式(2-70)，得

$$C\mathrm{e}^{-\frac{t}{T}}+KG_{入}=0 \tag{2-71}$$

$$C=-KG_{入}$$

方程式全解为 $H=KG_{入}-KG_{入}\mathrm{e}^{-\frac{t}{T}}$

$$H=KG_{入}(1-\mathrm{e}^{-\frac{t}{T}}) \tag{2-72}$$

式(2-72) 就是液位对象（单容对象）受到阶跃干扰作用 $G_{入}$后，被调参数 H 随时间 t 变化的规律，称为被调参数的过渡过程，而 H-t 曲线则称为对象的反应曲线（或称飞升曲线），如图2-17所示。

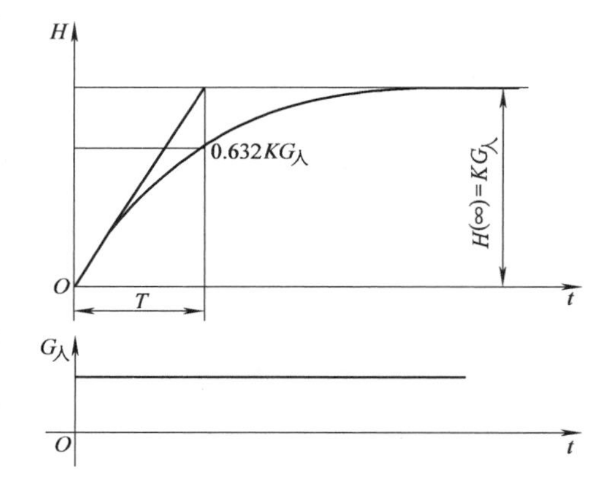

图2-17 一阶（单容）对象反应曲线

2.5.2 方程解的讨论

1. 传递系数 K

从图2-17所示反应曲线可以看出，对象受到干扰作用后，被调参数 H 开始变化，当 $t\to$

∞时，由式(2-73) 可得

$$H(\infty)=H_{p}=KG_{入}$$

$$K=\frac{H(\infty)}{G_{入}} \tag{2-73}$$

传递系数（放大系数）K 是对象受干扰作用 $G_{入}$后，被调参数的新稳态值 $H(\infty)$ 与所受干扰幅度 $G_{入}$之比。

液位对象的传递系数 K 不随时间而变，它是对象的静态特性。传递系数 K 值小，则受干扰作用后，被调参数变化较小幅度就能自行恢复平衡。

2. 时间常数 $T=RC$

从反应曲线上可看出其含义是，当对象受到干扰后，被调参数 H 如果一直以初始的变化速度，到达新稳态值 $H(\infty)$ 所需要的时间应是时间常数 T。

时间常数的大小反映了对象受干扰作用后，被调参数到达新稳态值的快慢。

当 $t=0$ 时，被调参数的变化速度可从式(2-72) 两边求导数得到，即

$$\begin{aligned}\left(\frac{\mathrm{d}H}{\mathrm{d}t}\right)\bigg|_{t=0}&=KG_{入}\left(-\mathrm{e}^{-\frac{t}{T}}\right)\bigg|_{t=0}\left(-\frac{1}{T}\right)\\&=KG\mathrm{e}^{-\frac{0}{T}}\frac{1}{T}=\frac{KG_{入}}{T}\end{aligned} \tag{2-74}$$

假如被调参数以$\left(\frac{\mathrm{d}H}{\mathrm{d}t}\right)\bigg|_{t=0}=\frac{KG_{入}}{T}$速度增长，当它到新稳态值 $KG_{入}$时所需的时间，即为时间常数。

所以

$$(H)_{设}=\left(\frac{\mathrm{d}H}{\mathrm{d}t}\right)\bigg|_{t=0}t=\frac{KG_{入}}{T}t$$

式中，$(H)_{设}$ 为 H 的设定状态值。

当 $t=T$ 时

$$(H)_{设}=KG_{入}=H(\infty)$$

根据这一意义，时间常数 T 就是从反应曲线初始点作切线，切线和新稳态值的交点和初始点所对应的这段时间，如图 2-17 所示。考虑到过初始点作反应曲线的切线不易画准确，故时间常数 T 亦可以如此求得：

将 $t=T$ 代入式(2-72)，得

$$H=KG_{入}(1-\mathrm{e}^{-1})=KG_{入}(1-0.368)=0.632KG_{入}=0.632H(\infty)$$

上式表明，当阶跃扰动加入后，被调参数达到 63.2% 新稳态值时所需的时间，即为时间常数 T。

3. 自调节过程时间（亦称自平衡过程时间 T_{s}）

从图 2-17 还可看出，液位对象受干扰作用后，具有自平衡的能力，被调参数新的稳态值 $H(\infty)$ 取决于干扰作用幅度 $G_{入}$大小及对象的传递系数 K 的大小。

$$H(\infty)=KG_{入}$$

一般自调节过程的时间 T_{s} 可近似地认为 $T_{s}\approx 3T$，因为加入干扰作用后，经 T_{s} 时间后，被调参数已达到

$$H=KG_{入}(1-\mathrm{e}^{-3})=0.95KG_{入}=0.95H(\infty)$$

$0.95H(\infty)$ 已经十分接近新平衡值 $H(\infty)$，此时可以近似进认为自调节过程（反应曲线）已经结束。

图2-18中示出了对象时间常数分别为T、$3T$、$5T$、$7T$时，在阶跃干扰作用下，被调参数的反应曲线。可以清楚地看到，时间常数越大，反应曲线越平坦，受到干扰作用后，恢复到新稳态所需时间也越长；时间常数越小，则情况相反。

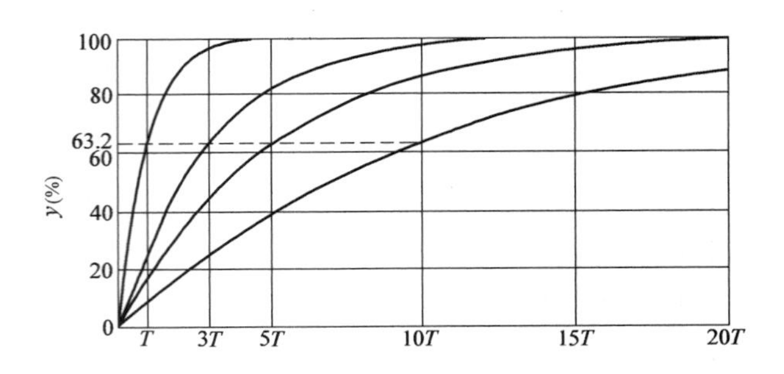

图2-18 不同时间常数对象的反应曲线

因此，时间常数表征着对象的惯性，反映了对象的被调参数对干扰作用反应的滞后性。

4. 容量系数 C 与阻力系数 R 对反应曲线的影响

容量系数C的变化仅影响时间常数，而不影响传递系数值。图2-19a所示的曲线1是容量系数为R_1和时间常数为T_1的反应曲线；而曲线2为容量系数R_2和时间常数为T_2的反应曲线。由图2-19可看出，容量系数增大，惯性变大，被调参数H的变化速度减小，因为由式(2-74)可知

$$\left(\frac{\mathrm{d}H}{\mathrm{d}t}\right)\bigg|_{t=0}=\frac{KG_{\text{入}}}{T}=\frac{KG_{\text{入}}}{RC}=\frac{G_{\text{入}}}{C} \tag{2-75}$$

式中，传递系数K与R相等（液位对象），故当容量系数变大，初始变化速度减小，调节时间增大。

阻力系数R不但影响时间常数，而且也影响传递系数K。图2-19b表示出液位对象的阻力系数对反应曲线的影响。图中，曲线1为流出某一较小开度，液阻为R_1的反应曲线；曲线2为流出阀开度增加，液阻减小为R_2时的反应曲线。

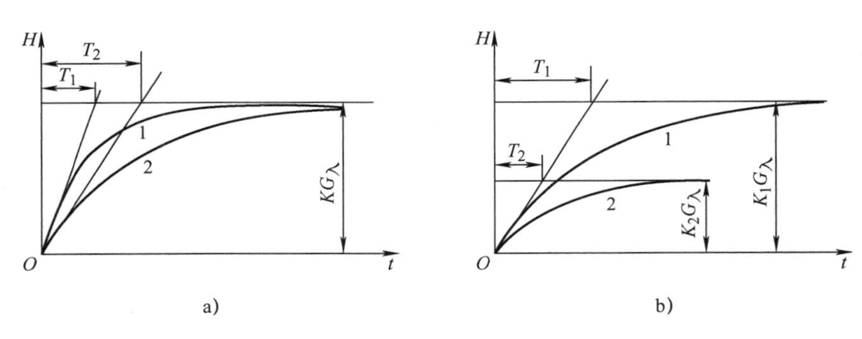

图2-19 液位对象的容量系数、阻力系数对反应曲线的影响
a）容量系数对反应曲线的影响 b）阻力系数对反应曲线的影响

由式(2-74)可知，被调参数的初始变化速度与阻力系数R无关，在相同干扰作用幅度$G_{\text{入}}$作用下，初始变化速度$\frac{\mathrm{d}H}{\mathrm{d}t}$不变，在图2-19b中亦可看出这一点，当流出阀开度增大，液阻减小时，液位初始变化速度不变。

但当流出阀开度增大，阻力系数R减小后，传递系数K减小，时间常数亦从原来的T_1减小到T_2，而且在同样干扰幅度$G_{\text{入}}$作用下，被调参数新的稳态$H(\infty)$减小，自调节过程时间也缩短了。

2.6　线性系统（环节）的传递函数

控制系统或者系统元件的微分方程是在时间域描述系统动态性能的数学模型，在给定外作用及初始条件下，通过求解微分方程可以得到系统的输出响应。但是，如果系统中某个参数变化或结构形式改变，则需要重新列写系统微分方程并求解，因此不便于对系统进行分析和设计。

运用拉普拉斯变换求解系统的线性微分方程，可以得到系统在复数域内的数学模型，称其为传递函数。传递函数不仅可以表征系统的动态特性，而且可以借以研究系统的结构或参数变化对系统性能的影响。在经典控制理论中广泛应用的频域法和根轨迹法，就是在传递函数基础上建立起来的。因此，传递函数是经典控制理论中最基本也是最重要的概念。

2.6.1　传递函数的定义

线性定常系统传递函数的定义如下：在初始条件为零时，系统输出量的拉普拉斯变换与输入量的拉普拉斯变换之比。

线性定常系统由下面的 n 阶线性微分方程描述：

$$\begin{aligned} & a_0 \frac{\mathrm{d}^n}{\mathrm{d}t^n}y(t) + a_1 \frac{\mathrm{d}^{n-1}}{\mathrm{d}t^{n-1}}y(t) + \cdots + a_{n-1}\frac{\mathrm{d}}{\mathrm{d}t}y(t) + a_n y(t) \\ & = b_0 \frac{\mathrm{d}^m}{\mathrm{d}t^m}x(t) + b_1 \frac{\mathrm{d}^{m-1}}{\mathrm{d}t^{m-1}}x(t) + \cdots + b_{m-1}\frac{\mathrm{d}}{\mathrm{d}t}x(t) + b_m x(t) \end{aligned} \tag{2-76}$$

式中，$y(t)$ 为系统的输出量；$x(t)$ 为系统的输入量；a_0，a_1，…，a_n，b_0，b_1，…b_m 为与系统结构和参数有关的常系数。

假设系统的初始条件为零，即

$$y(0) = \left[\frac{\mathrm{d}y(t)}{\mathrm{d}t}\right]\bigg|_{t=0} = \cdots = \left[\frac{\mathrm{d}^{n-1}y(t)}{\mathrm{d}t^{n-1}}\right]\bigg|_{t=0}$$

$$x(0) = \left[\frac{\mathrm{d}x(t)}{\mathrm{d}t}\right]\bigg|_{t=0} = \cdots = \left[\frac{\mathrm{d}^{m-1}x(t)}{\mathrm{d}t^{m-1}}\right]\bigg|_{t=0}$$

对上式两端进行拉普拉斯变换，可得到 s 的代数方程为

$$(a_0 s^n + a_1 s^{n-1} + \cdots + a_{n-1}s + a_n)Y(s) = (b_0 s^m + b_1 s^{m-1} + \cdots + b_{m-1}s + b_m)X(s)$$

根据传递函数的定义，由式(2-76）描述的线性定常系统的传递函数为

$$G(s) = \frac{Y(s)}{X(s)} = \frac{b_0 s^m + b_1 s^{m-1} + \cdots + b_{m-1}s + b_m}{a_0 s^n + a_1 s^{n-1} + \cdots + a_{n-1}s + a_n} \tag{2-77}$$

传递函数是在初始条件为零时定义的。控制系统的零初始条件有两方面的含义：

1）输入作用是在 $t=0$ 以后才作用于系统，因此，系统输入量及其各阶导数，在 $t=0^-$ 时的值均为零。

2）输入作用加于系统之前，系统是相对静止的，因此，系统输出量及其各阶导数，在 $t=0^-$ 时的值也为零。实际的工程控制系统多属这种情况，这时传递函数一般都可以完全表征系统的动态性能。

必须指出，用传递函数表征系统的动态性能是有一定的局限性的。首先传递函数只反映了零初始条件下，输入作用对系统输出响应产生的效果。但很多情况只有同时考虑由非零初始条件对系统输出响应产生的效果后，才能对系统的动态性能有完全的了解。其次，系统内

部往往有多种变量，但传递函数只是通过系统的输入量与输出量之间的关系来描述系统，而对内部其他变量的情况却无法得知。特别是当某些变量不能由输出变量反映时，传递函数就不能正确表征系统的特性，甚至会得到错误的结果。

现代控制理论采用状态空间法描述系统，引入了可控性和可观性的概念，从而可以对控制系统进行全面的了解，弥补了传递函数的不足。尽管如此，作为经典控制理论基础的传递函数，在工程实践中仍不失其重要性。

2.6.2 传递函数的性质

从线性定常系统传递函数的定义式(2-77) 可知，传递函数具有以下性质：

1）传递函数和微分方程一样，表征系统的运动特性，是系统数学模型的一种表示形式，它和系统的运动方程是一一对应的；传递函数只能表示一个输入对一个输出的关系，对于多输入多输出系统，则应用传递函数阵来表示系统各个变量之间的关系。

2）传递函数是系统本身的一种属性，它只取决于系统的结构和参数，与输入量的大小和性质无关。传递函数是在零初始条件下得到的，当初始条件不为零时，传递函数不能反映系统的全部特性。

3）传递函数为复变量 s 的有理真分式，即 $n \geqslant m$，因为系统或元件总是具有惯性的，而且输入系统的能量也是有限的。

4）传递函数不提供有关系统物理结构的任何信息，物理上完全不同的系统，可以有相同的传递函数。

5）传递函数的概念使用于表达系统各组成环节的特性，亦适合于表达系统的特性。严格地说，传递函数只适用于线性定常系统。对于复杂的系统，有时不一定求出其微分方程的解，而只需通过对其传递函数进行分析，可以了解系统的特性。

2.7 调节对象动态特性的试验测定

试验测定调节对象特性是一个十分重要而实用的方法。这是因为对于复杂的制冷空调对象而言，仅依靠数学方法列写微分方程来求解数学模型比较困难，常常用试验方法直接求取对象动态特性。此外，列写复杂对象的动态方程时，都做了一些必要的假设作为简化条件。为检验所得微分方程的正确性，检查它是否符合实际情况，需要用试验方法给予验证。

目前，用试验方法测定制冷空调对象动态特性的方法大致有四种，即反应曲线法（亦称飞升曲线法）、脉冲反应曲线法（矩形波反应曲线法）、频率特性法和随机函数法。随机函数法的基础为相关函数，计算工作量较大，目前在制冷空调自控工程中应用尚少。

2.7.1 反应曲线法（亦称飞升曲线法）

反应曲线法在前几节中已有较多讨论，输入阶跃干扰 Δf 作为输入信号，记录下输出信号（被调参数）y 随时间变化的特性曲线。图 2-20a 表示了这一过程。

反应曲线法容易实现，所花时间短，试验数据整理简单，应用最广。调节对象的反应曲线不论是沿调节阀到被调参数信号测量点的调节作用通道，还是由干扰作用加入点到被调参数信号测量点的干扰作用通道，其测取方法相同，其基本步骤如下：

1）先让对象工况稳定一段时间，而且选择稳定工况时应注意到，要使所得反应曲线不超出测量仪表的量程。

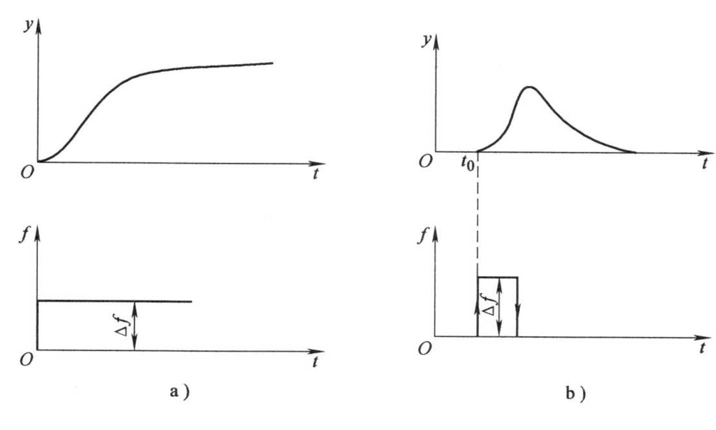

图2-20　反应曲线与脉冲特性

a）反应曲线　b）脉冲特性

2）加入适当幅度阶跃干扰作用，一般干扰幅度取额定值的5%～10%。因为干扰幅度过小，不足以得到足够明显的反应曲线。测量仪表的误差及运行时，电压波动等非正常干扰因素的影响可能很大程度上歪曲试验结果，应经常注意排除和减小，使试验结果能正确反映所施加阶跃信号的反应曲线。

过大幅度的干扰作用可能使对象失去稳定，还可能发生对象非线性因素对被调参数所产生的影响，因为热工对象多数不是真正线性，传递系数是可变的，线性化只是一种在小干扰作用下的近似处理，若干扰幅度太大，则非线性影响不能忽略，否则将会歪曲试验结果。

3）试验时间要足够长，等输出信号记录达到新的稳态后，才能停止试验。每次试验均应重复一次，两次试验反应曲线基本相符，说明试验数据是可靠的。

对于空调对象，动态特性测取一般均采用反应曲线法。

2.7.2　脉冲反应曲线法（矩形波反应曲线法）

为了能够施加幅度比较大的阶跃信号又不至于严重干扰别的对象的正常工作，可以考虑选用脉冲反应曲线法。

在短时间内，在输入端加入一矩形波干扰作用，记录下输出端被调参数曲线，叫作脉冲反应曲线，如图2-20b所示。矩形脉冲信号可以看作一个正向阶跃信号与一个与之幅度相同、方向相反且延迟一段时间负向阶跃信号的合成结果。

在试验过程中，可以进行脉冲反应曲线（矩形波反应曲线）及试验曲线的转换。例如对于一个具有自平衡能力的热工对象，输入矩形脉冲波，可以获得如图2-21所示的动态特性。图中，t_0～t_4分别表示不同的时间点（$t_1=2t_0$，$t_2=3t_0$，$t_3=4t_0$，$t_4=5t_0$），A～D为动态反应曲线上对应t_0～t_3时刻的输出值。

当$t=0$时，向对象输入一个幅度为A的干扰作用，经过t_0时间后，把干扰作用迅速撤销，被调参数经自动记录仪记下$y_1(t)$的曲线变化形状，即在矩形波脉冲干扰作用下，得到对象的动态特性曲线$y_1(t)$。

当$t=0$时，输入为正阶跃干扰，对象的动态特性曲线为$y_2(t)$；0～t_0阶段，$y_1(t)$与$y_2(t)$重合。在$t=t_0$时，若输入一个幅度也为A的负阶跃干扰，对象的动态特性曲线为$y_3(t)$。曲线$y_2(t)$与$y_3(t)$的差别，在于相差t_0迟延时间，正负相反而曲线形状相似。

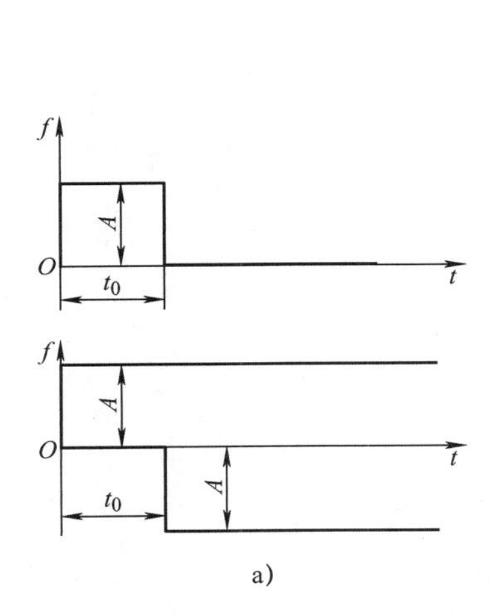

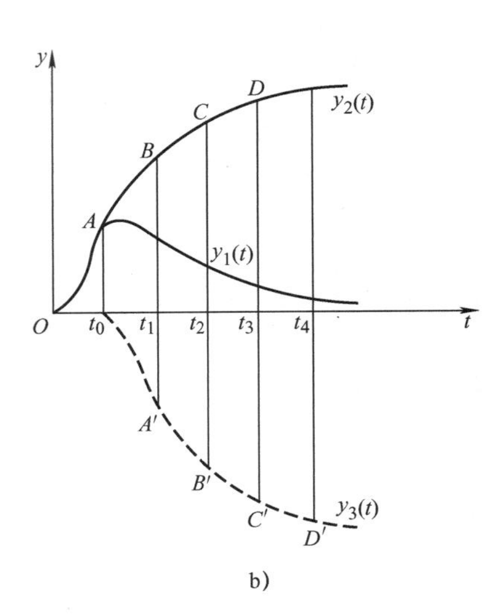

图 2-21 矩形波输入对象动态特性测定

a）脉冲输入及分解 b）脉冲输出响应

$$y_2(t-t_0) = -y_3(t) \tag{2-78}$$

很容易看出，矩形脉冲干扰作用是由两个阶跃干扰叠加而成的，即输入干扰作用为

$$y_1(t) = y_2(t) + y_3(t) \tag{2-79}$$

因此动态特性曲线 $y_1(t)$ 由两条曲线 $y_2(t)$ 和 $y_3(t)$ 叠加而成。若已测得脉冲反应曲线 $y_1(t)$，欲将其转换为阶跃干扰反应曲线 $y_2(t)$，可以利用在 $0 \sim t_0$ 时间内，曲线 $y_2(t)$ 与 $y_3(t)$ 完全一致的关系，来求取 $t_0 \sim t_1$ 时间内的 $y_3(t)$ 曲线值。叠加 $y_1(t)$ 与 $y_3(t)$，得到 $t_0 \sim t_1$ 时间内的 $y_2(t)$。逐段地利用叠加的方法，可得到阶跃干扰作用下的动态特性曲线 $y_2(t)$。

2.7.3 频率特性法

在输入端加周期性的干扰（如谐波信号输入 f），输出信号（被调参数 y）亦为周期性波动。分析输出信号振幅与输入信号振幅之比随频率变化的关系以及输出信号与输入信号相位差随频率而变化的关系，并由此来确定对象的动态特性。如输入干扰为谐波，则输出信号亦为谐波，如图 2-22 所示。输出信号与输入信号相位差为 ϕ，振幅比为 $\dfrac{y_{max}}{\Delta f_{max}}$。若改变输入信号的频率，则相位差与振幅比亦随之改变。

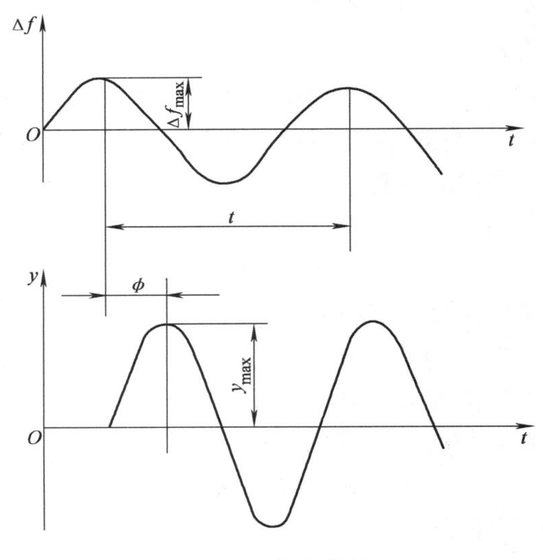

图 2-22 频率特性

通过在不同频率下对输入、输出相位与振幅的分析，确定对象的动态特性，这是频率特性法的基本依据。此法不仅广泛地用于自动化领域，在通信工程中亦早已应用，近年如换热器等热工对象特性分析亦常借用此法。采用此法需要正弦发生器等设备，测试

工作量比较大。

现以空调对象为例，用反应曲线法求取对象动态特性，例 2-4 为干式空调系统，例 2-5 为淋水式空调器动态特性的测取。

【例 2-4】 某厂恒温室，容积为 $51.5m^3$（面积为 $16.3m^2$，高为 3.16m），要求恒温为 20℃ ±1℃，由电加热器加热送风温度。室内有 40W 荧光灯三盏和三人操作，换气次数为 10 次/h，试验时，先将空调装置稳定运转在额定工况附近，然后突然增加或减少电加热器功率 $\Delta P = 0.57$kW，作为阶跃干扰输入，同时记录送风口、回风口及空调室内温度变化，将记录数据绘成反应曲线，如图 2-23 所示，从图 2-23 可知，阶跃干扰加入以前，空调室初始温度为 θ_0，加入干扰后新平衡值为 θ_∞，温度变化为

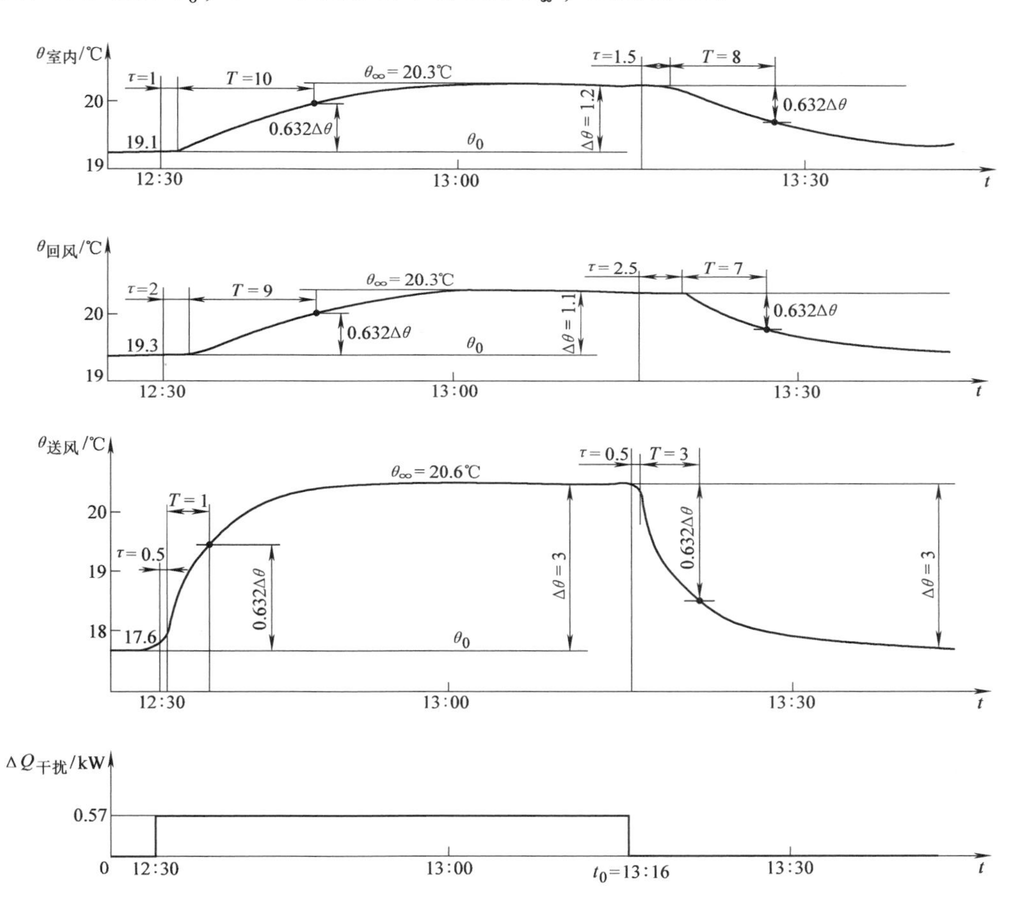

图 2-23　空调室对象试验测定反应曲线

$\Delta\theta = \theta_\infty - \theta_0$，故空调室温度对象的传递系数 K 为

$$K = \frac{\Delta\theta}{\Delta Q} = \frac{1.2}{0.57}℃/\text{kW} = 2.1℃/\text{kW}$$

由图 2-23 还可以看出，当干扰作用加入开始这一段，各点温度（室内、送风、回风）均暂时不变化，经一段迟延时间后，温度才开始变化，各点迟延时间 τ 均可由上图求得。在图中标出了从温度开始变化到达 $0.632\Delta\theta$ 的时间间隔，即时间常数 T。

【例2-5】 淋水室对象的动态特性测试，对象的系统布置如图2-24所示。试验时，先将电动三通阀阀芯调整并固定在冷水量和回水量相等的中间位置上，并保持一次混合风温度为恒定。手动调节冷水进水阀6及回水阀4，使露点温度稳定在θ_0，然后手动迅速把回水阀4关闭，把进水阀6打开，用秒表记录下操作时间，同时记录下“露点”温度θ_ϕ的变化，将数据测定结果列于表2-2，小量程温度自动记录仪记录下的对象温度下降飞升特性如图2-25所示。

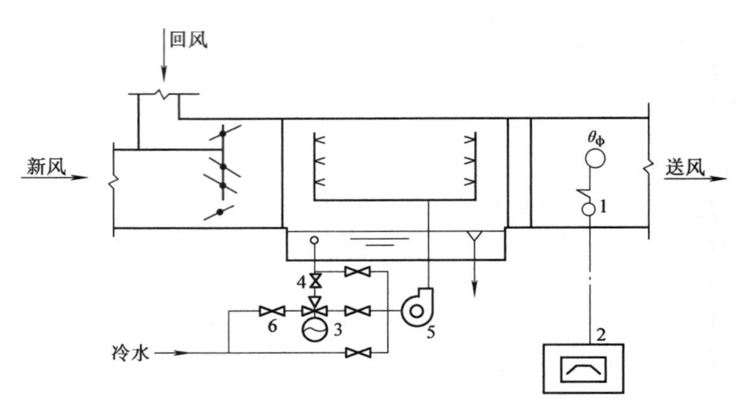

图2-24 露点飞升特性测定原理图

1、2—小量程铂电阻温度自动记录 3—电动三通阀 4—回水阀 5—水泵 6—冷水进水阀

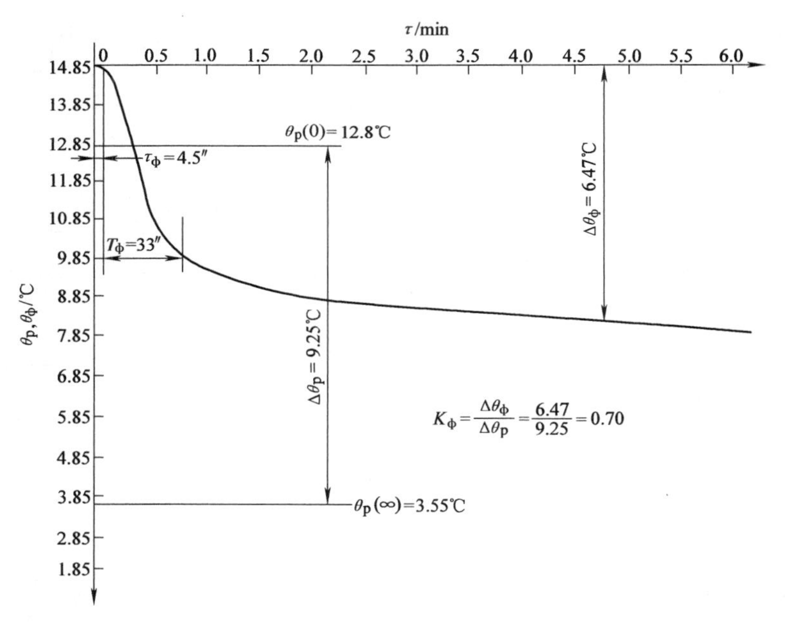

图2-25 实测“露点”反应曲线（降温工况）

表2-2 淋水室“露点”飞升特性

参数 / 测定次数	一次混风温度/℃	喷水温度/℃			“露点”温度/℃			对象特性参数		
		喷水初温 $\theta_p(0)$	喷水终温 $\theta_p(\infty)$	喷水温差 $\Delta\theta_p$	露点初温 $\theta_\phi(0)$	露点终温 $\theta_\phi(\infty)$	露点温差 $\Delta\theta_\phi$	迟延时间 τ/s	时间常数 T/s	传递系数 K
1	20.8	12.8	3.55	9.25	14.85	8.38	6.47	4.5	33	0.70

2.8　测量装置及变送器的特性

2.8.1　测量装置的特性

测量装置性能用其静态与动态特性来表示。静态特性是指测量装置的输入信号与输出信号间的关系。例如热电阻的输入信号是温度变化，输出信号是电阻值变化；又如测温温包的输入信号为温度变化，输出信号为温包内压力变化（或输出位移变化）。

测量装置静态特性的参数是它的放大系数（传递系数）K_u，测量装置的放大系数的定义为

$$K_u = \frac{\text{输出信号}}{\text{输入信号}}$$

测量装置的放大系数有时也称为灵敏度。一般希望测量装置的放大系数 K_u 大一些。

理想的测量装置是无惯性的，即当输入信号跃变时，输出信号立即随之跃变。

对于温包或热电阻这类测量元件，通常具有较大的惯性，这是因为感温元件具有热容，被测介质与感温元件之间有热阻，因此测量元件从理论上分析，它的特性是单容或多容对象特性。

对于无套热电偶、热电阻以及温包等测量元件，其动态特性属于一阶元件（单容对象）。图 2-26 所示为热电偶和温包动态特性。

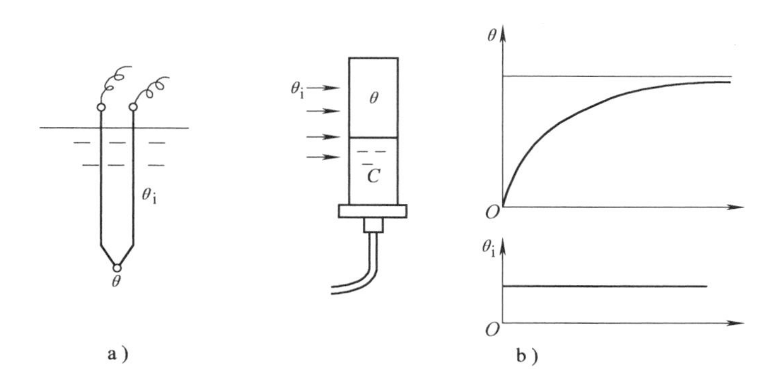

图 2-26　热电偶和测温温包及其动态特性

a）热电偶与测量温包　b）特性

若测量元件为热电偶，当介质温度与热电偶接点温度不同时，热量传给热电偶的测量接点，传热过程中存在着热阻，同时由于热电偶测量材料有一定质量，有蓄热作用，故要经过一段时间后热电偶测量接点的温度才逐渐接近和达到介质温度。

若被测介质的温度为 θ_i，热电偶接点的温度为 θ，通过分析可知，无套热电偶的动态特性是一阶微分方程

$$C\frac{\mathrm{d}\theta}{\mathrm{d}t} = \alpha F(\theta_i - \theta) \tag{2-80}$$

$$\frac{C}{\alpha F}\frac{\mathrm{d}\theta}{\mathrm{d}t} + \theta = \theta_i$$

$$T_u\frac{\mathrm{d}\theta}{\mathrm{d}t} + \theta = \theta_i \tag{2-81}$$

式中，T_u 为无套热电偶测量元件的时间常数；C 为热电偶的容量系数；α 为被测介质对热电偶的传热系数；F 为热电偶的传热表面积。

简单地分析，温包的动态特性与式(2-81）相同。

一般实际测温中，为了保护测量元件不被损坏与腐蚀，常将热电偶（热电阻）加保护套，如图2-27所示。

有时测量元件插入压力容器中，还需用套管加以密封，介质的热量必须先传给保护套管，再传给热电偶的接点（或热电阻丝）。增加保护套管实际上增加了一个一阶传热环节，因此有套热电偶的动态方程实际上是二阶微分方程，称为二阶元件。从表2-3可看到，TD－1型和TD－2型镍电阻有套温度测量元件时间常数达170s（风速为2.7m/s）。

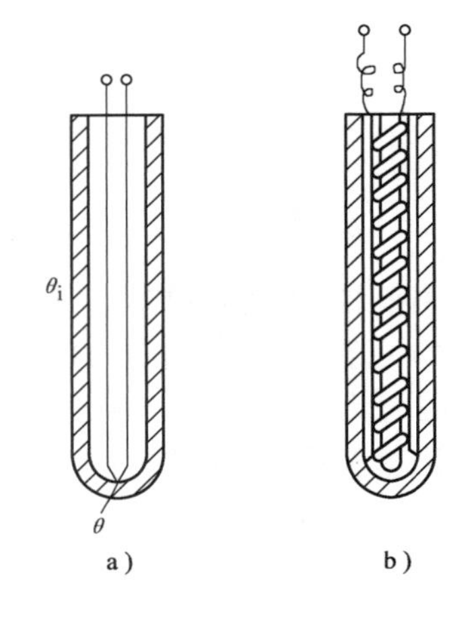

图2-27 有套热电偶和有套热电阻
a）有套热电偶 b）有套热电阻

表2-3 各种测温元件的特性

型号	用途	校正点	范围/℃	外套材料	工作压力	时间常数
TR－1	常温室温	22℃	12～32	白铁皮	常压	90s（风速为0.5m/s）
TR－2	各种空气温度	测点范围中点	－80～120	白铁皮、铝皮、塑料	常压	45s（风速为2m/s）
TD－1	无腐蚀性蒸汽、液体、气体温度	同上		黄铜	3倍常压	170s（风速为2.7m/s）
TD－2	有腐蚀性蒸汽、液体、气体温度	同上		不锈钢	3倍常压	170s（风速为2.7m/s）

无套热电偶（热电阻）的反应速度要比有套的快得多，相应地，无套热电偶的时间常数要小得多。如果把无套和有套的两支热电偶同时放到一个恒温介质中去，无套的那支热电偶反应快，达到介质温度的时间短，而有套的时间长。例如，在室温20℃时，若把一支时间常数小的无套热电偶和一支时间常数大的有套热电偶，同时插入70℃的恒温介质，即相当于加入50℃的阶跃干扰。图2-28给出了介质实际温度、有套和无套热电偶温度测量值变化曲线。逐点记下无套热电偶温度值 T_a、有套热电偶温度值 T_c，得到反应曲线 a 和 c，曲线 b 为实际介质温度 T_b 的变化曲线。从反应曲线可看出，当 $t=30$s 时，无套热电偶的测量值已达到67.5℃，而有套热电偶的实际测量值为36℃，这清楚地表明：时间常数越大，反应越慢。

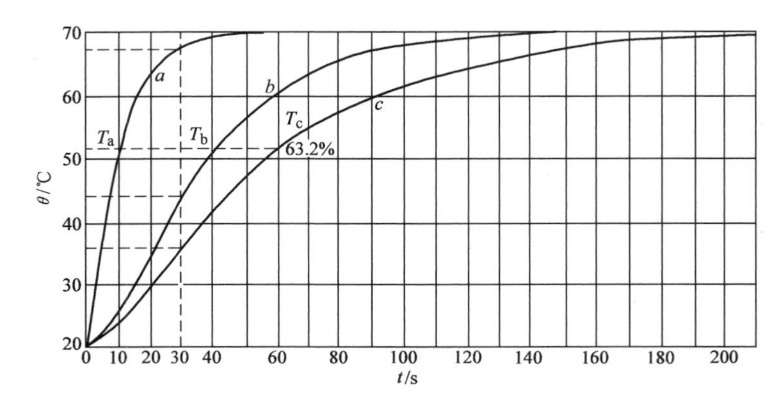

图2-28 热电偶反应曲线比较

在自动调节过程中，介质温度总是在波动的，无套热电偶或热电阻由于惯性小，可以较迅速地跟上和反映出介质的实际温度，而有套热电偶或热电阻由于迟延大，不能迅速反映介质实际温度，常使调节器动作延误，降低调节精度，严重的甚至使调节系统产生振荡，破坏了调节系统的正常工作。

图2-29给出了测量元件的测量值随被测温度波动的情况，在 t_1 时刻，介质实际温度已达最大值，而有套热电偶由于迟延大却尚未反映出，而 t_2 时刻，介质实际温度将接近最小值，而有套热电偶却反映出最大值，反映了温度正在上升，如果调节系统没有采取措施，调节器如果按这一错误信号发出调节信号，则调节阀动作必将背道而驰，不仅不能使被调温度恢复到原来的稳定值，反而造成更大的波动，甚至造成调节系统振荡，破坏了调节系统的工作。这说明测量元件测量装置动态特性对调节质量影响较大，在实际设计中应予以重视，要尽可能减小测量元件和测量装置的迟延和它的时间常数。

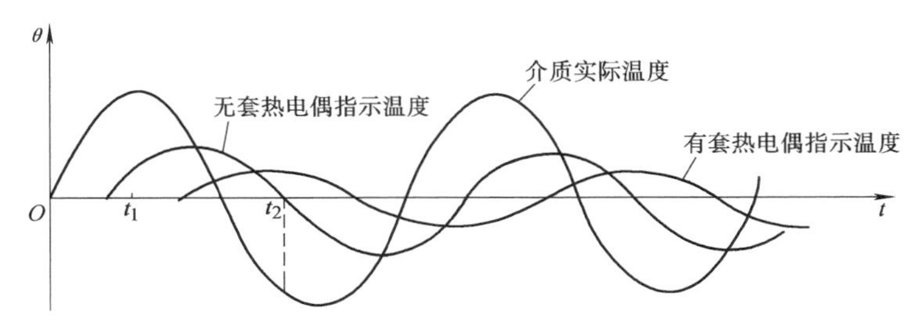

图2-29　测温热电偶动态特性比较

例如，对于热电偶和热电阻，常将热电偶的接点焊在套管顶端，以改善其动态特性，提高测量元件的反应速度；采用有通气孔保护套的热电阻，亦可减小其时间常数，提高测量元件的反应速度与动态性能；适当地选择测量装置的安装位置，可以减小纯迟延，亦可改善整个调节系统的调节质量。

2.8.2　变送器的特性及其传递函数

将传感器输出信号变换为标准信号（电压、电流）的器件称为变送器。当然，把温度传感器输出信号变为标准电压、电流信号的器件就称为温度变送器。温度变送器的作用是把输入信号转变为4～20mA的直流信号，供现场控制器作为控制及显示用。为了使用方便，现在生产有带热电阻一体化的温度变送器，它由温度传感器与两线制温度变送器模块组成，显示型产品加有电流显示表。温度变送器模块及显示表可直接装在传感器的接线盒内或分别安装在现场管道上，从而使温度的传感、变送及显示一体化，通常以数字显示实测温度值。目前江森公司生产的TS－9100、RS－9100、TE8800～8002为温度传感器、变送及显示一体化产品，可供用户选用。

由于传感器转换的信号种类单一（一般为电阻信号）而且一般也较弱，故无法与数字控制器等先进仪表配套使用。因此当采用电子式组装仪表或电动单元组合仪表，以及直接数字控制器（DDC）时，需要将信号放大转换为标准信号，如DC 0～10V、DC 0～10mA或DC 4～20mA等，以便于被模拟仪表或DDC接收，从而得到更广泛的应用。由于采用电子线路进行信号变换，时间常数和滞后都比较小，因此可以将其看作简单的比例环节，即

$$B_z = K_B\theta \tag{2-82}$$

式中，B_z 为变速器输出的标准信号；θ 为传感器的测量信号；K_B 为变速器的放大系数（静态特性）。

其传递函数可写为

$$W(s)=K_B \tag{2-83}$$

2.8.3 传感器及变送器的特性及传递函数

考虑到敏感元件为一阶惯性元件，而变送器为比例环节时，将式(2-82)代入式(2-81)，得到

$$T_u\frac{dB_z}{dt}+B_z=K_B\theta_i \tag{2-84}$$

其增量方程为

$$T_u\frac{d\Delta B_z}{dt}+\Delta B_z=K_B\Delta\theta_i \tag{2-85}$$

如果传感器的时间常数的数值与对象的时间常数的数值相比可以略去时，则有

$$\Delta B_z=K_B\Delta\theta_i \tag{2-86}$$

即传感器加变送器这一环节可以看作一个比例环节。

根据控制系统中传感器与变送器环节关系：传感器→变送器，于是有传感器加变送器的传递函数为

$$W(s)=\frac{K_B}{T_us+1} \tag{2-87}$$

本章小结

本章主要讨论调节对象数学模型的建立方法，并讨论对象特性参数对调节过程的影响。其目的是为了借助模型对调节对象的特性进行分析和研究，这是进行系统分析和设计的基础。建立对象的数学模型一般都需要对系统进行必要的简化。例如，对系统进行线性化处理，假定系统的参数是定常、集中的参数系统等。这就要求有关工程设计人员不仅要具有扎实的理论基础，而且要有丰富的实践经验。初步建立的模型还需要通过反复的试验验证和修改才能得到实际应用。

本章介绍线性定常系统建立描述系统的两种数学模型，即微分方程、传递函数。不论物理系统还是机械的、电气的或者是热力学系统，都可以用微分方程描述其动态特性。建立系统或者元件的微分方程是建立系统数学模型的基础。在建立了系统的线性定常微分方程的基础上，为更方便有效地分析、研究控制系统，提出了传递函数的概念。在经典控制理论中，传递函数是应用最广泛的一种数学模型。

本章利用微分方程的特性讨论了调节对象特性参数对反应曲线的影响，介绍了调节对象的动态特性的试验测量方法，即反应曲线法、脉冲反应曲线法和频率特性曲线法。

本章讨论了测量装置及变送器的数学模型，讨论如何提高热工参数测试仪器灵敏性的措施。

习　　题

一、选择题

2-1　描述实际控制系统中某物理环节的输入与输出关系时，采用的是（　　）。

（A）输入与输出信号　　（B）输入与输出信息

（C）输入与输出函数　　（D）传递函数

2-2　被控对象的时间常数反映对象在阶跃信号激励下被控变量变化的快慢速度，即惯性的大小，时间常数大，则（　　）。

（A）惯性大，被控变量速度慢，控制较平稳　　（B）惯性大，被控变量速度快，控制较困难

（C）惯性小，被控变量速度快，控制较平稳　　（D）惯性小，被控变量速度慢，控制较困难

2-3　关于系统的传递函数，正确的描述是（　　）。

（A）输入量的形式和系统结构均是复变量 s 的函数

（B）输入量与输出量之间的关系与系统自身结构无关

（C）系统固有的参数，反映非零初始条件下的动态特征

（D）取决于系统的固有参数和系统结构，是单位冲激下的系统输出的拉普拉斯变换

2-4　一阶控制系统 $T\frac{\mathrm{d}L}{\mathrm{d}t}+L=Kq_{\mathrm{i}}$ 在阶跃 A 作用下，L 的变化规律为（　　）。

（A）$L(t)=KA(1-\mathrm{e}^{\frac{t}{T}})$　　（B）$L(t)=KA(1+\mathrm{e}^{\frac{t}{T}})$

（C）$L(t)=KA(1-\mathrm{e}^{-\frac{t}{T}})$　　（D）$L(t)=KA(1+\mathrm{e}^{-\frac{t}{T}})$

2-5　一阶被控对象的特性参数主要有（　　）。

（A）放大系数和时间常数　　（B）比例系数和变化速度

（C）静态参数和衰减速度　　（D）动态参数和容量参数

2-6　对于室温对象—空调房间，减少空调使用寿命的因素之一是（　　）。

（A）对象的滞后时间增大　　（B）对象的时间常数增大

（C）对象的传递系数增大　　（D）对象的调节周期增大

2-7　图2-30为一物理系统，上部弹簧刚度为 k，f 为运动的黏性阻力系数，阻力 $F=fv$，$F=f\cdot\frac{\mathrm{d}x}{\mathrm{d}t}$，则此系统的传递函数的拉普拉斯变换表达式应为（　　）。

（A）$\frac{X_0(s)}{X_1(s)}=\frac{1}{\frac{f}{k}s+1}$

（B）$\frac{X_0(s)}{X_1(s)}=\frac{k}{fs+1}$

（C）$\frac{X_0(s)}{X_1(s)}=\frac{1}{fs+1}$

（D）$\frac{X_0(s)}{X_1(s)}=\frac{1}{(fs+1)k}$

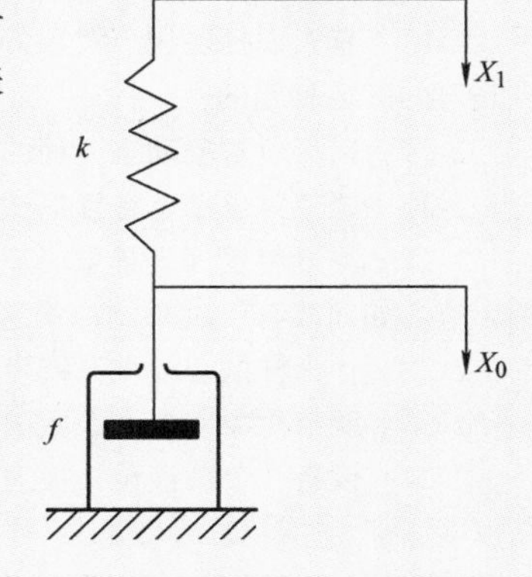

图2-30　习题2-7系统图

2-8　以温度为对象的恒温系统数学模型 $T\frac{\mathrm{d}\theta_{\mathrm{i}}}{\mathrm{d}t}+\theta_{\mathrm{i}}=K(\theta_{\mathrm{c}}+\theta_{\mathrm{f}})$，其中，$\theta_{\mathrm{c}}$ 为系统的给定量，θ_{f} 为干扰量，则（　　）。

（A）T 为放大系数，K 为调节系数　　（B）T 为时间常数，K 为调节系数

（C）T 为时间常数，K 为放大系数　　（D）T 为调节系数，K 为放大系数

2-9 对于一阶环节 $G(s)=\frac{K}{Ts+1}$，当阶跃输入时，为提高输出量的上升速率，应（ ）。

（A）增大 T 值 （B）减小 T 值 （C）增大 K 值 （D）减小 K 值

2-10 一阶系统传递函数为 $G(s)=\frac{K}{1+Ts}$，单位阶跃输入，要增大输出上升率，应（ ）。

（A）同时增大 K 和 T （B）同时减小 K 和 T

（C）增大 T （D）增大 K

2-11 一阶系统的单位阶跃响应的动态过程为（ ）。

（A）直线上升 （B）振荡衰减，最后趋于终值

（C）直线下降 （D）按指数规律趋于终值

2-12 关于拉普拉斯变换，下列关系式不成立的是（ ）。

（A）$L[f'(t)]=sF(s)-f(0)$ （B）零初始条件下，$L\left[\int f(t)\mathrm{d}t\right]=\frac{1}{s}F(s)$

（C）$L[\mathrm{e}^{at}f(t)]=F(s-a)$ （D）$\lim\limits_{t\to\infty}f(t)=\lim\limits_{s\to 0}F(s)$

2-13 滞后环节的微分方程和传递方程 $G(s)$ 分别为（ ）。

（A）$c(t)=r(t-\tau)$ 和 $G(s)=\mathrm{e}^{-\tau s}$ （B）$c(t)=Kr(t)$ 和 $G(s)=\mathrm{e}^{-Ks}$

（C）$c(t)=\mathrm{e}^{-\tau s}$ 和 $G(s)=s-\tau$ （D）$c(t)=r(t-\tau)$ 和 $G(s)=\mathrm{e}^{s-\tau}$

2-14 关于线性定常系统的传递函数，不正确的表述是（ ）。

（A）零初始条件下，系统输出量拉普拉斯变换与输入量拉普拉斯变换之比

（B）只取决于系统的固有参数和系统结构，与输入量的大小无关

（C）系统的结构参数一样，但输入、输出的物理量不同，则代表的物理意义不同

（D）可作为系统的动态数学模型

二、分析计算题

2-15 你对调节对象的容量与容量系数有何理解？

2-16 描述调节对象动态特性的主要参数是什么？研究调节对象的动态特性对设计调节系统有什么意义？

2-17 建立调节对象动态特性的数学模型的基本思路是什么？试建立液位对象、RC 电路、空调室温动态特性微分方程（要求推导过程）。

2-18 有人说描述调节对象特性的微分方程阶数越高，数学模型越精确，其价值越高。你认为这种观点是对的，还是错的？

2-19 以液位对象动态方程的解为例，讨论被调参数的过渡过程。

2-20 调节对象动态特性的试验测定方法主要有哪几种？请对这几种方法进行评价。

2-21 测量装置（发信器）动态特性参数主要有哪些？如它的时间常数 T 太大，会对调节过程产生何种影响？如何改善？试举例说明这个问题。

2-22 什么样的非线性系统可以用线性化方程描述？

2-23 调节对象的阻力系数 R、容量系数 C 对其动态特性参数 T、静态特性参数 K 有什么影响？

2-24 设有一复杂液位被控对象，其液位阶跃响应试验结果见表2-4，要求：

表2-4 液位对象响应参数一览

t/s	0	10	20	40	60	80	100	140	180
H/cm	0	0	0.2	0.8	2.0	3.6	5.4	8.8	11.8
t/s	250	300	400	500	600				
H/cm	14.4	16.6	18.4	19.2	19.6				

（1）画出液位对象的阶跃响应曲线；

（2）若该对象可用有延迟的一阶惯性环节近似，试用近似法确定延迟 τ 和时间常数 T。

2-25　某小颗粒物料带式输送机如图 2-31 所示。

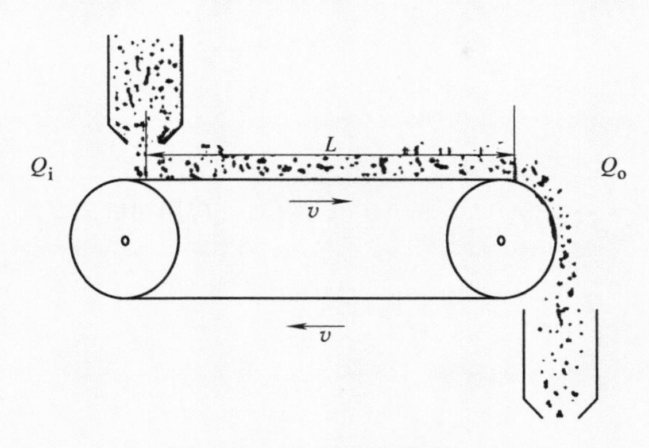

图 2-31　物料带式输送机

图中，Q 为下料斗的下料流量（kg/s）；Q 为进料斗的进料流量（kg/s）；L 为传动带输送物料的距离（m）；v 为传动带运行速度（m/s）。试写出传递函数 $G(s)=\dfrac{Q_o(s)}{Q_i(s)}$。

2-26　把放在室温为 20℃的热电偶突然插入 100℃的开水中，热电偶经过 τ 才由 20℃开始上升，再经过 T 上升到 70.75℃，再经过 T 上升到 89.17℃，再经过 T 上升到 96.02℃。试画出热电偶的响应曲线，并写出热电偶的传递函数 $G(s)$。

2-27　设温度计（一阶系统）需要在 1min 内指示出响应值的 98%，并且假定温度计为一阶系统，求时间常数 T；如果将温度计放在澡盆内，澡盆的温度以 10℃/min 的速度线性变化即输入函数 $r(t)=10t$，求温度计的误差。

2-28　已知空调室湿度对象如图 2-32 所示，空调室体积为 V（m^3），换气次数为 n（1/h），空气密度为 ρ（kg/m^3），室内空气含湿量为 d_1（g/kg）；室内人员和设备散湿量为 $D_入$（g/h），室内空气总含湿量为 U_d（g）。考虑送风湿度的变化、回风带走的湿量、人和设备的散湿量直接影响室内湿度的变化。推导空调室湿度动态特性微分方程式。

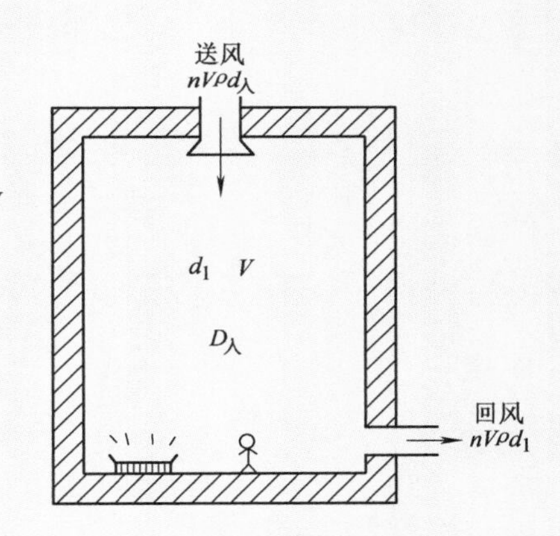

图 2-32　空调室湿度对象

2-29　试求图 2-33 所示信号 $x(t)$ 的象函数。

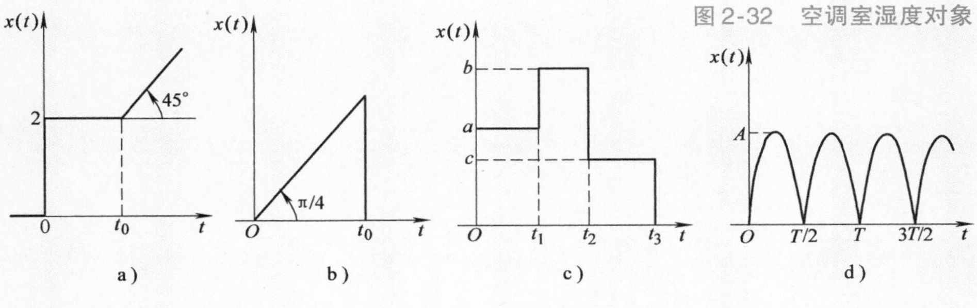

a)　b)　c)　d)

图 2-33　信号图

2-30　试求下列函数的拉普拉斯反变换：

(1) $F(s)=\dfrac{e^{-s}}{s-1}$

(2) $F(s)=\dfrac{s}{(s+1)^2(s+2)}$

(3) $F(s)=\frac{1}{(s+1)(s+4)}$

(4) $F(s)=\frac{5}{s(s^2+2s+5)}$

(5) $F(s)=\frac{10}{(s+5)^3}$

2-31 已知 $F(s)=\frac{1}{(s+2)^2}$，求 $f(0^+)$ 和 $f(0^+)$ 的值。(应用初值定理)

第3章

3

调节器和调节系统的调节过程

3.1 引言

一般热工对象的调节系统都是由调节对象、测量装置、调节器和执行器这几个环节组成。调节过程是调节系统动态特性的表现，它的好坏取决于组成调节系统的各环节的性质。第2章详细论述了调节对象的动态特性。本章将阐述调节器的基本原理和动态特性，以及一些典型调节器的结构；说明调节对象和调节器的特性对调节过程的影响；讲述如何正确地选择调节器及其参数的整定。

3.1.1 调节器的功用及分类

在调节系统中，除调节对象外，调节器、测量装置和执行器总称为调节设备。调节器的功用是：将测量装置测得的被调参数的输出实际值与要求的值进行比较，确定它们之间的相对偏差，并产生一个使偏差为零或为微小值的控制信号，使被调参数回复到要求的值或在要求的偏差范围内波动。调节器这种能够产生控制信号的作用就叫作控制作用。

根据调节器可以实现的调节规律进行分类，主要有如下几种：① 双位或继电器型调节器；② 比例调节器（简称P调节器）；③ 积分调节器（简称I调节器）；④ 比例积分调节器（简称PI调节器）；⑤ 比例微分调节器（简称PD调节器）；⑥ 比例积分微分调节器（简称PID调节器）。

根据输出变量随输入变量之间的变化关系可分为正作用和反作用调节器。如果调节器的输出变量随输入变量的增大而增大，就叫作“正作用调节器”。反之，若是输出变量随输入变量的增大而减小，就是“反作用调节器”。这两种调节器的用法不同。一般常用的调节器上备有可供选择的正反作用开关，只要把这个开关置于合适的位置即可。分析及选择正反作用时，只要牢记一条原则，即：经过调节器对被调参数施加影响之后，一定要使偏差减小，不能使偏差加大。

在多数热工系统中，调节器一般是用电或加压流体（如油和空气等）作为能源的。因此，调节器也可以按照在工作时的动力的种类进行分类，如直接作用式调节器、气动调节器、液动调节器和电动调节器。在制冷空调系统中，调节器以直接作用式、气动和电动的为最多。但随着楼宇自控技术的发展，电动调节器应用日益广泛。还应该指出的是，现代控制理论的发展打破了上述常规的调节器，发展了一些更新、更好的，以自适应控制、最优控制及模糊控制等为基础的调节器，使用调节系统调节更合理、调节精度更高。

实际过程中应采用什么样的调节器，必须由被调对象的性质及包括安全性、成本、可靠性及准确性等因素在内的工作条件所决定。

在制冷空调系统中，对所采用的调节器的要求是：结构简单、运行性能稳定和良好、耐用可靠、维修方便、价廉。因此，对于一般调节，常采用结构简单而价廉的双位调节器和比例调节器，当调节质量要求高时，则采用比例积分调节器。

3.1.2 调节器元件以及特性

在有些调节原理书籍中，常常将自动调节设备统称为调节器。但这里所说的调节器是指调节设备中的一个调节仪表。在制冷、空调系统所用的调节仪表中，有些是将测量装置和调节器组合成一体的设备，同单独执行器组成的设备一起，统称为间接作用式调节器。间接作用式调节器的优点是调节器灵敏度高、作用距离长、输出功率大、便于集中控制及采用计算机控制等。其缺点是常需要辅助能源、结构较复杂、价格较贵等。还有一些调节仪表是将测量装置、调节器和执行器做成一体的设备，称为直接作用式调节器。直接作用式调节器的优点是结构简单、紧凑、价格便宜、密封性好，因此被广泛用于制冷、空调系统的一般控制中。但它灵敏度及精度差，因此在调节质量要求高的场合不能适用。图 3-1 所示为一将测量装置和调节器组合为一体的调节仪表的框图。

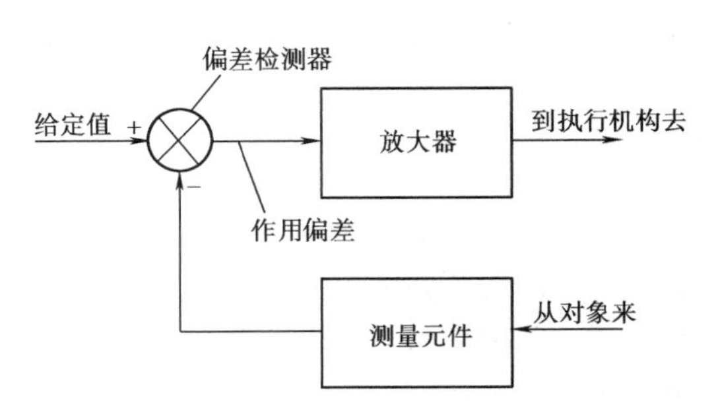

图 3-1 带测量元件的调节仪表的框图

这种调节器由测量元件、偏差检测器和放大器组成。测量元件是将对象输出变量转变成另外适宜于与给定值信号进行比较的物理量（如位移、压力或电信号等）的装置。偏差检测器的作用是要检测出通常功率很低的偏差信号。放大器是用来放大偏差信号的功率，用以推动大功率的设备，如气动马达和阀、电动机等。调节器的调准值必须变成与测量元件的信号单位相同的给定值信号，从而操纵执行机构（有时通过微分和/或积分信号而产生一个较好的控制信号），执行机构是按控制信号改变对象参数的元件。这样就组成了一个完整的调节系统。

图 3-2 所示是一个将测量装置、调节器和执行器做成一体的调节仪表，即直接作用式调节器。

在直接作用式调节器结构中，当测量装置元件测得被调参数与给定值的偏差时，测量装置元件的物理量发生变化，它产生的力和能量足够大，足以直接推动执行器动作。图 3-2 中的给定值是由调节弹簧力来确定的。控制的压力是由膜片来测定的，偏差信号就是作用在膜片上的净作用力。膜片的位置决定了阀的开度。

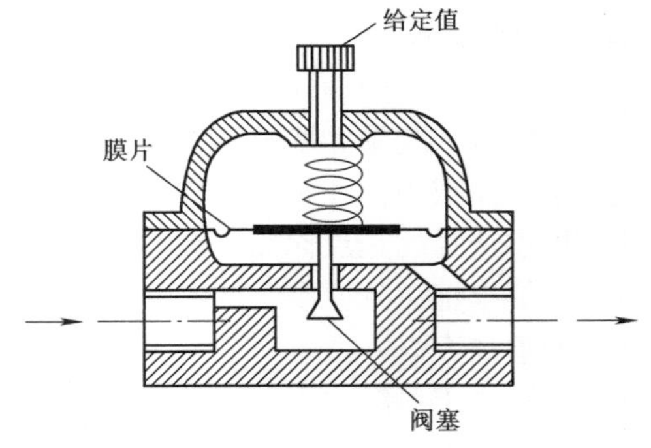

图 3-2 直接作用式调节器

假定输出压力低于给定值压力，那么，向下的弹簧力就大于向上的压力，结果使膜片向下移动，使流量增加，并且增加了输出压力。当向上的压力与向下的弹簧力相等时，阀处于平衡位置，流量是常数。反之，如果输出压力高于给定值压力，阀的开度变小，就降低了通过阀的开口的流量。直接作用式调节器有多种结构形式，此例仅是其中一种。

调节器按照是否通用分为基地式调节器和单元组合式调节器。基地式调节器是简单的专用调节器，往往和传感器、执行器装在一起，结构紧凑、使用方便，但是它的被调参数不能改变。例如，空调器的调温器、液化气用的调压器、汽轮机用的调速器等都是专为某种用途设计的，它只能调节温度、压力、转速，不能改为其他参数之用，即没有通用性。正因为是专用的，所以它的输入、输出信号可以是非标准的。

单元组合式调节器与基地式调节器相反，这种调节器是通用的，被调参数种类取决于所配的变送器。任何一种变送器输出的标准信号，都可以提供给这种调节器。它的输出变量也是符合标准制式的，可以传送给任何一种用标准信号控制的执行器，既可用它调温度，也可用它调压力或者其他参数。通用性强是它的最大优点，但是必然不能做成固定的完整系统，必须是能够灵活组合的积木式结构，由功能不同的若干单元搭配起来工作，所以叫单元组合式。这里所指的若干单元并不是指调节器内部，而是指整个系统要分成变送单元、调节单元、执行单元而言。

顺便指出，“基地式”是指与“单元组合式”相反的（即非通用式）的，这个词在自动化仪表行业中沿用多年，不要误解成用在某种特殊地方。

常用调节器有以下主要特性：

（1）调节范围　调节对象中调节参数的最大值与最小值之间的范围称为调节范围，即调节器在这一范围内工作。

（2）呆滞区　呆滞区又称无感区或呆滞带，是指不致引起调节机关产生动作的调节参数对给定值的偏差区间。如果调节参数对给定值的偏差不超出这个区间，调节器将不输出调节信号。调节器的呆滞区宽度以 2Δ 表示。在呆滞区的范围以内，调节参数可以允许有不衰减的波动。呆滞区宽度在一定程度上可以表示调节器的精确度。呆滞区是由于摩擦力、惯性和连接零件之间的间隙妨碍调节器的动作元件的移动而造成的。

（3）调节器的延迟　当调节对象中安装测量元件处的调节参数（如温度传感变送器处的空气温度）开始变化时，一般需要经过一段时间后，调节器才开始相应的动作。需要经过的这段时间叫作调节器的延迟。调节器的时间延迟是调节系统中各主要元件的延迟时间之和。在自动调节系统中，调节系统的延迟是调节对象的延迟（它包括传递延迟和容量延迟）与调节器延迟之和。因此，当对象的负荷发生变化时，要经过一段时间延迟（称为对象的延迟），在对象的流出侧的容量中的调节参数才开始发生相应的变化。在此之后，还要经过一段时间延迟（调节器的延迟），调节器才能产生相应的调节动作。在这两段连续的延迟时间内，调节参数对给定值的偏差必然增大，有些情况下偏差甚至超出允许的限度。

3.2　双位调节器及其调节过程

3.2.1　位式调节器的工作原理

所谓双位调节器，是当调节器的输入信号发生变化后，调节器的输出信号只有两个值，即最大输出信号和最小输出信号。通常仅仅是“开”和“关”。双位调节器由于其输出信号跳跃间断，故亦有人称其为继电器型调节器，双位调节又被称作开关作用。一般的开关作用都是指动作频率较低而言。除了双位和三位调节被称作位式作用之外，还有靠脉冲宽度的改变或者占空比的改变起调节作用的，也称为断续作用。

假设从调节器中输出的信号是 $m(t)$，偏差信号是 $e(t)$，在双位调节器中，信号 $m(t)$ 保持在最大值还是在最小值上，取决于偏差信号是正的还是负的，因此有关系式

$$m(t)=\begin{cases}M_1 & e(t)>0\\ M_2 & e(t)<0\end{cases} \tag{3-1}$$

式中，M_1 和 M_2 为两个常值，最小值通常是0或 $-M_1$。

图3-3所示为双位调节器框图。图3-3a为理想极限双位调节器的框图，实际上，在调节器开关动作之前必须允许偏差信号具有一定的值，而不是0。在位式作用中，任何使调节器的输出变量改变的输入变量值都叫作切换值。当输入变量增大时对应的切换值叫上切换值，当输入变量减小时对应的切换值叫下切换值，上切换值与下切换值之差称为切换差，又被称为差动范围，图3-3b中表示了这个差动范围，在切换差范围输入变量值不会引起调节器输出变量 $m(t)$ 的响应，相当于调节器的死区。这个区越小，调节作用越灵敏，但切换差太小不容易稳定。上下切换值之间的中值称为切换中值，它是位式调节器的工作点。

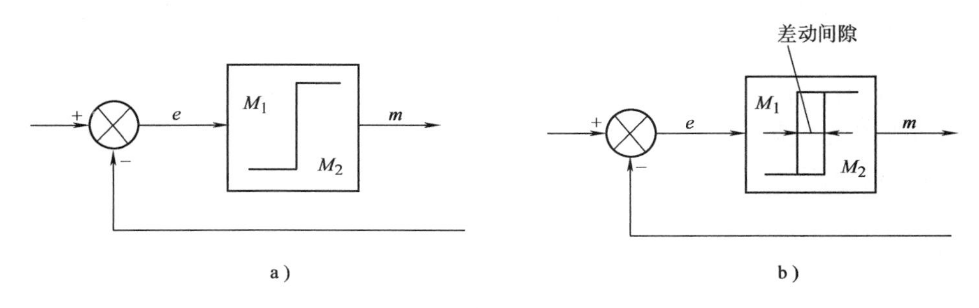

图3-3 双位调节器框图

a）理想情况 b）有差动范围情况

在某些情况下，差动范围是由不希望有的摩擦力和空隙所造成的，但是经常是为了防止开关动作过于频繁而人为造成差动范围。只要控制精度允许，有时差动范围甚至会较大。因此，实际控制中，常常以给定上限值和下限值来表示调节系统的给定值，来描述被调参数偏离给定值的大小。

与双位调节器类似还有三位调节器，它是由两个双位作用重叠而成的。其输出有三种状态。图3-4给出了三位调节器的原理框图。三位调节器使用了三位开关电路，三位开关电路输入偏差信号来控制K1、K2灵敏继电器的吸合与释放，使调节机构有三种状态。图3-5、图3-6分别给出了三位调节器的理想特性和实际特性。对于理想特性，当偏差 $e\geqslant\varepsilon_0$（即实测值≤下限值）时，灵敏继电器K1吸合；当 $e\leqslant-\varepsilon_0$（即实测值≥上限值）时，灵敏继电器K2吸合；当 $-\varepsilon_0<e<\varepsilon_0$（即实测值在上、下限之间）时，K1、K2均释放。$2\varepsilon_0$ 称为三位调节器的不灵敏区或中间区。由于每组开关电路特性都具有呆滞区 $2\varepsilon_0$，所以实际特性如图3-6所示。从图中可以看出，K1、K2继电器不能同时吸合。

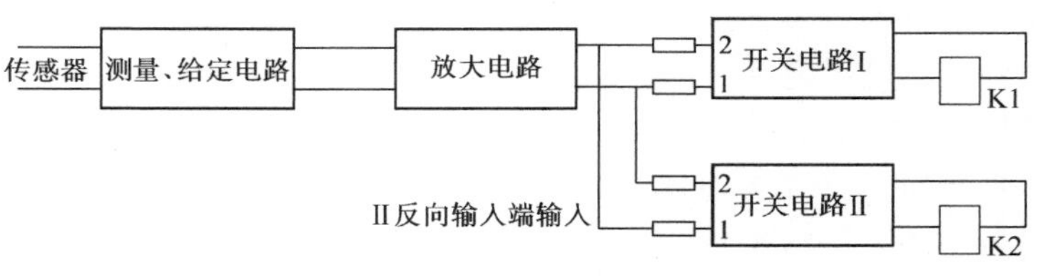

图3-4 三位调节器原理图

典型制冷设备如电冰箱中的温度调节器，大多属于双位调节器。当温度高于设定值时就开动制冷机降温，一旦温度低于设定值就关掉制冷机保温，总是这样一会儿开一会儿关，虽然温度经常处于波动之中，但波动幅度不大，其平均值也能满足人们需要。在制冷空调自动调节系统中，很多热工参数如温度、压力、湿度及液位等，都广泛地采用双位调节器。因此，本节重点讲授双位调节原理以及应用。

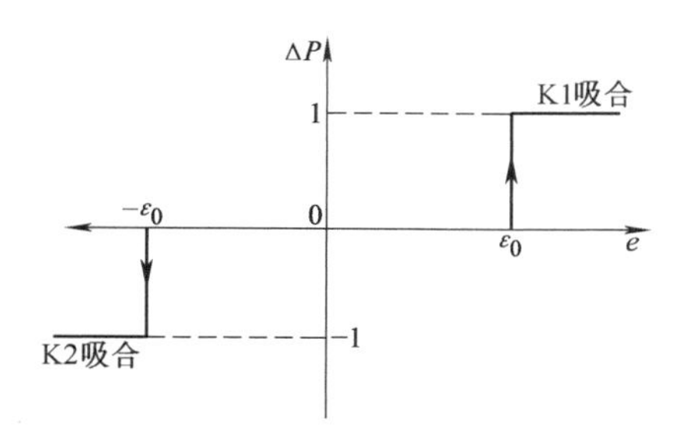

图 3-5　理想三位调节器特性（$2\varepsilon=0$）

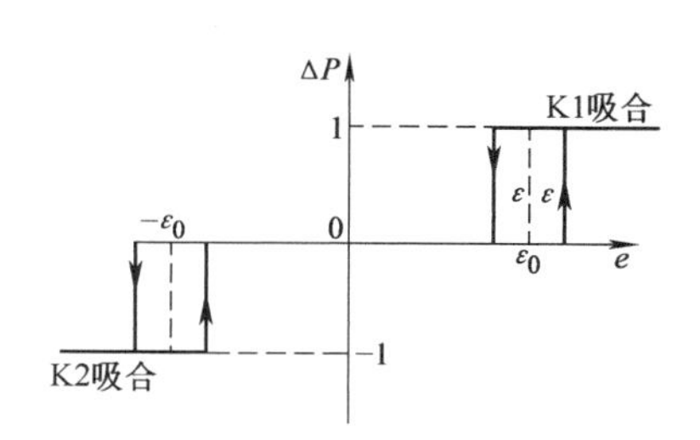

图 3-6　实际三位调节器特性（$2\varepsilon\neq0$）

图 3-7 所示是一只温包式温度双位调节器的典型结构原理图，温包充剂为氟利昂制冷剂 R_{12}、R_{22}或氯甲烷，视该调节器的使用场合而定。该双位调节器工作过程如下：① 假设被测介质温度升高，温包 20 中液体工质的饱和蒸气压力增加，通过毛细管 24 传递到波纹管 23，导致波纹管对杠杆 5 的右端产生的顶力加大。② 在平衡状态下，这个力所产生的力矩与左端定值弹簧所产生的力矩对刃口支点力矩平衡，力分析如图 3-8a 所示。由于波纹管对杠杆 5 的右端产生的顶力加大波纹管的顶力矩，和定值弹簧所产生的力矩失去平衡，杠杆 5 沿逆时针方向转动。③ 当杠杆转过 $\Delta\phi$ 角后，通过拨臂 15 拨动动触头 12，使动触头 12 迅速与静触头 10 断开、与静触头 13 闭合，达到被测介质温度的双位控制目的（见图 3-8）。

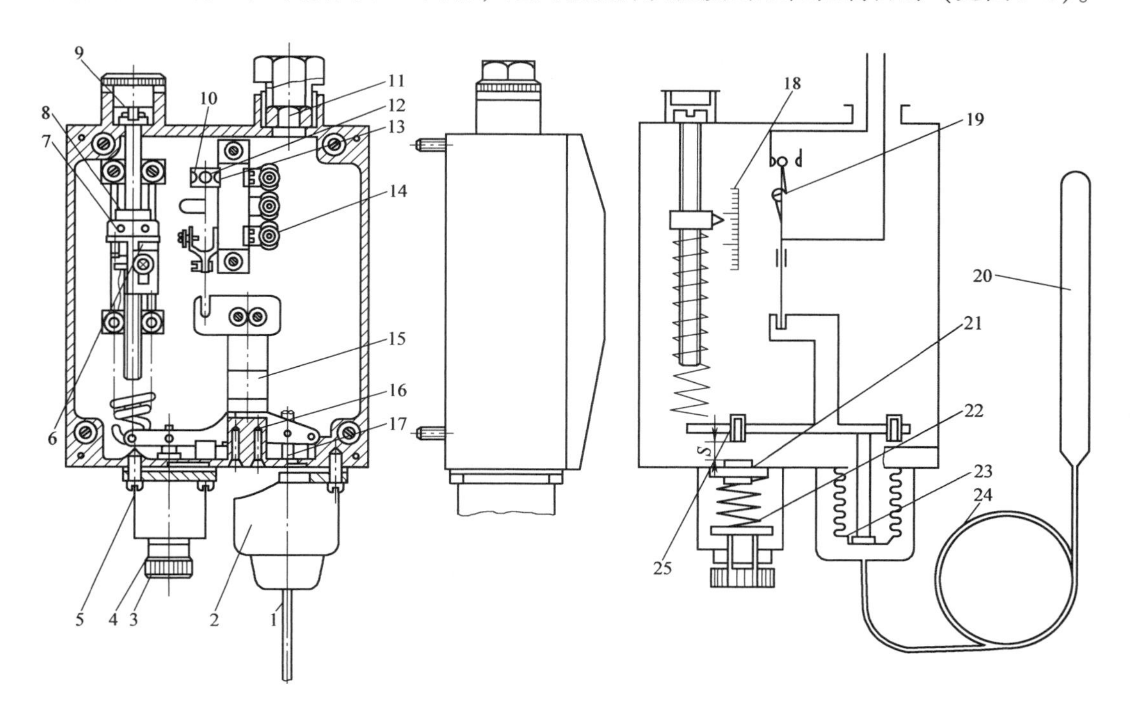

图 3-7　温包式温度双位调节器

1—指针　2—波纹管室　3—幅差旋钮　4—温差标尺　5—杠杆　6—主调弹簧　7—活动螺母　8—导杆　9—主阀螺杆　10、13—静触头　11—进线孔　12—动触头　14—接线柱　15—拨臂　16—刃口支点　17—止动螺钉　18—温度标尺　19—弹簧片　20—温包　21—弹簧座　22—幅差弹簧　23—波纹管　24—毛细管　25—螺钉

在双位调节器工作过程中，为使杠杆 5 能够转过 $\Delta\phi$ 角，一方面，波纹管顶力矩要克服定值弹簧的拉力矩。调节定值弹簧的拉力就可调节被测介质对应此平衡状态的温度点。当被

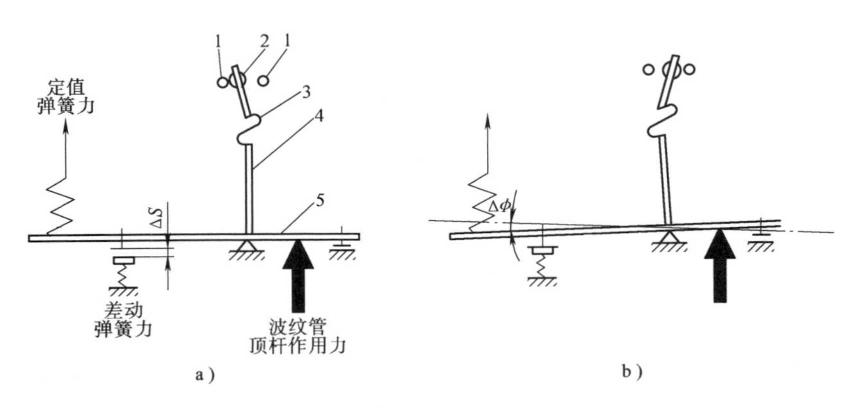

图 3-8 温包式双位调节器力分析图

a）力分析图 b）转动示意图

1—静触头 2—动触头 3—跳簧片 4—主调弹簧 5—拨臂

测介质温度变化，偏离此平衡状态点时，温包和波纹管中的饱和蒸汽压力亦产生相应变化。另一方面，波纹管顶力矩还要克服差动弹簧的顶力矩。如果差动弹簧的顶力大，使触头动作的对应的波纹管的顶力矩也大，相应的偏差平衡温度点的最大值也最高。反之，相应的偏差平衡温度点的最大值也低。因此调节差动弹簧作用于杠杆 5 上的力的大小，就可调节此调节器的差动范围。图 3-9 所示为被测介质温度与触头位置之间的相互关系。因此，对于这种典型的温包式温度双位调节器，通过调节它的定值弹簧可设定被控温度值，在被控温度误差允许的范围内，通过调节它的差动弹簧，可决定被控温度的波动值及触头动作的频率。

此双位调节器的输出信号与被调参数、差动范围之间的关系如图 3-10a 所示，此图与图 3-3b一致。

在实际过程中，当被调参数逐渐增加，经过 d 点至 a 点时，输出信号由 a 点突跃至 b 点。当被调参数逐渐减小，经过 b 点至 c 点时，输出信号又由 c 点突跃至 d 点。当被调参数在差动范围内变化时，双位调节器输出信号无变化。只有当被调参数逐渐增加至 $y=a$ 点时，输出信号才突跃至 b 点；或当 y 逐渐渐小至 $y=c$ 时，输出信号才突跃至 d 点。

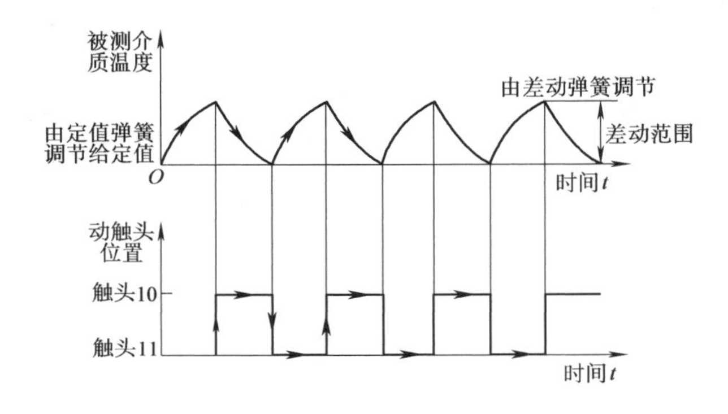

图 3-9 被测介质温度与触头位置的相互关系

实际过程中，双位调节器按照其差动的形式可分为两种，一种为单边差动双位调节器（见图 3-10a）；另一种为双边差动双位调节器（见图 3-10b）。这两种双位调节器的原理相同，只是调节器结构上略有不同。前文所述的温包式温度双位调节器属于单边差动双位调节器。

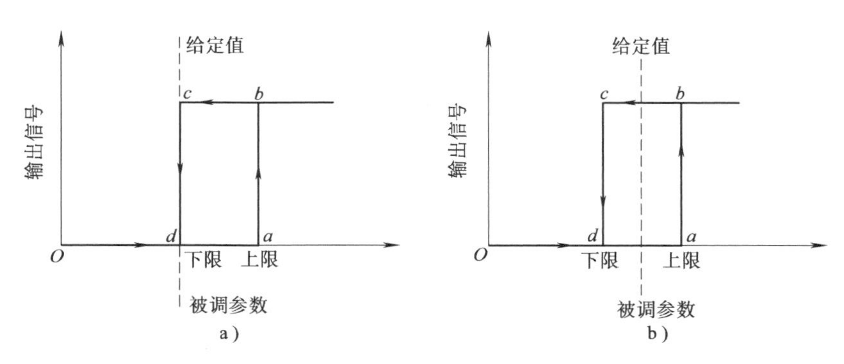

图3-10　输出信号与被调参数、差动范围之间的关系

a）单边差动　b）双边差动

3.2.2　双位调节器的调节过程

双位调节在工程中应用十分广泛，电炉温度、冷库温度和空调房间温度的控制，以及液面高度控制装置多采用双位调节。下面以冷库中的温度控制为例来分析双位调节器的调节过程。

冷库温度双位调节系统的控制原理如图3-11所示。

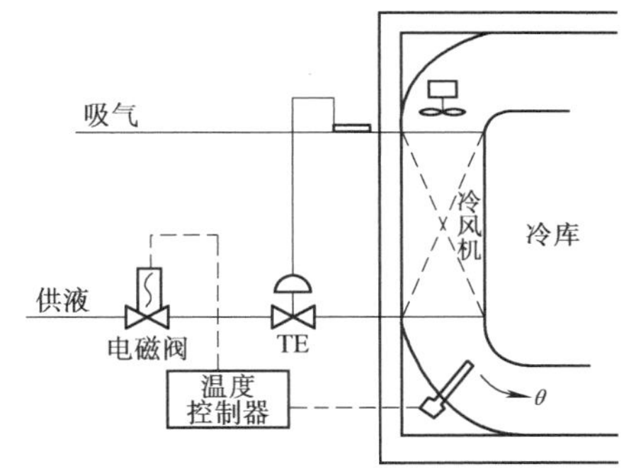

图3-11　冷库温度双位调节系统原理图

通常情况下，冷库温度调节器采用双位调节器，类似于前文所介绍的温度双位调节器，通过控制制冷剂供液电磁阀的开与关，来控制进入冷库中的制冷剂流量，从而控制冷库中的温度，这在制冷装置中是用得非常普遍的双位调节的例子。

下面通过分析进出冷库的热量变化来分析其中的温度变化。从冷库温度调节原理图中可知，使冷库中的温度发生变化的热量主要有两类，一类是电磁阀开启时，制冷剂所带走的热量为$Q_{出}$；另一类是外界进入冷库的热量$Q_{入}$。当冷库中测量点的温度高于双位调节器给定的上限值时，温度双位调节器触头闭合，制冷剂供液电磁阀打开，冷量Q进入冷库，也就是冷库中被制冷剂带走的热量为$Q_{出}$，大致可按如图3-12b所示的矩形波变化（为讨论简便，这里忽略热力膨胀阀开度变化），而冷库中温度的下降则是按冷库对象的飞升曲线2—3变化的。当测量点的温度低于双位调节器给定下限值时，双位调节器动作，其触头断开，供液电磁阀关闭，进入冷库的冷量为零。这时，外界进入冷库的热量使得冷库温度升高，冷库中的温度变化仍按冷库对象的飞升曲线3—6变化，当温度重新回升到上限值时，双位调节器再次动作，这样经过了2—3—6的变化曲线，就完成了一个周期的温度变化过程，如图3-12b所示。

理论上当供液电磁阀关闭，$Q_{出}=0$时，冷库中的温度应立即回升，对应的最低温度为θ_3，但实际上由于对象延迟的存在（电磁阀关闭后的一段时间内，阀后蒸发管道中的制冷剂还会继续蒸发吸热），使得温度不会马上回升，而会继续下降，经过一段延迟时间τ_{34}，制冷剂的冷量全部放出后，温度才开始回升，这时对应的最低温度为θ_4。同样，当供液电磁阀开启制冷后，理论上温度应马上下降，冷库最高温度为θ_6，但实际上由于对象延迟的存在（电磁阀打开，制冷剂被送入蒸发器蒸发吸热需要一段时间），使得温度不会马上下降，经过一段延迟时间τ_{67}，温度上升至θ_7后，才开始下降。因此，实际过程是经过了1—2—

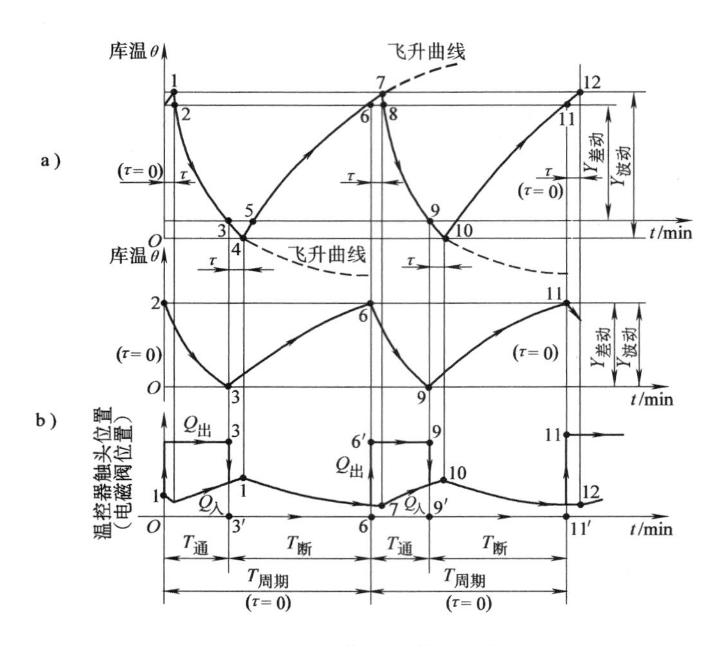

图 3-12 双位调节器调节过程曲线图

a）实际（$\tau \neq 0$）双位调节器的调节过程 b）理论上（$\tau = 0$）双位调节器的调节过程

3—4—5—6—7 的变化曲线，才完成了此双位调节系统一个周期的温度变化过程。

从上面的分析了解到，双位调节器系统的过渡过程曲线是一个不衰减的脉动的过程曲线，整个双位调节过程曲线是由一段对象的飞升曲线所组成。即只有当被调参数超过上限值或低于下限值时，调节器才做出瞬时快速的调节动作；而当被调参数在给定上、下限范围内变化时，则调节器不产生任何动作。因此在整个差动范围内，被调参数的变化是按该调节对象的飞升特性规律变化的。

下面一个例子是将发热电缆用于管道防冻的技术中，分析管道壁面温度的双位调节的过程。

在广大的北方地区，在寒冷的冬季需要对各种管道（如地下车库、露天平台的消防系统管道以及可能在较长时间水处于静止状态的自来水管道等）进行防冻。过去通常利用供暖系统供、回水绝热供暖方案内来供暖，但该方案存在设计中布管困难、运行要涉及不同管理单位等因素，因而在实际操作中应用受到很大限制。而单纯利用加保温层绝热防冻方案存在一定的风险，对于小直径的管道（如消防系统的 DN25 的喷淋末端管道），在长期处于低温外界环境中，单纯增加保温材料厚度对防冻作用不大，并且不能彻底防冻。近年来，随着各种电热技术的发展，出现了多种电热材料（如已经广泛应用于石油管线加热的自限式加热电缆、电热膜加热元件以及应用于采暖的加热电缆等），因此人们希望借助于电热方式来彻底解决防冻问题。目前提出了一种新型的电供热加保温的管道防冻方案，其主导思想是：用电热器件（电缆、电热膜等）贴在管道外壁，然后再加以绝热材料保温，可以完全解决管道的防冻问题。该方案采用位式温度控制器来控制管道壁面温度从而控制电热元件的加热时间，这样既能保证解决管道的防冻问题，又能达到节约能源的目的。

在位式控制下，处于温度平衡状态的管道突然加入阶跃干扰后，温度飞升曲线变化，在双位控制作用下，描述上升和下降阶段的计算公式为

$$T_{w1} = T_{w01} + (T_{\infty 1} - T_{w01})(1 - e^{-\frac{t}{T}}) \tag{3-2a}$$

$$T_{w2}=T_{w02}+(T_{\infty 2}-T_{w02})(1-e^{-\frac{t}{T}}) \tag{3-2b}$$

式中，下标 1、2 分别表示上升和下降阶段；T_{w0}为壁温初值（℃）；T_{∞}为变化的最终稳定值（℃）（上升阶段 $T_{\infty 1}$的确定方法为：当管壁温度为 $T_{\infty 1}$时，通过绝热层向周围环境散发的热量与加热电缆的发热量相等；而当温度下降到 $T_{\infty 2}$时，热量损失为零，即 $T_{\infty 2}$取低温环境温度）；t 为时间（s）；T 为时间常数（s），可以采用公式 $T=RC$ 求得（其中 R 为系统的热阻，C 为系统的热容）。

根据式(3-2)，在确定终态稳定温度和双位控制上下限温度后，即可以对其动态运行特性进行理论分析。由于上升和下降阶段的时间段与加热耗电功率有关，因此，定义一个通电系数 η，其定义为

$$\eta=t_1/(t_1+t_2) \tag{3-3}$$

式中，t_1 和 t_2 分别为一个变化周期内温度上升和下降阶段的时间。

图 3-13 所示为位式控制作用下 DN80 管道壁面温度的动态特性研究结果。

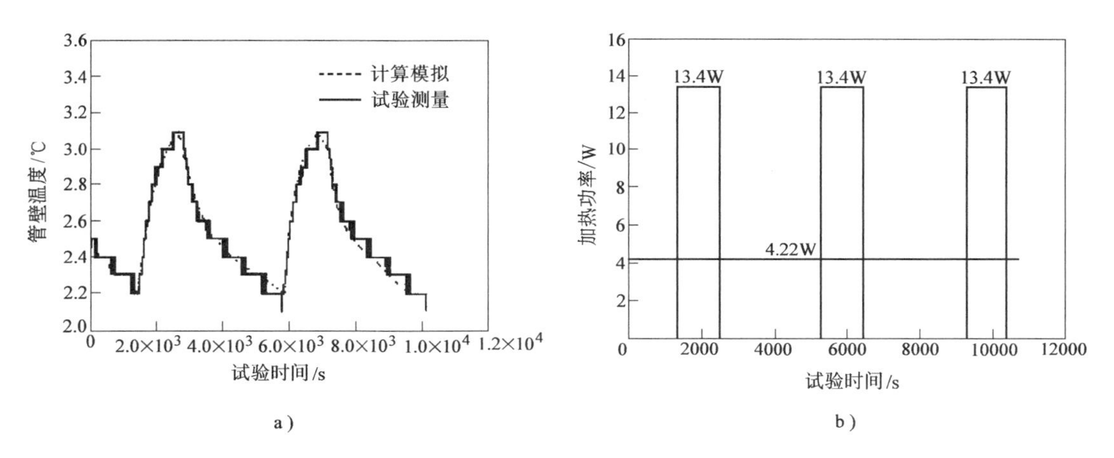

图 3-13　位式控制作用下 DN80 管道壁面温度的动态特性研究结果

a）位式控制下管壁温度变化　b）加热功率分布

3.2.3　对象特性和双位调节器特性对调节过程的影响

通过上述例子可看到，双位调节系统的过渡过程曲线是由一段对象的反应曲线组成的，且由于对象迟延的存在使得调节系统原有的差动值 y 增大，因此对象的特性参数 τ、T、K 对双位调节过程影响很大。

评价双位调节过程的好坏主要通过下面两个指标：第一，调节过程的 y 波动值（即实际上被调参数最大值与最小值的差值），它决定了被调参数偏离设定值的大小，也就决定了调节系统的调节精度；第二，调节系统的开关周期 $T_{周期}$，它决定了开关动作的频率，也就决定了调节器开关元件的使用寿命。通过分析对象特性参数 τ、T、K 对 $y_{波动}$及 $T_{周期}$的影响来了解被调对象对整个双位调节过程的影响。影响因素概括如下：

1）对象迟延 τ 越大，则被调参数 $y_{波动}$越大；迟延越小，则被调参数 $y_{波动}$越小。若迟延 $\tau=0$，则被调参数的波动范围等于调节器的差动范围，即 $y_{波动}=y_{差动}$。

2）被调参数波动范围 $y_{波动}$受调节器的差动范围 $y_{差动}$所控制。$y_{差动}$越大，则 $y_{波动}$也越大，同时调节过程的开关周期 $T_{周期}$也放长了。$y_{差动}$越小，则 $y_{波动}$亦越小，但调节过程的开关周期 $T_{周期}$也缩短了。

3）τ越大，$T_{周期}$越长，即在一定时间内，开关动作次数少；反之，开关动作次数频繁。因此，由于迟延的存在，使得被调参数$y_{波动}$增大，但却使得$T_{周期}$增长，对开关的使用寿命有利。

4）若对象传递系数K较大或者时间常数T较短，则对象飞升曲线较陡，这时在同样$y_{差动}$及迟延τ的情况下，$y_{波动}$也较大，而$T_{周期}$则较短。因此对于T很小、K很大的对象，易引起被调参数产生大的波动，再加上迟延τ的影响，将引起被调参数波动特别大，甚至达不到调节精度的要求。因此系统是否可用双位调节器进行调节，要根据调节系统的对象特性参数来综合考虑。

综上所述，能够调整的调节器的特性参数为$y_{差动}$和$y_{定值}$。如果双位调节器应用在系统中，若遇到被调参数波动范围太大，最常用的方法是调整和减小调节器的差动范围$y_{差动}$。影响双位调节过程曲线的仅仅是$y_{差动}$值。若$y_{差动}$趋向于零，则$y_{波动}$也趋向于零（$\tau=0$），但调节器的工作周期亦趋向于零，调节过程的工作频率趋向于无穷大，实际工作中是不允许的；因此不能片面追求缩小被调参数波动范围，以提高调节系统的调节精度，而应全面考虑，在被调参数波动许可的范围内，适当放宽调节器的差动范围，使执行器的动作周期放长，动作频率减小。另外要设法减小对象的迟延。在对象迟延已经确定而无法改变的情况下，设法将发信器安装在被调参数反应较早较快的位置。

综上所述，双位调节器及调节过程的特点如下：

1）结构简单。

2）输出信号迅速突变，它只能停留在“全开”和“全关”或“最大”和“最小”两个位置上，不能连续停留在中间位置，属于非线性调节器或者非连续作用调节器。

3）调节器都有一定的差动范围，改变差动范围可以调节被调参数的波动范围。

4）调节过程是周期性的、不衰减的脉动过程，被调参数在其波动范围内，按对象本身的飞升曲线规律变化。若已知对象的反应特性曲线，利用一定的边界条件，可对双位调节器的调节过程做定量计算。

5）调节对象的时间常数T越小，迟延τ越大，则特性比τ/T越大，被调参数的波动范围$y_{波动}$也越大。一般τ/T值小于0.3，才适于选用双位调节器。

3.3 比例调节器及其调节过程

所谓比例调节器，就是一种按比例调节规律变化的调节器，即调节器的输出信号变化与它的输入信号的变化成比例。由于“比例”一词的英文是Proportional，比例作用常写为“P作用”，所以比例调节器常被简称为P调节器。比例调节器被广泛地应用于制冷、空调系统的自动调节中，如各种温度、湿度、压力、液位及流量等热工参数的调节。

假设调节器输出的信号为$m(t)$，而它的输入偏差信号为$e(t)$，则比例调节器的特性方程式为

$$m(t)=K_{p}e(t) \tag{3-4}$$

式中，K_{p}为比例调节器的比例系数，它表示输出变化量是输入变化量的多少倍，又被称为“比例增益”。该值可以根据实际情况取正值或负值。

需要注意的是，控制器输出$m(t)$实际上只是其初始值$m(0)$的增量，因此当偏差$e=0$时，$m=0$并不意味着控制器没有输出，而只是说明$m=m(0)$。

式(3-4)用拉普拉斯变换式表示为

$$M(s)=K_pE(s)$$

其传递函数为

$$\frac{M(s)}{E(s)}=G_c(s)=K_p \tag{3-5}$$

比例调节器的调节框图如图3-14所示。

比例调节器的时间响应曲线如图3-15所示。从图中可以看出，比例环节最大的特点是时间响应快，一旦输入有信号，输出立即有响应。

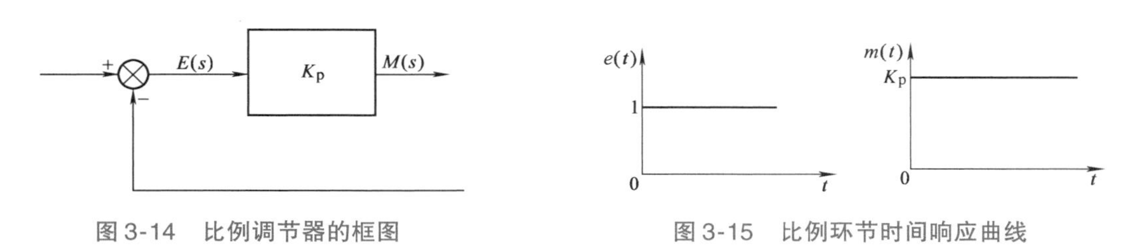

图3-14　比例调节器的框图　　　　图3-15　比例环节时间响应曲线

在电工学科中，由运算放大器构成的比例放大器就是比例环节，如图3-16所示，图中放大器的增益为

$$K=-\frac{R_1}{R_0} \tag{3-6}$$

图3-17所示的电阻分压器也是一个典型的比例环节，其增益$K\leqslant 1$。

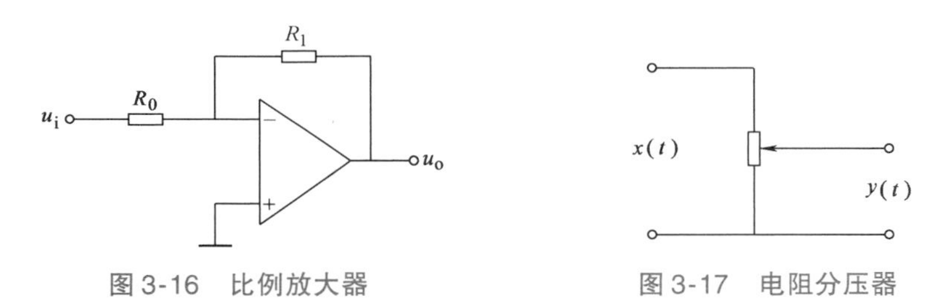

图3-16　比例放大器　　　　图3-17　电阻分压器

在物理系统中，忽略质量及弹性变形的杠杆、传动链之比以及测速发电机的电动势和输入转速的关系，都可以认为是比例环节。

比例调节器在工业应用中有直接作用式和间接作用式两种。直接作用式比例调节器一般均把发信器、调节器和执行器部做成一体；而间接作用式比例调节器往往把发信器、调节器和执行器分别做成三个（或两个）部件。

与双位调节器不同，比例调节器属于线性调节器，它的调节动作能够连续地进行，且经常能够保持被调参数对给定值的偏差与调节机构的位置成一定的比例关系。

3.3.1　比例调节器的工作原理

以浮子式液位调节系统（见图3-18）为例，来说明比例调节器的特点、参数及其工作原理。

此调节系统的被调参数为水槽中的液位，调节器的调节目的就是要使水槽中的液位保持在一定的范围内。图3-18中，浮球就是测量元件，而杠杆就是一个最简单的调节器。该系统调节过程如下：

1）假定系统原来处于规定的平衡状态，即水位处于规定的平衡状态不变，进水量q_1等于出水量q_2。

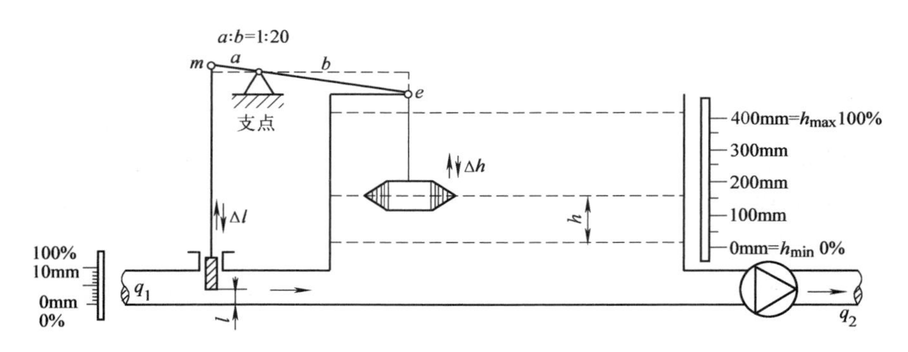

图3-18 浮子式液位调节系统示意图

2）当液位突然升高时，就意味着进水量超过了出水量，通过浮球和杠杆的作用，可使阀杆下移，阀门开度减小，从而减少了进水量。同理，当液位下降时，则通过浮球和杠杆的作用，可使阀杆上移，阀门开度增大，从而增加了进水量。

3）两种情况下最终的结果，都可使流入量等于流出量，液位不再升高或降低，系统达到新的平衡状态。

假设 Δh 表示液位的变化量（即偏差），也就是调节器的输入值；Δl 表示阀杆的位移量，也就是该调节器的输出值。杠杆支点 o 和两端的距离分别为 a 和 b，根据相似三角形关系，得

$$\frac{a}{\Delta l(t)}=\frac{b}{\Delta h(t)} \tag{3-7}$$

所以

$$\Delta l(t)=\frac{a}{b}\Delta h(t)=K_p\Delta h(t) \tag{3-8}$$

式中，$K_p=\frac{a}{b}$。

式(3-8) 与式(3-4) 完全一致，说明此调节器实现的是比例调节器的作用。

3.3.2 比例系数、比例带以及比例范围的定义及物理意义

上述液位浮球比例调节器的比例关系为

$$\Delta l(t)=K_p\Delta h(t)$$

或

$$K_p=\frac{\Delta l(t)}{\Delta h(t)}=\frac{\text{输出信号变化}}{\text{输入信号变化}} \tag{3-9}$$

比例系数 K_p 值说明比例调节器的放大率，K_p 值越大，则调节器的放大倍数也越大，灵敏度越高。

现将调节器的输入信号和输出信号用相对值来表示。调节阀的位移变化的相对值 L（%）为

$$L=\frac{\Delta l}{l_{max}-l_{min}} \tag{3-10}$$

式中，l_{max}为调节阀的最大开度（mm）；l_{min}为调节阀的最小开度（mm）。

液位变化的相对值 H（%）为

$$H=\frac{\Delta h}{h_{max}-h_{min}} \tag{3-11}$$

式中，h_{max}为液位标尺的最高刻度（mm）；h_{min}为液位标尺的最低刻度（mm）。

比例调节器的输出信号与输入信号成比例，引入比例带定义式，即

$$\delta=\frac{H}{L}=\frac{\Delta h/(h_{max}-h_{min})}{\Delta l/(l_{max}-l_{min})} \tag{3-12}$$

式中，δ为比例调节器的比例带。

比例带δ的物理意义是：比例调节器输出值变化100%时所需输入值变化的百分数，换言之，当输入值变化某个百分数时，输出值将从最小值变化到最大值，那么输入值变化的这个百分数，就是比例调节器的比例带δ。前面所提到的浮子式液位调节系统中，比例带δ为当调节阀的阀位从全关到全开变化100%时，水槽中的液位相对最高最低刻度之差变化的百分数。换句话说，当水槽中的液位相对最高最低刻度之差变化某个百分数时，调节阀将从全关状态变化到全开状态，这个百分数即为比例带。这个百分数越小，意味着当水槽的液位变化较小的值时，调节阀的阀位就从全关状态变化到了全开状态，即比例调节作用越强，反之，则比例调节作用越弱。因此，比例调节器的比例带δ可表示调节器的灵敏度，比例带δ越大（越宽），则调节器的灵敏度越低；反之，比例带δ越小（越窄），则该调节器的灵敏度越高。因此在实际应用中，比例调节器常以比例带δ来表示调节器的放大能力和灵敏度。

一般简易式调节器是将发信器和调节器组合成一个仪表。制冷空调系统大多数都是采用简易式调节器，很多情况下输入值的变化范围并不知道，对于这种调节器应用比例范围定义比较方便和容易。

$$\bar{\delta}=\frac{\Delta h}{L}=\frac{\Delta h}{\Delta l/(l_{max}-l_{min})} \tag{3-13}$$

比例范围$\bar{\delta}$的意义为：调节器的输出值变化时，所需要输入值变化的绝对值。也就是说，当调节器的输入变化某个绝对值时，输出值变化将达到100%，那么输入变化的这个绝对值就是比例调节器的比例范围。

通过上述调节器的叙述说明，同样可以进一步推广理解其他气动、电动和直接作用式比例调节器的比例系数、比例带的具体意义。

3.3.3　比例调节器的调节过程和它的静态偏差

在图3-18所示浮子式液位调节系统中，假定在t_0时刻以前，流入量等于流出量，液位保持平衡。当$t=t_0$时刻，流出量突然减小，此时流入量大于流出量，液位逐渐上升，浮球也跟着上升，通过杠杆的作用，使调节阀跟着关小，直到流入量又逐渐接近于流出量，液位平衡在新的数值上为止。它的调节过程如图3-19所示。

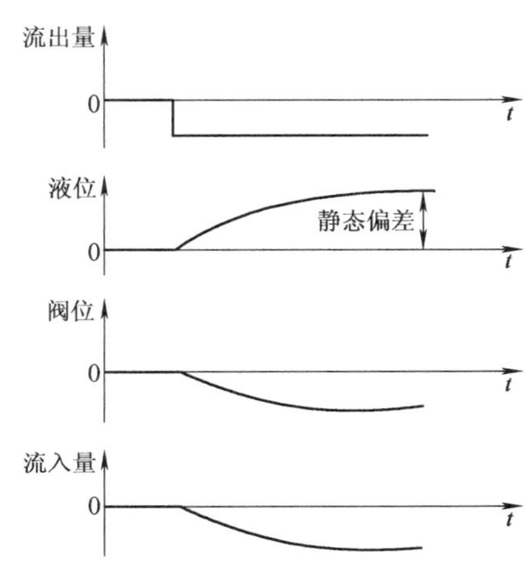

图3-19　浮子式液位比例调节器的调节过程

从这个例子可以看出，如果对象的负荷（流出量q_2）减小一定数值，调节结束后，调节阀应关小到某一确定的位置（使流入量$q_1=q_2$），即液位必然要平衡在比原先规定的平衡位置稍高的位置上。反过来说，若该系统没有偏差，则$e=0$，阀门开度不变，q_1就不变，也就不能使$q_1=q_2$，系统就无法平衡。就是说，该系统不可能是没有偏差的系统，调节过程最终存在静态偏差。所

谓静态偏差，即当调节过渡过程结束时，被调参数的新稳态值与给定值之差，也称为余差。

同理，如果对象负荷增加一定的数值，则液位必然平衡在比原先规定的平衡位置稍低的位置上，才能使调节阀开大到某一确定的位置上。当调节系统的微分方程及它的传递函数已知时，可应用终值定理求得比例调节器的静态偏差。

图3-18所示的液位调节对象是纯迟延很小的简单的单容对象，对于较复杂的调节对象，若有较大的纯迟延τ存在时，调节过程往往易出现振荡的过渡过程。通常，对象本身的特性对调节过程的影响原则如下：纯迟延τ越小，时间常数T越大，对象传递系数K越小，则系统越稳定；反之，对象的纯迟延τ越大，时间常数T越小，对象传递系数K越大，则系统越不易稳定。比例调节器的比例带δ越大，调节器放大倍数越小，灵敏度越低，调节过程越易稳定，但比例带大，调节过程的静态偏差大；反之，比例带δ越小，调节器放大倍数越大，而灵敏度越高，调节过程的静态偏差越小，但调节过程往往容易不稳定。比例带选得太小，灵敏度过高，当被调参数有少量偏差时，调节器输出信号变化很大，调节阀就移动很大，超过一定的程度后就会形成过调节，结果出现激烈的振荡，甚至产生发散的振荡，使调节系统失去平衡，容易造成严重的事故。因此，选择好比例调节器的比例带，对整个调节系统的调节过程的好坏是至关重要的。

图3-20所示为比例调节器比例带的选择和它的调节过渡过程曲线。图3-20d所示曲线，δ选择恰当，被调参数波动两三次后即稳定下来；图3-20c所示曲线，δ选择偏小，被调参数波动次数增加，稳定性不够好；图3-20b所示曲线，δ选择太小，达临界值，被调参数产生等幅振荡，调节系统不稳定；图3-20a所示曲线，δ选择太小，小于临界值，被调参数产生振荡，振荡不断扩大而形成发散振荡，调节系统不稳定；如图3-20e所示曲线，δ选择太大，系统不出现振荡过程，被调参数变化缓慢，静态偏差大。

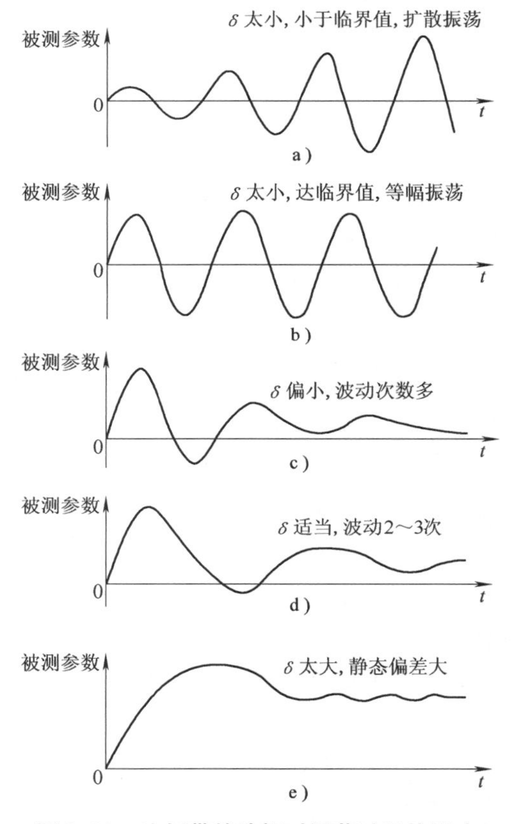

图3-20 比例带的选择对调节过程的影响

比例调节器的选择原则如下：对于纯迟延τ较小、时间常数T较大、传递系数K较小的对象，比例带δ可选得小些，以提高调节器的灵敏度，减小系统静态偏差，缩短过渡过程时间。反之，对于纯迟延τ较大、时间常数T较小、传递系数K较大的对象，为了得到稳定的调节过程，比例带δ宜选得大些，但系统的静态偏差可能会很大。

在制冷空调系统中常用的比例调节器品种繁多，选择什么样的调节器，应依据被调对象及应用场合等因素决定。将其按作用原理分类，主要有三种，即直接作用式、气动式和电动式。直接作用式比例调节器在制冷空调系统中应用广泛，如空调加热用温度调节阀、静压调节器、制冷装置用热力膨胀阀、蒸发压力调节阀，水量调节阀、能量调节阀、各种导阀与主阀等。

3.3.4　比例调节器的结构及其特点

下面主要介绍电动式比例调节器，通过一些典型结构来说明。

我国生产的电动调节器品种繁多，如 PDZ－Ⅱ型和 PDZ－Ⅲ型系列电动单元组合式仪表、简易式 TA 系列比例仪表等。一般来说，电动调节器内部都装有电桥，利用电桥的输出信号与输入信号成比例的原理，再配以适当的电子线路和放大器，制成调节器。

图 3-21 所示为一种平衡电桥式电动调节器结构原理图，此调节器为温度比例调节器，下面加以介绍。

该类型温度比例调节器的工作过程如下：

1）温包 2 感受温度变化从而引起温包内液体和蒸汽压力发生变化。

2）温包内的压力变化通过传压毛细管 1 推动波纹管 16 及顶杆 15，杠杆受顶杆力的作用而转动。

3）杠杆的转动带动滑针 11 转动。紧压电位器的滑针沿电位器 10 转动，改变电阻值。杠杆和滑针转动的角度与温度变化成比例，故电位器阻值的变化亦与温度的变化成比例。

同样，在调节器的后级电位器阻值的变化亦与电动机输出轴的转角 $\Delta\varphi$ 成比例（详细原理见后），这样就做成了温包式温度比例调节器。

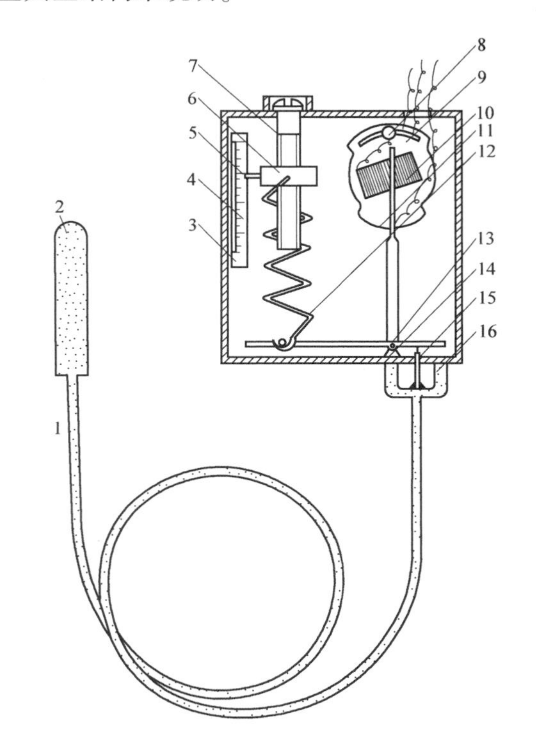

图 3-21　温包比例调节器结构原理图

1—传压毛细管　2—温包　3—标尺　4—螺母导杆　5—指针　6—活动螺母　7—调节螺钉　8—螺钉　9—电位器座　10—电位器　11—滑针　12—拉伸弹簧　13—支架与刀　14—杠杆　15—顶杆　16—波纹管

$$\Delta\varphi = K\Delta\theta \tag{3-14}$$

式中，$\Delta\varphi$ 为可逆电动机输出轴转角；$\Delta\theta$ 为温度变化；K 为比例系数。

该调节器的电位器阻值 $R=200\Omega$。调整电位器的安装角度，可改变调节器的比例系数。电位器安装在电位器座 9 上，固定螺钉 8 将电位器座的位置固定。若旋松该螺钉，则电位器座连同电位器可以一起转动，电位器安装的角度即可得到调整。当温度变化值一定时，滑针转动角度也一定，电位器阻值的变化因电位器安装的角度不同而不同，这样也就是比例系数 K 得到了调整。当调整电位器线圈的轴线与滑针相垂直（即与杠杆相平行）时，比例系数最小，灵敏度最低；当调整电位器线圈的轴线与滑针成锐角（钝角）时，比例系数增大，灵敏度提高。通常，当温包感受温度变化 3～5℃（可调）时，滑针电位器阻值的变化已达到全范围（200Ω）。

图 3-22 所示为温度调节器和电动执行机构的工作原理图。

温度调节器内装发信电位器 R_{11}，滑针将发信器 R_{11} 分为两部分，即 r_1 和 r_2。当温包感受温度变化 $\Delta\theta$ 后，滑针位置移动，改变电位器上的阻值 Δr_1，从式(3-14) 可知，$\Delta r_1 \propto \Delta\theta$。

执行机构内装反馈电位器 R_{10}、放大器、开关电路（晶闸管硅电路）、可逆电动机、减

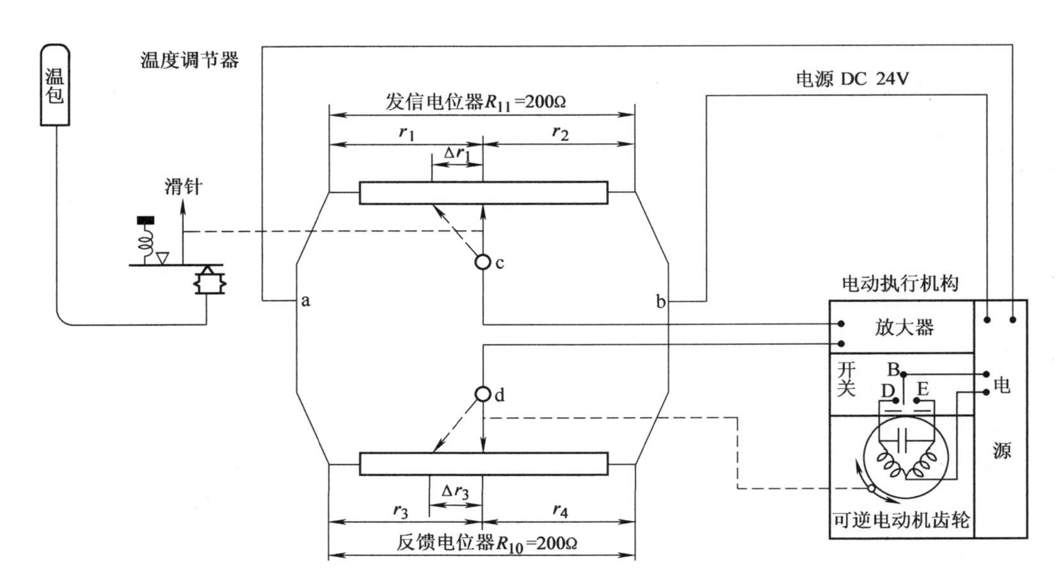

图3-22 温度调节器和电动执行机构的工作原理图

速齿轮和电源等部分。

反馈电位器滑针的位移及其移动的方向，由可逆电动机操纵（经减速齿轮、凸轮等传动）。可逆电动机的转动方向由开关操纵。若开关电路一路接通，假设B和D接通，可逆电动机顺转；反之，B和E接通，可逆电动机反转；若开关电路两端都不通，B和D、E都切断，可逆电动机停转。开关电路B、D接通，还是B、E接通，受放大器输入信号控制。电桥c和d端的输出信号的电压正负极性，控制开关方向、控制可逆电动机的转向，同时控制反馈电位器滑针的移动方向。

举例说明：若发信电位器的指针在中间位置，$r_1=r_2$，反馈电位器R_{10}的滑针也在中间位置，$r_3=r_4$。因$r_1r_4=r_2r_3$，故电桥平衡，c、d端无信号输出，开关不动作，电动机不转动，反馈电位器滑针停转，电桥处于平衡状态。

当温包感受温度变化后，电位器R_{11}的滑针移向左方（见图3-12虚线），则有$r_2+\Delta r_1>r_1-\Delta r_1$，而反馈电位器的滑针尚未移动，故电桥处于不平衡状态，c、d端有电压信号输出，这个有极性的信号通过放大器，使开关电路相应于与一端接通，可逆电动机转动，通过减速齿轮和凸轮机构，带动反馈电位器滑针移动，使反馈电位器滑针的移动方向起着反馈作用，使电桥的输出信号逐渐消失。当Δr_3逐渐增大到使电桥出现新的平衡时，c、d端电位相等而无信号输出，开关停在中间位置，可逆电动机停转，反馈电位器滑针停止移动。

电桥出现新的平衡时，平衡条件为

$$(r_1-\Delta r_1)(r_4+\Delta r_3)=(r_2+\Delta r_1)(r_3-\Delta r_3) \tag{3-15}$$

因$r_4=R_{10}-r_3$，$r_2=R_{11}-r_1$，代入式(3-15)并简化得

$$\Delta r_1R_{10}=\Delta r_3R_{11} \tag{3-16}$$

或

$$\frac{\Delta r_3}{\Delta r_1}=\frac{R_{10}}{R_{11}} \tag{3-17}$$

温度调节器的温包被调参数温度变化$\Delta\theta$，发信电位器的滑针移动Δr_1，根据温度调节器特性$\Delta r_1\propto\Delta\theta$。根据电桥平衡条件，反馈电位器滑针移动的阻值变化$\Delta r_3$，必定追随着发信电位器的阻值变化$\Delta r_1$，则$\Delta r_3\propto\Delta r_1$。反馈电位器的滑针由执行机构的输出轴通过凸轮带

动，输出轴的转角为 $\Delta\varphi$，则 $\Delta\varphi \propto \Delta r_3$，由此 $\Delta\varphi \propto \Delta r_3 \propto \Delta r_1 \propto \Delta\theta$，即执行机构的输出轴的转角 $\Delta\varphi$ 比例于被调参数 $\Delta\theta$。在执行机构输出轴上通过连杆连接调节阀或调节风门，就实现了调节阀的位移或调节风门的开度与被调参数 $\Delta\theta$ 成比例，也就实现了比例调节器的作用。

电动调节器的优点如下：① 电源问题容易解决；② 作用距离长，一般情况下不受限制；③ 调节精度高的电动调节器一般容易做到；④ 可实现计算机控制。

电动调节器的缺点如下：① 电气装置、继电器和电子元器件在动作频繁的工作条件下，使用寿命有限；② 电动调节器的使用和调整比较复杂，对维护技术要求亦高；③ 电器接点有火花产生，电气元器件带电，不利于防火防爆。

3.4　积分调节器及微分调节器

人工调节有一个理所当然的原则，就是偏差不除决不罢休。只要偏差存在就持续不断地调节下去，一直到把偏差完全消除为止。另外，偏差存在的时间长，说明扰动强，已经施加在对象上的调节动作还不足以抑制偏差，需要更大的操作量。所以人工调节时的操作量往往随偏差存在时间而逐渐加大，也就是说，操作量应该和偏差对时间的积分成正比。自动调节也应该体现这个规律，即“积分作用”。“积分”单词的英文是“Integral”，所以积分作用也被称为“I 作用”，积分调节器简称为“I 调节器”。

3.4.1　积分调节器原理

积分调节器的调节规律是输出的变化速率与输入成正比，它的动态方程为

$$\frac{\mathrm{d}m(t)}{\mathrm{d}t} = K_{\mathrm{I}}e(t) \tag{3-18}$$

或

$$m(t) = K_{\mathrm{I}}\int_0^t e(t)\,\mathrm{d}t \tag{3-19}$$

式中，$m(t)$ 为输出信号；$e(t)$ 为输入信号；K_{I} 为积分系数。

用传递函数表示为

$$\frac{M(s)}{E(s)} = \frac{K_{\mathrm{I}}}{s} = \frac{1}{T_{\mathrm{I}}s} \tag{3-20}$$

式中，$M(s)$ 为输出信号的拉普拉斯变换式；$E(s)$ 为输入信号拉普拉斯变换式；T_{I} 为积分时间。

由式(3-18) 可看出，如果被调量不等于给定值，即偏差 $e(t) \neq 0$，则执行机构就会不停地动作，偏差存在时间越长，输出的操作量越大，只要有足够的时间，依靠不断地积分作用，最终总会把偏差彻底干净地消除。因此，调节过程最终不存在静态偏差。积分调节器的输出信号与比例调节器不同，它的数值是浮动的，只要被调参数与给定值有偏差，调节器的输出信号数值即发生变化。当偏差信号消失后，调节器的输出信号即停止变化。至于调节器输出停止在哪个数值上是不固定的，因此，也称积分调节器为浮动调节器或无定位调节器。

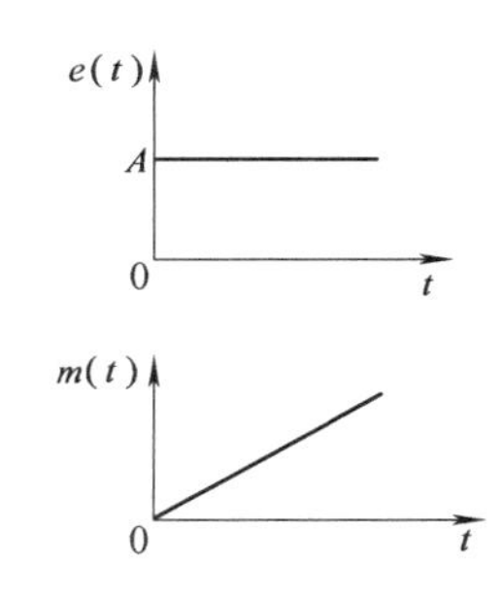

图 3-23　积分调节器的阶跃响应曲线

积分调节器的阶跃响应曲线如图 3-23 所示。响应曲线的斜率为 $K_{\mathrm{I}}A$。在积分调节器中，T_{I} 的数值可以根据需要选定。实践表明，T_{I} 的数值减小，则在同样偏差值时，执行器的动作速度加快，这样可以减小调节过程

中被调量的动态偏差，但会增加调节过程的振荡，反之，T_I 数值增加，则可以减少调节过程的振荡，但会增加被调量的动态偏差。

在电工学科中，积分放大器如图3-24a所示。其输出电压 $u_o(t)$ 和输入电压 $u_i(t)$ 之间的关系为

$$C\frac{du_o(t)}{dt}=\frac{1}{R}u_i(t)$$

或

$$u_o(t)=\frac{1}{RC}\int u_i(t)dt$$

对上式进行拉普拉斯变换，可求出传递函数为

$$G(s)=\frac{U_o(s)}{U_i(s)}=\frac{1}{RC}\frac{1}{s} \tag{3-21}$$

这里没有考虑放大器的饱和特性和惯性。实际上的放大器都有饱和特性，其输出电压不能无限地增加，所以式(3-21) 只适用于输出量小于饱和极限值的范围。积分环节的单位阶跃响应如图3-24b所示。

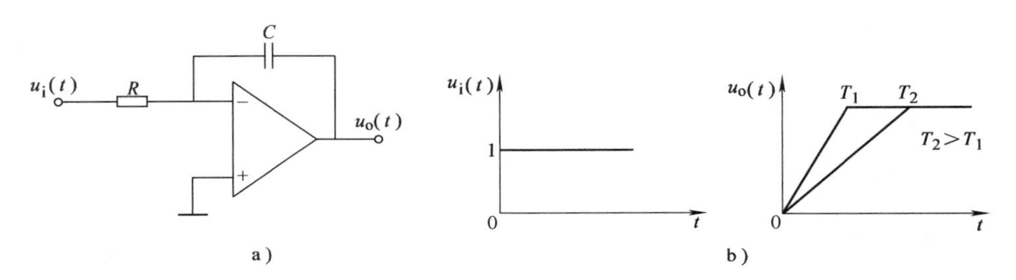

图3-24 积分环节
a) 积分放大器 b) 积分环节的单位阶跃响应曲线

图3-25所示为一积分调节器的动作原理图，下面叙述它的实现过程。

1）当被调参数与给定值相等时，测量电阻与桥臂电阻所组成的电桥平衡，电桥c、d两端无输出信号，伺服电动机停止转动。

2）当被调参数与给定值有偏差时，电桥不平衡，电桥c、d两端有信号输出，经放大器放大后，放大器的输出电流使伺服电动机转动。被调参数与给定值是正偏差还是负偏差决定了电桥c、d两端的极性，也就决定了伺服电动机的转向。

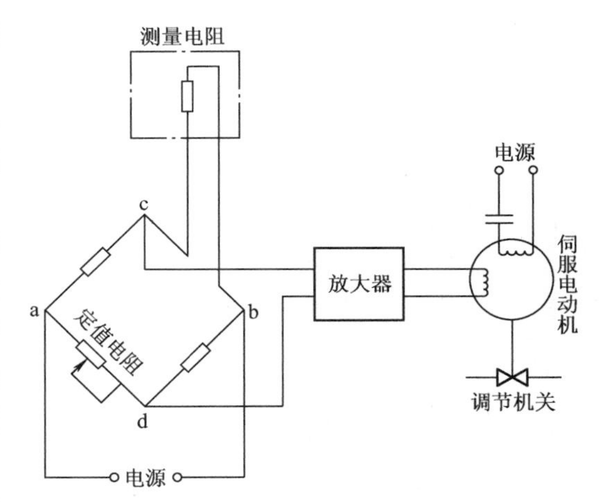

图3-25 积分调节器原理图

3）电桥c、d两端信号的大小与偏差的大小成正比，放大器的输出电流又与输入，即c、d两端信号成正比，因此流过伺服电动机绕阻电流的强弱就与偏差信号的大小成比例。

4）伺服电动机的转速与偏差信号成比例。因此由伺服电动机带动的调节机构（如调节阀或风门等）的移动速度就与被调参数对给定值的偏差值成比例，即 $\frac{d\varphi}{dt}=K\Delta\theta$，从而实现了积分调节器的作用。

积分调节器的优点是可以消除静态偏差，但缺点是易使调节过程出现过调现象，从而引起被调量振荡。积分控制的另一个特点是它的稳定性比比例控制差。例如，从稳定性分析可以知道，对于包含一个积分环节的非自平衡被控对象，当采用比例控制时，只要减小比例系数，就一定可以得到一个稳定的系统。另外，对于同一被控对象，及时采用比例控制或采用积分控制都能够得到一个稳定的系统，采用积分控制时的调节过程也总是比采用比例控制缓慢，主要表现在振荡频率较低，从而导致时间延长。

现将上面所述积分调节器用于空调风管中的空气加热，流程图如图 3-26a 所示，图 3-26b 表示此系统被调量变化的一个周期。积分调节器输出执行器的动作速度及方向只取决于输入偏差的大小及正负，与偏差变化速度的大小及方向无关。从图 3-26b 中看到，a、b 两点的偏差大小相同，但被调量的变化速度的大小及方向却不一样。a 点，被调量处于上升变化阶段，说明蒸汽的流量过多，积分调节器以某个速度去关小调节阀的动作是正确的；而 b 点，被调量已处于下降变化阶段，说明此时蒸汽流量已偏小，调节阀的正确动作应开大调节阀或暂时停止调节阀的动作。由于 a、b 两点偏差相同，积分调节器操作调节阀移动的大小及方向都一样，在 b 点它就以同样大小的速度去继续关小调节阀，这就产生了调节方向错误的过调现象，使被调参数振荡，甚至产生渐扩性的波动。

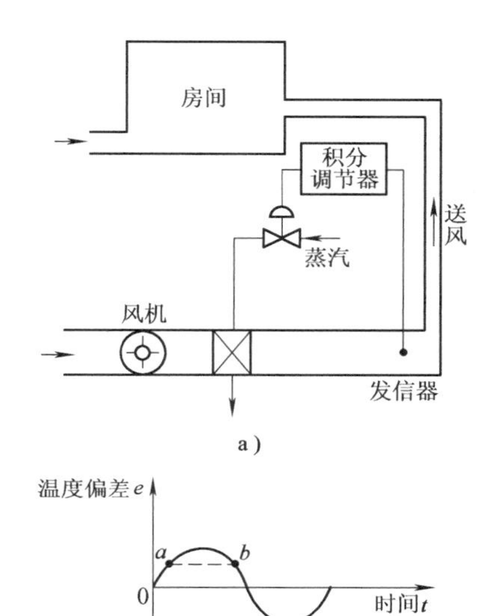

图 3-26　用于空调风管中的积分调节器

a）积分调节器应用流程图

b）表示此系统被调量变化的一个周期

采用积分控制，减小积分时间常数会降低系统的稳定程度，直至最后发生振荡，如图 3-27 所示。对于同一被控对象，如果分别采用比例调节和积分调节，并调整到衰减率 $\psi=0.75$ 时，它们在负荷扰动下的调节过程如图 3-28 所示。

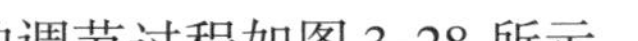

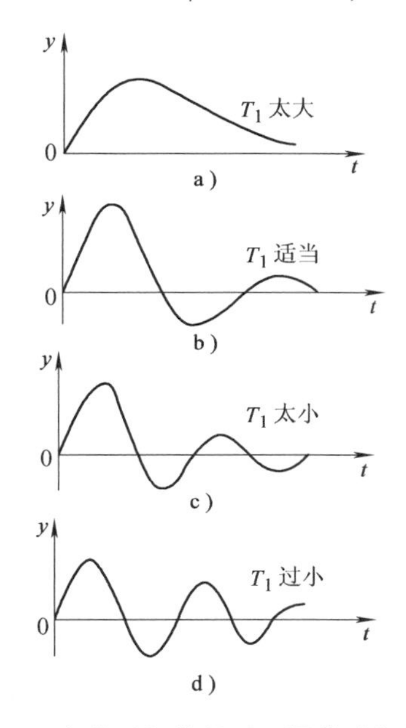

图 3-27　积分时间常数对于调节过程的影响

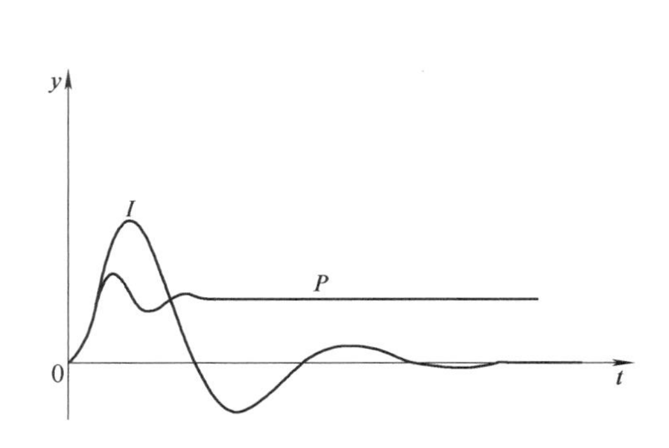

图 3-28　比例调节与积分调节的比较

3.4.2 积分调节器的应用

积分调节器适用于迟延小、时间常数小而反应迅速、自平衡能力较大、负荷变化又小又慢的调节系统中，故可用在被调参数反应迅速的压力、流量及液位等调节对象中。例如，螺杆制冷机的卸载活塞，采用积分调节规律动作，调节制冷系统的吸气压力。又如空调系统的淋水室，因对象迟延和时间常数小，自平衡能力强，故露点温度调节可采用积分调节器。

除上述几个例子外，在制冷、空调系统中，相对来说，较少采用积分调节器，而常采用结构简单、价廉的双位调节器。在调节质量要求高的系统中，一般采用比例调节器或比例积分调节器。

前面提到比例调节器的缺点是调节系统一定存在静态偏差，但积分调节器能够消除静态偏差，在实际应用中，它往往和比例作用结合构成比例积分作用的调节器。

下面介绍淋水室“露点”温度调节系统，图3-29所示为它的原理图。

它的对象特点是：迟延小、时间常数小而反应速度快、自平衡能力大、干扰作用不频繁、对被调参数的动态偏差要求不高，但静态偏差要小。对于这样的系统，可采用积分调节器。

图3-29中，1为测温发信器，它感受淋水室的露点温度；2为三位式温度调节器，它的给定上下限温度可调，调节器由两个继电器信号输出；3为通断仪，相当于多个谐振荡器，周期性地输出“通”“断”信号，它的“通”与“断”的时间比可在仪表上整定；4为电动执行机构及三通调节阀；5为水泵。由这些调节设备与对象组成积分调节规律的调节系统。当“露点”温度在三位式温度调节器给定值范围以内时，电动执行机构停转。当“露点”温度超出给定值上限或下限范围时，通断仪进行“通断”工作，当通断仪“通”时，电动执行机构转动，当通断仪“断”时，电动执行机构停转，这样电动执行机构的动作是停停转转，直至“露点”温度恢复到给定值范围以内时为止。在电气线路上，“露点”温度如高于上限值时，电动执行机构顺转；反之，如低于下限值时，则逆转。由于通断仪的“通”与“断”时间比可以在仪表上整定，故调节阀的平均位移速度可得到整定，如图3-30所示。

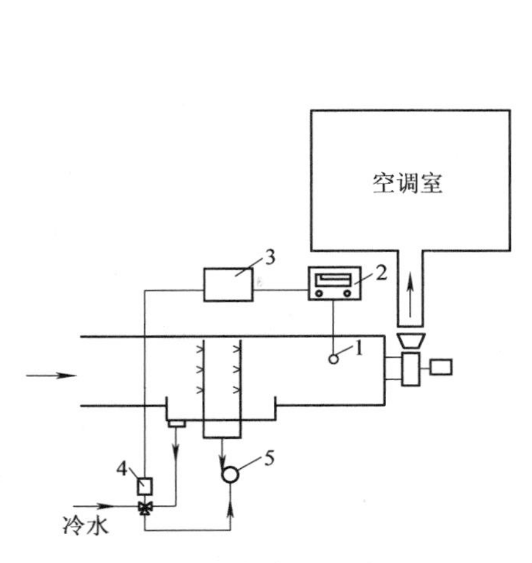

图3-29 淋水室“露点”温度控制原理图

1—测温发信器 2—三位式温度调节器 3—通断仪 4—电动执行机构及三通调节阀 5—水泵

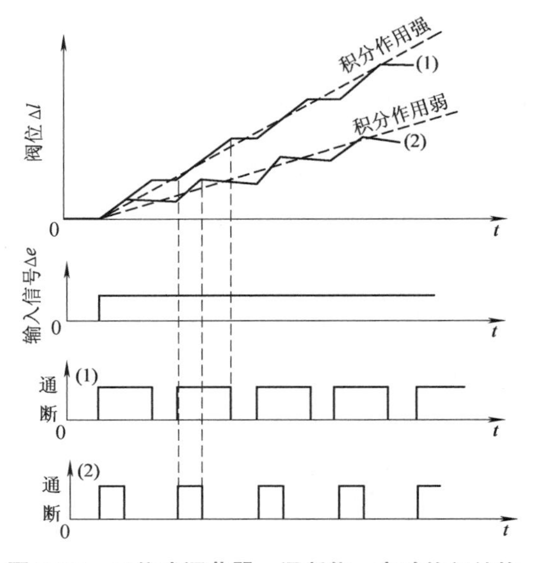

图3-30 三位式调节器+通断仪+电动执行结构组成的积分调节器

情况（1）“通”的时间长，阀位移速度大，积分调节作用强；情况（2）“通”的时间短，阀位移速度小，积分调节作用弱。“通”与“断”的时间比例可以整定，以满足不同对象的需要。通过电气线路设计，三位式温度调节器也可改用两支汞导电温度计来替代。

3.4.3　微分调节器

人工调节能根据被调参数的变化趋势预见即将发生的后果，从而当机立断事先采取措施，防患于未然。比如，人们在淋浴时若感到水温下降过快，一定会把热水阀开得比一般情况下更大一些，以把温度下降的势头尽快抑制住，这种根据被调参数变化速度采取的动作，就叫作“微分作用”。由于“微分”一词的英文是“Derivative”，故又称作“D 作用”。但是注意，微分作用不能用来克服对象的纯迟延对调节质量的影响。

在比例调节和积分调节过程中，调节器都是根据反馈信号与输入信号的偏差的方向和大小进行的。无论被控对象中的流入量与流出量之间有多大的不平衡，而此不平衡正决定此后被调量将如何变化的趋势。由于被调量的变化速度（包括大小和方向）可以反映当时或稍前一段时间流入流出的不平衡情况，因此，如果调节器能根据被调量的变化速度来驱动调节执行机构，而不是等到被调量已经出现较大偏差后才开始动作，则调节效果将会更好。也就是说调节器具有某种程度的预见性，这种调节动作称为微分调节。此时调节器的输出与被调量或其偏差对于时间得到数成正比。这就引入了微分调节器，简称为 D 调节器。

理想微分调节器的输出信号与输入信号变化速度成正比。它的动态方程式为

$$m(t)=T_{\mathrm{D}}\frac{\mathrm{d}e(t)}{\mathrm{d}t}\tag{3-22}$$

式中，$m(t)$ 为微分调节器的输出信号；$e(t)$ 为输入信号；$\frac{\mathrm{d}e(t)}{\mathrm{d}t}$为输入信号变化速度；$T_{\mathrm{D}}$ 为微分时间（min 或 s），T_{D} 大，微分作用强；T_{D} 小，微分作用弱。

理想微分调节器飞升特性曲线如图 3-31 所示。

当 $t=0$ 时，输入阶跃信号 e，则输出信号在 $t=0$ 时有一个脉冲变化。当 $t>0$ 时，输入信号保持不变，输出信号为零。

理想的微分环节在实际中是得不到的。下面看一个实际微分环节的例子。

如图 3-32 所示的 RC 电路，其电路方程为

$$u_{\mathrm{i}}(t)=\frac{1}{C}\int i(t)\mathrm{d}t+i(t)R$$

$$u_{\mathrm{o}}(t)=i(t)R$$

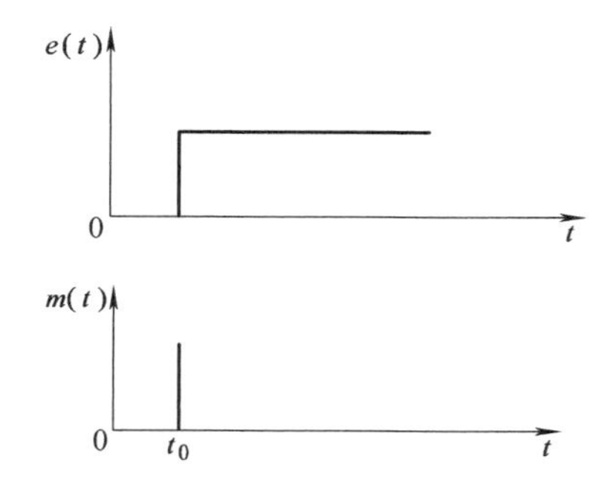

图 3-31　理想微分调节器的飞升特性曲线

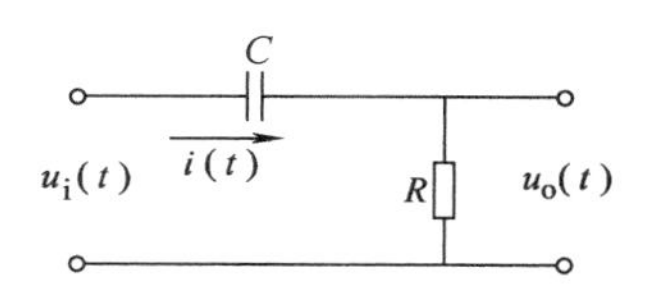

图 3-32　RC 电路

从以上两式中消去中间变量，可得

$$u_{\mathrm{i}}(t)=\frac{1}{RC}\int u_{\mathrm{o}}(t)\mathrm{d}t+u_{\mathrm{o}}(t)$$

即

$$RC\frac{\mathrm{d}u_{\mathrm{i}}(t)}{\mathrm{d}t}=u_{\mathrm{o}}(t)+RC\frac{\mathrm{d}u_{\mathrm{o}}(t)}{\mathrm{d}t}$$

对上式进行拉普拉斯变换，可以求出传递函数为

$$G(s)=\frac{U_{\mathrm{o}}(s)}{U_{\mathrm{i}}(s)}=\frac{Ts}{Ts+1} \tag{3-23}$$

式中，$T=RC$。

式(3-23) 表明，此电路相当于一个微分环节和一个惯性环节的串联组合。只有当 $T\ll1$ 时，才能得到 $G(s)\approx Ts$。

微分调节器根据偏差的变化速度进行调节，所以它的动作快于比例调节器，且比积分调节器动作更快。这种超前和加强的调节作用，使被调参数的动态偏差大为减小。但微分调节器是不能单独应用的，原因包括：

1）只要被调参数的导数等于零，调节器就不再输出调节作用。此时即使被调参数有很大的偏差，微分调节器也不产生调节作用，结果被调参数可以停留在任何一个数值上，这就不符合调节系统正常运行的要求。

2）实际的调节器都有一定的失灵区。如果被控对象的流入、流出量值相差很少以至于被调量只以调节器识别不出的速度缓慢变化时，调节器将不产生动作，但经过一段相当长的时间后，被调量的偏差却可以累积到相当大的数值而得不到校正，因此在控制系统中，微分调节只能起辅助调节的作用。

由于这些原因，微分调节器不能单独应用，而常和比例调节器或比例积分调节器组合使用，在比例调节器中纳入微分调节器的优点，形成比例微分（PD）调节器或比例积分微分（PID）调节器。

3.5 比例、积分以及微分的组合调节器

3.5.1 比例积分（PI）调节器

比例调节器的优点是调节作用反应迅速，有利于调节系统的稳定；其缺点是调节过程最终存在静态偏差。积分调节器的优点是调节过程能够消除静态偏差；其缺点是调节作用反应慢些，被调参数易发生大的波动。比例积分调节器综合了比例调节器及积分调节器的优点，而克服了它们各自的缺点，因此它是一个既反应快，又可消除静态偏差的较理想的调节器。

在制冷空调系统中，如调节质量要求高时，常采用比例积分调节器。比例积分调节器是比例调节器和积分调节器并联构成的，它的框图如3-33所示，其特性表达式是比例和积分两种基本规律的叠加，即

$$\begin{aligned}m(t)&=K_{\mathrm{p}}e(t)+K_{\mathrm{I}}\int_0^t e(t)\mathrm{d}t=K_{\mathrm{p}}\left[e(t)+\frac{K_{\mathrm{I}}}{K_{\mathrm{p}}}\int_0^t e(t)\mathrm{d}t\right]\\&=K_{\mathrm{p}}\left[e(t)+\frac{1}{T_{\mathrm{I}}}\int_0^t e(t)\mathrm{d}t\right]\end{aligned} \tag{3-24}$$

用传递函数表示为

$$G_c(s)=\frac{M(s)}{E(s)}=K_p\left(1+\frac{1}{T_I s}\right) \tag{3-25}$$

式中，T_I 为比例积分调节器的积分时间，$T_I=\frac{K_p}{K_I}$。

图3-34所示为比例积分调节器的阶跃响应曲线。图中垂直上升部分是由比例作用造成的，其幅面值为 K_pA，慢慢上升的部分是由积分作用造成的，其数值是$\frac{K_p}{T_I}At$。在任意时刻 t，输出值应当是 $K_pA+\frac{K_p}{T_I}At$。

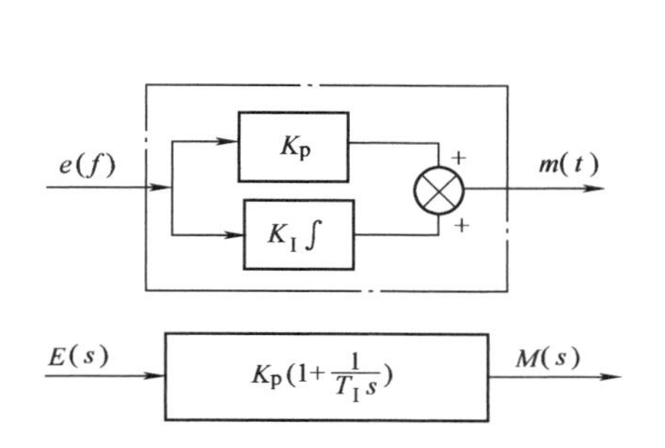

图3-33　比例积分调节器的框图与传递函数

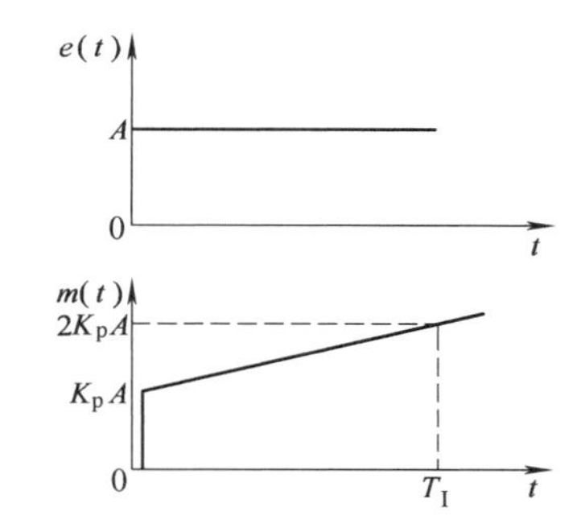

图3-34　比例积分调节器的阶跃响应曲线

在制冷空调系统中，经常采用电动式比例积分调节器，下面说明它们的实现过程。

1. 电动比例积分调节器和它的传递函数

电动比例积分调节器由放大器 K 和反馈网络电阻 R_i 和电容 C_i 组成，图3-35所示为其原理图。

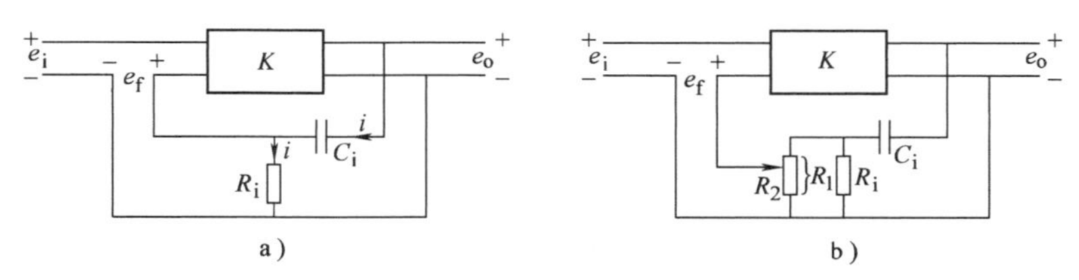

图3-35　电动比例积分调节原理图

调节器输出电压 e_o 通过网络 R_i 和 C_i，得反馈电压 e_f，如图3-35a所示。反馈网络的输出 e_f 和输入 e_o 之间的传递函数推导如下：

$$e_f=R_i i$$

$$e_o=\frac{1}{C_i}\int i\mathrm{d}t+R_i i$$

进行拉普拉斯变换，得

$$E_f(s)=R_i I(s)$$

$$E_o(s)=\frac{1}{C_i s}I(s)+R_i I(s)$$

$$\frac{E_f(s)}{E_o(s)}=\frac{R_i I(s)}{\frac{1}{C_i s}I(s)+R_i I(s)}=\frac{R_i C_i s}{1+R_i C_i s} \tag{3-26}$$

图3-35a所示的比例积分调节器的传递函数为

$$[E_i(s)-E_f(s)]K=E_o(s)$$

将式(3-26)代入，得

$$\left[E_i(s)-\frac{R_iC_is}{1+R_iC_is}E_o(s)\right]K=E_o(s)$$

$$\frac{E_o(s)}{E_i(s)}=\frac{K}{1+\dfrac{KR_iC_is}{R_iC_is+1}} \tag{3-27}$$

当$\left|\dfrac{KR_iC_is}{R_iC_is+1}\right|\gg 1$时，式(3-27)简化得

$$\frac{E_o(s)}{E_i(s)}=\frac{R_iC_is+1}{R_iC_is}=1+\frac{1}{T_Is} \tag{3-28}$$

式中，T_I为积分时间常数，$T_I=RC$。

同理，可知图3-35b所示的比例积分调节器的传递函数为

$$\frac{E_o(s)}{E_i(s)}=\frac{R_iC_is+1}{R_iC_is}=K_c\left(1+\frac{1}{T_Is}\right)$$

式中，$K_c=\dfrac{R_1}{R_2}$。

2. 积分时间常数概念和它的测定方法

根据比例积分调节器的微分方程式(3-24)可以推出比例积分调节器的积分时间常数的测定方法。对比例积分调节器输入一阶跃信号，当积分作用部分的输出等于比例作用部分的输出时，亦即自阶跃起始到调节器输出变量达到施加阶跃时刻输出值的两倍，该过程所经历的一段时间就是积分时间常数T_I，如图3-36所示。因此，在实测时，对调节器输入一阶跃信号，当$m_{比例}=m_{积分}$时，测定的时间即为它的积分时间常数T_I。

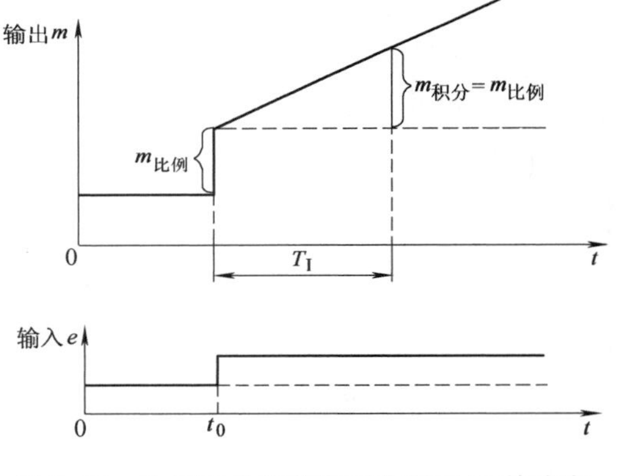

图3-36 比例积分调节器积分时间T_I的确定

在电动比例积分调节器中，积分时间常数是反馈电容C_i与电阻R_i的乘积。因此积分时间常数是与反馈通路中的容量系数和阻力系数相关的一个数值。可以通过改变电阻R_i（电位器）来调整积分时间常数。

3. 比例积分调节器的特性及其调节过程

所谓刚性反馈，即为反馈作用只与输出信号有关，而与时间无关。比例调节器带有负反馈，属于刚性反馈调节器。与比例调节器不同，比例积分调节器属于弹性反馈调节器。所谓弹性反馈，即为负反馈作用只在调节过程中起作用，随着时间的推移，它会逐渐消失，在过程终止时停止。

比例积分调节器往往既带有负反馈，又带有正反馈。如图3-35所示，电动比例积分调节器在它的反馈网络中，输出电压e_o通过电容C_i与电阻R_i负反馈至输入端，当电容C_i在充、放电过程中，有负反馈电压产生，若电容C_i充、放电结束时，反馈电压也就消失。因此，它的负反馈作用只在电容电阻的充、放电过程中起作用，随着时间而逐渐消失。

由于比例调节器在调节过程中，它的负反馈是始终存在的，其输出比例于输入，故系统的调节过程最终存在静态偏差。而比例积分调节器在调节过程中，正是在积分部分输出信号的作用下，使调节执行机构的正确动作的结果最终得以达到抵消扰动所需的位置，它的负反馈不断地被抵消，不断地消失。由于负反馈逐渐消除，其输出是渐变的，故调节过程最终能消除静态偏差。

比例积分调节器的参数包括比例带 δ 和积分时间常数 T_I。要使调节过程达到最佳，就要选择最佳的 δ 和 T_I 值，不同的调节系统具有不同的最佳 δ 及 T_I 值，但对每一个系统而言，δ 的大小及 T_I 的大小对于调节过程的影响形式则是相同的，下面就这一问题加以讨论。

比例带 δ 对调节过程的影响在上节讲述比例调节器中已经谈到，其结论仍适用。积分时间常数 T_I 对调节过程的影响如图 3-37 所示。

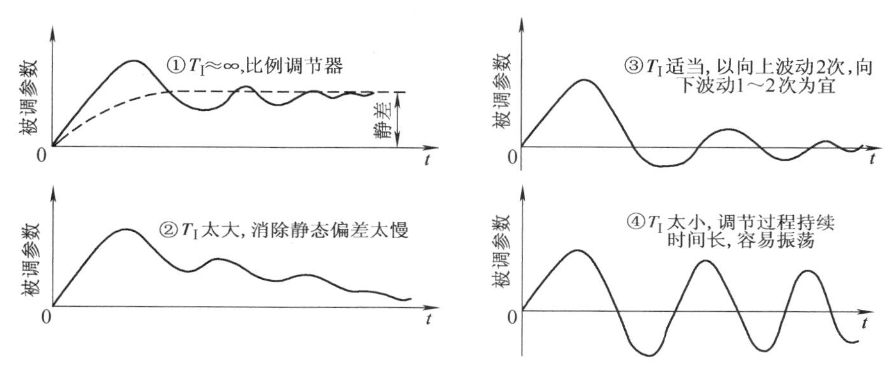

图 3-37　不同积分时间 T_I 的调节过程曲线

曲线①：若积分时间 T_I 取得极大，$T_I \approx \infty$，比例积分调节器就变化成纯比例调节器，调节过程就变成纯比例调节器的调节过程。若比例带 δ 取得适当，则调节过程波动 2 ~ 3 次后即趋稳定，但调节过程最终存在着静态偏差。比例带取得太大或太小时，调节过程如图 3-20 所示。

曲线②：比例积分调节器的积分时间选得太大（因积分阀开得太小），积分作用弱，消除静态偏差过程太慢。

曲线③：积分时间选取适当，积分作用亦适当，则调节过程中被调参数波动次数适当，一般以向上波动 2 次，向下波动 1 ~ 2 次为宜。调节过程持续时间短，且静态偏差消除迅速。在积分时间调整适当时，可以得到一衰减比近似在 4 ~ 10 的衰减振荡过程，这是比较理想的调节过程。

曲线④：积分时间太小（因积分阀开得太大），积分作用太强，被调参数波动次数增多，过渡过程持续时间延长。

在比例积分调节系统中，由于积分动作带来消除系统残差的同时却降低了原有系统的稳定性，为保证控制系统原有的衰减率，在调整比例积分调节器比例带时必须适当加大。

3.5.2　比例微分（PD）控制器

1. 特性方程

为了提高控制系统的过渡过程的品质指标，还采用比例微分控制器。这种控制器的输出 ΔP 不仅与偏差 e 的大小有关，还与偏差的变化速度有关。理想的比例微分控制器特性的数学表达式为

$$m(t)=K_{\mathrm{p}}\left[e(t)+T_{\mathrm{D}}\frac{\mathrm{d}e(t)}{\mathrm{d}t}\right] \tag{3-29}$$

式中，T_{D} 为微分时间（s）。

当 e 为阶跃变化时，控制器的输出如图 3-38a 所示。理论上在 $t=0$ 时刻的输出为∞，这在物理上是不可能实现的。微分作用太强，对系统不利，仪表难制作，甚至会使仪表损坏。因此，实际使用的比例微分控制器的特性如图 3-38b 所示，在输入进行阶跃变化的瞬间，控制器的输出为一个有限值，而后微分作用逐渐下降，最后仅保留比例作用的分量。

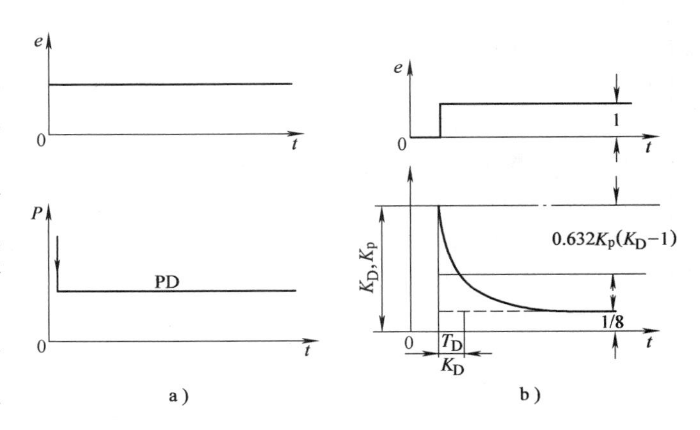

图 3-38 比例微分控制器的单位阶跃响应

a）理想 b）实际

实际采用的比例微分控制器的传递函数为

$$G_{\mathrm{c}}(s)=K_{\mathrm{p}}\frac{T_{\mathrm{D}}s+1}{\dfrac{T_{\mathrm{D}}}{K_{\mathrm{D}}}s+1} \tag{3-30}$$

式中，K_{p} 为比例系数；K_{D} 为微分增益。K_{D} 一般为 5～10。这一算法称为实际微分算法，其单位阶跃响应为

$$u=K_{\mathrm{p}}+K_{\mathrm{p}}(K_{\mathrm{D}}-1)\exp\left(-\frac{t}{T_{\mathrm{D}}/K_{\mathrm{D}}}\right) \tag{3-31}$$

图 3-38b 给出了相应的响应曲线。式(3-31) 中共有 K_{p}、T_{D} 和 K_{D} 三个参数，它们都可以根据图中的阶跃响应曲线确定出来。

应当指出，尽管实际上比例微分控制器都采用实际微分算法，但是由于微分增益 K_{D} 数值较大，实际微分算法表达式分母中的时间常数实际上很小，因此在分析控制系统的性能时，为了简单起见，通常忽略这一因素，而直接按照理想微分算法作为比例微分控制器的传递函数进行分析。

2. 比例微分控制的特点

在稳态下，$\mathrm{d}e/\mathrm{d}t=0$，比例微分控制器的微分部分输出为零，因此比例微分控制也是有差调节，与比例控制相同。

在控制系统中，微分调节动作总是力图抑制被调量的振荡，它有提高控制系统稳定的作用。适当地引入微分动作可以允许稍稍减小比例带，同时保持衰减率不变。

在比例微分调节中，当比例带一定而微分时间 T_{D} 不同时，调节过程也不同。在比例微分调节系统中，微分调节只是比例微分调节的一个组成部分。由于微分作用的加入，可以使控制系统更加稳定，因而允许比例带可以调整得窄一些，从而可使偏差减小到允许的范围内。

由于控制器中微分部分的输出与偏差对时间的导数成正比，因此微分作用总是力图抑制被调量的振荡，它有助于提高控制系统的稳定性。引入适度的微分作用，可以在保持衰减率不变的前提下，稍微增大比例系数。图 3-39 表示同一被控对象分别采用比例控制器和比例微分控制器并且调整到相同的衰减率时，两者阶跃响应的比较。从图中可以看到，引入适度

的微分作用后，由于可以采用较大的比例系数，结果不但减小了残差，而且也减小了超调量和提高了振荡频率。

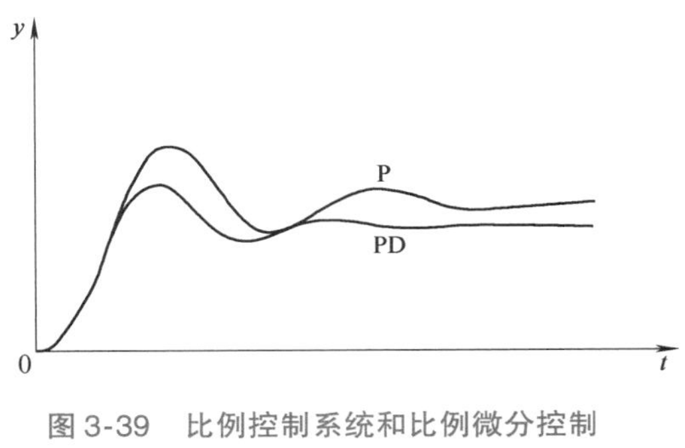

图3-39　比例控制系统和比例微分控制系统调节过程的比较

微分控制作用也有一些不利之处。首先，比例微分控制器的抗干扰能力较差。尽管在比例微分控制器中，微分作用只是起辅助作用，但是往往一个幅度不大但快速变化的干扰信号，就会引起控制器输出的大幅度变化。因此，比例微分控制器只能应用于被调量变化非常平稳的过程，而且需要更加良好的抗干扰措施。其次，微分控制作用对于纯滞后过程显然是无效的。

应当特别指出的是，引入微分作用要适度。图3-40表示控制系统在不同微分时间的响应过程。一般而言，比例微分控制系统随着微分时间 T_D 增大，其稳定性提高。但是，当 T_D 超过某一上限值以后，系统反而变得不稳定，如图3-40a中的曲线，为了保证系统的稳定度而不得不增大比例带，反而削弱微分作用效果。

此外，当系统输出夹杂有高频干扰，T_D 太大时，系统对高频干扰特别敏感，以致影响正常工作。例如，在流量调节、压力调节中，高频干扰主要来源于流体的湍流流动及泵引起的振动，由于其振动频率太大以致调节作用跟不上。因此，在调节过程中高频干扰作用频繁的系统，以及存在周期性干扰时，应避免使用微分调节。

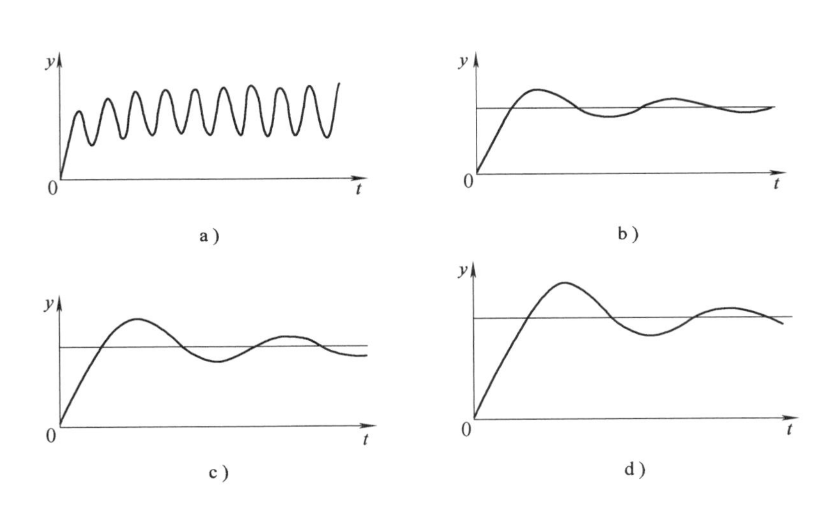

图3-40　比例微分控制系统不同微分时间的阶跃响应

a) T_D 太大　b) T_D 适当　c) T_D 太小　d) $T_D=0$

3.5.3　比例积分微分（PID）调节器

上面所述比例积分调节器适用面较广，大多数控制系统都可采用。只有在对象滞后特别大时，可能调节时间较长，最大偏差也较大；或者负荷变化特别剧烈时，由于积分作用的迟缓性质，使调节作用仍然不够及时，这时可再增加微分调节作用。

比例积分微分（PID）调节器是比例、积分、微分调节器并联构成的，它的框图如图3-41所示。动态特性表达式是三种基本调节规律的叠加，即

$$m(t)=K_{p}e(t)+K_{I}\int_{0}^{t}e(t)\mathrm{d}t+K_{D}\frac{\mathrm{d}e(t)}{\mathrm{d}t}=K_{p}\left[e(t)+\frac{K_{I}}{K_{p}}\int_{0}^{t}e(t)\mathrm{d}t+\frac{K_{D}}{K_{p}}\frac{\mathrm{d}e(t)}{\mathrm{d}t}\right]$$

$$=K_{p}\left[e(t)+\frac{1}{T_{I}}\int_{0}^{t}e(t)\mathrm{d}t+T_{D}\frac{\mathrm{d}e(t)}{\mathrm{d}t}\right] \tag{3-32}$$

用传递函数表示为

$$W(s)=K_{p}\left(1+\frac{1}{T_{I}s}+T_{D}s\right) \tag{3-33}$$

式中，T_D 为PID调节器的微分时间，$T_{D}=\frac{K_{D}}{K_{p}}$。

PID调节器的阶跃响应曲线如图3-42所示。

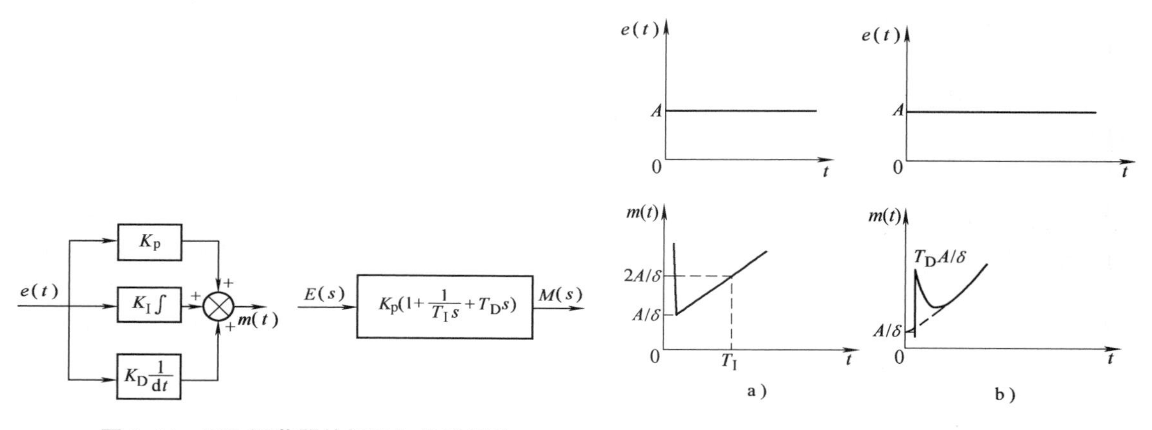

图3-41 PID调节器的框图与传递函数

图3-42 PID调节器的阶跃响应曲线
a）理想 b）实际

从图3-42可以看出，阶跃信号输入后，输出信号由于微分作用先跃上去，微分作用过去后，输出信号降下来，接着比例作用起主要作用，然后由于积分作用输出信号又逐渐增大起来。

PID调节器中有三个可以调节的参数：比例带 δ、积分时间常数 T_I 和微分时间常数 T_D，它兼有比例、积分和微分调节器的特点，在这三种作用中，主要靠比例作用避免过分振荡，靠积分作用消除静态偏差，靠微分作用在调节过程中起加强调节的作用并减小动态偏差。在调节系统中应用这种调节器，只要 δ、T_I、T_D 三个参数选择恰当，就能发挥三种调节规律的特点，从而得到较为理想的调节质量。

比较在阶跃作用下，比例积分（PI）、比例微分（PD）、比例积分微分（PID）调节过程，发现PID调节器与PI调节器相比，PI调节器的动态指标如最大偏差和超调量都比较大，但静态偏差（即静差）较小，这是由于积分作用倾向于使系统稳定，但积分作用有减少或消除静差的作用，因而PID调节器的被调参数波动的幅值会有所降低，波动周期也会有所减小。与纯P调节器相比，静态偏差也会相对有所降低。PID调节器与PD调节器相比，PD调节器调节动态指标较好，这是由于有了微分作用，增加了系统的稳定性，因而可使比例带减小，调节时间缩短。但由于无积分作用，因而仍有静差存在。但由于比例带的缩小，故静差可以减小；PID调节过程的动态最大偏差较PD稍大，由于有积分作用，静差接近于零。但

由于积分作用的引入，却使振荡周期增大了，从而加长了调节的时间。在 PID 调节器中，微分调节作用强弱要适当，微分调节作用太弱（T_D 太小），微分作用不显著；反之，微分作用太强（T_D 太大），不仅不能使系统趋向稳定，反而容易引起被调参数大幅度的振荡。

PID 调节器一般用于对象时间常数大、容积迟延大、负荷变化又大又快的场合。在制冷空调系统中，一般采用双位、比例和比例积分调节器已能满足条件，不必再加微分调节作用。

为了对各种控制算法的动作规律进行比较，图 3-43 表示了同一对象在相同的阶跃扰动下，采用不同的调节作用时具有相同衰减率的响应过程。由图 3-43 中可以看出，PID 控制的控制效果最好。但是这并不意味着，在任何时候采用 PID 控制器都是合理的。而且 PID 控制器有三个需要整定的参数，如果这些参数整定不合适，可能得到适得其反的效果。

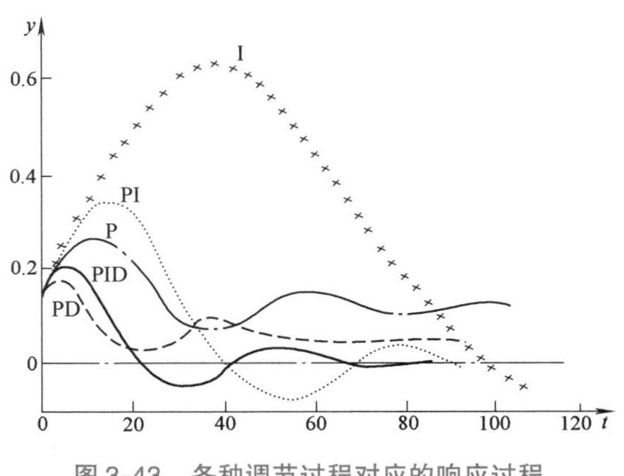

图 3-43　各种调节过程对应的响应过程

3.5.4　调节器的选择

事实上，选择什么样的调节器需与具体的被控对象相匹配，这是一个比较复杂的问题，需要综合考虑多种因素才能获得合理解决。

通常，选择调节器时应根据对象特性、负荷变化、主要扰动类型和系统控制要求等具体情况以及经济性的要求，主要依据原则如下：

1）被控对象的时间常数较大，或者滞后时间较大时，应引入微分作用。如果工艺允许有残差，可选用比例微分控制，否则应选用比例积分微分控制。

2）被控对象的时间常数较小，负荷变化也不大，则如果工艺允许有残差，可选用比例控制，否则应选用比例积分控制。

3）如果被控对象的时间常数和滞后时间都很大，负荷变化也很大，此时简单控制系统已经不能满足要求，应采用复杂控制系统。

4）如果被控对象的传递函数可以用 $G(s)=\dfrac{Ke^{-\tau s}}{Ts+1}$（惯性环节加迟延）来近似，则可以根据 τ/T 的值来确定控制器的算法：

① 当 $\tau/T<0.2$ 时，根据是否允许有残差，分别选择比例控制或比例积分控制。

② 当 $0.2<\tau/T\leqslant1.0$ 时，根据是否允许有残差，分别选择比例微分控制或比例积分微分控制。

③ 当 $\tau/T>1.0$ 时应采用复杂控制系统。

3.6　调节器参数的工程整定

一个自动调节系统能否达到预期效果，除了正确的设计和施工外，使系统安全、正常地投入运行，并根据实际情况整定调节器的参数，也有十分重要的意义。在完成系统的调试和投运之后，必须进行调节器参数的整定工作。系统的调试是进行调节器参数整定的前提，而调节器工程整定又是提高调节品质的重要手段。

3.6.1 自动调节系统的投入运行（简称投运）

自动调节系统安装完毕之后，进入投运阶段。在系统投运前应做好一系列准备工作，包括系统各环节都应处于完好的状态，估计投运时可能发生的各种故障及其排除措施等。

1. 系统投运前的准备工作

1）熟悉有关工艺设备的运行情况以及它们对调节品质的要求；应掌握调节系统的设计意图；应了解和熟悉系统中各类自动化仪表，并能熟练操作。

2）自动调节装置的校验，包括：① 室内校验，严格按照使用说明或其他规范对仪表逐台进行全面的性能校验；② 现场校验，仪表装到现场后，还需进行诸如零点、工作点、满刻度等一般性能校验。

3）自动调节系统的线路检查。按控制系统设计图样与有关的施工规程，仔细检查系统各组成部分的安装与连接情况。

检查敏感元件安装是否符合要求，所测信号是否正确反映工艺要求；对敏感元件引出线，尤其是弱电信号线，要特别注意强电磁场干扰情况，如有强电磁场干扰则应采取有效的屏蔽措施。

对调节器着重于检查手动输出、正反向调节作用、手动—自动的无扰切换（当偏差 e 为0时，从手动到自动位置的切换）。

对执行器着重于检查其开关方向和动作方向、阀门开度与调节器输出的线性关系、位置反馈，能否在规定数值起动，全行程工作是否正常，有无变差和呆滞现象。

对仪表连接线路的检查：对气动仪表，着重查错、查漏、查堵；对电动仪表，着重查错、查绝缘情况和接触情况。

对继电信号检查：人为地施加信号，检查被调量超过预定上、下限时的自动安全报警功能及自动解除警报的情况等，此外，还要检查自动联锁线路和紧急停车按钮等安全措施。

2. 控制系统的调试

完成上述各项工作后，还要检查整个系统能否正常运转（或叫系统调试）。

调试过程中需要断开执行机构和调节机构的联系，如图3-44所示。

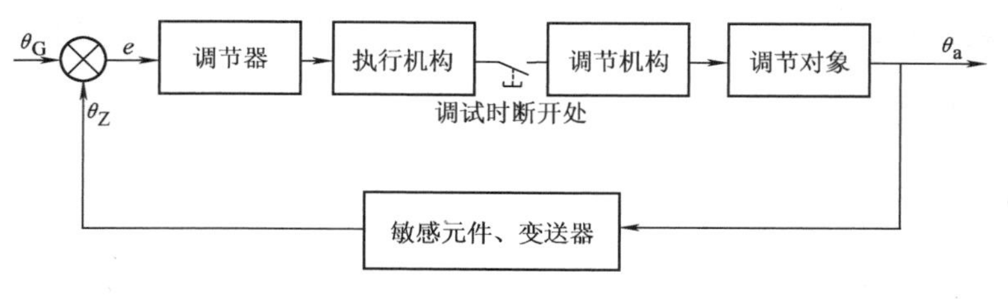

图3-44 调试时系统框图

调试步骤如下：

1）将开关切换到“手动”位置，给仪表供电（或气），接入各被测信号，开始工作。

2）用手动操作，维持工况正常。

3）断开电动执行器中执行机构与调节机构的联系，使系统处于开环状态。

4）将开关无扰动地切换到自动位置。

5）改变各给定值或施加一些扰动信号，瞬时断开调节器与执行机构间的连线等，检查系统各环节间信号传递的极性，检查记录、指示、报警等仪器是否正常工作。

若系统各环节工作正常，则可恢复执行机构和调节机构的联系进入下一步调节器参数整定阶段。

下面以带露点控制的恒温、恒湿工程为例，说明调试过程。调试的流程为先调露点，其次调二次加热，最后调室温，但有时需反复调试，才能使被调房间的空气参数达到规定的要求。

（1）露点系统的调试　因为露点系统分夏季、冬季及过渡季节工况，因此其调整也需要分上述三种工况。以夏季工况为例进行说明，其他参照进行。

1）运行效果试验与调试。保持新风和循环风混合比不变，手动调节淋水温度，使露点温度接近整定值，将露点自动控制系统投入运行。如果露点温度的变化是衰减的振荡过程（即经过2～3个周期即接近于给定值），则不需要调整，如果出现下列情况，则需进行调整。

① 系统失调：露点温度长时间高于整定值或低于整定值，就电动三通阀的冷水支路来讲，要么全开，要么全关。产生的原因可能是冷冻机产冷量不够或过大、电动三通阀限位开关位置不当等，要根据具体情况进行调整。

② 系统产生等幅振荡：调节阀时开时关，露点温度产生等幅振荡，这是不希望的。如果是三位调节仪表，可在精度允许范围内，适当加大不灵敏区。对比例调节系统，则应适当加大比例带以消除振荡。当敏感元件的热惯性太大时，也可能造成振荡。需针对实际情况进行调整，使之实现衰减振荡过程。

2）系统加干扰后的调节品质实验。系统进入正常状态后突然加一干扰，例如，突然停止一组冷冻机，使冷冻水温度增高，调节器开始进行调节，记下露点温度变化（最好利用自动记录仪），分析调节品质。

（2）二次加热系统的调试　同露点系统一样，进行运行效果和加干扰的实验与调整。

1）正常运行效果试验。在露点温度及二次混合风温恒定条件下，将二次加热器投入自控状态，如出现下列情况则需调整。

系统失调：当电动调节阀门移到全关位置时，加热器后的风温仍高于给定值，使系统失调。其原因可能是：露点温度偏高；二次混合风温偏高；加热器调节阀口径太大和下限的限位开关位置不对造成阀门漏水；加热器水温过高等。而当电动调节阀移到全开极限位置时，加热器后的风温仍低于给定值，使系统失调。其原因可能是：露点温度偏低；二次混合风温偏低；加热器供水温度偏低；加热器调节阀口径太小和上限的限位开关位置偏低，使阀门未能完全打开。如出现上述现象，应根据具体情况，有针对性地调整。如系统产生振荡，可参照露点系统的分析和调整方法进行。

2）系统加干扰的调节品质实验。首先使露点温度和二次混合风温恒定，使二次加热系统正常稳定运行一段时间，然后突然关小换热器的手动阀（该阀与调节阀串联），测量其过渡过程。如进行由露点温度变化而引起的干扰实验，可先使二次加热器蒸汽压力或热水温度、流量恒定，二次混合风温恒定，使二次加热系统处于正常工作状态约1h，然后突然改变露点温度，测量过渡过程。

对上述实验进行分析，如果空调系统在自动调节的情况下能够很快消除偏差，产生较理想的衰减的振荡过程，说明系统抗干扰能力较强，能适应干扰的影响。如果系统产生失调，则说明热水温度偏高或偏低（或蒸汽压力偏高或偏低），或者执行机构限位开关位置不当，应视具体情况调整，使之能够正常工作。

(3) 室温系统的调试 室温系统的调试是在上述系统调整的基础上进行的。室温是人们最关注的空气参数之一。试验与调整内容与上述一致。试验的准备工作包括：使风量调整到运行值；经加热器前的风温稳定在设计值；手动调节加热器，使室温稳定在给定值附近。在这个基础上使室温自控系统投入运行，如果室温调节仪表为小量程仪表，当室温变化超出仪表量程时，不但不起指示作用，还有损坏仪表的可能。

1）双位调节系统。双位调节系统投入运行后，应能建立稳定的等幅振荡，如不能形成等幅振荡，应调节二次加热器，若温度偏高或偏低，可手动改变调整用电加热器，使之建立一等幅振荡过程，在等幅振荡的基础上进一步分析其调节品质，即分析振幅、周期、静态偏差等指标，根据3.2节的分析来确定其影响因素，如电加热器容量大小、调节器呆滞区的大小、传递滞后大小（其中包括敏感元件时间常数、安放位置）等因素，应视具体情况决定。

加干扰试验应首先计算出可能出现的最大干扰，待系统稳定后，给系统突然加入干扰以考察其抗扰能力。

2）比例调节系统。比例调节系统不允许出现等幅振荡，而应力求得到衰减振荡。为了得到满意的衰减振荡过程（即 $n=4$，…，10），必须仔细地调整比例带。

实践证明，若比例带 δ 偏小，对有些系统可能出现振荡；而 δ 整定得太大，虽工作稳定，但静差可能偏大。因此，比例带的选择需要根据系统的调节能力，被调对象的特性和外界干扰的变化而定。最好整定到使系统工作在理想的衰减振荡过程，在满足静差要求的条件下，可适当加大比例带。

3）比例积分微分（PID）调节系统。通常如采用PID调节器，可以获得较好的调节品质。但是，采用再好的调节器，如果对整个系统不进行仔细认真地调试，也不可能达到预期的目的。因此对PID调节器的参数进行工程整定是很重要的。

3.6.2 调节器参数的工程整定

在完成系统的调试和投运之后，必须进行调节器参数的整定工作。所谓调节器参数整定，就是恰当选择调节器的参数值，如比例带 δ、积分时间 T_I 和微分时间 T_D，以获得符合工艺要求的调节过程。调节系统设计和安装完成以后，投入运行前，先要对调节器的参数进行整定，即选择适当的比例带、积分时间常数和微分时间常数等参数，以保证调节系统良好运行并得到某种意义下的最佳过渡过程。和最佳过渡过程相对应的调节器参数叫作最佳整定参数。调节器参数的工程整定，通常有以下几种方法。

1. 经验试凑法

这是一种简单试凑法，整定步骤如下：

1）将 T_I 放在最大位置上，T_D 放在最小位置上（即 $T_D=0$），从大到小改变比例带 δ 直至得到较好的调节过程曲线。

2）将上述比例带放大1.2倍，从大到小改变积分时间，以求得较好的调节过程曲线。

3）积分时间 T_I 保持不变，改变（增大或减小）比例带，观察控制过程曲线是否改善。如有所改善，则继续调整比例带；若没有改善，则将原定的比例带减小一些，再变更积分时间，以改善调节过程曲线。如此多次反复，直至找到合适的比例带和积分时间。

4）初步整定 δ 和 T_I 值之后，引入微分时间 T_D，引入微分后可适当减小比例带和积分时间，设置微分时间为积分时间的1/6～1/4。观察调节过程曲线是否理想，还可适当调整 δ、T_I、T_D。

2. 临界比例带法（稳定边界法）

当调节系统在纯比例调节作用下，开始做周期性的等幅振荡时，称调节系统处于临界振荡状态。此时调节器的比例带称为临界比例带，以 δ_K 表示；此时的振荡周期为临界周期，以 T_{PK}表示。

整定步骤如下：

1）将 T_I 放在最大位置上，微分时间放在最小位置上（即 $T_D=0$），δ 取最大值；逐步减小 δ，直至被调量的记录曲线出现等幅振荡为止，这时得到临界比例带 δ_K 和临界周期 T_{PK}。

2）在表3-1中，根据 δ_K、T_{PK}的值，可计算求得调节器各参数值 δ、T_I 和 T_D。

3）在调节器上，取稍大于所求得的比例带值，再依次调整所需的积分和微分时间，最后把比例带放在上述计算值上；若被调量记录曲线不符合要求，再适当调整调节器的参数。

表3-1　用临界比例带法求调节器参数

调节品质要求	调节规律	调节器参数		
		δ	T_I	T_D
振幅衰减比为4:1	P	$2\delta_K$	—	—
	PI	$2.2\delta_K$	$0.85T_{PK}$	—
	PID	$1.7\delta_K$	$0.5T_{PK}$	$0.125T_{PK}$

临界比例带法在下面两种情况下不宜采用：① 临界比例带过小时，调节阀很容易置于全关或全开的位置，如果这种情况对生产工艺不利或不允许，则不易采用。② 如果生产工艺上约束条件严格，等幅振荡将会影响生产的安全。

尽管表3-1是在实验基础上归纳出来的，但它也有一定的理论依据。例如PI调节器的比例带比纯P调节器时的比例带增加10%，这是因为积分作用的加入导致了系统的稳延性变差的缘故。

临界比例带法的主要优点在于它是一种完全基于实验的方法，不受调节对象传递函数的限制。应当注意，当采用临界比例带法整定控制器参数时，控制系统应当工作在线性区，否则就不能根据此时的数据来计算整定参数。

3. 反应曲线法

以上几种整定调节器参数的方法，都不需要预先知道对象的动态特性，而是直接在闭合的调节系统中进行整定。反应曲线法也是一种简单的工程整定法，它是根据对象阶跃反应曲线进行的，不需要反复试凑，整定时间短，尤其适用于对象特性已经掌握的情况。

用反应曲线法整定调节器的参数应先测定调节对象的动态特性，即对象的被调参数对单位阶跃输入量的反应曲线，亦即飞升特性。根据飞升特性曲线定出几个能代表该调节对象动态特性参数，然后可直接按这个数据定出调节的最佳整定参数。

第2章已说明了反应曲线（飞升曲线）是表达对象特性的方法之一。例如，按图3-45a，在调节器的输出端产生一个阶跃的信号变化，或使调节阀产生阶跃位移，则发信器将指示出被调参数 θ（温度）随时间变化的数值，可得如图3-45a所示的反应曲线，这反应曲线是表示调节系统除调节器外所有部件的动态特性，称为系统的广义特性。如果通过曲线的拐点 A 作一条切线，可将它近似地作为具有纯迟延的一阶单容对象来看待。

从曲线上可得出下面三个参数。

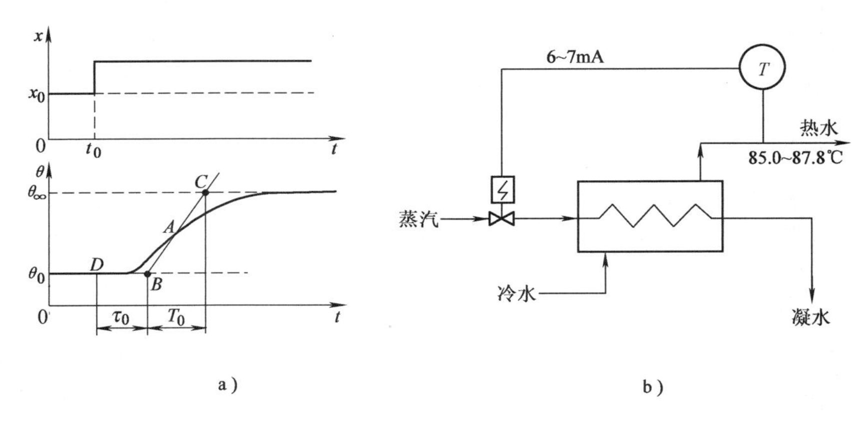

图3-45 蒸汽热水加热调节系统特性

a）广义对象阶跃反应曲线图 b）调节系统图

τ：等效迟延时间，在图3-45a中，B点为通过反应曲线的拐点A所作的切线AC与水平线$\theta=\theta_0$的交点，B点与阶跃信号开始变化的t_0之间的时间间隔为该反应曲线等效纯迟延时间（min或s）。

T_0：等效时间常数，即为切线A与水平线$\theta=\theta_\infty$及$\theta=\theta_0$两个交点之间的时间间隔，即图中B与C之间的时间间隔（min或s）。

K_0：广义对象的传递系数，用相对值来表示（无量纲）为

$$K_0=\frac{\dfrac{\Delta\theta}{\theta_{max}-\theta_{min}}}{\dfrac{\Delta x}{x_{max}-x_{min}}} \tag{3-34}$$

如用绝对值（有量纲）来表示，则有

$$K_0=\frac{\Delta\theta}{\Delta x} \tag{3-35}$$

式中，$\Delta\theta$为发信器测得的被调参数变化值；Δx为调节器输出信号的变化值；θ_{max}为发信器可测得的被调参数的最大值；θ_{min}为发信器可测得的被调参数的最小值；x_{max}为调节器能达到的最大输出信号；x_{min}为调节器能达到的最小输出信号。

对于具有自平衡能力的调节对象，可以根据它的动态特性参数K_0、T_0、τ，利用表3-2提供的调节器参数的经验算法，计算出对应于衰减率$\psi=0.75$的调节器最佳整定参数。表3-2给出了反应曲线法求调节器参数的算法，可以根据表3-2选择不同调节器参数。

表3-2 用反应曲线法求调节器参数

调节品质要求	调节规律	调节器参数		
		δ	T_I	T_D
振幅衰减比为4:1	P	K_τ/T	—	—
	PI	$1.1K_\tau/T$	3.33τ	—
	PID	$0.85K_\tau/T$	2τ	0.5τ

【例3-1】 某一蒸汽热水器的自动调节系统如图3-45b所示，当电动温度调节器的输出从6mA阶跃变化到7mA时，热水温度记录仪的指针从85.0℃逐渐升到87.8℃，从原来的稳

定状态达到新的稳定状态。温度记录仪的刻度范围为50～100℃；调节器输出信号范围为0～10mA，并测得$\tau=1.2\text{min}$，$T_0=2.5\text{min}$，如果采用比例和比例积分调节器，试确定其调节器整定参数。

【解】 $\Delta x=7\text{mA}-6\text{mA}=1\text{mA}$

$$x_{max}-x_{min}=10\text{mA}-0\text{mA}=10\text{mA}$$

$$\Delta\theta=87.8℃-85.0℃=2.8℃$$

$$\theta_{max}-\theta_{min}=100℃-50℃=50℃$$

$$K_0=\frac{\dfrac{\Delta\theta}{\theta_{max}-\theta_{min}}}{\dfrac{\Delta x}{x_{max}-x_{min}}}=\frac{\dfrac{2.8}{50}}{\dfrac{1}{10}}=0.56$$

采用比例调节器后，有

$$\delta=\frac{K_0\tau}{T_0}\times100\%=0.56\times\frac{1.2}{2.5}\times100\%=27\%$$

如采用比例积分调节器，则有

$$\delta=1.1\frac{K_0\tau}{T_0}\times100\%=1.1\times0.27\times100\%\approx30\%$$

$$T_I=3.3\tau=3.3\times1.2\text{min}\approx4\text{min}$$

4. 衰减曲线法

衰减曲线法是在总结了“稳定边界法”及其他一些方法的基础上，经过反反复复的实验得出来的。它像“稳定边界法”一样，可将调节器直接投入运行，但不需要得到临界振荡过程而求得临界比例带，因此，这种方法步骤简单，又比较安全。

假定整定要求是使系统的过渡过程达到衰减比为4∶1（有些场合要求衰减比为10∶1）的要求。先把调节器以纯比例调节作用投入系统运行（这时$T_I=\infty$，$T_D=0$），确定某一比例带，待系统在额定负荷附近的工况达到稳定后。适当改变给定值（常以5%左右为宜），观察调节过程的衰减比。如衰减比高于4∶1，则将比例带减小一些；反之，衰减比太小，衰减不够，则把比例带加大一些，直到调整达到规定的4∶1衰减比为止，记下此时的比例带δ_s和振荡周期T_s，然后按表3-3求得其他调节规律的整定参数。

表3-3 调节规律的整定参数

调节品质要求	调节规律	调节器参数		
		δ	T_I	T_D
振幅衰减比为4∶1	P	δ_K	—	—
	PI	$1.2\delta_K$	$0.5T_s$	—
	PID	$0.8\delta_K$	$0.3T_s$	$0.1T_s$
振幅衰减比为10∶1	P	δ_K	—	—
	PI	$1.2\delta_K$	$2T_s$	—
	PID	$0.8\delta_K$	$1.2T_s$	$0.4T_s$

上述整定工作是在额定负荷工况下完成的，因此对于采用比例调节器的系统，通常情况下应再检验一下调节系统在各种不同负荷下的衰减比的情况，防止系统的非线性特性的影响，以及在各种不同负荷下可能产生的振荡或衰减比过大的现象。

对于采用比例积分调节器或比例积分微分调节器的系统，表3-3多数适用，但如果使用这些整定数据，调节系统的过渡过程曲线不够理想，则可按曲线形状对整定参数做适当调整。

有些系统的调节过程很快（如风管中的静压调节、小容量系统的液面调节等），因此，要从调节过程记录仪中观察出衰减比比较困难。在这种情况下，往往只能定性地识别，通过调节过程的波动次数来近似判断。即在观察到阶跃干扰后，被调参数上下波动两次就达到稳态或调节器输出信号来回摆动两次就达到稳态，就可认为已是4:1的衰减比的调节过程。波动一次的时间即为该整定数值下的波动周期。

5. 几种整定方法的比较

前面介绍的三种方法都是以衰减比4:1为整定指标的。对于多数调节系统来说，这些整定结果是令人满意的。但对于具体对象，究竟采用哪一种整定方法比较合适呢？下面通过分析这三种方法的优缺点以及各种方法的适用范围来解决这个问题。

反应曲线法首先是要求获得广义对象的飞升特性曲线，从原理上讲，这个实验是非常简单的。但实际上要获得真正的对象飞升特性曲线并不容易，主要原因有两个：其一，某些被控对象生产工艺要求严格，约束条件多，因此测试较困难；其二，某些对象的干扰因素较多，且较频繁，测试工作不易准确。通常为了保证一定的准确度，往往要加入足够大的阶跃干扰量，以使被调量变化足够大而克服其他较小的随机干扰，因此使某些系统的生产受到影响。这种方法适用于被调参数允许变化较大的对象。此外，本方法是利用迟延时间τ来求取T_I和T_D的。而测量迟延时间比较容易，就是在稳态下，调节器的输出开始变化起，到测量指针发生明显变化为止所需的时间，往往不必进行专门测试，只要多观察一些调节过程就行了。因此反应曲线法的优点是：实验容易掌握，做实验所需时间比其他方法短些。

用临界比例带法进行实验时，调节器是投入运行的，因此被调对象处于调节器的控制下，被调量一般会保持在允许的范围内。这种方法的优点是：在稳定边界的条件下，调节器的比例带较小，动作较快，因此被调量的波动幅度较小，一般的生产过程是允许的。它适用于一般的流量、压力、液面和温度调节系统，但对于比例带特别小的系统和调节对象值τ/T很大、时间常数T也很大的系统不适用。第一，在比例带很小的系统中，调节器动作速度很快，容易超过最大范围，使调节器全开或全关，影响生产的正常操作；第二，对于τ/T大和T很大的调节对象，调节过程一定很慢，被调量波动一次需要很长时间。进行一次实验，通常要完成若干个周期，因此实验过程要花费很多时间，如起始比例带参数设定得不好，还有可能使调节过程超出稳定边界，变成波动幅度越来越大的发散过程，这在生产上是不允许的。另外，对于调节对象是单容或双容的对象（此时τ/T很小），从理论上讲，无论比例带多么小，调节过程都是不稳定的，达不到稳定边界，因此也不能用此方法。

衰减曲线法也是在调节器投入运行状态下闭环运行的。被调量偏离工作点不大，也不需要使调节过程成为临界状态，因此比较安全，且容易掌握，它能适用于各种类型的调节系统。从反应时间比较长的温度调节系统，到反应时间比较短的流量调节系统，都可以很方便地使用衰减曲线法。这种方法的缺点是：对于时间常数较大的对象，因过渡过程波动周期很长，而且要多次实验逼近衰减比4:1，因此它和稳定边界法一样，整个实验很费时间。

上述三个方法是基本的PID调节器参数最佳整定方法，实际上从大量的实验及不断的实践中，人们对热工调节对象的特性参数（τ、T、K）的范围都大致有所了解，因此初步情况下，调节器的初步预定参数可按调节对象特点选择，见表3-4。

表3-4　各种热工参数特点

被调参数	特点	$\delta(\%)$	T_I/min	T_D/min
流量	对象时间常数小，δ应较大，T_I较短，不用微分	40～100	0.1～1	—
温度	对象多容，时间常数大，常可用微分	20～60	3～10	0.5～3
压力	对象时间常数一般不大，迟延不大，不用微分	30～70	0.4～3	—
液位	有容许、有余差，不必用积分，不用微分	20～80	—	—

由于调节对象的特性参数个别变化很大，因此表3-4仅为大体参数数值，有时要超过较多。另外，发信器部分的测量仪表的量程，与比例带δ也有关。当调节器的整定初步估计值确定后，就为以后的现场调试整定工作提供了较好的依据。

6. 现场调试原则

在自动控制理论中，对调节器参数的整定以及对最佳整定参数有详细的探讨和复杂的理论计算。但实际应用中，调节器参数的整定及最佳整定参数很难单纯预先用计算方法来求取。因为，一是缺乏足够的对象动态特性资料，有时只能得到近似资料；二是计算工作烦琐，工作量大，但算出来的结果仍不一定可靠；三是存在非线性因素。

因此对一般工程的自动调节系统，其调节器参数工程整定工作，都是通过现场调试完成的。在参数整定过程中，严格地说，由于各种具体生产过程的要求不同，“最佳”的标准也是不一样的，因而产生许多不同的整定方法。但是，一般较通用的标准是：在阶跃干扰作用下，被调量的波动具有衰减率$\psi=0.75$左右，在这个前提下尽量满足准确性和快速性要求。

上述几种参数整定方法在调试时通过的原则是：凡比例带过小，或积分时间过小，或微分时间过大，都会引起振荡过程。如果振荡衰减很慢甚至不衰减，就应加大比例带，或增大积分时间，或减小微分时间；凡比例带过大，或积分时间过大，都会使过渡过程时间过长，被调参数变化缓慢，调节过程回复过慢，系统不能很快达到稳定状态，这时应减小比例带，减小积分时间。

有时也采用另外一种程序，就是先估计T_I和T_D的值，把它们确定下来，然后对δ值进行试凑。如果调节过程曲线仍不理想，那么再对T_I和T_D做适当调整，这种方法也是可行的。

在调试过程中应注意，有时等幅振荡的出现，不一定是由于整定参数不合适而引起的，而是诸如下列原因：调节器或发信变送器、阀门定位器不好而出现自发振荡，或因调节阀尺寸过大、调节阀传动部分有空隙，应先设法排除这些故障。

3.6.3　PID调节技术在楼宇自控中的应用举例

楼宇自控是用来对大厦内的供配电、照明、电梯、冷水机组、暖通空调等各种机电设施进行自动的检测及控制，使其运行于最优状态，提供安全舒适并节能的居住、工作环境。PID调节技术在楼宇自控中的应用主要体现在对调节阀开启度的精确控制上，使其有效地调节通过风机盘管冷热水的流量。通过新风与水源能量的交换，从而控制住空调出风口送风的温湿度，满足环境设定的要求。

理想的PID算式为

$$m(t)=K_p[e(t)+1/T_I\int_0^t e(t)\mathrm{d}t+T_D\mathrm{d}e(t)/\mathrm{d}t] \tag{3-36}$$

式中，$e(t)$为偏差（设定值与实际输出值之差）；$m(t)$为控制量；K_p为比例放大系数；T_I

为积分时间常数；T_D 为微分时间常数。

目前国内应用许多楼控系统软件，如霍尔韦尔、江森、奥莱斯（ALC）公司以及萨驰威尔（Satchwell）公司楼控系统软件中的PID模块都提供了 K_p、T_I、T_D 三个变量元素供选择，经过计算机程序运算，由偏差补偿控制单元输出工程量，通过现场DDC装置去调节阀门开启度，从而去控制冷热水源的流通量，根据设定要求达到对空调机组送风温度、湿度的精确控制。

工程中若只选了 K_p，则相当于一种只考虑“偏差大小”的自动调节器，它把测得的被调量信号与给定值进行比较，得出偏差 ΔX 信号（见图3-46），发出一个与 ΔX 成比例，但符号相反的调节信号 ΔY 去控制执行机构（调节阀）。比例控制作用虽然及时，控制作用强，但是有余差存在，被控变量不能完全回复到设定值，反映在温度上是忽高忽低的，调节精度很低。由此，比例控制只能用于干扰小、时间常数大的对象。当设定温度参数与被测温度参数存在偏差时，调节器极易忽然开大或关小，调节速度快，温度变化明显，但很不稳定，无法消除余差的扰乱上下波动，使阀门不停地动作，长此以往，阀门使用寿命肯定大大降低，因此 K_p 不能单独使用。

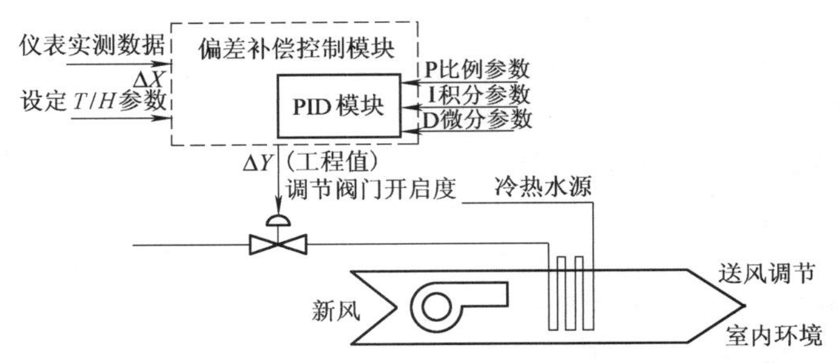

图3-46 PID技术原理示意图

若只选择了 T_I，则发出一个与偏差信号及其存在时间成比例的调节信号去控制阀门开启度，只有当偏差为零时，调节器才停止动作。实际状态下，执行器调节过于缓慢，时间上拖得太长。当设定温度参数与实测温度参数存在偏差时，调节器根据选定的 T_I 参数进行调节。若偏差较大，T_I 参数较小时，调节器产生了振荡抖动并失去控制；若偏差较大，T_I 参数也较大时，调节器虽然动作，但调整环境温湿度的过程非常迟滞冗长，不能及时满足业主的要求。因此，T_I 也不能单独使用。

若只选择了 T_D，则调节器输出的变化与偏差的变化速度成比例的关系，对于一个固定不变的偏差，调节器不动作。调试时，环境温度与设定值存在偏差时，控制系统已收到一个偏差信号，可阀门不工作。微分作用只能适用于突变的信号，而实际上偏差在一定时间内保持不变。当收到一突变信号时，阀门不是开至最大量程就是关至最小量程，根本无法进行准确控制，且阀门极易损坏。因此，T_D 也不能单独使用。

当同时选择了 K_p 及 T_I，则比例调节为主要调节动作，积分调节相当于精调，用来消除残余偏差的辅助调节动作。当同时选择了 K_p、T_I 及 T_D，则当调节器接收到偏差信号时，一开始微分立即起作用，使总的输出大幅度变化，产生一个强烈的“超前”调节作用，可看成“预调”，然后微分作用逐渐消失，积分动作成为主角，可看作“精调”，直至余差消失，积分动作才停止。而在整个调节过程中，比例调节始终起到作用，直至偏差消失。

在实际调试中，应不断地尝试着改变PID参数，以求达到最佳的控制效果。选定的参数要能够较好地控制住环境的温湿度，且执行器动作平稳准确，很少产生超调现象，达到预定的控制效果。

图3-47和图3-48给出了PID控制温度和湿度的过程。影响温度控制的参数较多，如外界气温的急剧变化、蒸汽压力的波动、冷冻水的温度变化以及蒸汽疏水阀工作情况的好坏

等。下面以设计蒸汽压力在(0.3±0.1)MPa内，冷冻水温度为(8±2)℃内的空调系统为例。调节温度时，应根据当时的室外温度，大致估计蒸汽或冷冻水阀的开度，通过改变设定值，将一次加热阀或冷冻水阀门开度调至所估计的开度。同时，将PID调节器置为纯比例状态，直到温度曲线趋于稳定，再适量加一些积分和微分作用。在实际工作中，常常出现温、湿度超标现象。例如，在一次巡检中发现温度在超出了工艺要求的温度范围之间频繁振荡工况，极不稳定。这时应首先检查外部条件，看蒸汽气压、冷冻水压是否在要求范围内，以及疏水器的工作是否正常。当这些外界条件无异常时，再对PID调节器参数进行整定。从记录仪记录的温度曲线可看出，这时的过程振荡剧烈，稳定度低。这是因为积分作用太强，也就是积分时间太小。那么就应把PID调节器的积分时间 T_I 调大一些，使积分作用减少，使温度曲线慢慢稳定。同时将微分时间 T_D 适当调小一些，这样，偏差变化速度变小，温度曲线逐渐稳定，最后稳定在工艺要求的范围之内。同样，根据外界空气的相对湿度高低，确定是否需要喷淋或开二次加热阀，并估计阀门开度，同时将PID调节器的设定置为纯比例状态，通过改变PID调节器的设定值，使阀门开度保持所需位置，待湿度曲线稳定后，再逐渐将设定值调回到工艺要求值，即温度(27±1)℃、湿度70%，然后将PID调节器的积分时间调小，直至湿度稳定为止。由于系统的反馈通道较短，时间常数小，故微分时间可不加或较短的几秒。最后验证其调节参数是否已整定到最佳值，可通过改变截止阀开度，然后马上复位，即加一阶跃干扰信号，再根据曲线4:1或10:1的衰减比来判断参数是否达到最佳值。在整定方法上，PID模块的三个参数是统一的，有时把比例减小一点，积分时间放大一点；或积分时间减小一点，比例度放大一点，其效果是一样的，在温度控制中，绝大部分PID调节器都有微分作用，微分时间 T_D 一般在0.1~8min范围内都有，但大部分在5min以下。

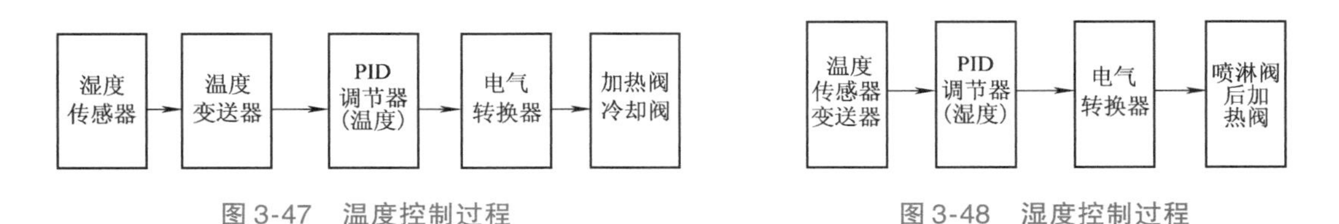

图3-47 温度控制过程

图3-48 湿度控制过程

另外，如果吹风装置使用的是气动仪表，压缩空气的流量和差压间的关系是非线性的，所以即使比例度和积分时间的刻度不变，其实际值也会随着PID调节器的工作值不同而不同。气动调节器的参数一般是通过改变调节阀的开度来实现的，而调节阀重复性很差，变差较大，且阀芯经长时间摩擦，可能会漏气、漏水，这样，调节阀的动作即开度就没有真正体现出PID调节器发出的信号。为避免这种情况，应加强巡回检查各阀门的开启情况，及时找出干扰源，消除不利因素，才能保证PID调节器参数的真正实现。

3.7 串级调节与复合控制系统

对于单回路闭环控制系统，当调节对象纯滞后较大、时间常数较大、干扰影响严重的情况（如热湿干扰影响严重的空调系统）下，难以通过单纯的工程参数整定来达到系统调节性能要求，往往需要采用多级调节回路来实现控制要求。本节所讲的串级调节系统是一个双回路系统，是把两个调节器串联起来，通过它们的协调工作，使一个被调量准确地保持为给定值。

另外，在控制工程实践中，闭环控制系统的快速性、控制精度和稳定性的设计与抗干扰性往往会出现矛盾和相互制约。在某些情况下，将开环控制方式和闭环控制方式相结合，往往能够达到好的控制效果。开环控制方式和闭环控制方式结合的系统可以称为复合控制系统。

本节主要介绍串级调节、前馈控制以及前馈控制与闭环控制组成复合控制系统及原理。

3.7.1 串级调节的工作原理

在调节系统中，两个调节器串联，即主调节器和副调节器串接起来组成串级调节。主调节器的输出信号作为副调节器的给定值。这样，副调节器的工作是随动调节，而主调节器的工作是定值调节。首先介绍几个串级调节系统中常用的名词：

主参数：串级调节系统中起主导作用的那个被调参数称为主参数。

副参数：串级调节系统中为了稳定主参数而引入的辅助参数，也就是给定值随主调节器的输出而变化的那个辅助被调参数，称为副参数。

主调节器：按主参数对主给定值的偏差而产生调节规律，其输出信号是作为副调节器的给定值，称为主调节器。

副调节器：给定值由主调节器输出信号所决定，并按副参数对其给定值的偏差而动作的那个调节器，称为副调节器。

副回路：处于串级调节系统里面，由副参数、副调节器及其所包括的一部分对象等环节所组成的闭合回路，称为副回路。

主回路：串级调节系统中，断开副调节器后的整个外回路，称为主回路。

串级调节是改善调节质量的有效方法之一，因此在制冷空调系统和其他热工对象中得到了广泛的应用。下面结合直接蒸发式制冷系统的冷库温度调节的具体例子来说明串级调节系统的构成原理。

图 3-49 所示为采用直接蒸发式冷风机的冷库温度调节系统。对于冷库温度控制方案设计，主要困难在于由于冷库（调节对象）的热容量很大而有较大的热惯性。另外，冷风机蒸发压力或蒸发温度的波动，冷库外部及内部热负荷的变化等会影响冷库温度，而且从冷风机到冷库到库温又有一定的纯迟延。为了保证主要控制参数冷库库房温度的恒定，采用 TE 外平衡式热力膨胀阀，通过感受冷风机出口的过热度来控制制冷剂的供液量。在吸气管道上加入主阀 PHS，通过调节流过蒸发器的制冷剂流量，来达到调节冷库的库温的目的。

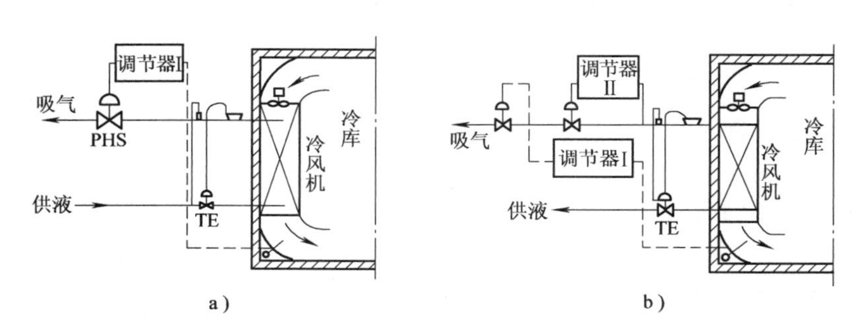

图 3-49 直接蒸发式冷风机的冷库温度调节系统

a）单回路调节系统 b）附加中间变量的调节系统

图 3-49 给出两种冷库温度调节方案。简单的单回路调节系统如图 3-49a 所示，即用一个调节器 I，它接收库温信号去调节阀 PHS，使库温能够尽快克服内外部热负荷的干扰，达

到给定值。图3-49b所示系统中用一个调节器Ⅱ构成又一个单回路调节系统，目的寻求一个能较快的反应平息扰动和调节作用的中间变量，如蒸发压力等。

图3-49a所示系统的缺点是当发生制冷系统侧的干扰如蒸发压力的扰动时，由于要经过冷风机及大容量的冷库对象环节，经过较长的一段时间以后，才反映到库温变化，然后由温度发信器发信号，调节器才开始控制阀PHS动作。当制冷剂流量改变后，又要经过一段较长的时间后，才能影响到冷库库温。这样既不能及早发现平息扰动，又不能及时反映调节效果，使得冷库的库温波动较大。对于要求较高精度控制的冷库，其库温控制精度是很难达到的。图3-49b所示系统可以大大地减小了蒸发压力的扰动对冷库温度的影响，提高了调节质量。但这样需要增加一个调节阀，既增大了管道的流动阻力，又增加了投资，在经济上是不合理的方案。比较好的方法是采用串级调节系统，如图3-50a所示。

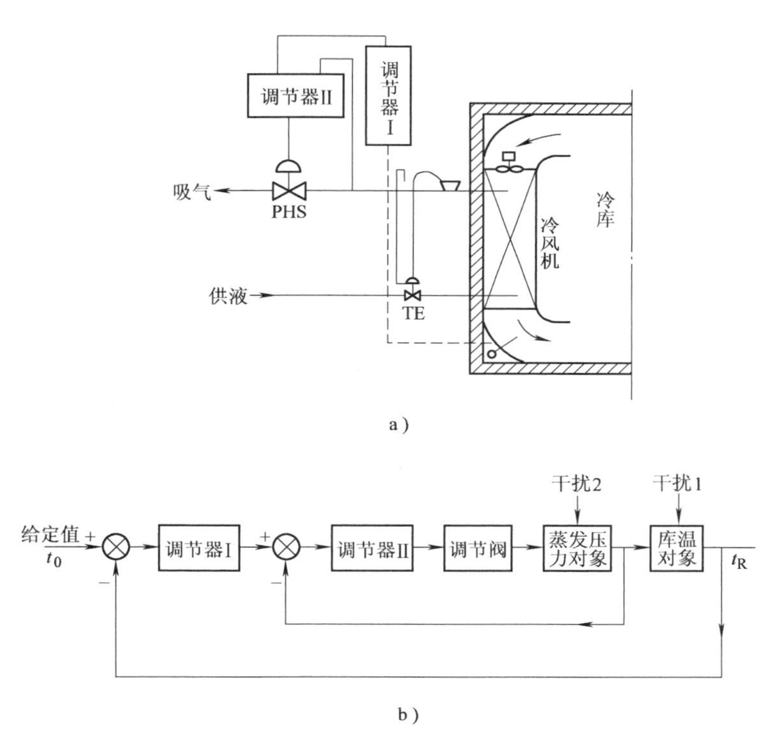

图3-50 冷库串级调节系统原理

a）串级调节方案 b）串级调节系统框图

串级调节系统方案与图3-49b所示系统方案的不同之处在于库温调节器Ⅰ的输出信号不是用来控制调节阀而是用来改变调节器Ⅱ的给定值，起着最后校正作用。此冷库温度串级调节系统的框图如图3-50b所示，它和单回路的调节系统有一个显著的差别，就是它形成了双闭环系统，即采用了两级调节器，而且这两级调节器串联在一起工作，各有其特殊任务。蒸发压力主阀直接接受调节器Ⅱ的控制，而调节器Ⅱ的给定值则受调节器Ⅰ的控制。调节器Ⅰ称为主调节器，调节器Ⅱ称为副调节器。

在该系统中，被调参数冷库的库温为主参数，蒸发压力为副参数。由副调节器和副参数蒸发压力信号形成的闭环回路称为副回路，由主调节器和主参数库温形成的闭环回路，称为主回路。可见，副回路串在主回路之中，故称串级调节系统。

图3-51a给出了实现直接蒸发式冷风机冷库的串级调节控制主要的仪表及控制设备。安

装在库内的发信器感受库温信号输给 EPT70 电动温度调节器，调节器输出信号控制电动压力导阀 CVMM 的给定值。电动压力导阀 CVMM 由压力导阀 CVM 和电动执行机构 AMD23 所组成。

蒸发压力的调节设备由压力导阀 CVMM 和主阀 PHS 组成。蒸发压力的信号由压力导阀所感受，它与压力导阀的给定值进行比较，压力导阀的输出信号控制主阀的开度，使蒸发压力稳定在压力导阀的给定值所给定的范围内。电动执行机构的动作调整压力导阀 CVM 的给定值。

主调节器为温度调节器 EPT70 及电动执行器 AMD23。副调节器为压力调节器 CVM 压力导阀。调节阀为 PHS 主阀。CVM 导阀、PHS 主阀、蒸发压力对象组成了副回路，EPT70、AMD23、库温度对象组成了主回路。具体流程图如图 3-51b 所示，主参数为冷库温度，副参数为蒸发压力。

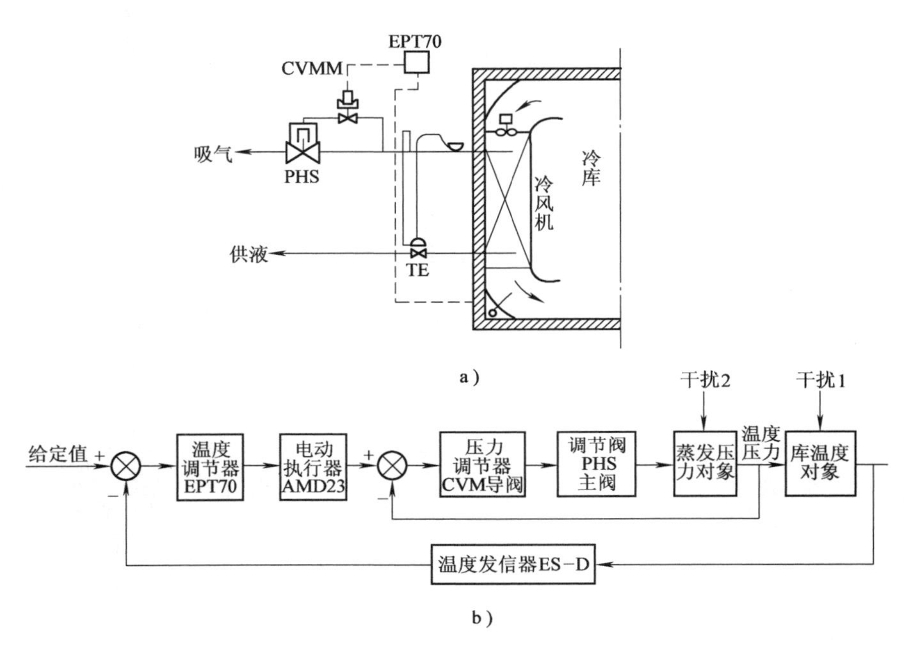

图 3-51 冷库串级调节系统图

a）系统图 b）框图

3.7.2 串级调节系统的特点和应用范围

在串级调节系统中，主调节器的任务主要是克服落在副回路以外的干扰，并准确保持被调量为给定值。由于副回路的存在，串级系统可以看作为一个闭合的副回路代替了原来的一部分对象，起到改善对象特性的作用。与单回路系统相比，除了克服落在副回路内的干扰外，调节系统的等效对象时间常数也有所减小，提高了系统的工作频率，缩短了过渡过程时间。

串级调节系统副回路的对象惯性小，工作频率高，当干扰进入副回路时，副回路快速调节，把干扰在影响到主参数波动之前克服掉。对于中间变量的选择应该是既能迅速反应干扰作用，又能使副回路包括更多的特别是幅度大而频繁的干扰。

大体上，串级调节系统适用于以下几种场合：

1）对象的滞后比较大，用单回路调节系统时，过渡过程时间长、超调量大、被调参数恢复慢，因此调节质量不能满足要求，这时可以采用串级调节。在系统中选择一个滞后较小的辅助参数组成副回路，并尽可能地将主干扰及其他各种干扰纳入副回路中，使干扰对主参数的影响减小到最低程度。

2）调节对象纯迟延时间长，用单回路调节系统不能满足调节质量要求时，可以采用串级调节系统。可在距离调节阀较近，纯迟延较小的地方选择一个辅助参数，组成副回路。

3）系统内存在变化激烈和幅值很大的干扰作用时，调节质量往往比较差。这种情况下，为提高系统的抗干扰能力，可采用串级调节系统。只要将这种大幅度激烈干扰纳入副回路之中，可使系统抗干扰的能力大为提高。

串级调节系统中，调节器的选择原则如下：① 副调节器一般都采用比例调节器，主要是由于副调节器的任务是以快动作迅速抵消在副回路中的干扰，而中间变量并不要求无偏差；② 主调节器可采用比例调节器或者比例积分调节器。如对主参数调节质量要求不高时，可采用比例调节器。当工艺上对调节精度的要求总是很高，不允许被调量存在大的静态偏差，因此，要求主调节器必须具有积分作用，需选用比例积分调节器。

串级调节系统虽然优于单回路调节系统，但串级调节所用的仪表较多，因此原则上，凡能用简单的单回路调节系统解决问题的，就不用复杂的串级调节系统。

3.7.3　串级调节系统的工程整定

串级调节系统调节效果要比单回路反馈系统好得多。这是由于：

1）副回路的及时动作，使扰动在内回路得到克服，因而减少了对被调参量的影响。

2）副回路的作用相当于改善了调节对象的动态特性，因而提高了主回路的调节质量。

一般来说，采用串级调节系统可极大地降低（甚至为零）与给定值的偏差（称为漂移）。如图3-52所示，峰值偏差可降低到1/10，进入副回路的扰动影线面积减少到1/100，主要峰值高度可降低一半，进入主回路的扰动可少到1/6～1/5。由于副回路的响应时间相当快，所以整个系统的响应加快。给定值变化之后，主回路变量的变化会更快。

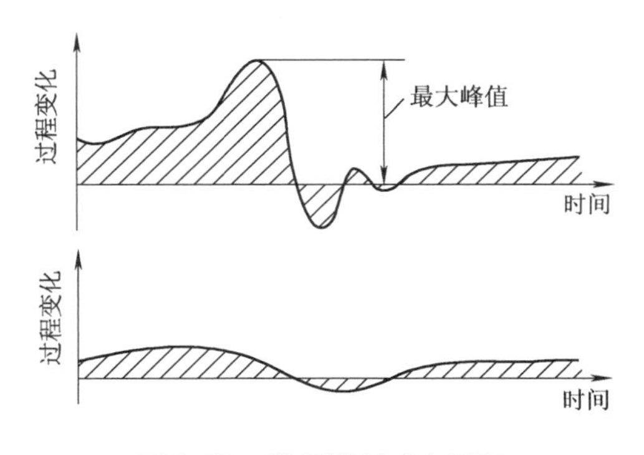

图3-52　串级控制减少漂移

1. 何时使用串级调节系统

有下面任意一种情况的都应考虑采用串级控制：

1）过程对阀位变化响应缓慢时。

2）过程参数在给定值附近漂移时。

3）过程变化表现为测量值扰动时。

4）一个或多个变量（温度、压力、流量、流体补偿）直接与设置的给定值有关时。

5）给定值变化，在被记录值与所要求值之间需要用较小超调量快速并行跟踪时。

2. 如何使用串级调节系统

串级调节效果的好坏与副回路的变量选择有关，为确保正确选择副回路，需要考虑如下几条原则：

1）副回路确实接收最大的扰动，且副回路中间点参数易于测量。出现扰动总是有一系列因素，而每种因素都对闭环控制回路的性能产生影响。当副回路包含了尽可能多的扰动因素时，主回路可能受到的扰动就会很小，此时主回路的控制是稳定的。

2）副回路必须包括能估计到的最恶劣的扰动，因为这些正是希望限制和消除的。

3）副回路应对每一个变化（包括需要的和不需要的变化），能快速做出反应。为了达到控制稳定，副回路控制作用必须快于主回路的控制作用，主回路和副回路之间的时间常数比应在5～10之间较为理想。在任何情况下，时间常数的比值应大于3，以防止控制不稳定。

4）副回路必须对主回路有直接的影响，就是说副回路变化会立即引起主回路变化。

5）主回路和副回路之间应有直接比例关系。就是说，当系统构成后并按制度操作时，应能用一条直线表示出主回路与副回路之间的变化，即当主回路有一个线性刻度时，副回路也必须是线性的。例如，当副回路为方根刻度（用孔板测流量）时，应采用开方根器使流量线性化。而且副回路控制即使接近控制操作极限值也必须能正常操作。在大多数情况下，选择的副回路量程要比需要的大些。

6）选择的主回路量程决定了副回路量程。当副回路过程变量在副回路刻度上增加10%时，过程变量在主回路量程上也应有10%的变化。

3. 串级调节系统工程整定方法简介

在实际应用中串级调节主要有两种情况，其整定方法分述如下：

1）副回路的调节过程比主回路快得多。当副回路受到阶跃扰动时，在较短时间内调节过程就会结束，在此期间，主回路基本不参加动作。而当主回路进行调节时，副回路几乎起理想随动作用，即在主回路中，副回路可看作是一个比例环节。此时，两个调节器的参数可分别按单回路调节系统整定，通常副调节器选用P或PD调节，并取较低的稳定裕量$\psi<0.75$；主调节器选PI调节，取较高的稳定裕量，如取$\psi>0.9$。

2）副回路和主回路调节过程的快慢差别不大时。当调节对象导前区的动态特性与整个调节对象特性相比，迟延和惯性不够小时，调节系统经过整定后，主、副回路的振荡频率不够大，采用补偿法进行整定，不必考虑主、副回路间互相影响的程度。虽然整定的结果并不能保证串级调节系统在最佳的条件下参加工作，但是它可以使系统具有足够的稳定性裕量，因而使整定后的串级系统具有正常运行的基本条件。在主、副调节器不能分别独立整定时，这可以作为整定串级调节系统的一种实用方法。

3.7.4 前馈控制概念和应用

1. 前馈控制及特点

前馈控制与反馈调节原理不同，它是按照引起被调参数变化的干扰大小进行调节，又称为补偿调节、顺馈控制。前馈控制是一种开环控制系统。

本章前面提到的反馈调节系统中，调节器是按偏差来进行调节的。由于系统中的对象总存在滞后惯性，从干扰作用出现到形成偏差需要时间，从偏差产生到通过偏差信号产生调节作用去抵消干扰作用的影响又需要时间，因此调节作用总是不及时，在被调量偏离其给定值之前，反馈调节根本无法将干扰克服，限制了调节质量的进一步提高。而补偿调节系统是直接测量负载干扰量的变化。当干扰刚刚出现而能测出时，调节器就能发出信号使调节量做相应变化，使两者抵消于被调量发生偏差之前。因此，前馈控制克服干扰比反馈调节快。

图3-53所示为一个空调系统应用前馈控制的实例。

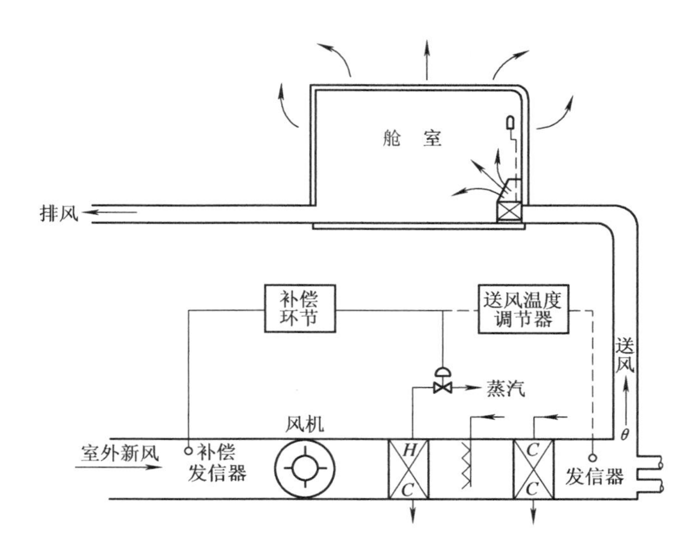

图3-53　某舱室舒适空调采暖工程室外新风温度补偿调节原理图

某舱室舒适空调，室外新风经过风机、蒸汽盘管送风进入舱室。送风温度用蒸汽管路上的调节阀来调节。冬季采暖工况采用室外新风温度前馈控制。由于室外温度发生变化，通过舱室绝热层散热也发生变化，引起舱室内温度波动，因此室外环境温度变化是主要干扰。当发生室外新风温度的干扰时，送风温度 θ 就会有偏差。根据新风温度的测量信号来控制调节阀，当发生新风温度的干扰后，就不必等到新风温度变化反映到送风温度以后再去控制，而是可以根据新风温度的变化，立即对调节阀进行控制，甚至可以在送风温度 θ 还没有变化前就及时将新风温度的干扰补偿。

如果采用反馈调节，当发生新风温度干扰后，要等 θ 变化后调节器才开始动作。而调节器控制调节阀，改变加热蒸汽的流量以后，又要经过热交换过程的惯性，才使送风温度变化而反映出调节效果。这就可能使送风温度 θ 产生较大的动态偏差。

图3-54所示框图用来表示前馈控制系统。可以看出，干扰 f 作用到输出被调量 Y 之间存在着两个传递通道：一个是从 f 通过对象干扰通道 G_f 去影响 Y；另一个从 f 出发经过测量装置和补偿器产生调节作用，它经过对象的调节通道 G_o 去影响 Y。调节作用和干扰作用对输出被调量的影响是相反的。目的是补偿通道的作用能很好地抵消干扰 f 对对象输出的影响，使得输出被调量不随干扰变化。但前提是能十分精确地测出干扰，还要求充分了解控制对象特性以及实现这个补偿装置的调节规律。遵循什么样的干扰补偿规律才能做到完全补偿呢？图3-55为一个前馈控制系统的结构图。

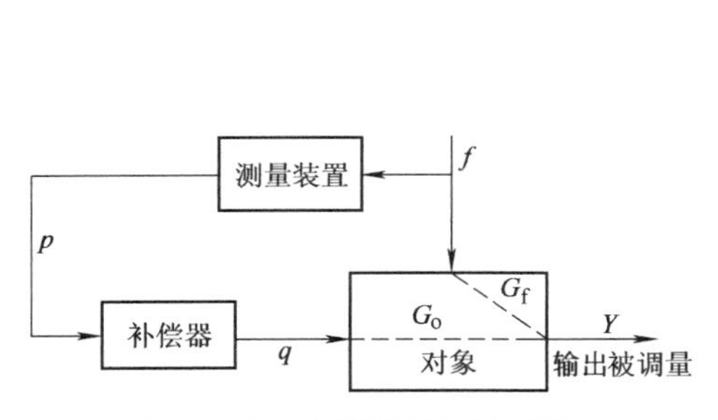

图3-54　前馈控制系统框图

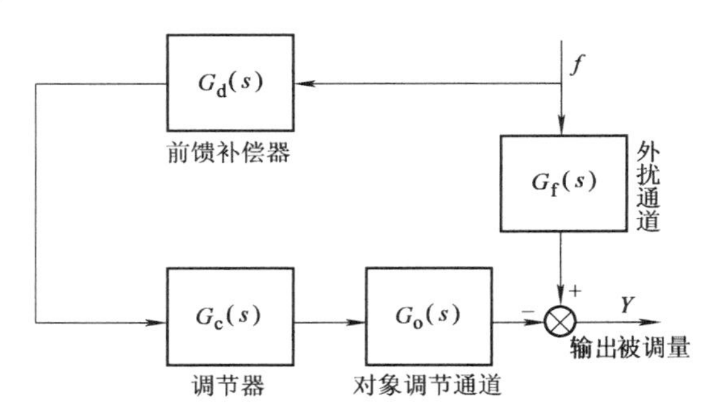

图3-55　前馈控制系统的结构图

$G_f(s)$、$G_d(s)$ 分别代表调节对象干扰 f 作用和前馈作用下的对象传递函数。如果没有补偿器的话，干扰 f 只通过 $G_f(s)$ 影响输出 Y，即 $Y(s)=G_f(s)F(s)$。有了补偿器以后，干扰 f 还同时通过补偿通道 $G_d(s)$、$G_c(s)$、$G_o(s)$ 产生相反的作用来影响 Y，因而

$$Y(s)=G_f(s)F(s)+G_d(s)G_c(s)G_o(s)F(s) \tag{3-37}$$

使在干扰 f 作用下被调参数保持不变的条件是

$$G_f(s)F(s)+G_d(s)G_c(s)G_o(s)F(s)=0 \tag{3-38}$$

即可得补偿器的传递函数为

$$G_d(s)=-\frac{G_f(s)}{G_c(s)G_o(s)} \tag{3-39}$$

如果前馈装置物理上能精确地实现式(3-39)的传递函数，那么干扰 f 对于 Y 的影响就将等于零，就可实现所谓的“完全不变性”。

这样，前馈控制能依据干扰值的大小，在被调参数偏离给定值之前进行控制，使被调参数始终保持在给定值上。看来，前馈控制在理论上可实现最完美的控制。但是单纯用前馈控制是有其局限性的，其局限性在于：首先，按式(3-39)实现完全补偿，在很多情况下只有理论意义，实际上做不到。写出了补偿器的传递函数并不等于能够实现，例如在图3-55中，如果 $G_o(s)$ 中包含的滞后时间比 $G_f(s)$ 中的滞后时间大，那就没有实现完全补偿的可能。因为这时 $G_d(s)$ 中将包含有 $e^{\tau s}$ 的因子，即超前动作，这种补偿规律是无法实现的。

其次，在工业对象中，干扰因素很多，有些是已知的，有些则是未知的，只能择其1～2个主要的干扰进行补偿，而其余的干扰仍会使被调量发生偏差。

2. 复合控制系统

反馈调节的优点是它不必十分精确了解控制对象的特性，控制器也不像补偿控制器那样要求严格精密，用一个调节器同时对所有干扰作用都有抑制作用。而前馈控制即使前提条件要求很高，也不能十分满意地达到所需的技术要求。复合控制系统是设想把两种调节方式结合起来，取长补短，充分利用了这两种调节作用的优点，使调节质量进一步提高。复合控制系统中，选择对象中的主要干扰作为前馈信号，对其他引起被调参数变化的各种干扰则采用反馈调节系统来克服。

图3-53所示的采暖工程可以采用复合控制系统。室外新风温度用补偿发信器测量，通过补偿环节，改变送风温度调节器的给定值，即改变送风温度，补偿房间对室外散热量的变化。用室内温度调节器和诱导器内的末端加热器组成反馈调节。两种调节系统组合作用，可以实现房间温度精确控制。

复合控制系统的框图如图3-56所示。图中，$G_f(s)$ 为对象干扰通道的传递函数，$G_o(s)$ 为对象调节通道的传递函数，$G_c(s)$ 为调节器的传递函数，$G_d(s)$ 为前馈补偿环节的传递函数。

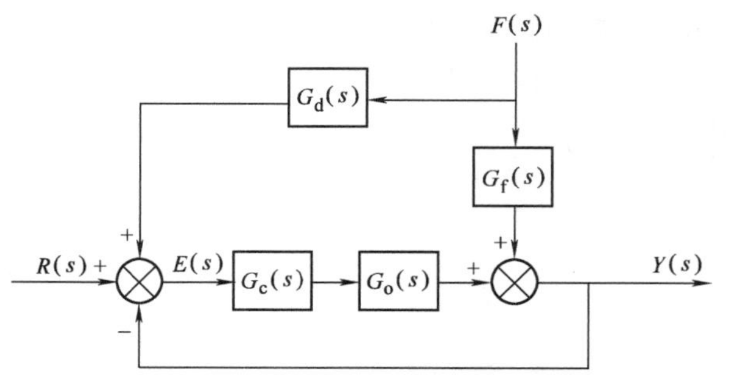

图3-56 复合控制系统框图

当没有前馈控制时，即 $G_d(s)=0$，就成为普通的反馈调节系统。这时有

$$Y(s)=\frac{G_c(s)G_o(s)}{1+G_c(s)G_o(s)}R(s)+\frac{G_f(s)}{1+G_c(s)G_o(s)}F(s) \tag{3-40}$$

式中的第二项表示了干扰对调节系统输出量的影响。由于 $G_f(s)\neq0$，因此

$$Y_1(s)=\frac{G_f(s)}{1+G_c(s)G_o(s)}F(s)\neq 0 \tag{3-41}$$

$Y_1(s)$ 表示干扰对系统输出量的影响。式(3-41) 说明了按偏差调节的反馈系统在原理上不能完全补偿干扰因素的原因。

如果加上前馈补偿环节就成为复合控制系统。系统传递函数为

$$Y(s)=\frac{G_c(s)G_o(s)}{1+G_c(s)G_o(s)}R(s)+\frac{[G_f(s)+G_d(s)G_c(s)G_o(s)]}{1+G_c(s)G_o(s)}F(s) \tag{3-42}$$

如果要实现完全补偿或称完全不变性，则要求第二项为零，也就是

$$\frac{[G_f(s)+G_d(s)G_c(s)G_o(s)]}{1+G_c(s)G_o(s)}F(s)=0 \tag{3-43}$$

即要求

$$G_d(s)=-\frac{G_f(s)}{G_c(s)G_o(s)} \tag{3-44}$$

这一条件与式(3-39) 的条件完全一样。这说明复合控制系统与开环的前馈控制系统具有同一补偿条件，并不因为引进偏差的反馈控制而有所改变。

本章小结

本章着重讨论了各种调节器及其工作原理，调节器参数工程整定，使读者了解各种调节器的性能以及应用，为进行控制系统分析、设计应用打下基础。

双位调节是一种非连续输出的调节器，它主要应用在调节对象特性比 $\tau/T<0.3$ 的场合。比例（P）、积分（I）、微分（D）以及它们之间组合形成的调节器如比例积分（PI）调节器、比例微分（PD）调节器以及比例积分微分（PID）调节器都是连续输出的调节器。比例调节器的特点是输出反应快，但存在静态偏差。积分调节器的特点是可以消除静态偏差，但动态偏差大，调节时间长，故一般不单独使用。PI 调节规律既能消除静差，又能产生较积分调节快得多的响应。对于一些惯性不大、负荷变化不很大的调节系统，例如温度、流量调节系统等多采用 PI 规律。微分（D）调节器一般不单独使用。对于比例微分（PD）调节器，由于加入微分作用后，增进了调节系统的稳定度，因而允许减少比例带，加快了调节过程，减少了动态偏差和静差。但微分作用不能太大，为了保证系统的稳定度而不得不增大比例带，反而削弱微分作用效果。PID 调节规律是常规调节中功能完善的一种调节规律，它综合了各类调节规律的优点，所以有较高的调节品质，不论对象滞后、负荷变化、反应速度如何，基本上均能适应。例如，温度调节、燃烧调节等可采用 PID 调节。但在空调系统中，PI 调节器基本能够满足控制要求。

串级调节系统是一个双回路系统，它实际上是把两个调节器串联起来，通过它们的协调工作，使一个被调量准确地保持为给定值。副调节器的任务是以快动作迅速抵消在副回路中的干扰，而中间变量并不要求无偏差，一般都采用比例调节器。主调节器的任务是准确保持被调量符合生产要求。如对主参数调节质量要求不高时，可采用比例调节器。要求高的场合可以采用 PI 调节器。前馈控制与反馈控制原理不同，它是按照引起被调参数变化的干扰大小进行调节，一般情况下需要将前馈与反馈结合起来的复合调节系统进行参数调节。

在完成系统的调试和投运之后，必须进行调节器参数的整定工作。系统的调试是进行调节器参数整定的前提，而调节器工程整定又是提高调节品质的重要手段。调节器参数整定就是恰当选择调节器的参数值，如比例带 δ、积分时间 T_I 和微分时间 T_D，以获得符合工艺要

求的调节过程。目前常用的参数工程整定方法有经验试凑法、临界比例带法、反应曲线法和衰减曲线法。

习 题

3-1 双位调节器的调节过程曲线有什么特点？有人说双位调节的差动范围越小，精度越高，性能越好，你是这样认为吗？

3-2 影响双位调节品质的因素是什么？

3-3 你能消除比例调节过程的静态偏差吗？一味强调提高比例调节的灵敏度对调节过程的稳定是否有利？

3-4 什么是比例调节器的比例系数、比例带、比例范围？

3-5 以图3-18所示的浮球液位比例调节器为例，已知调节阀在全关位置 $l_{min}=0$mm，全开位置 $l_{max}=10$mm，浮球液位标尺的最低位置 $h_{min}=0$mm，最高位置 $h_{max}=400$mm。浮球未移动前，调节阀 l_1 在2.5mm处，浮球 h_1 在300mm处。当浮球移动后，调节阀位置 l_1 在5.0mm处，浮球 h_1 在250mm处。求其比例系数、比例带、比例范围。

3-6 恒速积分调节器工作原理是什么？举一构成实例。

3-7 刚性反馈和弹性反馈有什么区别？

3-8 单独使用微分调节行吗？为什么？

3-9 PI、PD、PID调节器有哪些优点？它们各自的应用场合是什么？总结其微分方程式、反应曲线、传递函数以及特性参数。

3-10 选择调节器的主要依据是什么？如果调节对象的 τ/T 很小，其干扰的频率和幅度也很小的话，你选择哪种规律的调节器？试述理由。

3-11 串级调节系统与常规调节系统的主要区别在哪里？串级调节主要应用于何种场合？在设计时，应主要考虑什么问题？

3-12 既然前馈（补偿）调节可以在干扰影响被调参数前就将其补偿掉，但为什么在设计调节系统时，一般不单独使用前馈，而是采用前馈与反馈的结合？

3-13 简述调节器参数的工程整定方法并比较。

3-14 水温控制系统如图3-57所示。冷水在换热器中由通入的蒸汽加热，从而得到一定温度的热水。冷水流量变化用流量计测量。试绘制系统框图。为了保持热水温度为期望值，系统是如何工作的？系统的被控对象和控制装置各是什么？

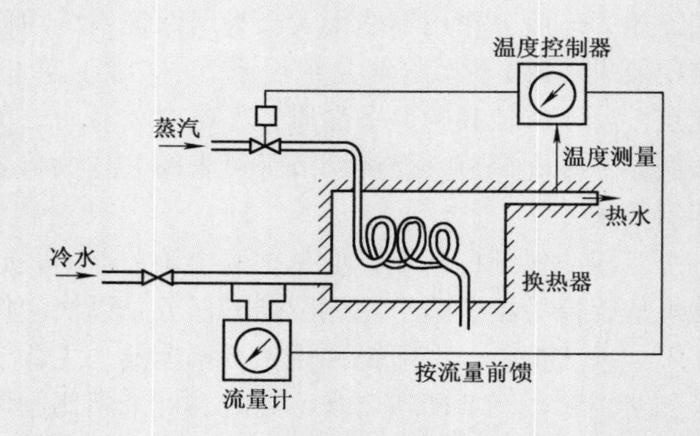

图3-57 水温控制系统原理图

3-15 谷物湿度控制系统如图3-58所示，在谷物磨粉的生产过程中，有一个出粉最多的湿度，因此磨粉之前要给谷物加水以得到给定的湿度。图中，谷物用传送装置按一定流量通过加水点，加水量由自动阀门控制。加水过程中，谷物流量、加水前谷物湿度以及水压都是对谷物湿度控制的扰动作用。为了提高控制精度，系统中采用了谷物湿度的前馈控制，试画出系统框图。

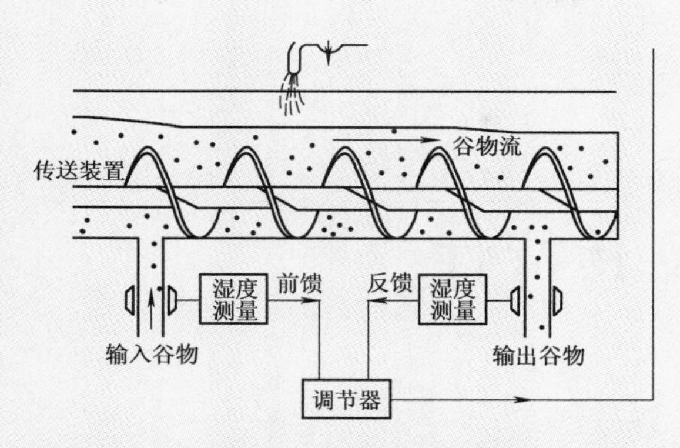

图3-58　谷物湿度控制系统

3-16　设积分环节和理想微分环节的微分方程分别为 $c'(t)=r(t)$ 和 $c(t)=r'(t)$，则其传递函数分别为（　　）。

（A）$G(s)=s$ 和 $G(s)=s$　　（B）$G(s)=\frac{1}{s}$ 和 $G(s)=\frac{1}{s}$

（C）$G(s)=s$ 和 $G(s)=\frac{1}{s}$　　（D）$G(s)=\frac{1}{s}$ 和 $G(s)=s$

3-17　前馈控制系统是对干扰信号进行补偿的系统，是（　　）。

（A）开环控制系统

（B）闭环控制系统和开环控制系统的复合

（C）能消除不可测量的扰动系统

（D）能抑制不可测量的扰动系统

4

第 4 章 执行器及其特性

4.1 引言

执行器将调节器的控制信号变成调节量，作用在被控对象上。执行器由执行机构和调节机构组成。由于执行器的结构和原理比较简单，人们往往轻视这一环节。其实，执行器安装在工作现场，使用条件较差，长年和工艺介质接触，要保持它的安全运行不是一件容易的事。事实上，它常常是自动调节系统中最薄弱的一个环节，由于执行器选择不当或维护不善，常使整个自动调节系统不能可靠工作，或严重影响调节品质。因此，需要了解常用执行器的结构、原理，以便合理地使用。

和调节器一样，执行器也可以分为电动执行器和气动执行器两大类。如图 4-1 所示，电动执行器可与电动调节器配套，也可以通过电—气阀门定位器与气动调节器配套使用。执行器有电动调节阀、气动调节阀、电压调节阀装置等。电动调节阀应用最为普遍，其次是电压调节装置。执行器是控制系统中的重要组成部分，所以在选择调节阀时，为了满足调节系统的要求，必须挑选合适的特性。

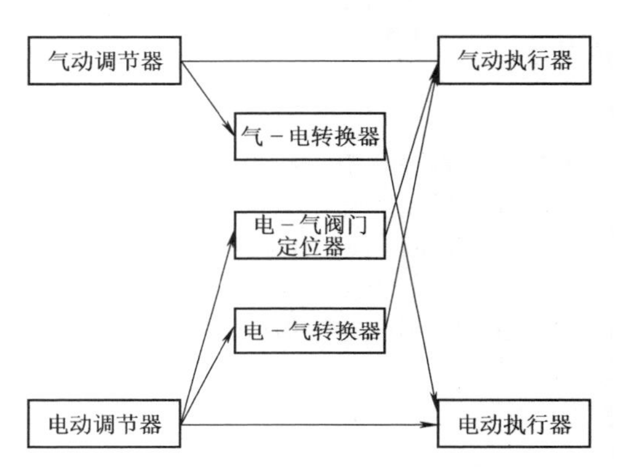

图 4-1 调节器到执行器的信号传输图

4.2 执行器

4.2.1 电动执行器

电动执行器是由电动执行机构和调节机构组成。电动执行器根据不同的使用要求，有各种不同的结构。电动执行机构根据配用的调节机构种类不同，其输出方式有直行程、角行程和多转式三种类型，可和直线移动的调节阀、旋转式的蝶阀、多转动作的感应调压器等各种调节机构配合工作。在结构上，电动执行机构既可与调节阀组装成整体的执行器，也可根据需要单独分装，使用比较灵活。

1. 电磁阀

电磁阀就是一种最简单的电动执行器，由于其结构简单、价格低廉、使用方便，在生产中有广泛的应用。

电磁阀是利用电磁铁作为动力元件，以电磁铁的吸、放对小口径（一般在 10mm 以下）阀门进行通、断两种状态的控制，能和双位调节器组成简单的调节系统，控制空调和制冷系统中的液体或气体流量。电磁阀按结构可分为直动式和先导式两种。直动式电磁阀的结构如

图4-2所示，当线圈1通过电流产生磁场时，活动铁心2被电磁力所吸起，阀塞3随即上提，使阀门打开。当线圈断电时，由复位弹簧4的反力及活动铁心的自重而使阀门关闭。可见，直动式电磁阀的活动铁心本身就是阀塞。

先导式电磁阀是由导阀和主阀组成的，图4-3是它的结构示意图。它的特点是通过导阀的先导作用，使主阀发生开闭动作。例如，当通电时，由线圈1产生的电磁力吸引活动铁心2上升，使排出孔3开启，由于排出孔3远大于平衡孔4，以致主阀塞5上腔6中的压力下降，但主阀塞5下方的压力仍与进口侧压力相等，于是主阀塞5因压差作用而上升，主阀7呈开启状态；当断电时，活动铁心2因电磁力消失而下落，将排出孔3封闭，主阀塞5上腔的压力因从平衡孔4不断冲入介质而上升，当约等于进口侧压力时，主阀塞5因本身的弹性力和复位弹簧8的作用而下坠，阀门呈关闭状态。

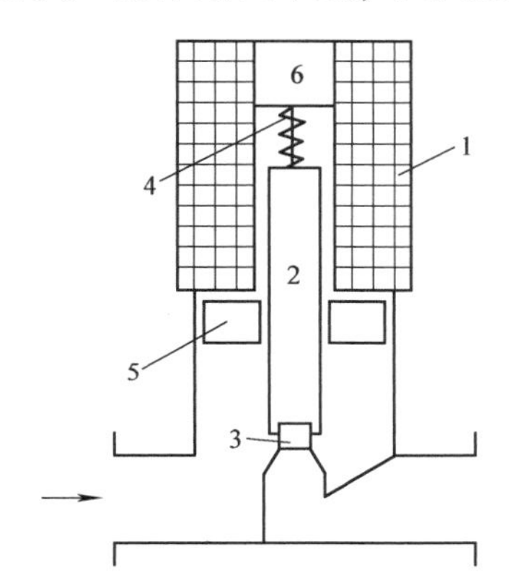

图4-2　直动式电磁阀的结构图
1—线圈　2—活动铁心　3—阀塞
4—复位弹簧　5—阀盖　6—固定铁心

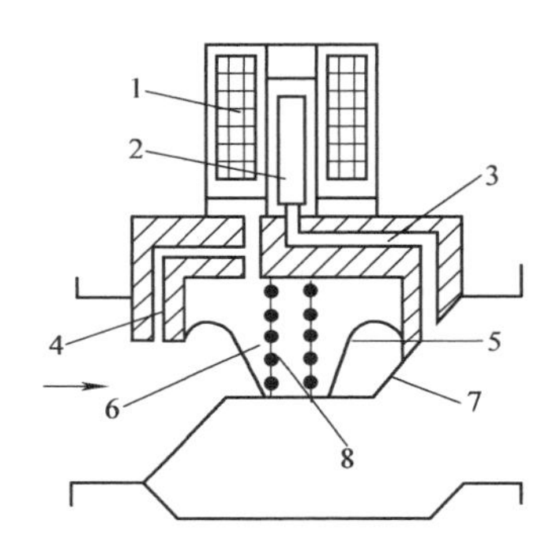

图4-3　先导式电磁阀的结构图
1—线圈　2—活动铁心　3—排出孔　4—平衡孔
5—主阀塞　6—阀塞上腔　7—主阀　8—复位弹簧

先导式电磁阀线圈只要吸引尺寸和重量都很小的铁心，就能推动主阀塞打开阀门。因此，不论电磁阀通径的大小，其电磁部分包括线圈都可做成一个通用尺寸，使先导式电磁阀具有重量轻、尺寸小和便于系列化生产的优点。电磁阀的型号应根据工艺介质选择，它的通径通常与工艺管路的直径相同。

2. 电动调节阀

电动调节阀由电动执行机构和调节机构组成，如图4-4所示。

当电动机3通电旋转时，通过减速器，经丝杠6和导板7的作用，将旋转运动变为直线运动，由弹性联轴器8去推动阀杆，使阀芯11上下移动。随着电动机转向不同，使阀芯朝着开启或关闭方向移动。当阀芯到达极限位置时，通过内部的限位开关，自动地切断电动机电源，同时接

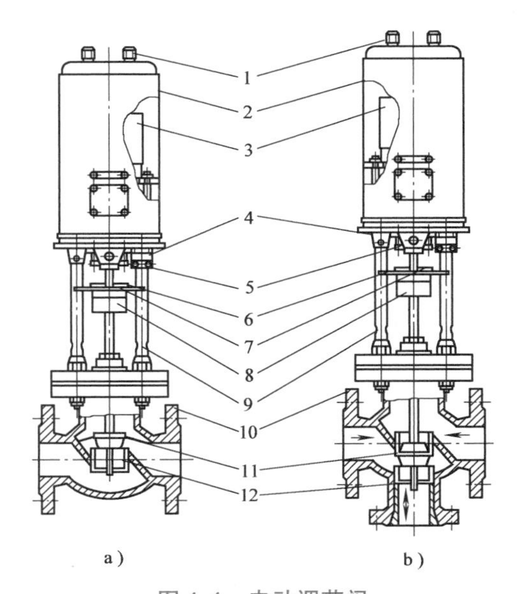

图4-4　电动调节阀
1—螺母　2—外罩　3—两相可逆电动机
4—引线套筒　5—油罩　6—丝杠　7—导板　8—弹性联轴器
9—支柱　10—阀体　11—阀芯　12—阀座

通所需灯光或声响信号，它的控制电路如图4-5所示。

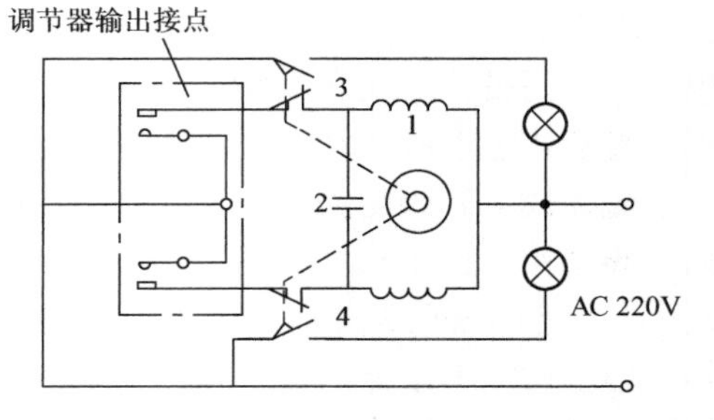

图4-5 电动调节阀控制电路图
1—两相感应电动机 2—分相电容
3—上限限位开关 4—下限限位开关

3. 电动调节风门

电动调节风门的作用是控制风量，它是由电动执行机构和风门组成。供热、通风和空气调节系统中采用的风门有单叶风门（见图4-6）和多叶风门（见图4-7）。单叶风门可分为蝶阀和单叶菱形风门，如图4-6所示。图4-6a为蝶阀，适用于圆形截面的风道中，它的结构比较简单，特别适用于低压差大流量，介质为气体的场合，如应用于燃烧系统的风量调节。图4-6b为菱形风门，应用在变量系统中为末端装置，具有工作可靠、调节方便、噪声小等优点，但结构上较复杂。

如图4-7所示，多叶风门又分为平行叶片风门、对开叶片风门、复式风门和菱形风门等。平行叶片风门是靠改变叶片的转角来调节风量的，但其相邻两叶片按相反方向动作；复式风门用来控制加热风与旁通风的比例，阀的加热部分与旁通部分的动作方向是相反的；多叶菱形风门是一种较新型的风门，它利用改变菱形叶片的张角来改变风量（工作中，菱形叶片的轴线始终处在水平位置上）。

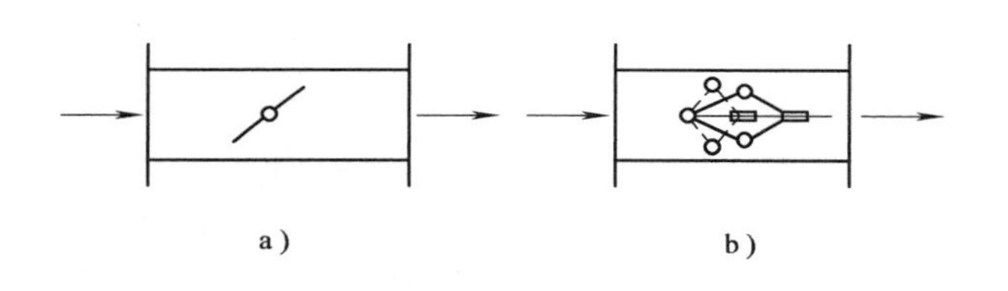

图4-6 单叶风门示意图
a）蝶阀 b）单叶菱形风门

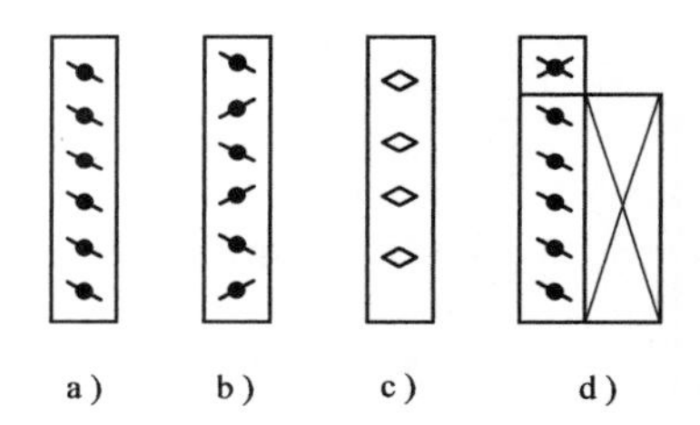

图4-7 多叶风门示意图
a）平行叶片风门 b）对开叶片风门
c）多叶菱形风门 d）复式风门

4.2.2 变频调速器

随着交流变频调节技术的日益成熟，在楼宇自动控制系统中也越来越多采用变频调速器控制电动机的转速，进而控制水量或风量。典型的变频调速器通常由可控整流器、逆变器和控制装置组成。可控整流器先将工频交流电源变换为直流电源，然后再由逆变器把直流电源变换为频率可调的交流电源。控制装置则根据指令调节输出频率，同时变化输出电压，并使负载转矩不超过电动机的最大转矩。

与其他交流电动机的调速方法相比，变频调速具有调节范围大、速度调节平滑、电动机转矩特性变化小、节能效果明显等特点。

为了在低频率时仍然能够保持电动机的特性，逆变器通常以脉冲宽度调制（Pulse Width Modulation，PWM）方式工作。在变频调速时，为了使电动机的最大转矩和磁路饱和情况基本不变，在变频的同时应当进行调压，并使$\frac{U}{f}\approx$常数。

4.2.3 气动执行器

气动执行器是指以压缩空气为动力的执行器，它通过压缩空气推动波纹薄膜及推杆，带动调节机构运动。它一般由气动执行机构和调节机构两部分组成，有时还配上阀门定位器等附件。气动执行器可以做双位调节，也可以做简单、不精确的连续调节。加上阀门定位器以后，可以做精确的连续调节。

由于气动执行器中的调节机构与前述电动执行器中的调节机构基本相同，故这里只介绍气动薄膜执行机构。

气动薄膜执行机构如图4-8所示，主要由薄膜和弹簧组成。它分正作用式和反作用式两种，图4-8a为正作用式，图4-8b为反作用式。当信号压力增加时，推杆向下动作的叫正作用式；当信号压力增加时，推杆向上动作的叫反作用式。正、反作用式执行机构在构造上基本相同。

与气动执行机构配用的气动调节阀有气开和气关两种。有信号压力时阀开启的叫气开式；而有信号压力时阀关闭的叫气关式。气开和气关是由气动执行机构的正反作用与调节阀的正、反安装来决定的。

为了克服阀杆与填料之间的静摩擦力的不利影响，改善调节阀的线性度和自动调节系统的调节精度，通常需要采用阀门定位器。阀门定位器的功能是使阀门位置与控制信号成比例关系，从而使调节阀按调节器的输出信号实现正确的定位。

图4-9给出了配有薄膜执行机构的气动阀门定位器的动作原理图，它是依据力矩平衡原理动作的。当输入压力通入波纹管后，挡板13靠近喷嘴14，功率放大器16的输出压力通入薄膜执行机构8，阀杆位移通过反馈凸轮5拉伸反馈弹簧11，直到反馈弹簧11作用在主杠杆2上的力矩与波纹管1作用在主杠杆2上的力矩相平衡。

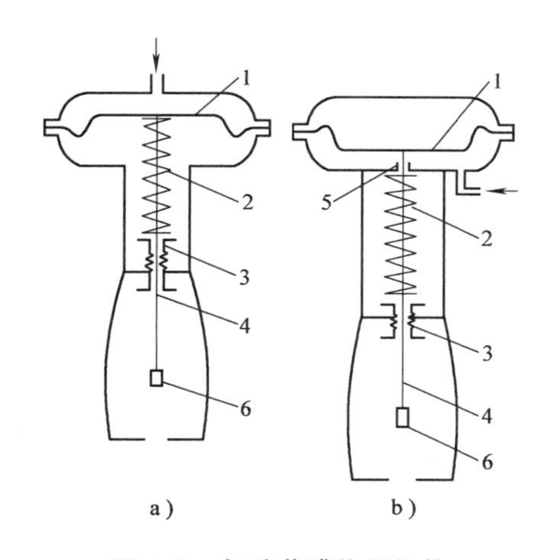

图4-8 气动薄膜执行机构

a) 正作用式 b) 反作用式

1—波纹膜片 2—反力弹簧 3—调节件 4—推杆 5—密封垫片 6—连接件

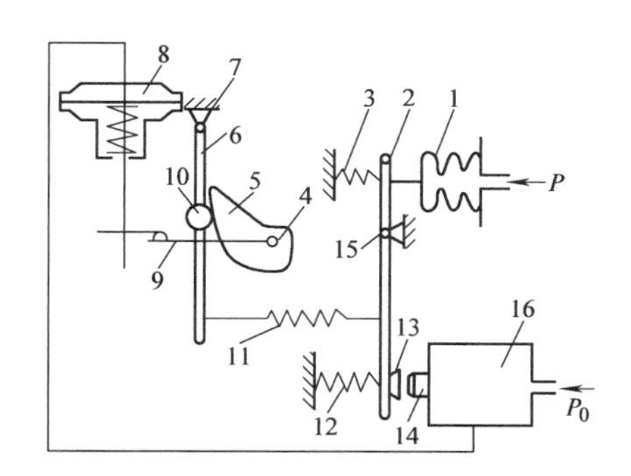

图4-9 配薄膜执行机构的气动阀门定位器的动作原理图

1—波纹管 2—主杠杆 3—迁移弹簧 4—反馈凸轮支点 5—反馈凸轮 6—副杠杆 7—副杠杆支点 8—薄膜执行机构 9—反馈杆 10—滚轮 11—反馈弹簧 12—调零弹簧 13—挡板 14—喷嘴 15—主杠杆支点 16—功率放大器

由于喷嘴挡板的放大倍数很高，只要调节器方面来的信号稍有变化，定位器就会有较大的输出变化，促使调节阀运动。一旦调节阀动作，通过凸轮杠杆的负反馈作用，使输出与输入相等，从而能使阀门正确定位。

由于气动执行器需要有配套的压缩空气制备、过滤、储存及输送设备，这在工业企业中不是一个大问题，但是在智能化大楼中，却很少有这样的压缩空气设备。因此，除了自动喷淋系统以外，气动执行机构在楼宇自动控制系统中应用不多。

4.2.4 液压执行器

液压执行器在调节阀中的应用不如电动、气动执行器广泛。从原理上说，只要将气动执行器的动力源改为液压动力，就可以成为液压执行器。同样是由于动力源的关系，加上液压系统的泄漏问题难以克服，除了在制冷机中以外，液压执行器在楼宇自动控制系统中很少采用。

4.3 常见调节阀的结构类型

除了采用电动机变频调速直接控制水泵或风机转速外，工程中简单实用的方法是采用调节阀调节流体流量。如果能够正确选择阀门的结构形式和流量特性，同样可取得良好的控制效果。电动调节阀所配用的阀门按结构可分为直通双座阀、直通单座阀和三通阀。

4.3.1 直通阀

直通单座阀的示意图及结构如图4-10所示。这种阀门的阀体内只有一个阀芯和阀座，特点是泄漏量小，易于保证关闭，在结构上有调节型和截止型两种，它们的区别在于阀芯的形状不同。直通单座阀的另一个特点是不平衡力大，特别在高压差、大流量的情况下更为严重。所以直通单座阀仅适用于低压差的场合。

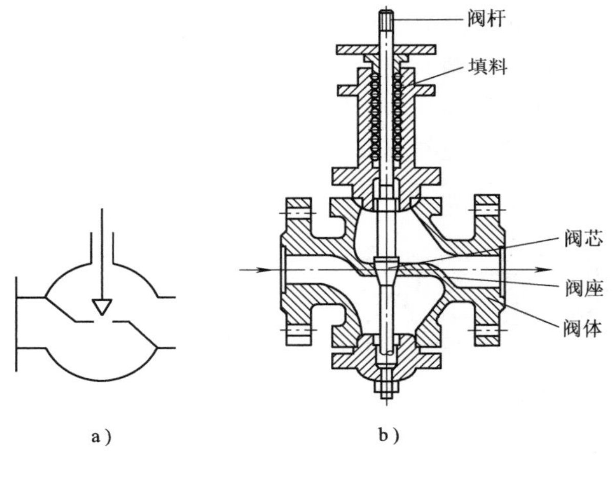

图4-10 直通单座阀
a）示意图 b）结构图

直通双座阀的示意图及结构如图4-11所示。流体从左侧进入，通过上下阀座再汇合在一起由右侧流出。由于阀体内有两个阀芯和两个阀座，所以叫作直通双座阀。

对于双座阀，流体作用在上、下阀芯上的推力，其方向相反而大小接近相等，所以阀芯所受的不平衡力很小，因而允许使用在阀前、后压差较大的场合。双座阀的流通能力比同口径的单座阀大。

由于受加工精度的限制，双座阀的上、下两个阀芯不易保证同时关闭，所以关闭时的泄漏量较大，尤其用在高温或低温场合，由于阀芯和阀座两种材料的热膨胀系数不同，更易引起较严重的泄漏。

双座阀有正装和反装两种，当阀芯向下移动时，阀芯与阀座间流通面积减小者称正装；反之，称为反装。对于双座阀，只要把图4-11a中的阀芯倒过来装，就可以方便地将正装改为反装。

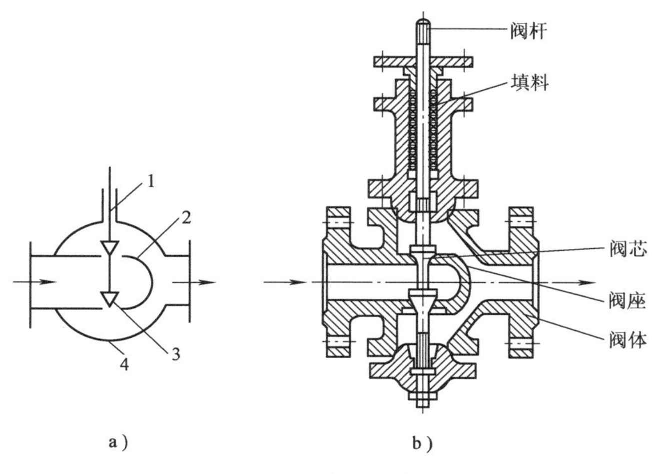

图4-11　直通双座阀

a）示意图（正装式）　b）结构图

1—阀杆　2—阀座　3—阀芯　4—阀体

4.3.2　三通阀

三通调节阀有三个出入口与管道相连，按作用方式可分为合流阀和分流阀两种，合流是两种流体通过阀后混合产生第三种流体，或者两种不同温度的流体通过阀后混合成温度介于前两者之间的第三种流体，这种阀有两个进口和一个出口，当阀关小一个入口的同时就开大另一个入口。而分流阀是把一种流体通过阀后变成两路，因而有一个入口和两个出口，在关小一个出口的同时开大另一个出口。合流阀和分流阀的示意图如图4-12所示。合流阀的阀芯3位于阀座2内部，分流阀的阀芯位于阀座外部。这样，流体的流动方向总是使阀芯处于流开状态（即流体的不平衡力有使阀芯开启的趋势），使调节阀工作稳定。

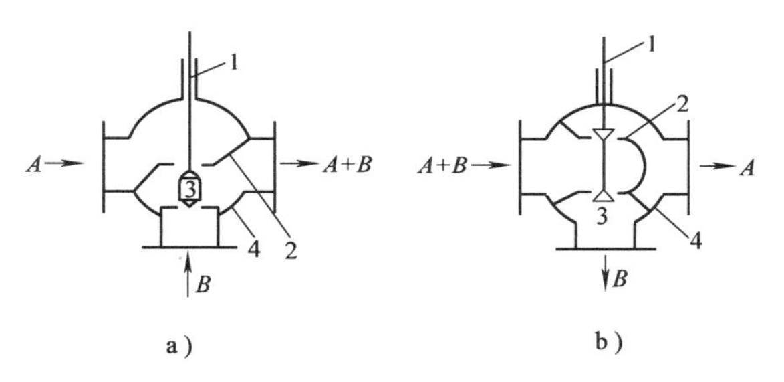

图4-12　三通阀示意图

a）合流阀　b）分流阀

1—阀杆　2—阀座　3—阀芯　4—阀体

三通阀的原理图以及结构分别如图4-12和图4-13所示。一般来说，三通分流阀不得用作三通混合阀，三通混合阀不宜用作三通分流阀。

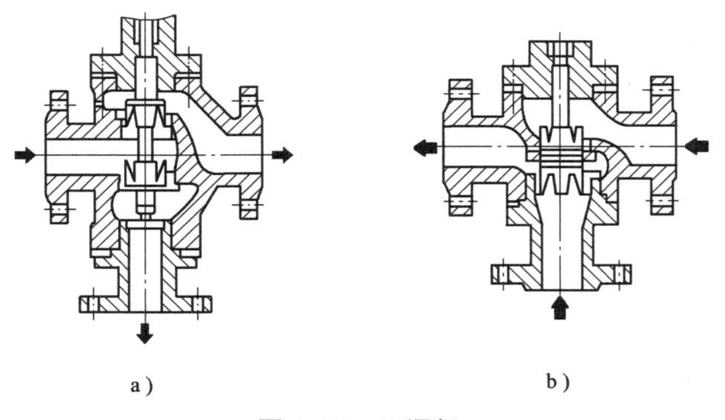

图4-13　三通阀

a）分流　b）合流

4.3.3 蝶阀

蝶阀的结构比较简单，由阀体、阀板和阀板轴等组成，如图4-14所示。蝶阀阻力损失小、结构紧凑、寿命长，特别适用于低压差、大口径、大流量气体和带有悬浮物流体的场合。蝶阀的缺点是泄漏量较大。

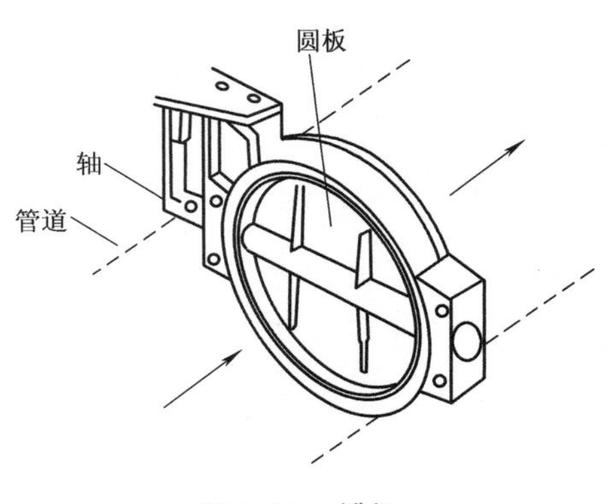

图4-14 蝶阀

4.3.4 数字式调节阀

数字式调节阀是一种位式的数字执行机构。它由一系列并联安装而且按二进制排列的阀门所组成。图4-15为一个8位数字式调节阀的控制原理。从图中可以看出，数字式调节阀的阀体内有一系列开闭式的流孔（实际上就是一系列大小不同的电磁截止阀的并联），这些流孔的大小按照2的幂顺序排列。对于8位数字式调节阀，每个流孔的流量是按照2^0、2^1、2^2、2^3、2^4、2^5、2^6、2^7，即按1、2、4、8、16、32、64、128的比例来设计的。如果所有的流孔都关闭，流量为零；如果所有的流孔都开启，则流量为255流量单位，分辨率为1流量单位。只要保证每一个流孔的精度，就可以保证总的流量误差。所以，数字式调节阀能够在很大的范围内（对于8位数字阀，为1～255；对于10位数字阀，为1～1023）精确调节流量。数字式调节阀的操作可以直接由数字控制器或控制计算机的二进制信号直接驱动，当控制器输出为模拟信号时，需要通过A/D转换器来进行。

数字式调节阀的主要优点是高分辨率、高精度、反应速度快、关闭特性好、具有良好的重复性和跟踪特性，并且能够直接与计算机连接。但是，它也存在一些缺点，主要是结构复杂、部件多、位数越多则相应的控制元件也越多、价格昂贵。另外，部分流孔（特别是小流量流孔）阻塞后不易及时发现，以及不能用于高温蒸汽场合等，也限制了它的应用范围。

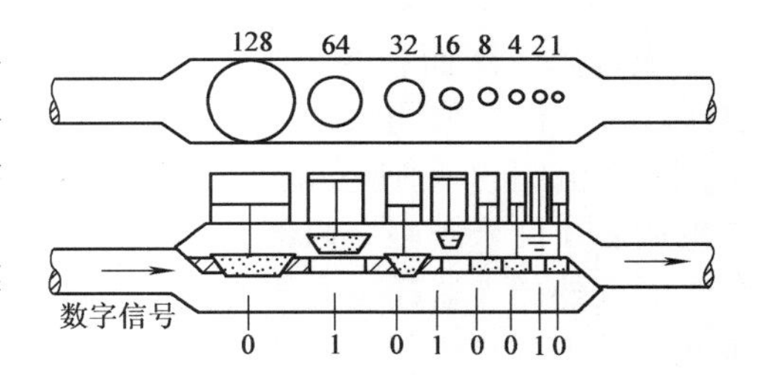

图4-15 8位数字式调节阀控制原理图

4.4 调节阀的流量特性

本节介绍调节阀流量特性的选择和流通能力的计算，根据计算结果选择调节阀的口径。

1. 流量特性的定义

调节阀的流量特性，是指介质流过调节阀的相对流量与调节阀的相对开度之间的关系，即

$$\frac{Q}{Q_{\max}}=f\left(\frac{l}{l_{\max}}\right) \tag{4-1}$$

式中，$\frac{Q}{Q_{\max}}$为相对流量，即调节某一开度下的流量与全开流量之比；$\frac{l}{l_{\max}}$为相对开度，即调节阀某一开度下的行程与全开时行程之比。

一般说来，改变调节阀的阀芯与阀座之间的节流面积，便可调节流量。但实际上，

由于各种因素的影响，在节流面积变化的同时，还发生阀前后压差的变化，而压差的变化也会引起流量的变化。为了分析上的方便，先研究阀前后压差固定的理想情况，然后再研究阀前后压差变化工作情况。因此，流量特性有理想流量特性和工作流量特性两个概念。

2. 理想流量特性

调节阀在前后压差固定的情况下得到的流量特性称为理想流量特性（有时叫固有流量特性）。阀门的理想流量特性是由阀芯形状决定的。典型的理想流量特性有直线流量特性、等百分比（或称对数）流量特性、快开流量特性和抛物线流量特性，如图4-16所示，它们所对应的阀芯形状如图4-17所示。图4-17中，1～4是柱塞形阀，5、6是开口形阀。

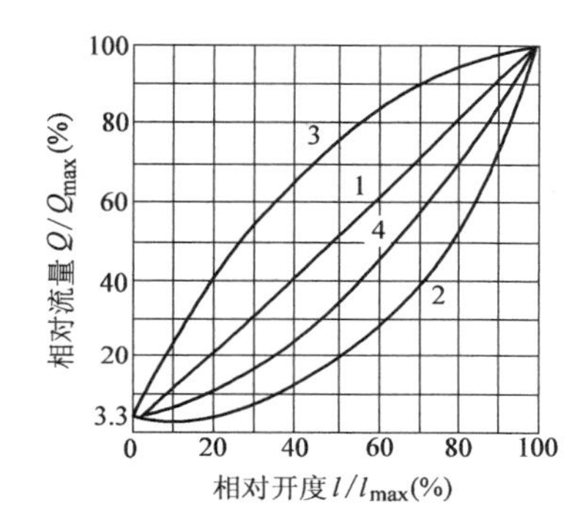

图4-16 理想流量特性

1—直线特性 2—对数特性

3—快开特性 4—抛物线特性

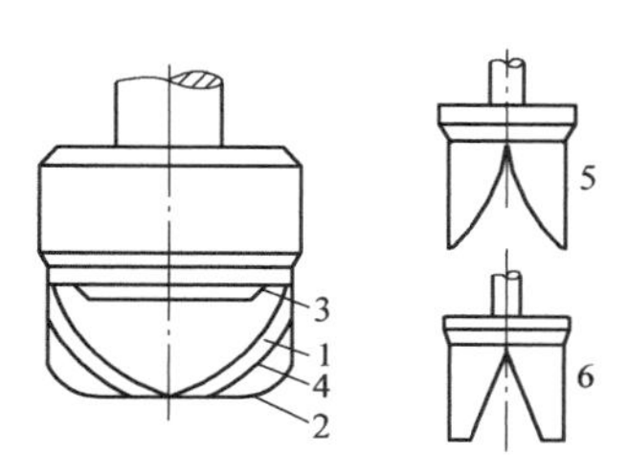

图4-17 阀芯形状

1—直线特性阀芯（柱塞） 2—对数特性阀芯（柱塞）

3—快开特性阀芯（柱塞） 4—抛物线特性阀芯（柱塞）

5—对数特性阀芯（开口形） 6—直线特性阀芯（开口形）

（1）直线流量特性 直线流量特性是指调节阀的相对流量与相对开度成直线关系，即单位相对行程变化所引起的相对流量变化是一个常数，用数学式表达为

$$\frac{\mathrm{d}\dfrac{Q}{Q_{max}}}{\mathrm{d}\dfrac{l}{l_{max}}}=K \tag{4-2}$$

式中，K为调节阀的放大系数，是个常数。

将式(4-2)积分得

$$\int \mathrm{d}\frac{Q}{Q_{max}}=\int K\mathrm{d}\frac{l}{l_{max}}$$

$$\frac{Q}{Q_{max}}=K\frac{l}{l_{max}}+C \tag{4-3}$$

式中，C为积分常数。

将边界条件，即当$l=0$时，$Q=Q_{min}$；当$l=l_{max}$时，$Q=Q_{max}$代入式(4-3)，求得各常数为

$$C=\frac{Q_{min}}{Q_{max}},\quad K=1-\frac{Q_{min}}{Q_{max}}$$

所以

$$\frac{Q}{Q_{max}}=\left(1-\frac{Q_{min}}{Q_{max}}\right)\frac{l}{l_{max}}+\frac{Q_{min}}{Q_{max}}$$

即
$$\frac{Q}{Q_{max}}=\frac{1}{R}\left[1+(R-1)\frac{l}{l_{max}}\right] \tag{4-4}$$
式中，R 为可调比（又称可调范围），即调节阀所能控制的最大流量与最小流量之比，$R=\frac{Q_{max}}{Q_{min}}$。

这里必须指出，Q_{min}是调节阀可调流量的下限值，并不等于调节阀全关时的泄漏量，一般最小可调流量为最大流量的2%～4%，而泄漏量仅为最大流量的0.1%～0.01%。

由图4-18可以看出，直线流量特性调节阀的单位行程变化所引起的流量变化是相等的，即不管阀杆原来在什么位置，只要 l 做相同变化，流量变化的数值也大致相同，如以行程的10%、50%和80%三点看，其行程变化10%所引起的流量变化分别为9.7%、9.6%和9.8%，流量变化几乎相等，但流量相对值变化分别为

$$\frac{22.7-13.0}{13.0}\times100\%=74.6\%$$
$$\frac{61.3-51.7}{51.7}\times100\%=18.6\%$$
$$\frac{90.4-80.6}{80.6}\times100\%=12.2\%$$

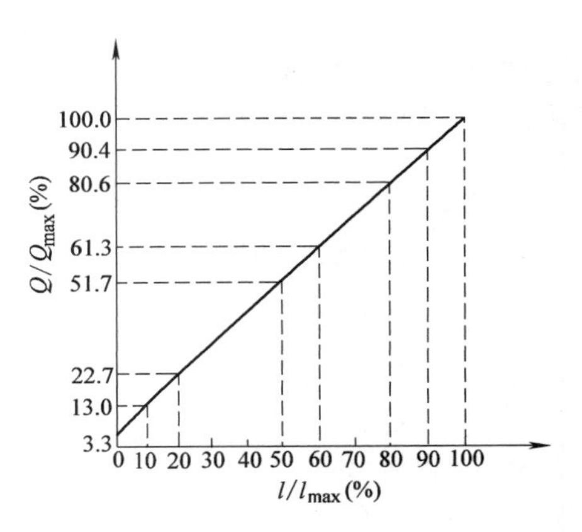

图4-18 直线特性（$R=30$）

可见，直线流量特性在行程变化值相同时，在小流量情况下，流量相对值变化大；流量大时，流量相对值变化小。因此，调节阀使用小负荷（流量较小）时，不容易控制，即不容易微调，与系统配合不会产生振荡；而在大流量情况下，不容易及时调节，灵敏度不够。

（2）等百分比流量特性　等百分比流量特性亦称对数流量特性，它是指单位相对行程变化所引起的相对流量变化与此点相对流量成正比关系。其数学表达式为

$$\frac{\mathrm{d}\frac{Q}{Q_{max}}}{\mathrm{d}\frac{l}{l_{max}}}=K\frac{Q}{Q_{max}}$$
$$\int\left(\frac{Q}{Q_{max}}\right)^{-1}\mathrm{d}\frac{Q}{Q_{max}}=\int K\mathrm{d}\frac{l}{l_{max}}$$
$$\ln\frac{Q}{Q_{max}}=K\frac{l}{l_{max}}+C \tag{4-5}$$

式(4-5)说明，相对流量$\frac{Q}{Q_{max}}$的对数值与相对行程$\frac{l}{l_{max}}$呈线性关系，所以称对数特性。

把边界条件，即当 $l=0$ 时，$Q=Q_{min}$；当 $l=l_{max}$时，$Q=Q_{max}$代入式(4-5)，求得各常数为

$$C=\ln\frac{Q_{min}}{Q_{max}}$$
$$K=-\ln\frac{Q_{min}}{Q_{max}}$$

所以
$$\ln\frac{Q}{Q_{max}}=-\left(\ln\frac{Q_{min}}{Q_{max}}\right)\frac{l}{l_{max}}+\ln\frac{Q_{min}}{Q_{max}}$$

$$= \left(\ln \frac{Q_{max}}{Q_{min}}\right)\frac{l}{l_{max}} - \ln \frac{Q_{max}}{Q_{min}}$$

因为

$$R = \frac{Q_{max}}{Q_{min}}$$

所以

$$\ln \frac{Q}{Q_{max}} = \left(\frac{l}{l_{max}} - 1\right)\ln R$$

求得

$$\frac{Q}{Q_{max}} = R^{(l/l_{max} - 1)} \tag{4-6}$$

等百分比流量特性的调节阀，其开度每变化10%所引起的流量变化总是相等的。例如，$R=30$的等百分比流量特性如图4-19所示，以行程的10%、50%和80%三点看，行程变化10%所引起的流量变化分别为1.91%、7.3%和20.4%。行程小时，流量变化小；行程大时，流量变化大。流量相对值变化分别为

$$\frac{6.58-4.67}{4.67}\times100\% = 40\%$$

$$\frac{25.6-18.3}{18.3}\times100\% = 40\%$$

$$\frac{71.2-50.8}{50.8}\times100\% = 40\%$$

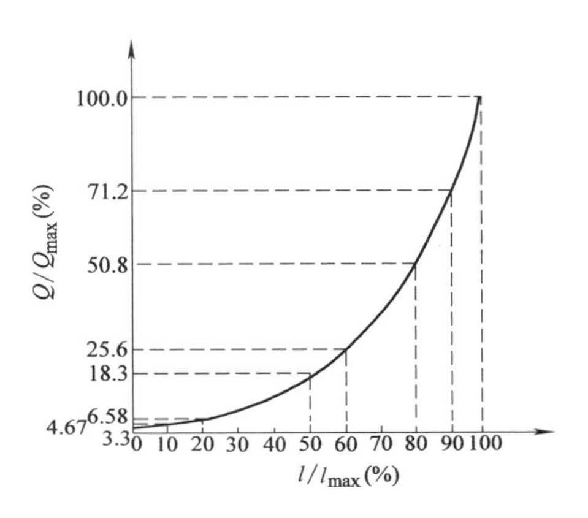

图4-19 等百分比流量特性（$R=30$）

可见，对于$R=30$的对数流量特性，在行程变化值为10%时，流量相对值变化都是40%，具有等比率特性，所以这样的特性又叫等百分比特性。

由图4-19可见，这种调节阀的放大系数（即曲线斜率）是随行程的增大而递增的。同样的行程，在低负荷（小开度）时流量变化小；在高负荷（大开度）时流量变化大。因此，这种调节阀在接近全关时工作得缓和平稳，而在接近全开时放大作用大，工作得灵敏有效，它适用于负荷变化幅度大的系统中。

（3）快开流量特性　快开流量特性是在调节阀的行程比较小时，流量就比较大，随着行程的增大，流量很快就达到最大，因此称快开特性。快开流量特性调节阀的阀芯形状为平板式，阀的有效行程在$D_g/4$（D_g为阀座直径）以内，当行程再增大，阀的流通面积就不再增大，便不起调节作用了。快开特性的调节阀主要用于双位调节。

（4）抛物线流量特性　它的流量特性曲线是一条抛物线，介于直线特性曲线和等百分比特性曲线之间。

（5）三通调节阀的流量特性　三通调节阀的流量特性及数学式均符合前述直通调节阀的理想特性的一般规律，直线流量特性的三通调节阀在任何开度时流过上、下两阀芯流量之和不变，即总流量不变，得到一条平行于横轴的直线，如图4-20中曲线1所示。但三通阀上、下两阀芯开口方向相反。

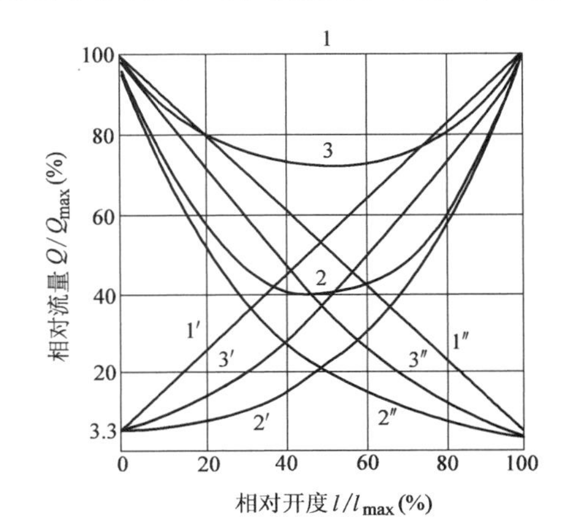

图4-20 三通调节阀的理想流量特性曲线（$R=30$）（阀芯开口方向相反）

1—直线 2—等百分比 3—抛物线

图4-20中的曲线1′和1″是两个分支流量特性。而对数特性调节阀总流量是变化的，如图4-20中曲线2所示，在开度50%处总流量最小，向两边逐渐增大至最大。当可调范围相同时，直线特性的三通调节阀较对数特性的三通调节阀总流量大，而抛物线特性的三通调节阀的总流量（见图4-20中曲线3）比对数特性的调节阀的总流量要大。在开度50%时，上、下阀芯通过的流量相等。

3. 工作流量特性

上面所讲的是调节阀的理想流量特性，它是在调节阀前后压差不变的情况下得到的。但是在实际使用时，调节阀是装在具有阻力的管道系统上的，调节阀前后的压差值不能保持不变。因此，虽在同一开度下，通过调节阀的流量将与理想特性时所对应的流量不同，所以必须研究工作条件的流量特性。所谓调节阀的工作流量特性是指调节阀在前后压差随负荷变化的工作条件下，调节阀的相对开度与相对流量之间的关系。下面先研究直通调节阀有串联管道时的工作流量特性，然后再分析三通调节阀的工作流量特性。

（1）直通调节阀的串联工作流量特性　直通调节阀与管道和设备串联时如图4-21a所示。图中，Δp为系统的总压差，Δp_1为调节阀上的压差，Δp_2为除调节阀外串联管道及设备上的压差。对于有串联管道时，令

$$S_v = \frac{\Delta p_{1\min}}{\Delta p} = \frac{\Delta p_{1\min}}{\Delta p_{1\min} + \Delta p_2} \tag{4-7}$$

式中，$\Delta p_{1\min}$为调节阀全开时的压差；S_v称为阀门能力，又称为阀权度，S_v在数值上等于调节阀在全开时，阀门上的压差占总系统总压差的百分数。

若管道、设备等无阻力损失，即$\Delta p_2=0$，则$S_v=1$。这时系统总压差就是调节阀上的压差。调节阀的工作流量特性与理想流量特性一致。

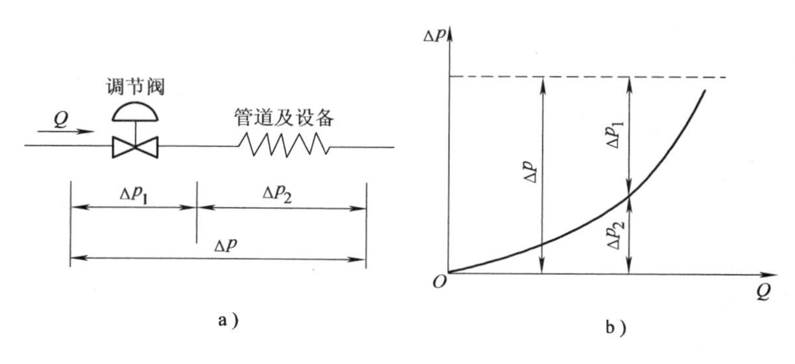

图4-21　串联管道

a）调节阀与管道串联　b）调节阀上的压差变化

实际情况下的调节范围也与理想情况有很大差别。若系统的总压差Δp一定，随着管路中流量的增加，管道中直管沿程阻力和管件局部阻力都会随之增加，这些阻力损耗大体上与流量的二次方成正比，如图4-21b所示。因此，调节阀上的压差Δp相应减小。当流量最大时，管道上压差Δp_2达最大，阀上的压差Δp_1最小，反之，则阀上的压差Δp_1最大。人们把这种情况下的调节阀实际所能控制的最大流量与最小流量的比值称为实际可调范围R_r，则有

$$R_r = \frac{Q_{\max}}{Q_{\min}} = \frac{C_{\max}\sqrt{\dfrac{\Delta p_{1\min}}{r}}}{C_{\min}\sqrt{\dfrac{\Delta p_{1\max}}{r}}} = R\sqrt{\frac{\Delta p_{1\min}}{\Delta p_{1\max}}} \tag{4-8}$$

式中，$\Delta p_{1\min}$为调节阀全开时，阀两端的压差（MPa）；$\Delta p_{1\max}$为调节阀全关时，阀两端的压差（MPa）；$C_{\max}$、$C_{\min}$分别为调节阀的最大以及最小流通能力，它们取决于阀门的通径和阻力系数。

由于调节阀全关时，流量很小，管道阻力亦很小，故阀两端压差$\Delta p_{\max}$近似等于系统总压差Δp，则

$$S_v=\frac{\Delta p_{1\min}}{\Delta p}\approx\frac{\Delta p_{1\min}}{\Delta p_{1\max}} \tag{4-9}$$

所以

$$R_r\approx R\sqrt{S} \tag{4-10}$$

故调节阀的实际可调范围比理想可调范围小，通常理想可调范围R为10左右。

若调节阀不变，仅改变不同的管道阻力时，其S_v值也是不同的。随着管道阻力的增大，S_v值就要减小。对于不同的S_v值，可求得调节阀在串联工作管道时的工作流量特性。如以Q_{100}表示存在管道阻力时调节阀的全开流量，则Q/Q_{100}称作以Q_{100}为参比的调节阀的相对流量，图4-22为以Q_{100}为参比值，在不同S_v值下的工作流量特性。由图4-22可知，当$S_v=1$时，即管道阻力损失为零，系统的总压差全部降落在调节阀上，实际工作特性与理想特性是一致的。当随着S_v值的减少（管道阻力增加），不但调节阀全开时流量越来越小（即可调比越来越小），并且工作流量特性对理想流量特性的偏离也越来越大，直线特性渐趋快开特性，等百分比特性渐趋直线特性，实际使用中，一般不希望S_v值低于0.3。

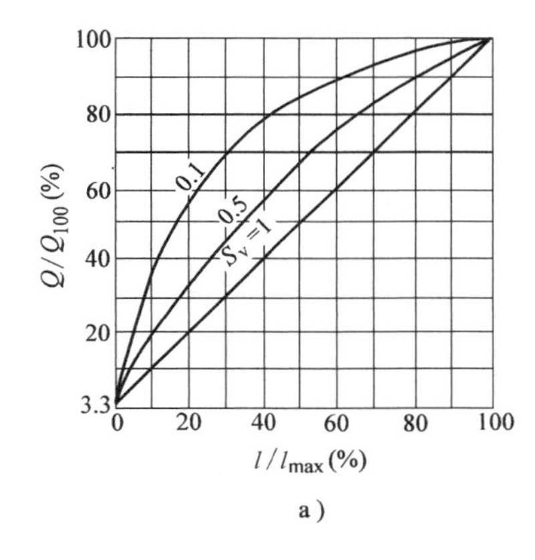

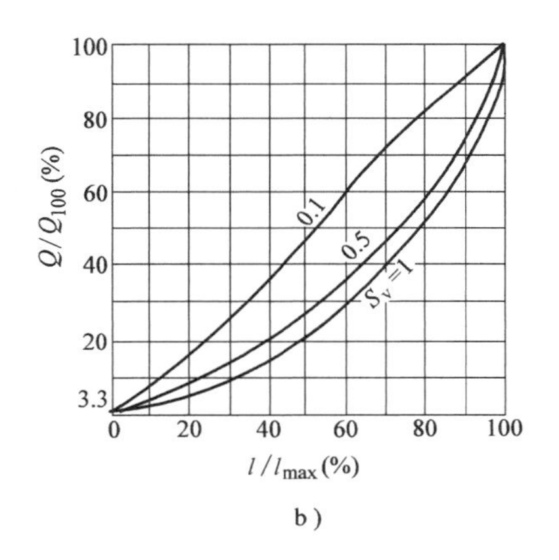

图4-22　串联管道时调节阀的工作流量特性（以Q_{100}作参比值）

a）直线流量特性　b）等百分比流量特性

（2）直通调节阀的并联工作流量特性　图4-23为管道并联的情况。调节阀两端压力虽为恒定，其并联的旁路阀的开启程度也会影响调节阀的流量特性。若以Q_{100}表示调节阀全开时通过调节阀的流量，以$Q_{\max}$表示总管最大流量，以x来表示旁路的程度，则$x=\dfrac{Q_{100}}{Q_{\max}}$。在不同的$x$值下，其工作流量特性如图4-24所示。由图4-24可知，$x=1$时，旁路阀关闭，调节阀的工作流量特性即理想流量特性。随着旁路阀的逐步开启，旁路阀的流量增加，x值不断减小，流量特性不改变，但可调比大大下降。实际可调比与旁路程度x的关系为

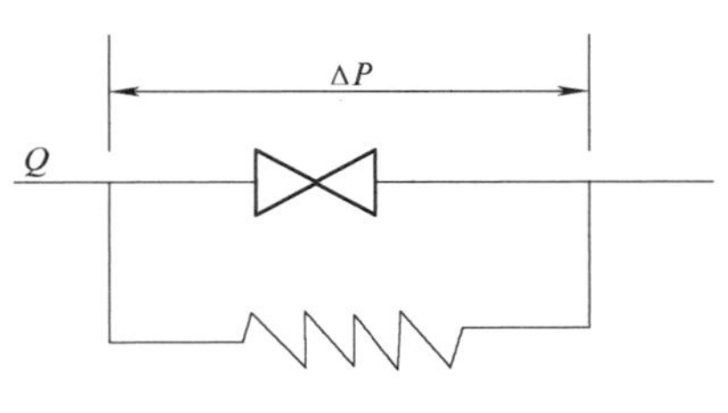

图4-23　管道并联

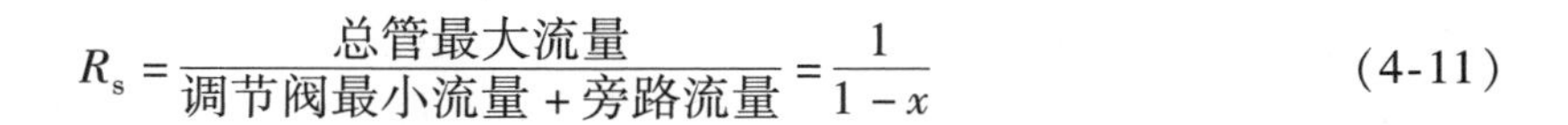

$$R_s = \frac{\text{总管最大流量}}{\text{调节阀最小流量}+\text{旁路流量}} = \frac{1}{1-x} \tag{4-11}$$

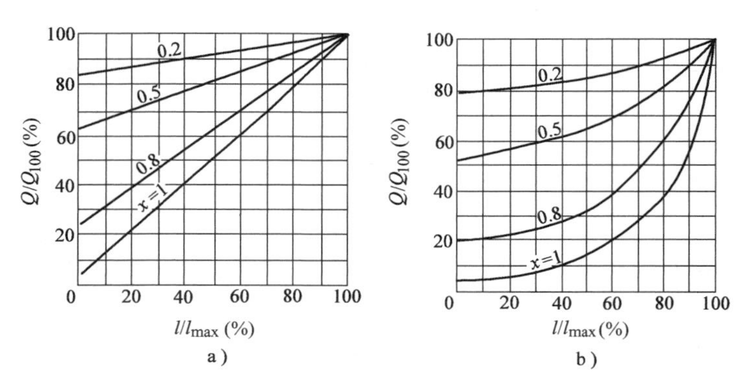

图4-24 并联管路工作特性

a）直线流量特性 b）对数流量特性

在实际应用中，总是存在并联管道的影响，这样使调节阀的可调节流量变得很小，甚至调节阀几乎不起调节作用。一般情况下，希望 x 值不低于0.81，这样调节阀的最大流量为总流量的80%，工作特性曲线较接近理想特性，可调比 R_s 不至于减少太多。对于直线阀来说，在小开度时又降低了灵敏度，可避免振荡现象的发生。对于对数阀来说，在小开度时放大系数小一些，整个行程的灵敏度变化趋于恒定，近似呈等百分比特性，仍然可保持较高的调节质量。快开特性阀和抛物线特性阀的工作特性曲线有相同的变化趋势，在使用时也需注意。还需指出的是，在并联工作时，有 $(1-x)Q_{max}$ 的流量不能被调节，因为这部分流量经旁路阀流出。从控制的角度说，在调节阀相对开度较小时，相对流量较小，相对于理想特性来说，调节阀的调节迟钝，调节时间延长，调节能力下降。并联管道的调节方式，因管道系统的流量可调范围减小，尽量避免采用。

（3）三通调节阀的工作流量特性 当三通调节阀的每一分路中（如管道、设备、阀门）存在阻力降时，其工作流量特性与直通调节阀串联管道时一样。一般希望三通调节阀在工作过程中流过三通阀的总流量不变，三通调节阀仅起流量分配的作用。在实际使用中，三通调节阀上的压降比起管路系统总压降来也是比较小的。所以总流量基本上取决于管路系统的阻力，而三通调节阀动作的影响很小。因而，在一般情况下可以认为总流量是基本不变的。当三通调节阀每一分路 S_v 值都等于1时，也就是说，每一分路的系统压降小到可以忽略时，可采用直线流量特性的调节阀，如图4-25a所示；当每一分路 S_v 值都等于0.5左右时，也就是说每一分路管道阻力降与阀上压降基本相同时，可采用抛物线特性的三通调节阀，如图4-25b所示。图4-25中的实线表示当旁路阻力很小可忽略的情况；虚线表示当换热器阻力等于旁路阻力情况。

在掌握了阀门流量特性以后，还需要了解换热器的静特性，才能选出适宜的阀门流量特性，以便恰当地补偿换热器的静特性，取得良好的调节品质。

4.5 调节阀的流通能力及阀门口径的选择

调节阀的口径是根据工艺要求的流通能力来确定的。调节阀的流通能力直接反映调节阀的容量，是设计、使用部门选用调节阀的主要参数。在工程计算中，为了合理选取调节阀的

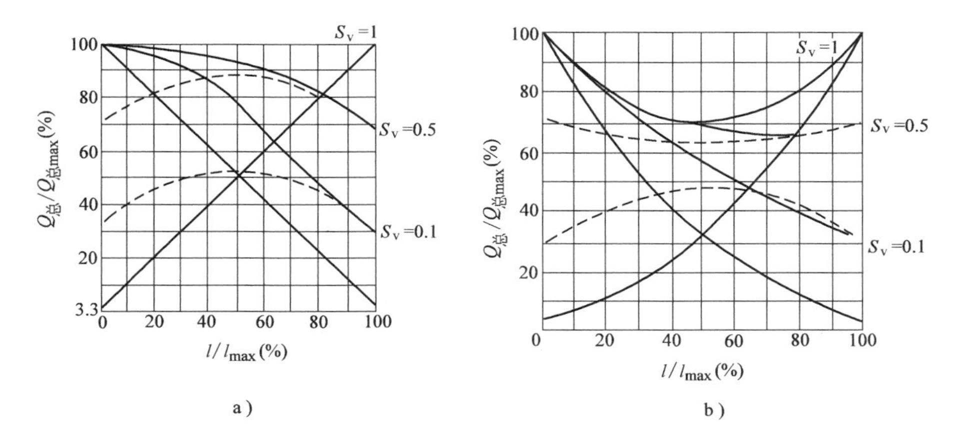

图4-25　三通调节阀的工作流量特性

a）理想特性为直线特性　b）理想特性为抛物线特性

尺寸，就应正确计算流通能力，否则将会使调节阀的尺寸选得过大或过小。如选得过大，将使阀门工作在小开度的位置，造成调节质量不好和经济效果较差；如选得过小，即使处于全开位置也不能适应最大负荷的需要，使调节系统失调。因此必须掌握调节阀在各种流体时的流通能力的计算公式，正确选择阀门应考虑如下参数：阀门的流通能力、汽蚀和闪蒸、阀门的流量特性、阀体种类、阀门的执行器的大小等。

4.5.1　调节阀的流通能力

1. 流通能力的定义

众所周知，调节阀是通过改变阀芯行程来改变阀门的局部阻力系数，从而达到调节流量的目的。

由流体力学可知，对于不可压缩流体，调节机构上的压头损失为

$$h=\frac{p_1-p_2}{\rho g}=\zeta\frac{v^2}{2g} \tag{4-12}$$

式中，h 为调节机构的压头损失（m）；p_1、p_2 分别为阀前、后的流体压力（MPa）；ρ 为流体的密度（kg/m^3）；ζ 为调节机构的阻力系数；v 为流体平均流速（m/s）；g 为重力加速度，$g=9.8\text{m/s}^2$。

将 $v=\frac{q_V}{F}$代入式(4-12)，并整理则得

$$q_V=\frac{F}{\sqrt{\zeta}}\sqrt{\frac{2}{\rho}(p_1-p_2)}=\frac{F}{\sqrt{\zeta}}\sqrt{\frac{2\Delta p}{\rho}} \tag{4-13}$$

式中，q_V 为流体的体积流量（m^3/s）；F 为调节阀的流通截面（m^2）。

例如，对于阀两端压差为0.1MPa，流体密度为1000kg/m^{3}时，每小时流经阀的介质流量为

$$q_V=5.09\times10^{-6}\frac{F}{\sqrt{\zeta}}\sqrt{\frac{\Delta p}{\rho}}=C\sqrt{\frac{\Delta p}{\rho}} \tag{4-14}$$

式中，F 的单位为 m^2；Δp 的单位为 MPa；ρ 的单位为 kg/m^3；q_V 的单位为 m^3/h。

当 Δp 的单位为 Pa，流体密度的单位为 g/cm^3（相当于 10^3kg/m^3）时，流量表达式为

$$q_V = \frac{C}{316}\sqrt{\frac{\Delta p}{\rho}} \tag{4-15}$$

目前，式(4-15) 在工程中经常采用。

2. 流通能力 C 值的计算

阀门的流通能力 C 的定义是：当阀门全开时，阀两端压力降为 10^5Pa，流体密度为 1g/cm³ 时，每小时流经调节阀的介质体积流量，单位为 m³/h。如果采用国际单位制，流量系数用 K_V 表示。如果采用英制，流量系数用 C_V 表示。C_V 的定义是用 40～60°F 的水，保持阀门两端压差为 1.0lbf/in²（1lbf/in² = 6.89kPa），阀门全开状态下每分钟流过水的美加仑（1.0USgal = 3.785dm³）数。

这三种单位制的换算公式为

$$K_V \approx C;\ C_V = 1.167C$$

已经知道，通过调节阀的流量 $q_V = C\sqrt{\dfrac{\Delta p}{\rho}}$，这样，只要知道了通过阀门的体积流量 q_V 和流体的密度 ρ，就可以计算出相应的阀门流量系数 C。在工程实际中，当正常流量 q_V、阀门压降 Δp 和流体密度 ρ 确定以后，就可以计算出调节阀的流通能力，然后根据 C 值和调节阀的类型，查相应的产品样本，最终确定调节阀的口径。

在供热、通风及空调自动调节系统中，各种流体的阀门 C 值计算方法很多，特别是在气体管路上使用时有各种不同的修正方法，一些常用的计算公式见表 4-1。

表 4-1　阀门流量系数的常用计算公式

流体	压差条件	计算公式	采用条件
液体		$C = 316\dfrac{q_V}{\sqrt{\dfrac{\Delta p}{\rho}}}$ 或 $C = 316\dfrac{m}{\sqrt{\Delta p \rho}}$ 若液体黏度值超过 20×10^{-6}m²/s，需对 C 值进行校正。	q_V——体积流量(m³/h) m——质量流量(t/h) Δp——阀门压降(Pa) ρ——液体密度(g/cm³)
一般气体	$p_2 \geqslant 0.5p_1$	$C = 0.26316q_0\sqrt{\dfrac{\rho_0 T}{\Delta p(p_1+p_2)}}$	q_0——标准状态下气体体积流量(m³/h)(0℃,101325Pa) ρ_0——标准状态下气体密度(kg/m³)(0℃,101325Pa) T——阀前气体绝对温度(K) Δp——阀门压降(Pa) p_1、p_2——阀门前、后压力(Pa)
	$p_2 < 0.5p_1$	$C = 82.432q_0\dfrac{\sqrt{\rho_0 T}}{p_1}$	
饱和水蒸气	$p_2 \geqslant 0.5p_1$	$C = 19.576m_q\sqrt{\dfrac{1}{\Delta p(p_1+p_2)}}$	m_q——蒸汽流量(kg/h) Δp——阀门压降(Pa) p_1、p_2——阀门前、后压力(Pa)(绝对压力) ΔT——水蒸气过热温度(℃)
	$p_2 < 0.5p_1$	$C = 82.432\dfrac{m_q}{1.4067\times10^{-4}p_1}$	
过热水蒸气	$p_2 \geqslant 0.5p_1$	$C = 19.576m_q\dfrac{1+0.0013\Delta T}{\sqrt{\Delta p(p_1+p_2)}}$	
	$p_2 < 0.5p_1$	$C = \dfrac{m_q(1+0.0013\Delta T)}{1.4067\times10^{-4}p_1}$	

4.5.2 阻塞流现象

要使调节阀起到调节作用，就必须在阀前、阀后有一定的压差，但是阀门前后产生的压差越大，所消耗的动力越多。但在实际情况中，当阀前压力 p_1 保持恒定而逐步降低阀后压力 p_2 时，流经调节阀的流量会增加到一个最大极限值，如图4-26所示。如果再继续降低 p_2，流量也不再增加，这个极限流量称为阻塞流。此时调节阀的流量就不再遵循流量方程式的规律。

在液体管路的调节阀中，产生阻塞流的主要原因是空化作用。如图4-27所示，当压力为 p_1 的液体流经节流截面时，流速突然急剧增加，动压增加而静压下降。当节流截面处的静压下降到等于或低于该流体在当时温度下的饱和蒸气压 p_V 时，部分液体就气化成为气体，形成气液两相共存的现象，这种现象称为闪蒸。如果阀后压力 p_2 不是保持在饱和蒸气压以下，而是在节流截面后又急剧上升，这时气泡就会产生破裂并转化为液态，这个过程即为空化作用。所以，空化作用是一种两阶段现象，第一阶段是液体内部形成空腔或气泡，即闪蒸阶段；第二阶段是这些气泡的破裂，即空化阶段。图4-27是一个在节流孔后产生空化作用的示意图。由于许多气泡集中在节流截面处，自然影响了流量的增加，产生了阻塞现象。

产生闪蒸时，对阀芯等材质有侵蚀破坏作用，而在产生空化作用时，由于节流截面后压力逐渐恢复，升高的压力压缩气泡，最后气泡突然破裂，所有的能量集中在破裂点上，产生极大的冲击力，对阀件表面产生破坏。

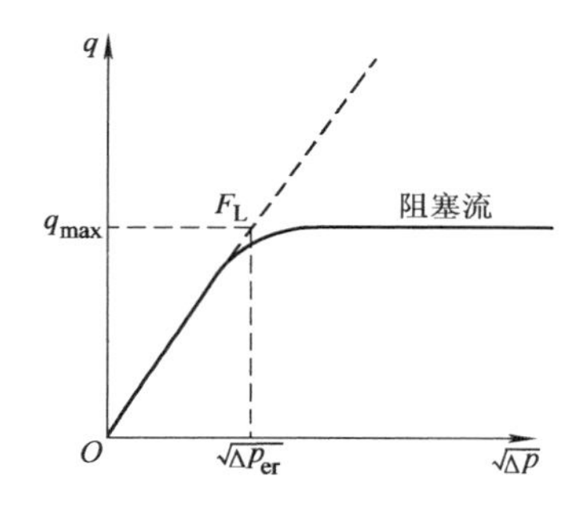

图4-26 p_1 恒定时 q 与 $\sqrt{\Delta p}$ 关系

图4-27 节流孔后空化作用

当调节阀出现阻塞流后，除了对阀件有破坏作用之外，还将影响流量计算的正确性。因此计算流量系数和流量时，首先应当判断调节阀是否处于阻塞流情况。不可压缩液体在调节阀内产生阻塞流的条件，与该液体的物理性质和调节阀的结构、流路形式等有关。因此，在选择调节阀时，应判断是否产生阻塞流，选择相应条件的调节阀的流量系数 C_V。具体内容可参见有关书籍。

4.5.3 调节阀口径的选择

阀门的直径大小是阀门最重要的选项之一。阀门选型如果太小，在最大负荷时可能不能提供足够的流量；如果太大，可能超过调节点，阀门的开启度过小会导致阀塞的过度磨损，并且系统不稳定而且会增加工程造价。根据通过调节阀的流量和调节阀两端的压力计算调节阀的流通能力 C，根据流通能力 C 选择调节阀的口径，从工艺提供数据到计算出流量系数、到确定调节阀的口径，需要经过以下几个步骤：

1）计算流量的确定。根据现有的生产能力、设备的载荷及介质的状况，决定计算流量

$q_{V,\max}$和 $q_{V,\min}$。

2）计算压差的确定。根据已选择的调节阀流量特性及系统特点，选定 S_v 值，然后计算压差。

3）流量系数的计算。按照工作情况，判定介质的性质及阻塞流情况，选择恰当的计算公式或图表。根据已决定的计算流量和计算压差，求取最大和最小流量时的阀门流通能力 C（或者流量系数 C_V）的最大值和最小值。根据阻塞流的情况，必要时进行噪声预估计算。

4）流量系数 C 值的选用。根据已经求取的 C 最大值进行放大或调整。在所选用的产品型号标准系列中，选取大于 $C_{\max}$ 并与其最接近的那一级的 C 值。

5）调节阀开度验算。一般要求最大计算流量时的开度不大于 90%，最小计算流量时的开度不小于 10%。

6）调节阀实际可调比的验算。调节阀一般要求实际可调比不小于 10。

7）阀座直径和公称直径的决定。验证妥当之后，根据 C 值来确定。

另外，安装调节阀时还要考虑其阀门能力 S_v（即调节阀全开时阀门上的压差占管段总压差的比例），从调节阀压降情况来分析，选择调节阀时必须结合调节阀的前后配管情况，当 S_v 值小于 0.3 时，线性流量特性的调节阀的流量特性曲线会严重偏离理想流量特性，近似快开特性，不适宜阀门的调节。

【例 4-1】 某写字楼共 12 层，建筑面积约为 11000m²，层高为 3.6m，采用一台约克螺杆冷水机组，制冷量为 1122kW。系统中，压差旁通阀采用调节阀，具体管路布置如图 4-28 所示。选择调节阀步骤如下：

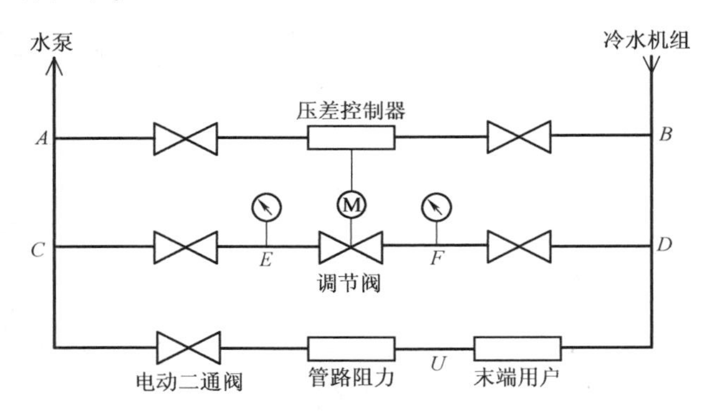

图 4-28 压差旁通阀调节装置

（1）确定调节阀压差值（Δp） 如图 4-28 所示，作用在调节阀上的压差值就是 E 和 F 之间的压差值，由于 $C-D$ 旁通管路与经过末端用户的 $D-U-C$ 管路的阻力相当，所以 $E-F$ 之间的压差值应等于 $D-U-C$ 管路压差（指末端用户最不利环路压差）减去 $C-E$ 管段和 $F-D$ 管段的压差值。

经水力计算，系统在最小负荷（旁通管处于最大负荷）情况下总阻力损失 H 约为 235kPa，在系统冷冻水供回水主干管处设置压差旁通控制装置，旁通管处冷源侧水管道阻力损失为 80kPa，末端最不利环路阻力损失为 155kPa。

（2）计算调节阀需要旁通的最大和最小流量 对于单机组空调机系统，根据末端用户实际使用的最低负荷就可以确定最小负荷所需的流量，从而确定最大旁通流量，其公式为

$$q_{V,\max}=\frac{3.6\times(Q-Q_{\min})}{c_p\Delta T} \tag{4-16}$$

式中，$q_{V,\max}$为流量（m^3/h）；Q 为冷水机组的制冷量（kW）；$Q_{\min}$为空调系统最小负荷（kW）；c_p 为水的比热容；$c_p=4.187kJ/(kg\cdot℃)$；ΔT 为冷冻水供回水温差，一般为5℃。

根据实际可调比

$$R_r=10\sqrt{S_v} \tag{4-17}$$

即可算出调节阀的旁通最小流量 $q_{V,\min}$。

经过计算可知，该空调系统在其最小支路循环时，其负荷为最小负荷，约为总负荷的35%，利用式(4-16) 算得所需旁通的最大流量为125.4m^3/h，末端最不利环路阻力损失为155kPa。

(3) 计算压差所需调节阀的流通能力 C

$$C=\frac{316q_V}{\sqrt{\frac{\Delta p}{\rho}}} \tag{4-18}$$

式中，ρ 为密度（g/cm^3）；q_V 为流量（m^3/h）；Δp 为调节阀两端压差（Pa）。根据计算出的 C 值选择调节阀使其流通能力大于且最接近计算值。

根据式(4-18) 算得 $C=100.6$。

(4) 调节阀选型　表4-2为上海恒星泵阀制造有限公司的ZDLN型电子式电动直通双座调节阀的技术参数表。该调节阀的固有流量特性为直线型和等百分比特性，由算得的 $C=100.6$ 按照等百分比特性选择最接近的 C 值，得到管径为DN80，C 值为110，符合选型要求。

表4-2　ZDLN型电子式电动直通双座调节阀的技术参数表

公称通径 D_g/mm		25	32	40	50	65	80	100	125	150	200	250	300	400
额定流量系数 K_V	直线	12.1	19.4	30.3	48.3	75.9	121	193.6	302.5	484	759	1210	1936	2920
	等百分比	11	17.6	27.5	44	69.3	110	176	275	440	693	1100	1760	2700
额定行程 L/mm		16		25		40			60			120		
公称压力 p_g/MPa		1.6、4.0、6.4												
固有流量特性		直线、等百分比												
固有可调比 R		50:1												
信号范围/mA		DC 0~10、DC 4~20												
电源电压		220V，50Hz												
作用方式		故障时：全开、全闭、自锁位												
允许泄漏/(L/h)		10^{-3}×阀额定容量												
工作温度 t/℃	常温型	-20~200、-40~250、-60~250												
	散热型	-40~450、-60~450												
	高温型	450~650												
	低温型	-100~-60、-200~-100、-250~-200												

(5) 调节阀的开度及可调比验算　调节阀工作时，一般希望它的最大开度在90%左右，最大开度选小了，会使实际可调比下降，说明这时阀门口径选得偏大，不但影响调节性能，而且也是不经济的。如 $R=30$ 的等百分比流量特性调节阀，当最大开度为80%时，其实际流通能力仅为该阀流通能力的50%，可调比也下降为15%。

最小流量时，一般希望它的最小开度不小于10%，因为小开度会对流体对阀芯、阀座的冲蚀较为严重，容易损坏阀芯而使流量特性变坏，严重的甚至使调节阀失灵。

本例中旁通管段总长为6m，查表4-2，当 $C=110$ 时，由式(4-18)变换形式得 $\Delta p=\rho(316q_V/C)^2$，计算可得 $\Delta p=129.8\text{kPa}$。当旁通管道采用与调节阀相同的管径DN80时，旁通管道最大水量为 $125.4\text{m}^3/\text{h}$，经过水力计算，总沿程损失为42.8kPa，总局部损失为23kPa，调节阀两端压差为 $(129.8-42.8-23)\text{kPa}=64\text{kPa}<129.8\text{kPa}$，阀门能力 $S_v=64/129.8=0.49$，这时调节阀的流量特征曲线为等百分比特性，此时处理的实际最大旁通水量为 $88.1\text{m}^3/\text{h}<125.4\text{m}^3/\text{h}$，其流量只有系统要求的最大旁通流量的70%，由式(4-17)可以求得实际可调比 $R_r=7$，即实际最小流量为 $(88.1/7)\text{m}^3/\text{h}=12.6\text{m}^3/\text{h}$，最大流量与最小流量显然均不能满足实际要求，所以旁通管的管径选择DN80不合适。

按照上述计算方法，继续试算，当选用DN125的旁通管时，计算得调节阀两端压差为123.2kPa，$S_v=0.95$，此时处理的最大旁通水量为 $122.1\text{m}^3/\text{h}$，相对开度为90%，相对流量为97.3%，由式(4-17)可以求得实际可调比 $R_r=9.7$，即最小旁通水量为 $(122.1/9.7)\text{m}^3/\text{h}=12.6\text{m}^3/\text{h}$，与调节阀工作在10%的开度下的流量 $12.21\text{m}^3/\text{h}$ 相比已非常接近。此时调节阀的流量特性已接近理想流量特性曲线，已能满足系统需要。

例4-1中给出了简单的阀门开度验算方法。工程设计中常用的阀门开度计算步骤如下：

若以 Q_{100} 表示存在管道阻力时调节阀全开的流量，则有

$$\frac{Q}{Q_{100}}=f\left(\frac{l}{l_{\max}}\right)\sqrt{\frac{1}{(1-S_v)\left[f\left(\frac{l}{l_{\max}}\right)\right]^2+S_v}} \tag{4-19}$$

将式(4-19)变换后，可得

$$f\left(\frac{l}{l_{\max}}\right)=\sqrt{\frac{S_v}{\left(\frac{Q_{100}}{Q}\right)^2+S_v-1}} \tag{4-20}$$

$Q_{100}=\frac{1}{316}C\sqrt{\frac{\Delta p}{\rho}}$，当流过调节阀的流量 $Q=Q_i$ 时，有

$$f\left(\frac{l}{l_{\max}}\right)=\sqrt{\frac{S_v}{\frac{C^2\Delta p/\rho}{10^5Q_i^2}+S_v-1}} \tag{4-21}$$

式中，Δp 为调节阀全开时的压差（Pa）；C 为所选调节阀的流通能力；ρ 为介质密度（g/cm^3）；Q_i 为被验算开度处阀的流量（m^3/h）。

对于理想直线流量特性的调节阀，当 $R=30$ 时，有

$$f\left(\frac{l}{l_{\max}}\right)=\frac{Q}{Q_{\max}}=\frac{1}{30}\left[1+(30-1)\frac{l}{l_{\max}}\right]=\frac{1}{30}+\frac{29}{30}\frac{l}{l_{\max}} \tag{4-22}$$

对于理想等百分比特性的调节阀，当 $R=30$ 时，有

$$f\left(\frac{l}{l_{\max}}\right)=\frac{Q}{Q_{\max}}=30^{\frac{l}{l_{\max}}-1} \tag{4-23}$$

将式(4-22)、式(4-23)分别代入式(4-21)后可得调节阀的开度验算公式。

直线流量特性调节阀：

$$K=\left[1.03\sqrt{\frac{S_v}{\frac{C^2\Delta p/\rho}{10^5 Q_i^2}+S_v-1}}-0.03\right]\times 100\% \tag{4-24}$$

等百分比流量特性调节阀：

$$K=\left[\frac{1}{1.48}\lg\sqrt{\frac{S_v}{\frac{C^2\Delta p/\rho}{10^5 Q_i^2}+S_v-1}}+1\right]\times 100\% \tag{4-25}$$

式中，K 为流量 Q_i 处的阀门开度。

国产调节阀的理想可调比 $R=30$，但实际上，由于受流量特性变化、最大开度和最小开度的限制，以及选用调节阀口径时的取整放大，使 R 减小，一般只能达到10左右。因此验算可调比时，一般按 $R=10$ 进行。可调比的验算公式为 $R_r=10\sqrt{S_v}$。当 $S_v\geqslant 0.3$ 时，$R_r\geqslant 5.5$，这说明调节阀实际可调的最大流量大于或等于最小可调流量的5.5倍。实际工程中，一般这一比值大于3已能满足要求，因此，当 $S_v\geqslant 0.3$ 时，调节阀的可调比一般可不进行验算。

【例4-2】 有一台直通双座调节阀，表4-3是VN型直通双座调节阀的参数表。根据工艺要求，其最大流量是65m³/h，最小压差是 0.5×10^5Pa；其最小流量是13m³/h，最大压差是 0.975×10^5Pa，阀门为直线流量特性，$S_v=0.5$，被调介质为水，试选择阀门口径。

【分析】 根据流经调节阀的设计流量和两端的压差，计算要求的调节阀流通能力 C，选择调节阀的口径（阀门的流通能力大于且接近要求流通能力），是调节阀口径选择的一般方法。

【解】（1）计算要求的阀门流通能力

$$C=\frac{316Q}{\sqrt{\frac{\Delta p}{\rho}}}=316\times65\times\sqrt{\frac{1}{0.5\times10^5}}=92$$

（2）根据 $C=92$，查直通双座调节阀产品参数表（见表4-3），选择调节阀公称直径为80mm，阀门流通能力为100。

表4-3　VN型直通双座调节阀的参数表

公称通径 D_g/mm	阀座直径 d_0/mm		流通能力 C	最大行程 L/mm	薄膜有效面积 A_e/cm²	流量特性	公称压力 P_g/MPa	允许压差 /MPa	工作温度 t/℃
	下阀座	上阀座							
25 32	24 30	26 32	10 16	16	280	直线等百分比	1.6、4.0、6.4	≥1.7	普通型 −20～200（铸铁） 散热型 −40～450（铸钢） −60～450（铸不锈钢） 长颈型 −60～−50
40 50	38 48	40 50	25 40	25	400				
65 80 100	64 78 98	66 80 100	63 100 160	40	630				
125 150 200	123 148 198	125 150 200	250 400 630	60	1000				
250 300	247 297	250 300	1000 1600	100	1600				

（3）开度验算 最大流量时，阀门的开度

$$K_{max} = \left[1.03 \times \sqrt{\frac{S_v}{\frac{C^2 \Delta p/\rho}{10^5 Q_i^2} + S_v - 1}} - 0.03\right] \times 100\%$$

$$= \left[1.03 \times \sqrt{\frac{0.5}{\frac{100^2 \times 0.5 \times 10^5/1}{10^5 \times 65^2} + 0.5 - 1}} - 0.03\right] \times 100\% = 85.1\%$$

最小流量时，阀门的开度

$$K_{min} = \left[1.03 \times \sqrt{\frac{S_v}{\frac{C^2 \Delta p/\rho}{10^5 Q_i^2} + S_v - 1}} - 0.03\right] \times 100\%$$

$$= \left[1.03 \times \sqrt{\frac{0.5}{\frac{100^2 \times 0.975 \times 10^5/1}{10^5 \times 13^2} + 0.5 - 1}} - 0.03\right] \times 100\% = 6.6\%$$

满足要求。

（4）验算可调比 $R_r = 10\sqrt{S_v} = 10\sqrt{0.5} = 7$，最大流量与最小流量之比为 65/13 = 5，可见，可调比满足要求。

以上是直通调节阀的选择方法。与此相似，三通调节阀选择时也需要经历确定阀门的流量特性、阀权度、计算阀门口径等几个步骤。其中，阀权度是三通调节阀选择的关键。它影响工作流量特性、实际可调范围，影响总流量的波动，具体选择方法可参见有关著作。

4.6 调节阀流量特性的选择

4.6.1 调节系统的特性

调节阀流量特性的选择可以用理论计算的方法求得，但由于这种方法较复杂，有时不可能实现。在设计中大多采用经验准则和根据调节系统的各种条件来选择调节阀的特性。在选择调节阀流量特性时，应掌握调节阀工作状况下的各种条件，从而估计出调节阀工作流量特性即放大系数的变化趋势。通常要从调节系统的调节品质来分析理想的调节系统，希望它的开环总放大系数在整个工作范围（负荷变化范围）内保持不变。下面以室温调节系统为例来说明这个问题。

室温自动调节系统由恒温室、测温元件、调节器、执行及调节机构（包括换热器）等环节组成。图4-29是室温自动调节系统框图。

图中，K_1 为恒温室的放大系数；K_2 为测温元件的放大系数；K_c 为调节器的放大系数；K_3 为执行及调节机构的放大系数，$K_3 = K_3' K_3''$，其中，K_3' 为执行机构的放大系数，K_3'' 为调节阀的放大系数；K_4 为加热器（或冷却器）的放大系数。

这个系统总的放大系数 K 为

$$K = K_1 K_2 K_3 K_4 K_c \tag{4-26}$$

在负荷变动情况下，为使调节系统能保持预定的品质指标，希望 K 在整个操作范围内保持不变。通常，测温元件、恒温室和调节器（已整定好）的放大系数是不变的。因此，只要使 $K_3' K_3'' K_4$ = 常数就可以达到目的。

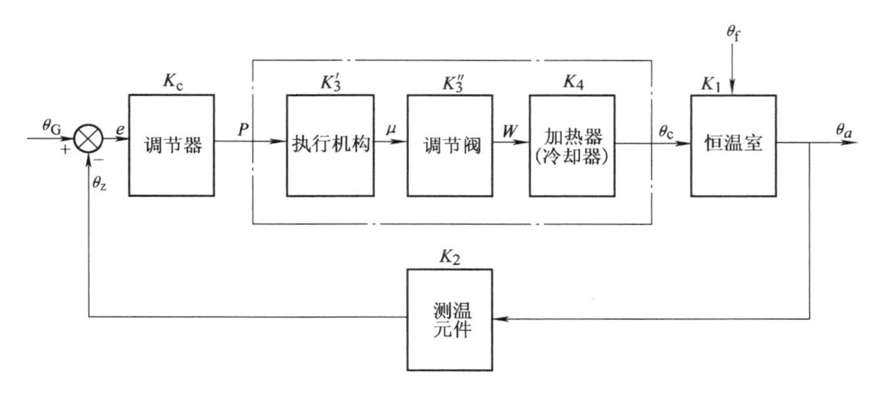

图4-29 室温自动调节系统框图

执行机构的放大系数 K_3' 也是一个常数，因而只要适当地选择调节阀的特性，以调节阀的放大系数 K_3'' 的变化来补偿加热器放大系数 K_4 的变化，就可使系统开环总放大系数保持不变，从而得到较好的调节质量。

由上述分析可知，调节阀流量特性的选择原则应符合

$$K_3''K_4 = 常数$$

例如当加热器的静特性为直线时（如蒸汽加热器），则应采用直线流量特性（工作流量特性）的调节阀。

下面以暖通空调中常用的以蒸汽为加热介质的空气加热器和以水为冷却（加热）介质的水-空气表面式换热器为例加以分析。

蒸汽加热器的静特性如图4-30所示。图中，q 表示相对换热量，即实际换热量与最大换热量的比值；L 表示相对流量，即实际流量与最大流量的比值。由于蒸汽总是具有相同的温度，而冷凝的潜热随着压力的变化，只是在很小的范围内变化，所以加热器的相对加热量与相对流量成正比例，即线性特性。但需要指出，蒸汽加热器在蒸汽自由冷凝时，它的静特性才是线性的，而要使蒸汽在加热器中实现自由冷凝，就要把加热器与真空系统相接，在轻负荷时要能承受很深的负压才行。目前常用的办法是将冷凝水通过疏水器排入回水系统中，不能实现自由冷凝，有一部分蒸汽冷凝后再冷却，使加热器的实际静特性稍偏离直线，但这种偏离是可以忽略的。

图4-31是水-空气表面式换热器（也称热水-空气加热器）的换热量随水流量的变化关系示意图。当换热器的静特性如图4-31所示时，应选择工作流量特性为等百分比特性的调节阀。

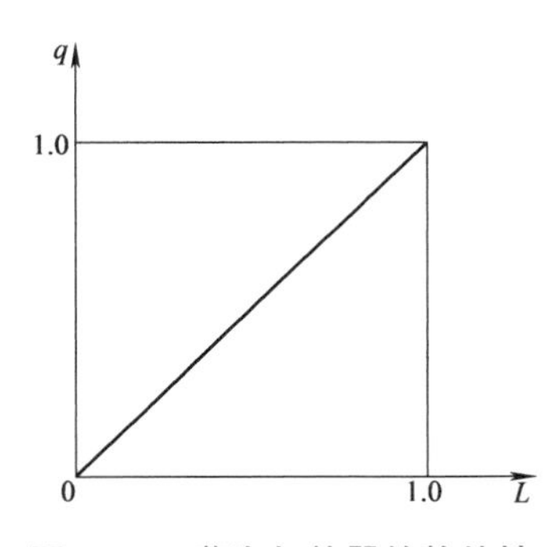

图4-30 蒸汽加热器的静特性

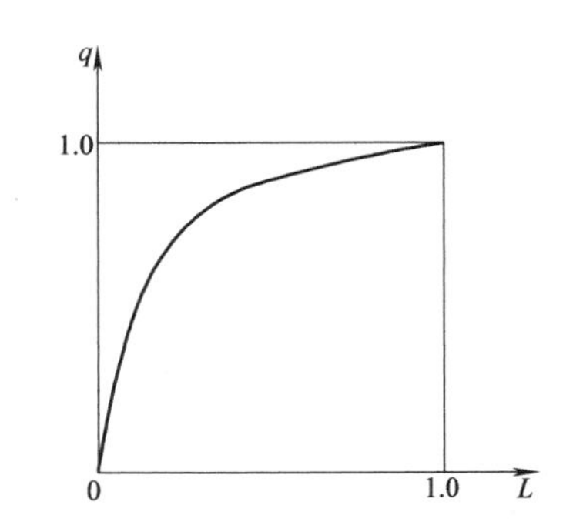

图4-31 热水-空气加热器的静特性

图4-32所示是调节阀流量特性与换热器静特性的综合。图中，曲线 a 为直通调节阀的工作流量特性，其横坐标为阀门的相对开度 l/l_{max}，纵坐标为相对流量 L；曲线 b 为换热器的静特性，其横坐标为相对流量 L，纵坐标为相对换热量 q。曲线 c 是曲线 a 和 b 的综合，其横坐标为阀门的相对开度，纵坐标为换热器的相对换热量，反映了换热器的相对换热量随阀门相对开度的变化关系。为确定曲线 c，由曲线 a 上的点1作平行于横轴的直线交对角线上的点2，点2的 L 横坐标值等于点1的相对流量；通过点2作平行于纵轴的直线交曲线 b 于点3，点3的纵坐标值 q 即为点1对应的阀门相对开度下换热器的相对换热量；过点3作平行于横轴的直线、过点1作平行于纵轴的直线，交点4即为曲线 c 上的点。连接若干这样的点，即得曲线 c。从综合后的曲线 c 可以看出，换热器的相对换热量随阀门相对开度的变化关系近似为线性。

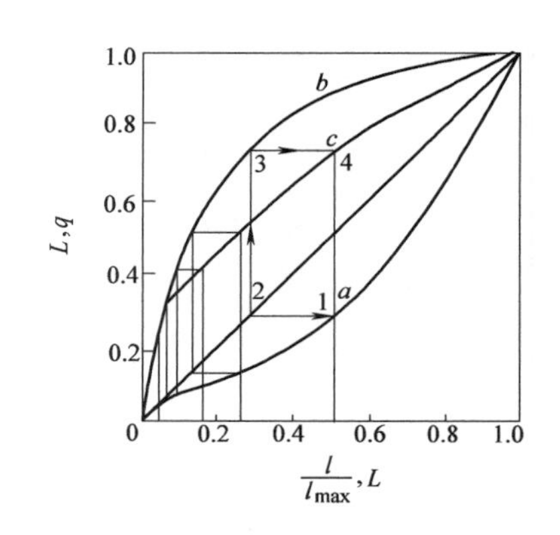

图4-32 调节阀流量特性与换热器静特性的综合

从负荷变化情况来分析当系统负荷大幅度波动时，等百分比特性的放大系数随开度而增大，并且各开度处的流量相对值变化为一定值，因此选用等百分比特性具有较强的适应性。当加热器的放大系数随负荷的增加（流量增大）而变小时（如热水加热器的特性），则应采用等百分比流量特性（工作流量特性）的调节阀。

对于加热（或冷却）能力（调节量）不能事先精确确定的加热器（或冷却器），或调节阀计算数据提得偏于保守（Q 偏大或 Δp 偏小），调节阀经常在小开度工作时，为了不致引起振荡，应选用等百分比特性的调节阀。

对于直通调节阀，常用等百分比流量特性来代替抛物线流量特性，而快开特性主要用于双位调节及程序调节系统中。因此，在考虑调节阀的流量特性选择时通常指如何合理选择直线和等百分比流量特性。

4.6.2 阀权度的确定

在实际工程中，可以根据表4-4来选择直通调节阀的理想流量特性。对于 S_v 值的确定，一方面从经济观点出发，希望调节阀全开时的压降尽可能小一些，这样可以减小管网压力损失，节省运行能耗；另一方面从工作特性分析，必须使调节阀压降在系统压降中占有一定的比例，才能保证调节阀具有较好的调节性能。一般在设计中，$S_v=0.3\sim0.5$ 是较合适的。

对于气体介质，由于系统压降较小，尤其在高压系统中，调节阀占有较大的压降，容易做到 $S_v>0.5$。

表4-4 S_v 值与直通调节阀的理想流量特性选择

S_v	0.6~1		0.3~0.6		<0.3
工作流量特性	直线	等百分比	直线	等百分比	不适宜调节
理想流量特性	直线	等百分比	直线	等百分比	不适宜调节

4.6.3 空调系统中调节阀的选择、安装与调试

在空调系统控制中一般采用线性控制，因为根据盘管的特性，刚开始时，小的流量输入会引起盘管大的输出，而等百分比阀门在刚开启时只能提供小的流量，两者可以相互抵偿，

复合后呈线性，这是在控制上比较容易实现的，如图4-33所示。因此，在需要流经盘管的流量可调控时，采用等百分比阀门。在控制阀只需有选择通、断两种状态时宜选择快开特性的阀门。空调系统常用的调节阀门的特性总结见表4-5。

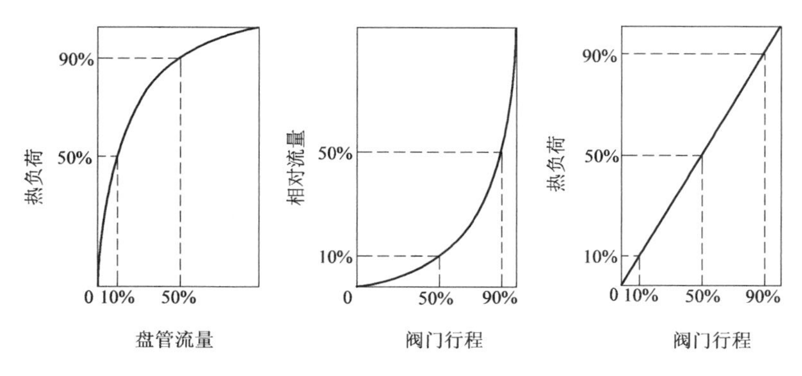

图4-33 盘管特性和阀门流量特性复合图

表4-5 常用调节阀门的特性总结

	截止阀	球阀	蝶阀
流通能力	一般	好	好
流量特性	多种选择	一种（等百分比）	一种（线型）
噪声控制方法	好	受限	没有
汽蚀预防	好	受限	没有
压降	大	一般	小
关断能力	好	好	好
不可调范围	大	一般	小
造价	最高	中等	最低

1. 阀门的执行器的选择

空调系统中常采用电动执行器，选择执行器要考虑如下因素。

动力源、调节器失效后阀门所处的状态、其他调节的附件、运行速度、运行的频率、工作环境、阀门的尺寸、系统组件的花费、系统的维护等。

当阀门的控制器失灵时，阀芯应设计为停留在最安全的位置，通常是全开或全闭或停留在原位置。这个位置的选择应结合实际仔细分析。

分支阀门的压力变化范围可能很大，通常阀门执行器的关断能力为泵扬程1.5倍的压头。大的阀门如大于DN80的阀门，即使阀门两端压差很小，也需要很大的执行器来关断。

2. 调节阀的安装

1）在调节阀的附近管道设置旁通。调节阀需要定期的维护以检查漏点、噪声、振动和调节范围等，因此关断的部位应设旁通以保证系统在检修、调节阀关断时能正常运行，如图4-34所示。

2）阀门前后直管段的要求。阀门前端水流进口处有10~20加倍管道直径的直管段，出口有3~5倍管道直径的直管段。

3）执行器的安装。必须保证阀杆垂直升降，执行器必须在阀杆的正上方。另外，阀门必须与其他设备有足够的空间距离以保证维修。调节阀两端设关断阀，便于维修时取出调节阀。

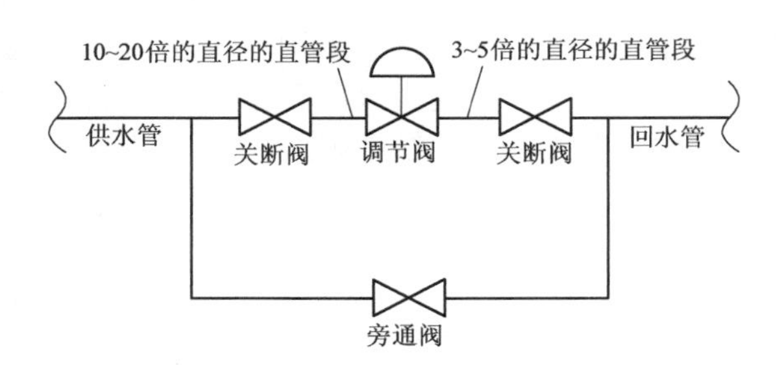

图4-34　调节阀门旁通直管段安装示意图

4）在调节阀的上游加设Y形过滤器，因为管道中含有的杂质可能会破坏阀门的正常运行。

5）调节阀有方向性，按箭头指示方向安装。

6）通常，固定流量的系统阀门安装在盘管的上游，变流量系统阀门应尽量安装在盘管的下游，使盘管始终处于正压状态。若阀门安装在上游，在关断时盘管可能处于负压，空气会通过盘管小的泄漏点进入盘管，影响盘管的运行效率。

7）调节阀应靠近需要控制的设备。

8）支架固定牢靠，设置防止管道伸缩对阀体影响的措施。

3. 系统调试以及调节阀稳定性分析

调节阀的调试除了与普通阀门的检测一样，还要在系统调试中进行检测。当固定流量环路系统调试平衡时，通常是使所有分支的控制阀全开，而调试变流量系统时，过程正好相反。具体步骤如下：

1）让压降可能最大的分支盘管阀门全开，其他盘管阀门均关闭。

2）调整压差控制器直到通过这一分支流量达到设计值。

3）关闭这个盘管分支阀门，使泵全速转动，检测流经此阀门的流量是否为0，在泵的最大压头时，执行器能否严密关闭阀门。

4）同样检查每一个分支确保其压降都不大于首支支路和执行器能将所有阀门关闭严密。

如果另一个分支有更高的压降，重设压差控制器直到流量满足要求。

调节阀在实际应用时是作用于系统上的，仅仅讨论调节阀本身或者简单讨论阀与系统的关系是不够的，应该进行整体分析。一般来说，系统整体上可分为调节系统和被调对象两部分，前者包括测量传感装置、调节器和执行器（执行器又包括调节机构、调节阀和加热器）三部分。以温度为例，各个组成部分之间的信号联系如图4-35所示。被调量信号经过被调量→测量装置→比较器→调节器→调节机构→调节阀→加热器（冷却器）→被调对象→被调量这一循环反复的过程，才完成控制被调对象中的被调量的任务。

从被调对象的角度看，大多数热工对象工作在阶跃信号作用下，响应曲线符合指数衰减规律。在过渡过程中，调节对象的被调量相对其输入信号来说，放大系数K_c不是个常数，往往是由小向大的方向变化。而从调节系统看，除加热器和调节阀外，其他组成部分的控制特性均可简化为一放大系数不变的比例环节。对于热水加热器来说，随着其相对流量的增加，被加热流体进、出温度差减小，相对温升减小。可见其放大系数随着相对流量的递增而减小，不是一个常数。

这样，把调节阀除外，对整个系统来说，系统总放大系数是随着负荷加大而趋小，而在相对小的一段时间（过渡过程时间）内，总放大系数又是随着时间递增的。这对系统的调

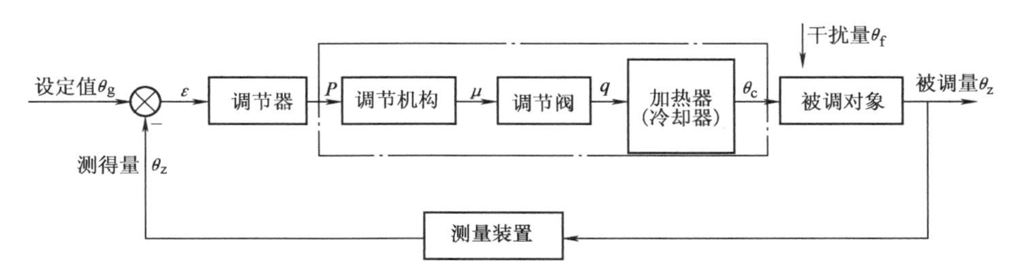

图4-35　调节阀信号流程图

节质量有很大影响。

若控制回路的总放大系数在控制系统的整个范围内保持不变，对于系统的稳定是大有裨益的。在实际生产过程中，由于被调对象和加热器等具有非线性特性，控制回路的放大系数在选择上就应该考虑这一因素。因此，适当选择调节阀特性，以调节阀的放大系数来补偿控制对象的放大系数的变化，可将系统的总放大系数整定不变，从而保证控制质量在整个操作范围内保持一定。若被调对象和加热器的特性为线性特性，调节阀可以采用直线工作特性，即可保证调节系统在操作范围内近似呈直线特性，系统总放大系数也是一个常数了。对于大多数的热工对象和热水设备，它们的放大系数是随着其负荷加大而趋小的，这就可选择放大系数随负荷加大而趋大的对数特性的调节阀，两者正好相互补偿。这样系统总放大系数也为常数，有利于提高系统的稳定性。

调节对象和设备的动态特性的非线性，仅靠不同口径的直线和等百分比特性较难保证系统的总放大系数的稳定。对于较复杂的情况，可考虑抛物线特性调节阀和其他高难度的调节阀，也有必要考虑合适的调节器的特性，来保证总放大系数的稳定。从控制的角度看，稳定性的提高，往往会引起系统快速性的下降，准确性也会下降。可以选择高性能的调节器与调节阀配合起来，缩短过渡过程时间，以提高系统的快速性。同时，尽量使操作范围内的控制灵敏度也保持不变。如果不太大，系统调节不会振荡剧烈动作；灵敏度不太小情况就使系统调节时间缩短。若再加上系统设计方面的准确性，则系统就会达到“灵敏准确、稳定快速”的高级控制水平。

本章小结

本章主要介绍了调节系统环节之一——执行器。执行器主要由执行机构和调节机构组成，包括执行机构、调节阀和调节风门。本章详细介绍了各组成部分的结构、特性和功能。选择调节阀口径需根据调节阀的流量特性和流通能力，本章介绍了其调节阀选择计算的方法。调节加热量可采用调节风门，调节风门的选择也要根据其流量特性。

习　题

4-1　电动执行机构和气动执行机构各有什么特点？

4-2　为什么要在阀前、阀后维持一定压差？压差是否越大越好？

4-3　选择调节阀口径依据的主要参数是什么？如何计算？

4-4　什么是调节阀的工作流量特性？在串联管路中怎样才能使调节阀的工作流量特性接近理想流量特性？

4-5 一般来说，当调节阀全关时仍有泄漏量，这是否可认为是调节阀可调流量的下限值？

4-6 R_r 的物理意义是什么？在设计带有调节阀的管道系统时，应该如何考虑 R_r？为什么？

4-7 将调节阀的流量特性进行分类并简述其特点。选择阀的流量特性应考虑哪些因素？

4-8 在选择三通阀流量特性时，应注意哪几个问题？

4-9 试分析阀门流通能力的物理意义。阀门的流通能力与其两端的压差有关吗？

4-10 热水流量 $q_V = 5.85\text{m}^3/\text{h}$，$\rho = 1\text{g/cm}^3$，供水压力 $p_1 = 2\times10^5\text{Pa}$，回水压力 $p_2 = 1.5\times10^5\text{Pa}$，求流通能力 C 值。

4-11 阀前饱和蒸汽绝对压力 $p_1 = 4\times10^5\text{Pa}$，回水绝对压力 $p_2 = 1\times10^5\text{Pa}$，所需最大加热量 $Q_{\max} = 174160\text{W}$。采用比例调节，试选择调节阀流通能力 C 值。

第5章 控制系统的数学模型

5

5.1 引言

在控制系统的分析和设计中，首先要建立系统的数学模型，并且分析系统的动态特性。控制系统的种类很多，有物理的和非物理的，本书只讨论物理系统的数学模型。

控制系统的数学模型是描述系统内部各个变量之间关系的数学表达式。在静态条件下（即变量的各阶导数为零），描述各个变量之间的数学表达式称为静态数学模型；在动态过程中，各个变量及变量各阶导数之间的关系可用微分方程描述，称为动态数学模型。由于微分方程中各个变量的导数表示了它们随时间变化的特性，如一阶导数表示速度、二阶导数表示加速度等，因此，微分方程完全可以描绘系统的动态特性。本章主要研究控制系统的动态数学模型，简称数学模型。

控制元件或控制系统的数学模型可以用分析法和实验法。所谓分析法，是指从控制元件或系统所遵循的物理的或化学的规律出发，建立数学模型，并通过实验来检验。例如，建立电气系统的数学模型是基于基尔霍夫（Kirchhoff）定律，建立机械系统的数学模型是基于牛顿运动定律。所谓实验法是指对实际控制系统或元件施加一定形式的输入信号，通过求取系统或元件的输出响应，来建立数学模型。实际上只有部分系统的数学模型可通过分析法获得，而有相当多数量的系统的数学模型是通过实验法建立的。

在自动控制系统的分析设计中建立合理的系统数学模型是一项极为重要的工作，它直接关系到控制系统是否能实现给定的任务。许多情况表明，由于所建立的被控对象的数学模型不合理，控制系统也就失去了它应有的作用。一般来说，可以通过增加数学模型的复杂程度，来提高系统数学模型的精确度。实际在建立系统数学模型时，需要在模型的简化性和分析结果的精确性之间折中考虑。在不需要非常精确的数学模型的情况下，只需建立一个合理的数学模型，合理的数学模型是指它能够以最简化的形式正确地代表被控对象或系统的动态性能。

简化的数学模型通常是一个线性微分方程式。数学模型为线性微分方程式的控制系统称为线性系统。当线性微分方程式的系数是常数时，相应的控制系统称为线性定常系统（或称线性时不变系统）；当线性微分方程式的系数是时间的函数时，相应的控制系统称为线性时变系统。凡是能用微分方程式描述的系统，都是连续时间系统。如果系统中包含有计算机或数字元件，则要用差分方程描述系统，这种系统称为离散时间系统。

如果控制系统中含有分布参数，则描述系统的数学模型应是偏微分方程；如果系统中存在非线性特性，则需用非线性微分方程式来描述，这种系统称为非线性系统。

5.2 典型环节的传递函数

一个物理系统是由许多元件组合而成的。虽然这些元件的具体结构和作用原理是多种多样的，但若不考虑其具体结构和物理特点，研究其运动规律和数学模型的共性，可将其划分成如下的典型环节：比例环节、积分环节、微分环节、惯性环节和振荡环节。由于典型环节是按照数学模型的共性特征划分的，它和具体元件不一定是一一对应的。也就是说，典型环节只代表一种特定的运动规律，不一定是一种具体的元件。由于比例环节、积分环节、微分环节在第3章中已经介绍，所以本节重点介绍惯性环节和振荡环节。

5.2.1 惯性环节

惯性环节的输出量和输入量之间的关系可用以下的微分方程描述：

$$T\frac{\mathrm{d}y(t)}{\mathrm{d}t}+y(t)=Kx(t) \tag{5-1}$$

惯性环节的传递函数为

$$G(s)=\frac{Y(s)}{X(s)}=\frac{K}{Ts+1} \tag{5-2}$$

式中，T 为时间常数；K 为增益。

属于这一类环节的例子有图5-1所示的 RC 网络和图5-2所示的 RL 网络。惯性环节的特点是属于该环节的物理系统含有一种储能元件，如 RC 网络中的电容 C 储存电场能量、RL 网络中的电感 L 储存磁场能量。由于系统中储能元件，能量的储存与释放需要一个过程，所以当输入信号突变时，输出量不能突变。惯性环节的单位阶跃响应如图5-3所示。

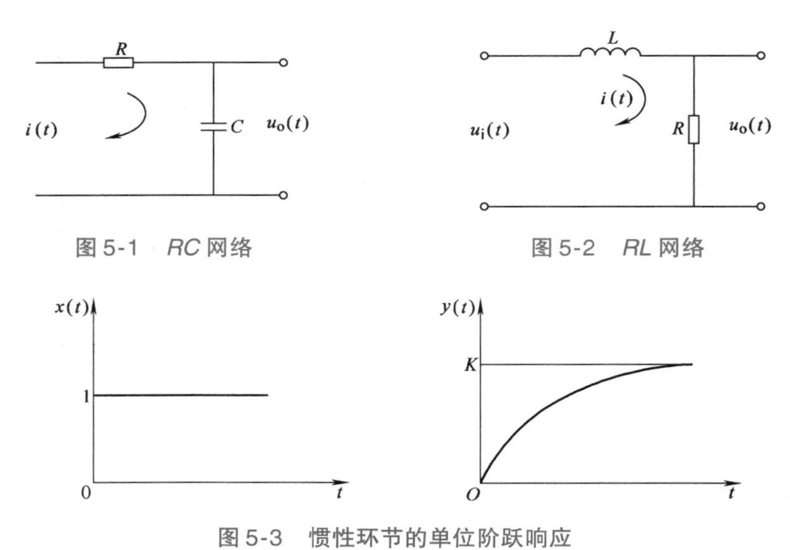

图5-1 *RC* 网络

图5-2 *RL* 网络

图5-3 惯性环节的单位阶跃响应

5.2.2 二阶振荡环节

二阶振荡环节的微分方程为

$$T^2\frac{\mathrm{d}^2y(t)}{\mathrm{d}t^2}+2\zeta T\frac{\mathrm{d}y(t)}{\mathrm{d}t}+y(t)=Kx(t) \tag{5-3}$$

其传递函数为

$$G(s)=\frac{Y(s)}{X(s)}=\frac{K}{T^2s^2+2\zeta Ts+1} \tag{5-4}$$

式中，T 为时间常数；ζ 为阻尼比；K 为增益。

二阶振荡环节的例子有图 5-4a 所示的 RLC 网络。在 RLC 网络中，一种储能元件是电容 C，它能储存电场能量；另一种储能元件是电感 L，它能储存磁场能量。因此，当输入量突变时，在一定条件下，系统中的两种能量互相转换而产生振荡。在振荡过程中，能量逐渐消耗在耗能元件上，最后振荡结束，系统达到新的平衡状态。二阶振荡环节的单位阶跃响应曲线如图 5-4b 所示。

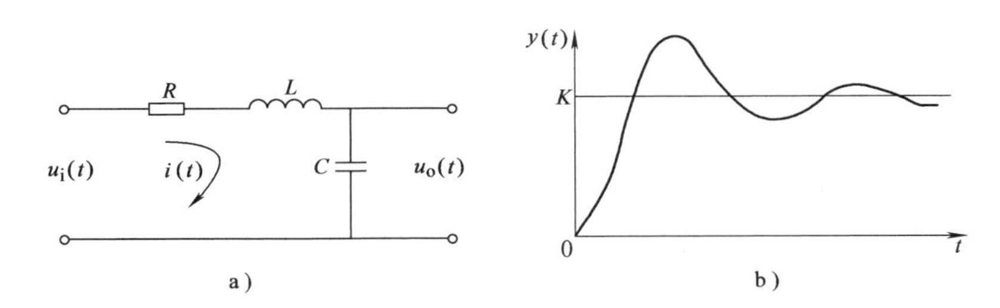

图 5-4 二阶振荡环节
a）RLC 网络 b）二阶振荡环节的单位阶跃响应曲线

5.3 系统框图及其转换

由 5.2 节可知，求取典型环节的传递函数比较容易，而实际中，要获得一个比较复杂的系统的传递函数就比较困难了。为了便于工程上进行分析和设计，常采用图表法来描述系统，在经典控制理论中，常用框图求取系统的传递函数。

5.3.1 框图

1. 框图的组成

控制系统的框图是一种描述系统各组成元部件之间信号传递关系的数学图形。它表示了系统输入量与输出量之间的因果关系及系统中各变量之间所进行的运算，是控制工程中描述复杂系统的一种简便方法。

控制系统的框图，是由许多对信号进行单向运算的方框和一些连线组成，它包含四种基本单元，这些在本书的第一章的 1.1 节已经介绍过，本节再进一步对其定义进行详细解释。

1）信号线：在系统框图中，用带有箭头的直线表示信号线，箭头表示信号的传递方向，线上标记信号的时间函数或象函数，如图 5-5a 所示。

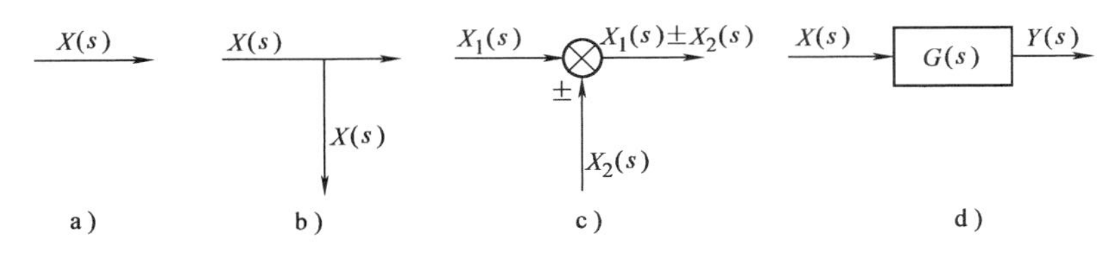

图 5-5 框图的基本组成单元

2）引出点（测量点）：表示信号引出或测量的位置，从同一位置引出的信号，在数值和性质方面完全相同，如图5-5b所示。

3）比较点：对两个以上的信号进行加减运算，“+”号表示相加，“-”号表示相减，如图5-5c所示，“+”号通常可省略。

4）方框：表示对信号进行的数学变换。方框内写入元、部件或系统的传递函数，箭头指向方框的信号线代表输入信号，箭头离开方框的信号线代表方框的输出信号，如图5-5d所示。方框的输出量就等于方框的输入量与传递函数的乘积，即 $Y(s)=G(s)X(s)$。因此，方框可作为单向运算的算子。

任何复杂的控制系统，都是由元部件组成的，而元部件的传递函数可以独立确定。如果推导元部件的传递函数时已经考虑了负载效应，则用传递函数描述的元部件可以用一个单向性的方框表示。整个控制系统的框图，就可以按照系统中信号传递的顺序，用信号线依次将各个方框连接而成。框图中的方框与实际系统元部件并非一定是一一对应的。

通过系统框图，可以很方便地确定系统的传递函数。因为任何复杂的系统框图，通过等效变换后，总能简化为一个等效的框图。

2. 框图的简化

控制系统的框图可用来方便地确定系统的传递函数。如果系统框图已经画好，则系统中各变量间的数学关系便一目了然。但是，一个复杂系统的框图，其方框的连接必然是错综复杂的，为得到系统输入量与输出量之间的传递函数，应首先对系统框图进行简化。这时，可以应用方框这个算子，对系统框图进行运算和变换。实际上，因为框图是根据系统元部件的运动方程式绘制的，方程式中变量的变换必然引起框图的相应变换。因此，由系统的元部件方程组消去中间变量而得到传递函数的过程，便对应于系统框图的简化过程。

在系统框图中，方框间的连接形式主要有串联、并联和反馈连接三种方式。

（1）串联方框的等效　两个方框内对应的传递函数分别 $G_1(s)$ 和 $G_2(s)$，若前一个方框 $G_1(s)$ 的输出量为后一个方框 $G_2(s)$ 的输入量，则称 $G_1(s)G_2(s)$ 为串联，如图5-6a所示。注意，$G_1(s)$ 和 $G_2(s)$ 之间必须不存在负载效应。

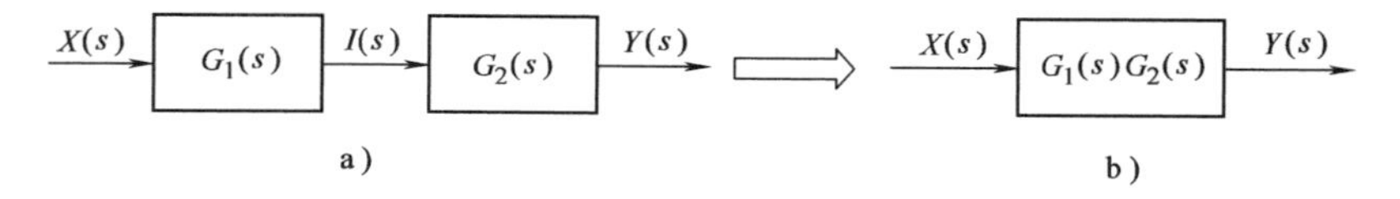

图5-6　串联方框的等效

由图5-6a可得

$$\begin{cases} I(s)=G_1(s)X(s) \\ Y(s)=G_2(s)I(s) \end{cases} \tag{5-5}$$

由式(5-5) 消去 $I(s)$，得

$$Y(s)=G_1(s)G_2(s)X(s)=G(s)X(s)$$

式中

$$G(s)=G_1(s)G_2(s) \tag{5-6}$$

并以图5-6b的方框表示。式(5-6) 表明，两个方框串联的等效方框，等于各个方框的乘积，或者说串联的方框的等效传递函数，等于各个方框的传递函数的乘积。其一般表达式为

$$G(s)=\prod_{i=1}^{n}G_i(s) \quad i=1,2,\cdots,n \tag{5-7}$$

注意：只有当前一个方框的输出量不受其后的方框的影响时，即无负载效应时，式(5-7) 才成立。例如，图 5-7 所示的电气网络是由两个 RC 网络串联后构成的，但是图 5-7 中的电气网络的传递函数却不等于两个串联网络的传递函数的乘积，就是因为存在负载效应。对图 5-7 所示电路，$u(t)$ 为电容 C_1 两端的电压，应用复阻抗概念，根据基尔霍夫定律，有

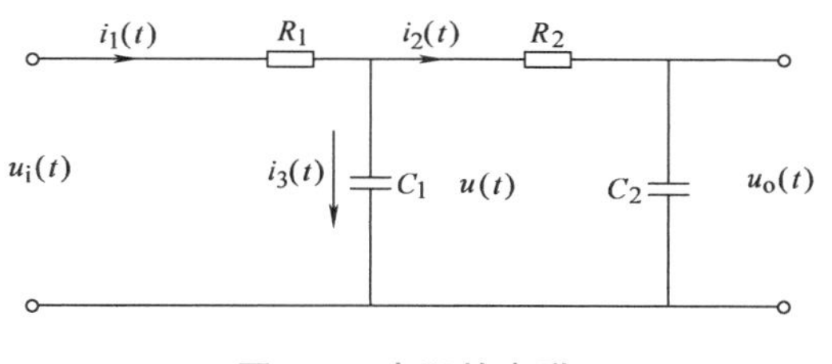

图 5-7 电阻的串联

$$[U_i(s)-U(s)]\frac{1}{R_1}=I_1(s)$$

$$I_1(s)-I_2(s)=I_3(s)$$

$$\frac{1}{C_1 s}I_3(s)=U(s)$$

$$[U(s)-U_o(s)]\frac{1}{R_2}=I_2(s)$$

$$\frac{1}{C_2 s}I_2(s)=U_o(s)$$

消去增量，得到该网络的传递函数为

$$\frac{U_o(s)}{U_i(s)}=\frac{\dfrac{1}{R_1C_1s+1}\cdot\dfrac{1}{R_2C_2s+1}}{1+\dfrac{1}{R_1C_1s+1}\cdot\dfrac{1}{R_2C_2s+1}R_1C_2s}$$

$$=\frac{1}{(R_1C_1s+1)(R_2C_2s+1)+R_1C_2s}$$

为了消除负载效应，可以在两个串联电气网络之间增加一个放大器，如图 5-8所示。

在这种情况下，由于放大器的输入阻抗很大，输出阻抗很小，所以可以忽略负载效应的影响，此时，串联电气网络的传递函数，等于每个网络传递函数的乘积，即

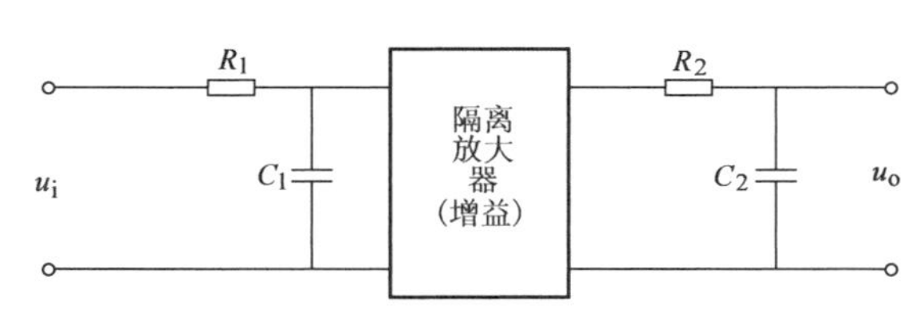

图 5-8 消除负载效应的办法

$$\frac{U_o(s)}{U_i(s)}=\left(\frac{1}{R_1C_1s+1}\right)\cdot K\cdot\left(\frac{1}{R_2C_2s+1}\right)$$

$$=\frac{K}{(R_1C_1s+1)(R_2C_2s+1)}$$

(2) 并联方框的等效 两个方框内对应的传递函数分别为 $G_1(s)$ 和 $G_2(s)$，如果它们有相同的输入量，而输出量等于两个方框输出量的代数和，则 $G_1(s)$ 和 $G_2(s)$ 称为并联，如图 5-9a 所示。

由图 5-9a，有 $Y_1(s)=G_1(s)$，$Y_2(s)=G_2(s)$，$Y(s)=Y_1(s)\pm Y_2(s)$。

对上述三式进行整理，得到

$$Y(s)=[G_1(s)\pm G_2(s)]X(s)=G(s)X(s) \tag{5-8}$$

式中，

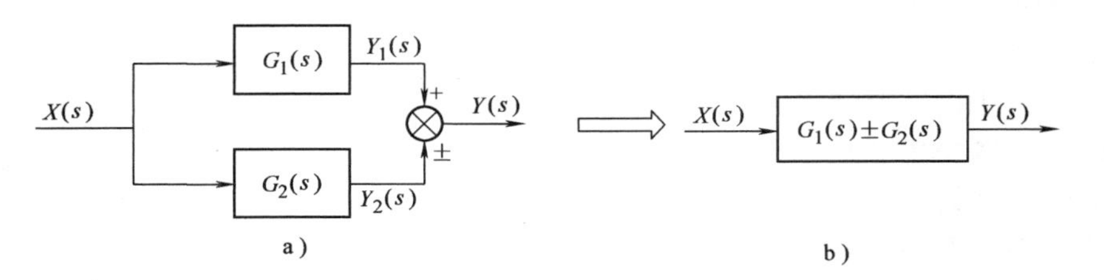

图 5-9 并联方框的等效

$$G(s)=G_1(s)\pm G_2(s) \tag{5-9}$$

可用图 5-9b 所示方框表示。式(5-9) 表明，两个并联方框的等效方框，等于各个方框的代数和，或并联连接的等效传递函数，等于各传递函数的代数和，其一般表达式为

$$G(s)=\sum_{i=1}^{n}G_i(s) \quad i=1,2,\cdots,n \tag{5-10}$$

(3) 反馈连接方框的等效 如果系统或环节的输出量反馈到输入端，与输入量进行比较，就构成了反馈连接，其连接方式如图 5-10a 所示。图中，"+"号表示反馈量与输入量的极性相同，称为正反馈连接；"-"号则表示反馈与输入量的极性相反，称为负反馈连接。$G(s)$ 为前向通道（从输入到输出所经过的路径）的传递函数；$H(s)$ 为反馈通道（把输出量反馈到输入端所经过的路径）的传递函数；若 $H(s)=1$，则称为单位反馈系统。

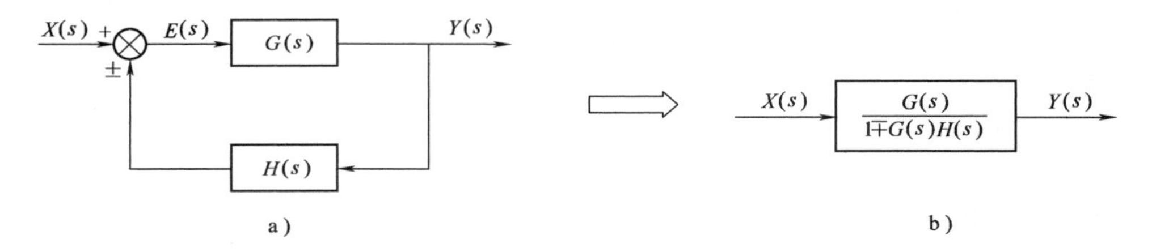

图 5-10 反馈连接方框的等效

由图 5-10a，有

$$E(s)=X(s)\pm Y(s)H(s) \tag{5-11}$$

$$Y(s)=E(s)G(s) \tag{5-12}$$

将式(5-11) 代入式(5-12)，有

$$Y(s)=[X(s)\pm Y(s)H(s)]G(s)=X(s)G(s)\pm Y(s)H(s)G(s)$$

整理得

$$Y(s)[1\mp G(s)H(s)]=X(s)G(s)$$

$$Y(s)=\frac{G(s)}{1\mp G(s)H(s)}X(s)=\Phi(s)X(s)$$

式中，

$$\Phi(s)=\frac{G(s)}{1\mp G(s)H(s)} \tag{5-13}$$

称为闭环传递函数，并用图 5-10b 的方框表示。式中，分母的"-"号对应正反馈；"+"号对应负反馈。式(5-13) 中，$G(s)H(s)$ 的通常称为开环传递函数，在以后章节学习中会经常用到。

(4) 比较点和引出点的移动 在系统框图的简化过程中，有时为了方便于方框的运算，需要移动比较点或引出点的位置，此时，必须注意的是在移动前后应保持信号的等效性，而且比较点和引出点之间，一般不宜交换其位置，比较号“－”也不能越过比较点或引出点。

几种基本的框图等效变换法则见表 5-1。

表 5-1 框图等效变换法则

原框图	等效框图	备注
X $G_1(s)$ $G_2(s)$ Y	X $G_1(s)G_2(s)$ Y	串联等效 $Y(s)=X(s)G_1(s)G_2(s)$
X $G_1(s)$ Y $\pm$ $G_2(s)$	X $G_1(s)\pm G_2(s)$ Y	并联等效 $Y(s)=X(s)[G_1(s)\pm G_2(s)]$
X $G_1(s)$ Y $\pm$ $G_2(s)$	X $\dfrac{G_1(s)}{1\mp G_1(s)G_2(s)}$ Y	反馈等效 $Y(s)=\dfrac{G_1(s)X(s)}{1\mp G_1(s)G_2(s)}$
X $G_1(s)$ Y $-$ $G_2(s)$	X $\dfrac{1}{G_2(s)}$ $-$ $G_2(s)$ $G_1(s)$ Y	等效单位反馈 $\dfrac{Y(s)}{X(s)}=\dfrac{G_1(s)}{1+G_1(s)G_2(s)}=\dfrac{1}{G_2(s)}\dfrac{G_1(s)G_2(s)}{1+G_1(s)G_2(s)}$
$G(s)$ Y $\pm$ Q	X $G(s)$ Y $\pm$ $\dfrac{1}{G(s)}$ Q	比较点前移 $Y(s)=X(s)G(s)\pm Q(s)=\left[X(s)\pm\dfrac{Q(s)}{G(s)}\right]G(s)$
X $G(s)$ Y $\pm$ Q	X $G(s)$ Y Q $G(s)$ $\pm$	比较点后移 $Y(s)=[X(s)\pm Q(s)]G(s)$ $=X(s)G(s)\pm Q(s)G(s)$
X $G(s)$ Y Y	X $G(s)$ Y $G(s)$ Y	引出点前移 $Y(s)=X(s)G(s)$
X $G(s)$ Y X	X $G(s)$ Y $\dfrac{1}{G(s)}$ X	引出点后移 $Y(s)=X(s)G(s)$ $X(s)=X(s)G(s)\dfrac{1}{G(s)}$
X_1 E_1 $\pm$ X_3 Y $\pm$ X_2	X_3 X_1 $\pm$ Y $\pm$ X_2 = X_3 X_1 $\pm$ Y $\pm$ X_2	交换或合并比较点 $Y(s)=E_1(s)\pm X_3(s)$ $=X_1(s)\pm X_2(s)\pm X_3(s)$ $=X_1(s)\pm X_3(s)\pm X_2(s)$
X_1 Y Y $-$ X_2	X_3 $-$ Y X_1 Y $-$ X_2	交换比较点和引出点 $Y(s)=X_1(s)-X_2(s)$
X E $G(s)$ Y $-$ $H(s)$	X E $G(s)$ Y $+$ $H(s)$ -1	负号在支路上移动 $E(s)=X(s)-H(s)Y(s)$ $=X(s)+H(s)(-1)Y(s)$

【例5-1】 试简化图5-11所示的系统框图，并求系统的传递函数 $Y(s)/X(s)$。

【解】 在图5-11中，首先包含 $H_1(s)$ 的通路上的分支点移动到包含 $H_2(s)$ 的环路外面，如图5-12a所示；然后，简化由 $G_1(s)$ 和 $H_2(s)$ 组成的反馈回路，以及由 $\frac{H_1(s)}{G_1(s)}$ 和1组成的并联环路，得到图5-12b；继续简化图5-12b的前向通路得到图5-12c；将图5-12c的反馈回路化简得到图5-12d；最终得到系统的传递函数为

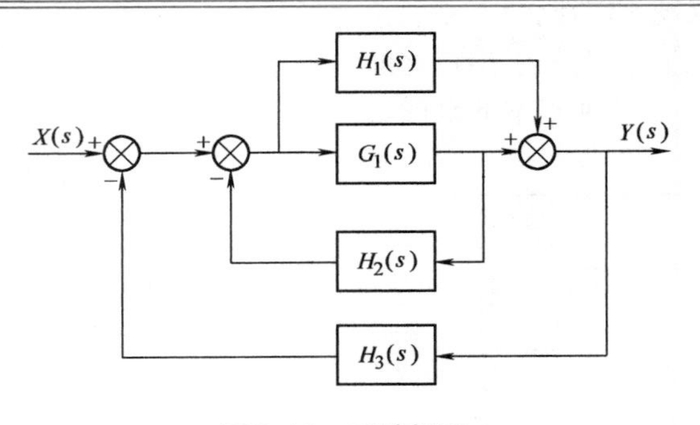

图5-11 系统框图

$$\frac{Y(s)}{X(s)}=\frac{G_1(s)+H_1(s)}{1+G_1(s)H_2(s)+G_1(s)H_3(s)+H_1(s)H_3(s)}$$

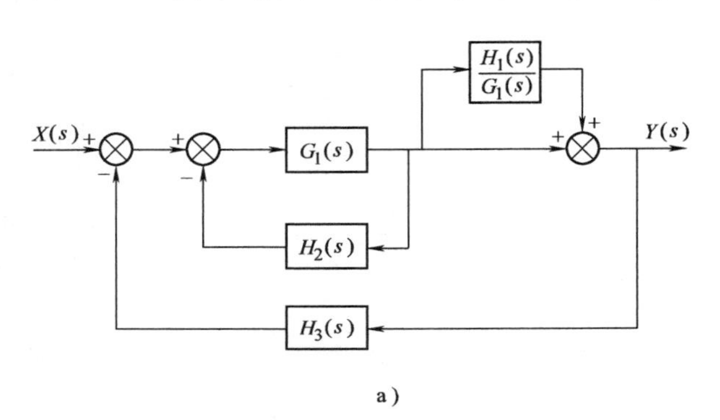

a)

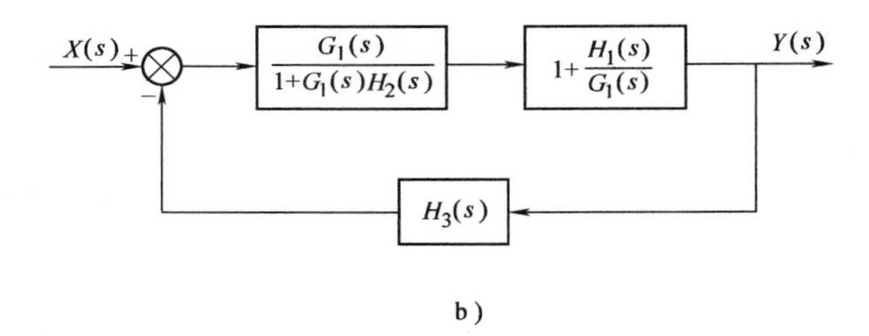

b)

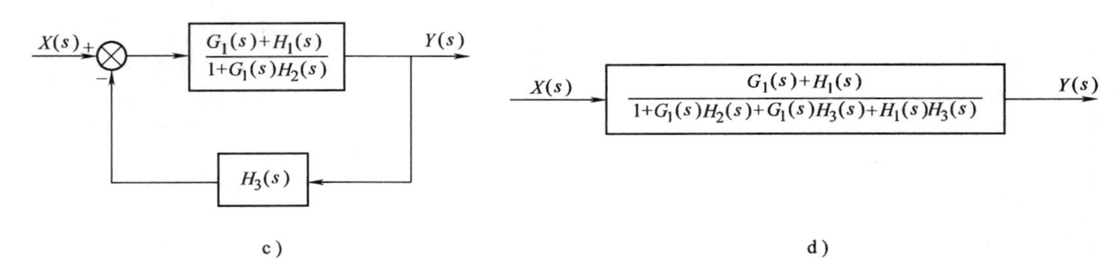

c) d)

图5-12 系统框图的简化

【例5-2】 试简化图5-13a所示的系统框图，并求系统的传递函数 $Y(s)/X(s)$。

【解】 首先将包含 $H_2(s)$ 的负反馈回路的比较点移到包含 $H_1(s)$ 的负反馈回路外面，得到图5-13b；化简图5-13b中包含 $G_1(s)G_2(s)$ 和 $H_1(s)$ 的负反馈回路，得到图5-13c；

然后再化简包含$\frac{H_2(s)}{G_1(s)}$的回路，得到图5-13d；最后消去图5-13d中的负反馈回路，得到图5-13e；所以，得到系统的传递函数为

$$\frac{Y(s)}{X(s)}=\frac{G_1(s)G_2(s)G_3(s)}{1+G_1(s)G_2(s)H_1(s)+G_2(s)G_3(s)H_2(s)+G_1(s)G_2(s)G_3(s)H_3(s)}$$

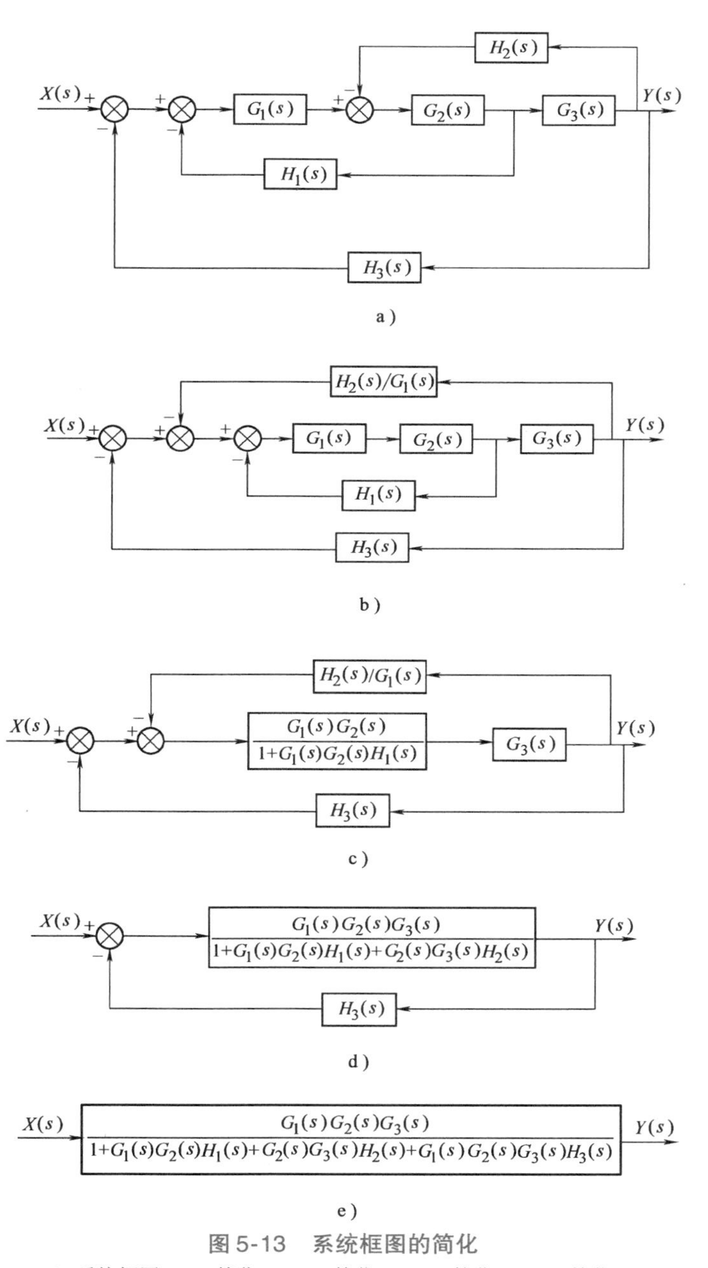

图5-13　系统框图的简化

a）系统框图　b）简化一　c）简化二　d）简化三　e）简化四

【例5-3】　试简化图5-14所示的系统框图，并求传递函数$C(s)/R(s)$以及$C(s)/N(s)$。

【解】　当只考虑$R(s)$作用，系统框图简化如图5-15所示。

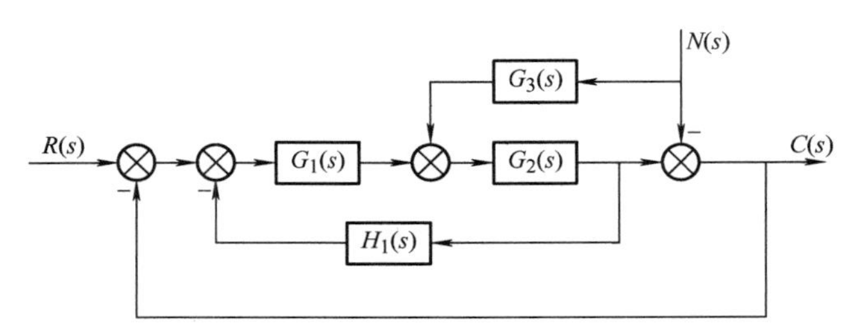

图5-14 系统框图

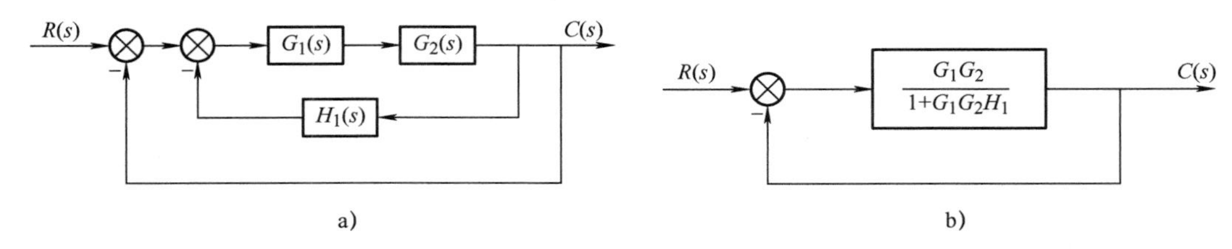

图5-15 只考虑 $R(s)$ 作用情况的系统框图

经过反馈连接等效，可以得到图5-15b，则系统传递函数为

$$\frac{C(s)}{R(s)}=\frac{G_1(s)G_2(s)}{1+G_1(s)G_2(s)+G_1(s)G_2(s)H_1(s)}$$

当只考虑 $N(s)$ 作用，系统框图简化如图5-16所示。

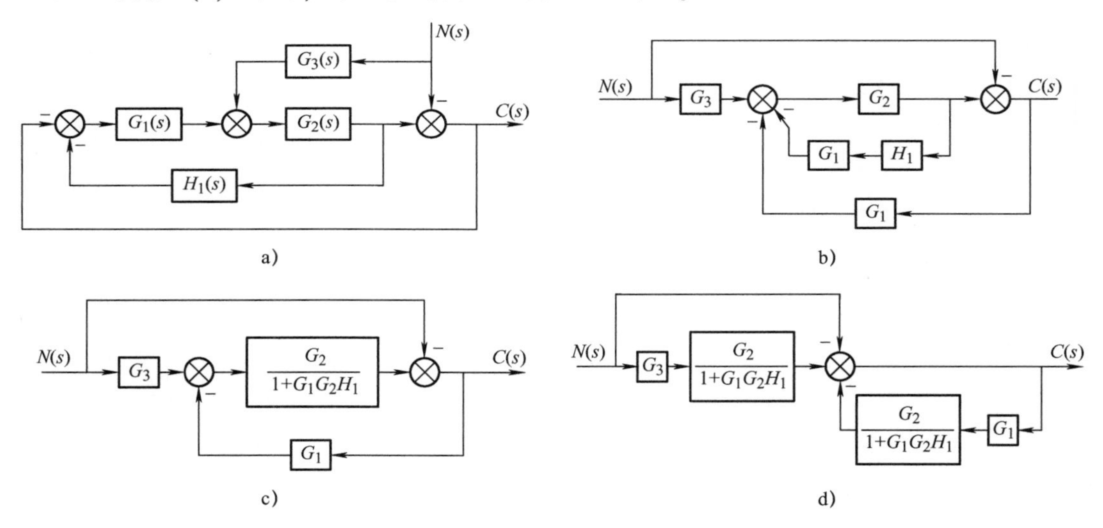

图5-16 只考虑 $N(s)$ 作用情况的系统框图

经过反馈连接等效以及经过比较点移动，经过图5-16b、c，最终可以得到图5-16d，则系统传递函数为

$$\frac{C(s)}{N(s)}=\left[\frac{G_2(s)G_3(s)}{1+G_1(s)G_2(s)H_1(s)}-1\right]\cdot\left[\frac{1}{1+\dfrac{G_1(s)G_2(s)}{1+G_1(s)G_2(s)H_1(s)}}\right]$$

$$=-\frac{1-G_2(s)G_3(s)+G_1(s)G_2(s)H_1(s)}{1+G_1(s)G_2(s)+G_1(s)G_2(s)H_1(s)}$$

5.3.2　信号流图

信号流图和框图一样，都是控制系统中信号传递关系的图解描述，然而信号流图符号简单，便于绘制和运用。特别是在系统的计算机仿真研究以及状态空间法分析设计中，信号流图可以直接给出计算机仿真程序和系统的状态方程描述，更显示出它的优越性。但是，信号流图只适用于线性系统，而框图也可用于非线性系统。

1. 信号流图及其组成

信号流图是由节点和支路组成的信号传递网络。节点表示系统的变量（信号），在图中用小圆圈表示；支路是连接两个节点的定向线段，它有一定的增益，称为支路增益，在图中应标记在相应的线段旁。信号只能在支路上沿箭头方向传递，经支路传递的信号应乘以支路增益。

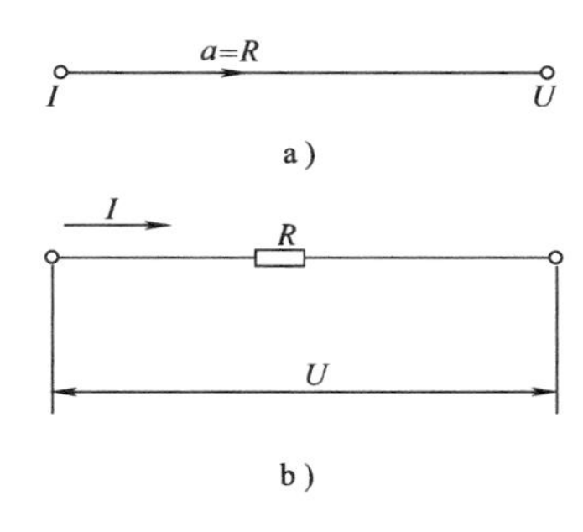

图5-17　简单信号流图及其含义

图5-17a所示为有两个节点和一条支路的信号流图。两个节点分别表示电流I和电压U，支路增益为R。该图表明，电流I沿支路传递得到电压U，且$U=IR$，这是人们熟知的欧姆定律，它表示通过电阻R的电流与电压间的关系，如图5-17b所示。因此，信号流图的支路增益，实际上表示了它所连接的两个节点变量之间的因果关系，这个关系就是描述系统相应变量的数学方程。

图5-18所示为有四个节点和六条支路的典型信号流图。四个节点分别以X_1、X_2、X_3、X_4四个变量标志，每条支路增益分别标注a、b、c、d、e和f。由图5-18可得到描述四个变量的一组线性代数方程式为

$$X_1=X_1$$
$$X_2=aX_1+dX_4$$
$$X_3=bX_1+cX_2$$
$$X_4=eX_3+fX_4$$

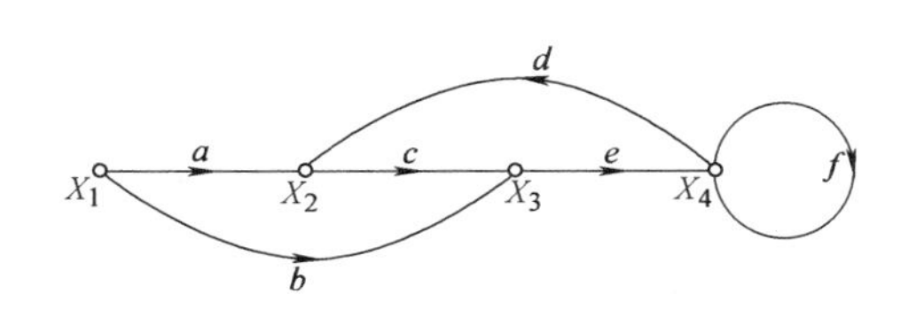

图5-18　一个典型的信号流图

上述每个方程式左端的变量取决于右端有关变量的线性组合，这就表示了变量之间的因果关系。通常，方程式右端的变量作为原因，左端的变量作为右端变量产生的效果，这样，信号流图便把每个变量与其他变量之间的因果关系贯通起来。因此，信号流图实质上是一组线性联立代数方程式的图形表示。

2. 信号流图中的常用术语

为全面描述信号流图的特征，常常采用以下名词术语：

1）源节点（或输入节点）：在节点上，只有输出信号的支路（简称输出支路），而没有输入信号的支路（简称输入支路）的节点，称为源节点。它一般表示系统的输入变量，所以也叫输入节点。图5-18中的节点X_1就是源节点。

2）阱节点（或输出节点）：在节点上，只有输入支路而没有输出支路的节点，称为阱节点。它一般表示系统的输出变量，所以也叫输出节点。图5-17中的节点U就是阱节点。

3）混合节点：在节点上，既有输入支路又有输出支路的节点，称为混合节点，图5-18中的节点X_2、X_3、X_4都是混合节点。

4）前向通路：信号从输入节点到输出节点传递时，每个节点只通过一次的通路，称为前向通路。前向通路上各支路增益的乘积，称为前向通路增益，通常用 P_k 表示。图5-18中，从输入节点到输出节点，共有两条前向通路，一条是 $X_1 \to X_2 \to X_3 \to X_4$，其前向通路总增益 $P_1 = ace$；另一条是 $X_1 \to X_3 \to X_4$，其前向通路总增益 $P_{21} = be$。

5）回路：起点和终点在同一个节点，而且信号通过任一节点不多于一次的闭合回路称为单独回路，简称回路。回路中，所有支路增益之乘积称为回路增益，用 L_a 表示。在图5-18中，共有两条回路，一条是起点和终点在节点 X_2 的回路，即 $X_2 \to X_3 \to X_4 \to X_2$，其回路增益为 $L_a = cde$；另一条是起点和终点在节点 X_4 的自回路，其回路增益为 $L_a = f$。

6）不接触回路：回路之间没有公共节点时，这种回路叫作不接触回路。在信号流图中，可以有两条不接触的回路，也可以有三条不接触的回路。在图5-18中，没有不接触回路。

3. 信号流图的基本性质

信号流图有以下基本性质：

1）节点表示系统的变量，一般节点自左向右顺序设置，并集中表示系统中各变量的原因和结果的关系。某个节点变量表示所有流向该节点的信号之和；而从同一节点流向各支路的信号，均用该节点变量表示。在图5-18中，节点 X_2 标志的变量是沿支路 a 和 d 注入的信号之和，即 $X_2 = aX_1 + dX_4$；而从节点 X_1 沿支路流出的信号均是 X_1。

2）信号在支路上沿箭头单向传递，后一节点变量依赖于前一节点变量，而没有相反的关系。

3）支路相当于乘法器，信号流经支路时，被乘以支路增益而变成另一信号。例如，在图5-18中，变量 X_1 流经支路 a 被变换成 aX_1；流经支路 b 则被变换成 bX_1；支路增益为1时可不标出。

4）在混合节点上，增加一条具有单位增益的支路，可从信号流图中分离系统的输出变量，变混合节点为阱节点。分离出的节点变量与分离前的节点变量相同。若在图5-18所示的混合节点 X_4 上增加一条单位增益的支路，就可分离出阱节点 X_4，如图5-19所示。

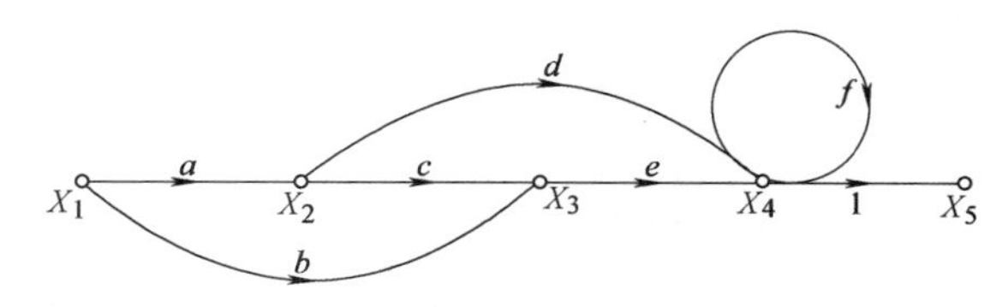

图5-19 变混合节点 X_4 为阱节点 X_4

4. 信号流图的绘制和简化

（1）信号流图的绘制 信号流图可以根据系统的微分方程绘制，也可以从系统的框图绘制，下面举例说明根据系统的框图绘制信号流图的方法。

【例5-4】 绘制框图如图5-20a所示系统的信号流图。

【解】 首先，把系统框图从输入到输出的前向通路上的每个信号线作为一个节点，且按顺序依次画出；然后，用支路按节点关系连接起来，在每条支路上标出节点间的增益，这里应注意的是，在系统框图中比较环节处的正负号在信号流图中反映在支路增益的符号上，图5-20a所示系统框图对应的信号流图如图5-20b所示。

（2）信号流图的简化 信号流图简化法则与框图等效变换法则一样，以下仅给出结果：

1）串联支路的总增益等于各支路增益之乘积，如图5-21a所示。

2）并联支路总增益等于各支路增益之和，如图5-21b所示。

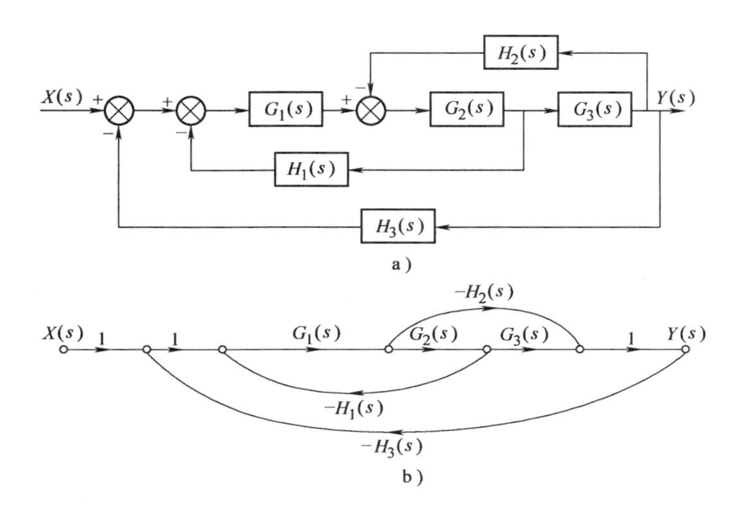

图 5-20　系统框图和信号流图

a）系统框图　b）框图对应的信号流图

3）混合节点可以通过移动支路的方法消去，如图 5-21c 所示。

4）回路可以根据反馈连接的简化方法，化为等效支路，如图 5-21d、e 所示。

利用上述简化法则总可以求出任一复杂信号流图某一阱节点对某一源节点的增益，但上述简化过程需要反复进行多次才能完成，如果应用梅逊增益公式可直接得出结果。

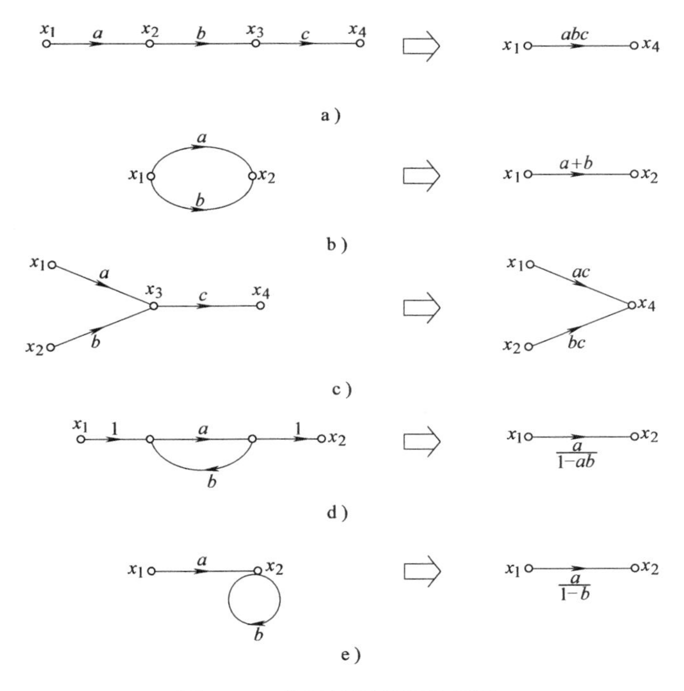

图 5-21　信号流图的简化规则

5. 梅逊增益公式

用信号流图代替系统框图，其优点是可以在不简化信号流图的情况下，利用梅逊增益公式直接求出输入节点与输出节点之间的总增益。对于动态系统来说，这个总增益就是系统相应的输入和输出间的传递函数。

梅逊增益公式内容如下：

$$P = \frac{1}{\Delta}\sum_{k=1}^{n} P_k \Delta_k \tag{5-14}$$

式中，P 为从输入节点到输出节点的总增益；n 为从输入节点到输出节点的前向通道总数；Δ 为特征式，

$$\Delta = 1 - \sum L_1 + \sum L_2 - \sum L_3 + \cdots + (-1)^m \sum L_m$$

$\sum L_1$ 为信号流图中所有单独回路的增益总和；$\sum L_2$ 为所有两条互不接触回路的回路增益乘积之和；… $\sum L_m$ 为所有 m 条不接触回路的回路增益乘积之和；P_k 为第 k 条前向通路的增益；Δ_k 为第 k 条前向通路的余因子，即在信号流图中，把与第 k 条前向通路相接触的回路除去以后的 Δ 值。

【例 5-5】 求出图 5-22 所示信号流图中的输入节点到输出节点的总增益 P。

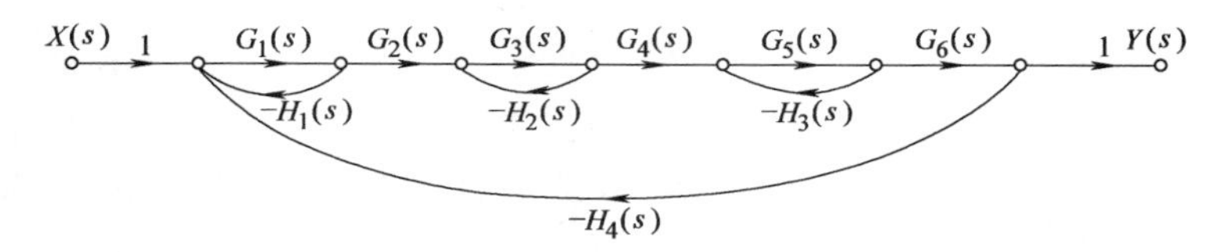

图 5-22 例 5-5 的信号流图

【解】 对于图 5-22，根据梅逊增益公式，从输入节点到输出节点之间，只有一条前向通路，其增益为

$$P_1 = G_1G_2G_3G_4G_5G_6$$

该系统中有四条单独回路，其增益之和为

$$\sum L_1 = -G_1H_1 - G_3H_2 - G_5H_3 - G_1G_2G_3G_4G_5G_6H_4$$

另外，所有两条互不接触回路的回路增益乘积之和为

$$\sum L_2 = -G_1H_1G_3H_2 - G_1H_1G_5H_3 - G_3H_2G_5H_3$$

所有三条互不接触回路的回路增益乘积之和为

$$\sum L_3 = -G_1H_1G_3H_2G_5H_3$$

于是，特征式为

$$\begin{aligned}\Delta &= 1 - \sum L_1 + \sum L_2 - \sum L_3 \\ &= 1 + G_1H_1 + G_3H_2 + G_5H_3 + G_1G_2G_3G_4G_5G_6H_4 - G_1H_1G_3H_2 - \\ &\quad G_1H_1G_5H_3 - G_3H_2G_5H_3 + G_1H_1G_3H_2G_5H_3\end{aligned}$$

特征式中的所有回路都和前向通路 P_1 有接触，所以其余因子为 $\Delta_1 = 1$

根据式(5-14) 得到输入节点到输出节点的总增益为

$$\begin{aligned}P &= \frac{P_1\Delta_1}{\Delta} \\ &= \frac{G_1G_2G_3G_4G_5G_6}{1 + G_1H_1 + G_3H_2 + G_5H_3 + G_1G_2G_3G_4G_5G_6H_4 - G_1H_1G_3H_2 - G_1H_1G_5H_3 - G_3H_2G_5H_3 + G_1H_1G_3H_2G_5H_3}\end{aligned}$$

【例 5-6】 求出图 5-23 所示信号流图中的输入节点到输出节点的总增益。

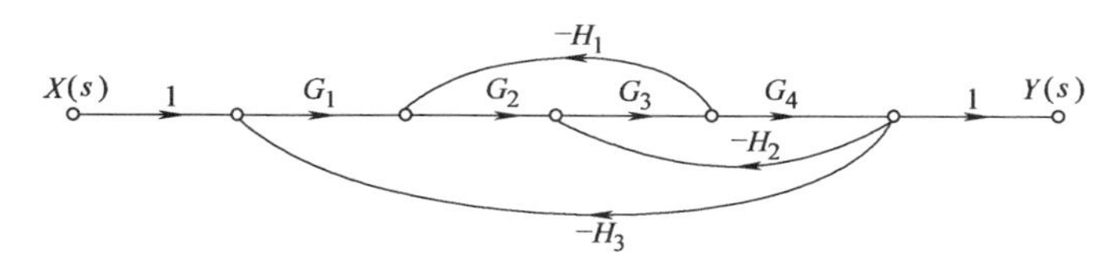

图 5-23　例 5-6 的信号流图

【解】　由图 5-23 可见，在节点 $X(s)$ 和 $Y(s)$ 之间，只有一条前向通路，其增益为

$$P_1 = G_1G_2G_3G_4$$

该系统有三条回路，其增益之和为

$$\sum L_1 = -G_2G_3H_1 - G_3G_4H_2 - G_1G_2G_3G_4H_3$$

这三条回路之间都有公共点，所以不存在互不接触的回路。于是特征式为

$$\begin{aligned}\Delta &= 1 - \sum L_1 \\ &= 1 + G_2G_3H_1 + G_3G_4H_2 + G_1G_2G_3G_4H_3\end{aligned}$$

因为这三条回路都有和前向通路 P_1 接触，所以其余因子为 $\Delta_1 = 1$

根据式(5-14) 得到输入节点到输出节点的总增益为

$$\begin{aligned}P &= \frac{P_1\Delta_1}{\Delta} \\ &= \frac{G_1G_2G_3G_4}{1 + G_2G_3H_1 + G_3G_4H_2 + G_1G_2G_3G_4H_3}\end{aligned}$$

熟悉了梅逊增益公式之后，根据它来求系统的增益，要比根据系统框图求系统的传递函数简便有效，对于复杂的多环系统和多输入、多输出系统效果更显著。因此，信号流图得到了广泛的实际应用，并常用于控制系统的计算机辅助设计。

5.4　控制系统的微分方程和传递函数

热工装置的自动控制系统由对象、调节器、执行器和测量装置等基本环节所组成。调节过程是调节系统的动态性质的表现，它取决于组成调节系统各基本环节的特性。调节系统中的基本环节，如调节对象、调节器、执行器和测量装置，它们的动态特性都可用微分方程式表达，那么，由这些基本环节所组成的调节系统的动态特性也可用微分方程来表达。将微分方程进行拉普拉斯变换，那么各基本环节的动态特性和调节系统的动态特性可用传递函数表示。在现代控制理论中，系统的动态特性可用状态空间表达式来表示。

5.4.1　控制系统的框图

自动控制系统的组成已在第 1 章中讲述，它的框图和表示符号如图 5-24 所示。

对应图 5-24 所示的自动控制系统的传递函数框图如图 5-25 所示。它的简化框图如图 5-26 所示。

图 5-24 ~ 图 5-26 中的符号意义如下：

r 和 $R(s)$ 为给定值和给定值的象函数；

e 和 $E(s)$ 为测量值 z 和给定值 r 相比较的偏差值和它的象函数；

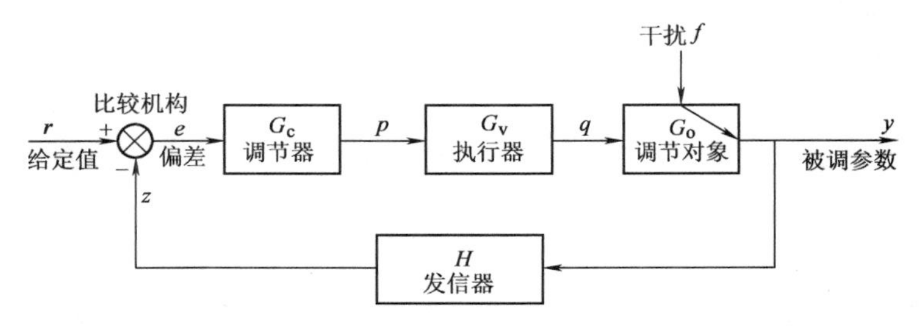

图 5-24 自动控制系统框图

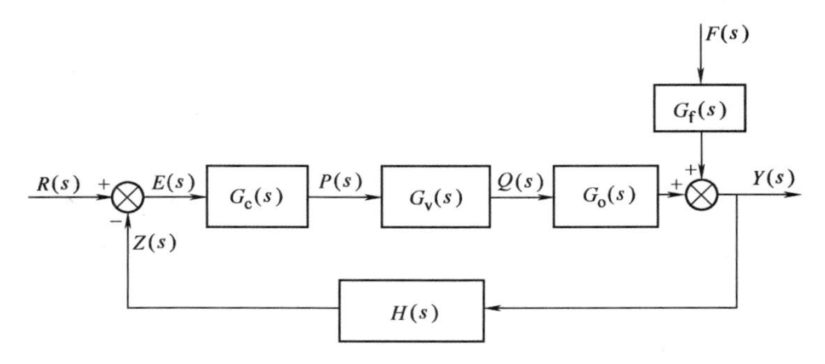

图 5-25 自动调节系统传递函数的框图

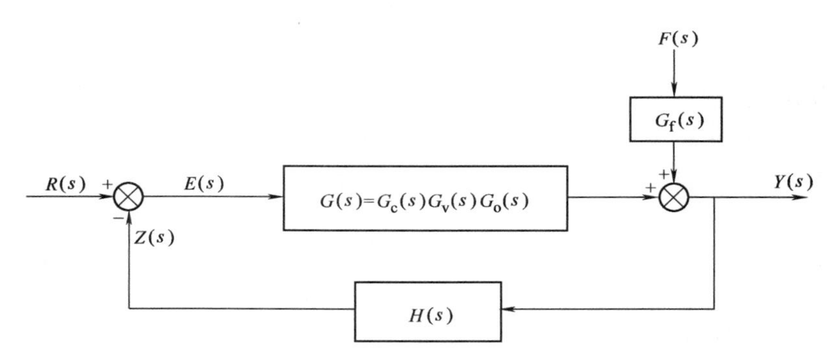

图 5-26 自动调节系统传递函数简化框图

z 和 $Z(s)$ 为测量值和测量值的象函数；

p 和 $P(s)$ 为调节器输出信号和它的象函数；

q 和 $Q(s)$ 为执行器的输出信号和它的象函数；

y 和 $Y(s)$ 为被调参数和它的象函数；

f 和 $F(s)$ 为干扰信号和它的象函数；

G_c 和 $G_c(s)$ 为调节器和它的传递函数；

G_v 和 $G_v(s)$ 为执行器和它的传递函数；

G_o 和 $G_o(s)$ 为调节对象和它的调节通道的传递函数；

H 和 $H(s)$ 为测量装置和它的传递函数，因为测量装置起反馈作用，故 $H(s)$ 称为反馈传递函数；

$G_f(s)$ 为调节对象干扰通道的传递函数；

$G(s)$ 为前向传递函数；

$G(s)H(s)$ 为开环传递函数。

有反馈控制调节系统的传递函数可以在零初始条件下对描述系统运动的微分方程进行拉普拉斯变换求得。但对于复杂系统，计算是很麻烦的。因此在实际工程应用中，一般是利用系统的框图或信号流图，从元件的传递函数直接求出系统的传递函数。

5.4.2　控制系统的微分方程列写

一个自动控制系统可以用微分方程来描述，对微分方程求解，就可求得被调参数受外来阶跃干扰作用下随时间的变化规律，即过渡过程。把过渡过程绘成曲线，得过渡过程曲线，并得到调节过程的调节质量。

知道了系统中各组成环节的动态特性和它们之间的相互关系，就可列出系统的微分方程式。

图5-24为自动控制系统框图，它们之间的信号传递已表示在图中。若调节对象为一阶惯性环节，采用比例调节器，执行器（比例环节）和测量装置（比例环节）都可简化为比例环节处理。下面来列出它的微分方程式。

1. 调节对象动态方程式

$$T_{\mathrm{o}}\frac{\mathrm{d}y}{\mathrm{d}t}+y=K_{\mathrm{o}}q+K_{\mathrm{f}}f \tag{5-15}$$

式中，T_{o} 为调节对象时间常数；y 为被调参数；K_{o} 为调节对象调节通道传递系数；K_{f} 为调节对象干扰通道传递系数；q 为执行器输出、对象调节通道输入信号；f 为调节对象干扰信号。

2. 执行器的动态方程式

$$q=K_{\mathrm{v}}p \tag{5-16}$$

式中，p 为调节器的输出信号；K_{v} 为执行器的传递系数。

3. 比例调节器的动态方程式

$$p=K_{\mathrm{c}}e \tag{5-17}$$

式中，K_{c}为比例调节器的传递系数；e 为偏差信号，也是调节器的输入信号。

4. 测量装置的动态方程式

$$z=K_{\mathrm{h}}y \tag{5-18}$$

式中，K_{h} 为测量装置的传递系数；z 为测量装置的输出信号。

5. 比较机构的动态方程式

$$e=r-z \tag{5-19}$$

式中，r 为给定值，若是定值调节系统的微分方程式，则变量 $r=0$。

现求上述各环节组成的定值调节系统的微分方程。将式(5-15) ~式(5-19) 联立，得

$$\begin{cases}T_{\mathrm{o}}\dfrac{\mathrm{d}y}{\mathrm{d}t}+y=K_{\mathrm{o}}q+K_{\mathrm{f}}f\\ q=K_{\mathrm{v}}p\\ p=K_{\mathrm{c}}e\\ e=r-z\\ z=K_{\mathrm{h}}y\end{cases}$$

可得方程

$$T_o \frac{dy}{dt} + (1 + K_h K_o K_v K_c) y = K_f f \tag{5-20}$$

解式(5-20)，可得定值系统在干扰f作用下，被调参数y的变化规律和过渡过程，它和传递函数表达式是一致的。

同理，令$f=0$，可得随动调节系统的微分方程式为

$$T_o \frac{dy}{dt} + (1 + K_h K_o K_v K_c) y = K_o K_v K_c r \tag{5-21}$$

解式(5-21)，可得随动系统在外来控制信号作用下，被调参数y的变化规律和过渡过程，它和传递函数表达式也是一致的。

上面得到的微分方程是最简单的一阶微分方程，因为有许多环节都简化为比例环节来考虑。如果考虑调节器为比例积分调节器，或考虑对象为二阶、三阶、高阶环节，则微分方程为高阶微分方程；而对于阶次高的系统，用传递函数和框图来表示比较方便和清楚。

5.4.3 控制系统的传递函数

1. 系统的开环传递函数

对于图5-26所示控制系统框图，首先定义开环传递函数。

若$f(t)=0$，以误差信号$E(s)$作为输入，反馈信号$Z(s)$作为输出时，反馈信号与误差信号的比值称为开环传递函数，即

$$\text{开环传递函数} = \frac{Z(s)}{E(s)} = G(s)H(s) \tag{5-22}$$

系统输出量$Y(s)$与误差信号$E(s)$的比值称为前向通道传递函数，即

$$\text{前向通道传递函数} = \frac{Y(s)}{E(s)} = G(s) \tag{5-23}$$

对于单回路闭环系统，闭环传递函数一般公式为

$$\text{闭环传递函数} = \frac{\text{前向通道传递函数}}{1 + \text{开环传递函数}} \tag{5-24}$$

2. 反馈调节系统的闭环传递函数

从图5-25中可知

$$\begin{aligned} Y(s) &= E(s)G_c(s)G_v(s)G_o(s) + G_f(s)F(s) = [R(s) - Z(s)]G_c(s)G_v(s)G_o(s) + G_f(s)F(s) \\ &= [R(s) - H(s)Y(s)]G_c(s)G_v(s)G_o(s) + G_f(s)F(s) \end{aligned}$$

移项得

$$Y(s) + H(s)Y(s)G_c(s)G_v(s)G_o(s) = R(s)G_c(s)G_v(s)G_o(s) + G_f(s)F(s)$$

$$Y(s) = \frac{G_c(s)G_v(s)G_o(s)}{1 + G_c(s)G_v(s)G_o(s)H(s)}R(s) + \frac{G_f(s)}{1 + G_c(s)G_v(s)G_o(s)H(s)}F(s) \tag{5-25}$$

$$Y(s) = \frac{G(s)}{1 + G(s)H(s)}R(s) + \frac{G_f(s)}{1 + G(s)H(s)}F(s) \tag{5-26}$$

1）对于定值调节系统，给定值（增量）保持不变，$R(s)=0$，引起被调参数变化的原因是外来的干扰作用$F(s)$，因此，研究系统时，主要考虑干扰作用$F(s)$。

定值调节系统的闭环传递函数为

$$\frac{Y(s)}{F(s)} = \frac{G_f(s)}{1 + G(s)H(s)} \tag{5-27}$$

2）对于随动调节系统，要求被调参数应跟踪给定值，给定值的变化是受外来作用控制

的。因此在研究这种系统时，主要考虑给定值的变化 $R(s)$，而忽略干扰作用 $F(s)$，可令 $F(s)=0$，故随动系统的闭环传递函数为

$$\frac{Y(s)}{R(s)}=\frac{G(s)}{1+G(s)H(s)} \tag{5-28}$$

式中，$G(s)=G_c(s)G_v(s)G_o(s)$。

在式(5-26) 中，如果满足 $|G(s)H(s)|\gg 1$ 和 $|G(s)H(s)|\gg G_f(s)$ 的条件，则有

$$Y(s)\approx\frac{1}{H(s)}R(s) \tag{5-29}$$

这表明在上述条件下扰动对系统的影响很小，而且系统的输出只取决于反馈通路传递函数及输入信号，而与前向通路传递函数无关。特别是当 $H(s)=1$，即单位反馈时，$Y(s)\approx R(s)$，系统几乎实现了对输入信号的完全复现。

控制系统在实际工作过程中总是受到各种扰动因素的影响，例如电源的波动影响等，因此要求控制系统应具有抑制扰动的能力，以保证系统的正常工作。另外，系统中元件的参数值，随时间的增长和环境的变化也会发生变化，例如，晶体管的老化、电阻值随温度的变化等，这些因素的变化都会影响系统的动态性能。这时如果选择系统的开环增益足够大，即满足 $|G(s)H(s)|\geqslant 1$ 和 $|G(s)H(s)|\geqslant G_f(s)$ 的条件，就能很能好地抑制扰动并消除元件参数变化对系统性能的影响，这便是反馈控制系统的基本优点。

5.4.4　一般形式的控制系统的传递函数

图5-27给出具有干扰作用下闭环控制系统，它代表了常见闭环系统的一般形式。

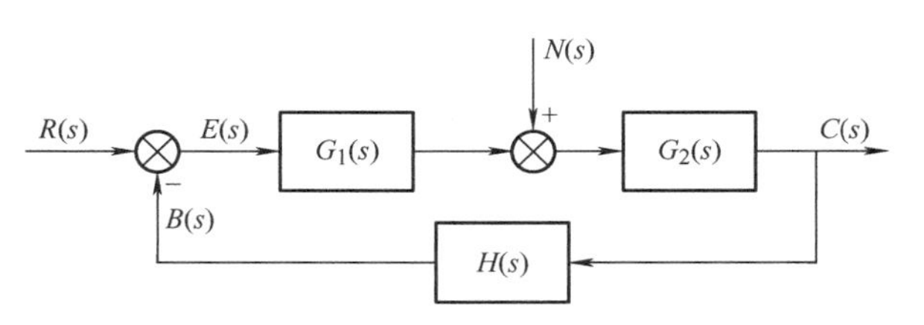

图5-27　具有扰动作用的闭环传递函数

对于图5-27所示的两个输入量同时作用于一个线性系统的情况，可以使用叠加定理进行处理。假设系统在开始时处于静止状态，并且假设输出和误差均为零，分别讨论各输入量单独作用时产生的响应，按照式(5-24) 有以下情况。

1. 输入信号作用下的闭环传递函数

令 $N(s)=0$，可直接求得输入信号 $R(s)$ 和输出信号 $C(s)$ 之间的传递函数为

$$\Phi_R(s)=\frac{C_R(s)}{R(s)}=\frac{G_1(s)G_2(s)}{1+G_1(s)G_2(s)H(s)} \tag{5-30}$$

由 $\Phi_R(s)$ 可进一步求得在输入信号下系统的输出量为

$$C_R(s)=\Phi_R(s)R(s)=\frac{G_1(s)G_2(s)}{1+G_1(s)G_2(s)H(s)}R(s) \tag{5-31}$$

式(5-31) 表明系统在输入信号作用下的输出响应取决于系统的闭环传递函数 $C_R(s)/R(s)$ 及输入信号 $R(s)$ 的形式。

2. 扰动作用下的闭环传递函数

令 $R(s)=0$，改画成图5-28所示系统框图，可求得扰动 $N(s)$ 作用到输出量 $C_N(s)$ 之间的闭环传递函数。

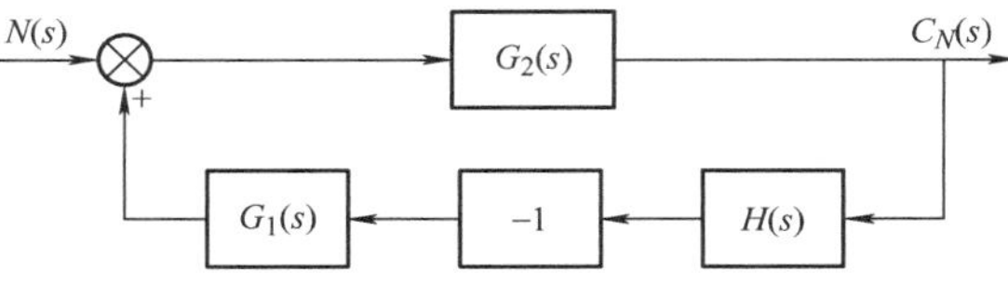

图5-28　扰动输入下的系统框图

$$\Phi_N(s)=\frac{C_N(s)}{N(s)}=\frac{G_2(s)}{1+G_1(s)G_2(s)H(s)}N(s) \tag{5-32}$$

同样，扰动作用下系统的输出响应为

$$C_N(s)=\Phi_N(s)N(s)=\frac{G_2(s)}{1+G_1(s)G_2(s)H(s)}N(s)$$

当输入信号 $R(s)$ 和扰动信号 $N(s)$ 共同作用于系统时的输出响应为

$$C(s)=C_R(s)+C_N(s)=\frac{1}{1+G_1(s)G_2(s)H(s)}[G_1(s)G_2(s)R(s)+G_2(s)N(s)]$$

如果满足 $|G_1(s)G_2(s)H(s)|\gg1$ 和 $|G_1(s)H(s)|\gg N(s)$ 的条件，则有

$$C(s)=\frac{1}{H(s)}R(s) \tag{5-33}$$

从式(5-33) 可以看出，系统的输出仅取决于反馈通道的传递函数 $H(s)$ 和输入信号 $R(s)$，既与系统前向通道的传递函数无关，也与系统的扰动输入无关，具有很强的扰动抑制能力。

5.4.5 控制系统中基本环节的动态特性和传递函数

1. 调节对象

空调和制冷调节对象可简化归纳为以下几种环节：

1）一阶环节
$$G_o(s)=\frac{Y(s)}{Q(s)}=\frac{K_o}{T_1s+1} \tag{5-34}$$

2）二阶环节
$$G_o(s)=\frac{Y(s)}{Q(s)}=\frac{K_o}{(T_1s+1)(T_2s+1)} \tag{5-35}$$

或
$$G_o(s)=\frac{Ds}{As^2+Bs+C} \tag{5-36}$$

3）一阶加纯迟延环节
$$G_o(s)=\frac{Y(s)}{Q(s)}=\frac{K_o}{T_1s+1}e^{-\tau s} \tag{5-37}$$

2. 调节器

常用的连续式调节器有 P、PI、PID 调节器，它们的传递函数为

1）比例（P）调节器
$$G_c(s)=\frac{P(s)}{E(s)}=K_c \tag{5-38}$$

2）比例积分（PI）调节器
$$G_c(s)=\frac{P(s)}{E(s)}=K_c\left(1+\frac{1}{T_Is}\right) \tag{5-39}$$

3）比例积分微分（PID）调节器
$$G_c(s)=\frac{P(s)}{E(s)}=K_c\left(1+\frac{1}{T_Is}+T_Ds\right) \tag{5-40}$$

3. 执行器

1）一阶环节
$$G_v(s)=\frac{Q(s)}{P(s)}=\frac{K_v}{T_vs+1} \tag{5-41}$$

2）比例环节
$$G_v(s)=\frac{Q(s)}{P(s)}=K_v \tag{5-42}$$

4. 测量装置

1）一阶环节
$$H(s)=\frac{Z(s)}{Y(s)}=\frac{K_h}{T_hs+1} \tag{5-43}$$

2）二阶环节
$$H(s)=\frac{Z(s)}{Y(s)}=\frac{K_h}{(T_{h1}s+1)(T_{h2}s+1)} \tag{5-44}$$

3）比例环节
$$H(s)=\frac{Z(s)}{Y(s)}=K_h \tag{5-45}$$

下面举例说明反馈调节系统的闭环传递函数。

【例5-7】 已知调节对象为一阶环节，采用比例调节器。若执行机构及测量装置的时间常数比调节对象时间常数小得很多，把执行器和测量装置作为比例环节，求调节系统的闭环传递函数。

【解】 从假设条件，已知

调节对象调节通道的传递函数：$G_o(s)=\dfrac{K_o}{T_os+1}$

调节对象干扰通道的传递函数：$G_f(s)=\dfrac{K_f}{T_os+1}$

比例调节器的传递函数：$G_c=K_c$

执行机构及调节阀的传递函数：$G_v(s)=K_v$

测量装置的传递函数：$H(s)=K_h$

对于定值系统，由式(5-27)得

$$\begin{aligned}\frac{Y(s)}{F(s)}&=\frac{G_f(s)}{1+G_c(s)G_v(s)G_o(s)H(s)}\\&=\frac{\dfrac{K_f}{T_os+1}}{1+K_cK_v\dfrac{K_o}{T_os+1}K_h}\\&=\frac{K_f}{T_os+1+K_cK_vK_oK_h}\end{aligned}$$

对于随动系统，由式(5-28)得

$$\begin{aligned}\frac{Y(s)}{R(s)}&=\frac{G_c(s)G_v(s)G_o(s)}{1+G_c(s)G_v(s)G_d(s)H(s)}\\&=\frac{K_cK_v\dfrac{K_o}{T_os+1}}{1+K_cK_v\dfrac{K_o}{T_os+1}K_h}\\&=\frac{K_cK_vK_o}{T_os+1+K_cK_vK_oK_h}\end{aligned}$$

5.4.6 反馈控制系统的稳态误差

稳态误差（又称静态偏差）是描述控制系统准确性能的一种性能指标，通常是在阶跃函数、斜坡函数等作用下进行测定与计算。当时间 t 趋于无穷时，系统的输出量不等于输入量或输入量的确定函数，则认为系统存在稳态误差。从系统的输入端来定义，有 $e(t)=r(t)-z(t)$。其中，系统输出量的希望值是给定输入 $r(t)$，而输出量的实际值为系统的主反馈信号 $z(t)$，它在系统中是可以测量的，因而这种定义具有实用性。

对于单位反馈控制系统，要求输出量 $y(t)$ 的变化规律与给定输入 $r(t)$ 的变化规律完全一致。对于该类系统，当时间 t 趋于无穷时，系统在某种信号作用下的实际输出值（稳态值）和期望值（输入值）之间的差值，即为稳态误差。稳态误差是系统控制精度或抗干扰能力的一种度量指标。

知道了定值系统和随动系统的传递函数后，根据拉普拉斯变换的终值定值，可以很方便地求得调节系统的静态偏差 $e(\infty)$。

1. 定值调节系统的静态偏差

由定值调节系统的闭环传递函数得

$$Y(s)=\frac{G_f(s)}{1+G(s)H(s)}F(s) \tag{5-46}$$

$$E(s)=R(s)-Z(s)=R(s)-Y(s)H(s) \tag{5-47}$$

定值系统的给定值不变，$R(s)=0$，则

$$E(s)=-Y(s)H(s)=-\frac{G_f(s)H(s)}{1+G(s)H(s)}F(s) \tag{5-48}$$

根据拉普拉斯变换的终值定值，得定值系统的静态偏差 $e(\infty)$ 为

$$\begin{aligned} e(\infty)&=\lim_{t\to\infty}e(t)\\ &=\lim_{s\to 0}sE(s)\\ &=\lim_{s\to 0}s\frac{-G_f(s)H(s)}{1+G(s)H(s)}F(s) \end{aligned} \tag{5-49}$$

若干扰作用为单位阶跃函数，$F(s)=\frac{1}{s}$，代入得

$$\begin{aligned} e(\infty)&=\lim_{s\to 0}\frac{-G_f(s)H(s)}{1+G(s)H(s)}\\ &=\lim_{s\to 0}\frac{-G_f(s)H(s)}{1+G_c(s)G_v(s)G_o(s)H(s)} \end{aligned} \tag{5-50}$$

2. 随动调节系统的静态偏差

由式(5-28) 随动调节系统的闭环传递函数得

$$Y(s)=\frac{G(s)}{1+G(s)H(s)}R(s)$$

$$\begin{aligned} E(s)&=R(s)-Z(s)=R(s)-Y(s)H(s)\\ &=R(s)-\frac{G(s)}{1+G(s)H(s)}R(s)H(s)\\ &=R(s)\left[1-\frac{G(s)H(s)}{1+G(s)H(s)}\right]\\ &=\frac{1}{1+G(s)H(s)}R(s) \end{aligned} \tag{5-51}$$

若给定值的变化为单位阶跃函数，$R(s)=\frac{1}{s}$，得

$$\begin{aligned} e(\infty)&=\lim_{s\to 0}sE(s)\\ &=\lim_{s\to 0}s\frac{1}{1+G(s)H(s)}\frac{1}{s}\\ &=\lim_{s\to 0}\frac{1}{1+G(s)H(s)}\\ &=\lim_{s\to 0}\frac{1}{1+G_c(s)G_v(s)G_o(s)H(s)} \end{aligned} \tag{5-52}$$

利用式(5-51)，可求得随动系统在单位阶跃函数作用下的静态偏差 $e(\infty)$。

【例5-8】 以上述例题为例，调节对象为一阶环节，采用比例调节器，求取定值系统和随动系统的静态偏差。

已知：$G_o(s)=\dfrac{K_o}{T_o s+1}$，$G_f(s)=\dfrac{K_f}{T_o s+1}$，$G_c(s)=K_c$，$G_v(s)=K_v$，$H(s)=K_h$。

【解】 对于定值系统，当输入为单位阶跃干扰时，它的静态偏差由式(5-43)得

$$\begin{aligned}e(\infty)&=\lim_{s\to 0}\frac{-G_f(s)H(s)}{1+G_c(s)G_v(s)G_o(s)H(s)}\\&=\lim_{s\to 0}\frac{-K_fK_h}{T_o s+1+K_cK_vK_oK_h}\\&=-\frac{K_fK_h}{1+K_cK_vK_oK_h}\end{aligned}\tag{5-53}$$

对于随动系统，当给定值为单位阶跃信号时，它的静态偏差由式(5-45)得

$$\begin{aligned}e(\infty)&=\lim_{s\to 0}\frac{1}{1+G_c(s)G_v(s)G_o(s)H(s)}\\&=\lim_{s\to 0}\frac{1}{1+K_cK_v\cdot\dfrac{K_o}{T_o s+1}K_h}\\&=\frac{1}{1+K_cK_vK_oK_h}\end{aligned}\tag{5-54}$$

由式(5-51)及式(5-52)可知，比例调节器一定存在静态偏差，且调节器的放大倍数越大，则静态偏差越小；反之，则静态偏差越大。

假设本例题将比例调节器改为比例积分调节器，即 $G_c(s)=K_c\left(1+\dfrac{1}{T_I s}\right)$，求调节系统的静态偏差。

对于定值系统，输入一单位阶跃干扰信号时，它的静态偏差由式(5-49)得

$$\begin{aligned}e(\infty)&=\lim_{s\to 0}\frac{-G_f(s)H(s)}{1+G_c(s)G_v(s)G_o(s)H(s)}\\&=\lim_{s\to 0}\frac{-\dfrac{K_f}{T_o s+1}K_h}{1+K_c\left(1+\dfrac{1}{T_I s}\right)K_v\dfrac{K_o}{T_o s+1}K_h}\\&=\lim_{s\to 0}\frac{T_I sK_fK_h}{T_I s(T_o s+1)+K_cK_vK_oK_hT_i s+K_cK_vK_oK_h}\\&=0\end{aligned}\tag{5-55}$$

对于随动系统，给定值为一单位阶跃信号量，它的静态偏差由式(5-52)得

$$\begin{aligned}e(\infty)&=\lim_{s\to 0}\frac{1}{1+G_c(s)G_v(s)G_o(s)H(s)}\\&=\lim_{s\to 0}\frac{1}{1+K_c\left(1+\dfrac{1}{T_I s}\right)K_v\dfrac{K_o}{T_o s+1}K_h}\end{aligned}$$

$$=\lim_{s\to 0}\frac{T_{\mathrm{i}}s(T_{\mathrm{o}}s+1)}{T_{\mathrm{I}}s(T_{\mathrm{o}}s+1)+K_{\mathrm{c}}K_{\mathrm{v}}K_{\mathrm{o}}K_{\mathrm{h}}T_{\mathrm{i}}s+K_{\mathrm{c}}K_{\mathrm{v}}K_{\mathrm{o}}K_{\mathrm{h}}} \tag{5-56}$$

$$=0$$

从式(5-54)、式(5-55) 可以看到，在随动调节系统或定值调节系统中，若采用比例积分调节器，对于阶跃信号，调节系统的静态偏差可以完全消除。

5.4.7 一般形式闭环系统的误差传递函数

对于图5-27所示的常见控制系统，闭环系统在输入信号和扰动信号作用下，以误差信号 $E(s)$ 作为输出的传递函数叫作误差传递函数。系统框图如图5-29a、b所示。

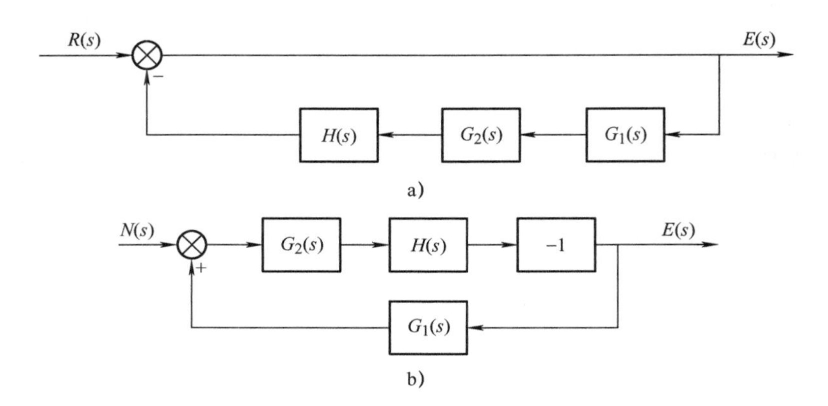

图5-29 以误差 $E(s)$ 为输出的系统框图

a) 输入为 $R(s)$ b) 扰动输入为 $N(s)$

$$\Phi_{ER}(s)=\frac{E_R(s)}{R(s)}=\frac{1}{1+G_1(s)G_2(s)H(s)} \tag{5-57}$$

$$\Phi_{EN}(s)=\frac{E_N(s)}{N(s)}=-\frac{G_2(s)H(s)}{1+G_1(s)G_2(s)H(s)}$$

显然，系统的误差输出为

$$E(s)=E_R(s)+E_N(s)=\frac{1}{1+G_1(s)G_2(s)H(s)}R(s)+\frac{-G_2(s)H(s)}{1+G_1(s)G_2(s)H(s)}N(s) \tag{5-58}$$

由式(5-58) 可以得到，在 $|G_1(s)G_2(s)H(s)|\gg 1$ 和 $|G_1(s)|\gg 1$ 的条件下，有 $E(s)\to 0$，这说明系统具有很强的外部扰动抑制能力。同时，对比系统的各种传递函数可以看出，对于给定的一个系统，不管外部输入信号是何种形式和作用于系统的哪一个输入端，输出信号是一个变量，得到的传递函数分母相同，也就是具有相同的特征方程。这说明系统的闭环极点与闭环零点与外部输入信号的形式和作用点及系统的输出信号选择无关，仅取决于闭环特征方程的根，与外部的干扰无关。

5.4.8 静态误差系数法

系统分析中经常遇到计算控制输入作用下稳态误差的问题。因此，需要分析典型输入作用下系统稳态误差与系统结构参数及输入形式的关系，找出其中的规律性，对控制系统的研究是十分必要的。

控制系统框图一般如图5-30a的形式表示，经过等效变换可以化成图5-30b。该系统开环传递函数一般可以表示为

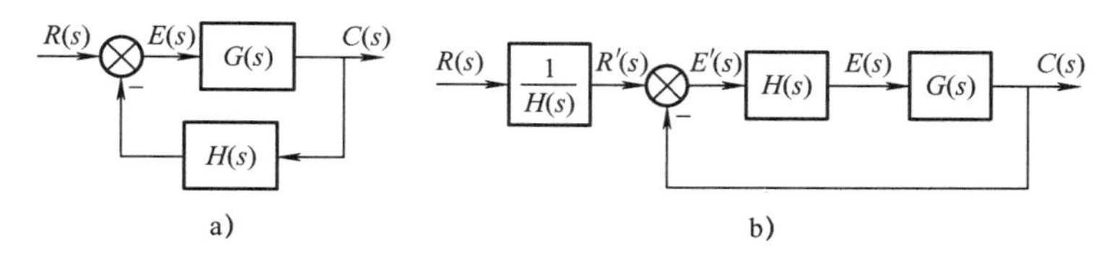

图5-30　系统框图及误差定义

$$G(s)H(s)=\frac{K(\tau_1 s+1)\cdots(\tau_m s+1)}{s^v(T_1 s+1)\cdots(T_{n-v}s+1)}=\frac{K}{s^v}G_0(s) \tag{5-59}$$

式中

$$G_0(s)=\frac{(\tau_1 s+1)\cdots(\tau_m s+1)}{(T_1 s+1)\cdots(T_{n-v}s+1)} \qquad \lim_{s\to 0}G_0(s)=1 \tag{5-60}$$

K 为开环增益；v 为系统开环传递函数中纯积分环节的个数，称为系统型别。

当 $v=0$，1，2 时，分别称相应闭环系统为 0 型系统、Ⅰ型系统和Ⅱ型系统。控制输入 $r(t)$ 作用下的误差传递函数为

$$\Phi_E(s)=\frac{E(s)}{R(s)}=\frac{1}{1+G(s)H(s)}=\frac{1}{1+\dfrac{K}{s^v}G_0(s)}$$

1. 位置输入时，$r(t)=A\cdot 1(t)$

$$e_{\text{ssp}}=\lim_{s\to 0}\Phi_E(s)R(s)=\lim_{s\to 0}s\cdot\frac{A}{s}\cdot\frac{1}{1+G(s)H(s)}=\frac{A}{1+\lim\limits_{s\to 0}G(s)H(s)} \tag{5-61}$$

定义静态位置误差系数

$$K_{\text{p}}=\lim_{s\to 0}G(s)H(s)=\lim_{s\to 0}\frac{K}{s^v} \tag{5-62}$$

则

$$e_{\text{ssp}}=\frac{A}{1+K_{\text{p}}} \tag{5-63}$$

2. 速度输入时，$r(t)=At$

$$e_{\text{ssv}}=\lim_{s\to 0}\Phi_E(s)R(s)=\lim_{s\to 0}s\cdot\frac{A}{s^2}\cdot\frac{1}{1+G(s)H(s)}=\frac{A}{\lim\limits_{s\to 0}sG(s)H(s)}$$

定义静态速度误差系数

$$K_{\text{v}}=\lim_{s\to 0}sG(s)H(s)=\lim_{s\to 0}\frac{K}{s^{v-1}} \tag{5-64}$$

则

$$e_{\text{ssv}}=\frac{A}{1+K_{\text{v}}} \tag{5-65}$$

3. 加速度输入时，$r(t)=\frac{A}{2}t^2$

$$e_{\text{ssa}}=\lim_{s\to 0}\Phi_E(s)R(s)=\lim_{s\to 0}s\cdot\frac{A}{s^3}\cdot\frac{1}{1+G(s)H(s)}=\frac{A}{\lim\limits_{s\to 0}s^2G(s)H(s)} \tag{5-66}$$

定义静态加速度误差系数

$$K_a = \lim_{s\to 0} s^2 G(s)H(s) = \lim_{s\to 0} \frac{K}{s^{v-2}} \tag{5-67}$$

则

$$e_{ssv} = A/K_a \tag{5-68}$$

综合以上讨论可以列出表5-2。表5-2揭示了控制输入下系统稳态误差随系统结构、参数及输入形式变化的规律。即在输入一定时，增大开环增益K，可以减小稳态误差；增加开环传递函数中的积分环节数，可以消除稳态误差。

应用静态误差系数法要注意其适用条件：系统必须稳定；误差是按输入端定义的；只能用于计算典型控制输入时的中值误差，并且输入信号不能有其他的前馈通道。

表5-2 典型输入信号作用下的稳态误差

系统型别	静态误差系数			阶跃输入 $r(t)=A\cdot 1(t)$	斜坡输入 $r(t)=At$	加速度输入 $r(t)=\frac{At^2}{2}$
	K_p	K_v	K_a	位置误差 $e_{ss}=\frac{A}{1+K_p}$	速度误差 $e_{ss}=\frac{A}{K_v}$	加速度误差 $e_{ss}=\frac{A}{K_a}$
0	K	0	0	$A/(1+K)$	∞	∞
Ⅰ	∞	K	0	0	A/K	∞
Ⅱ	∞	∞	K	0	0	A/K

【例5-9】 系统框图如图5-31所示。试求局部反馈加入前后系统的静态位置误差系数、静态速度误差系数和静态加速度误差系数。

【解】 局部反馈加入前，系统开环传递函数为

$$G(s) = \frac{10(2s+1)}{s^2(s+1)}$$

$$K_p = \lim_{s\to 0} G(s) = \infty$$

$$K_v = \lim_{s\to 0} sG(s) = \infty$$

$$K_a = \lim_{s\to 0} s^2 G(s) = 10$$

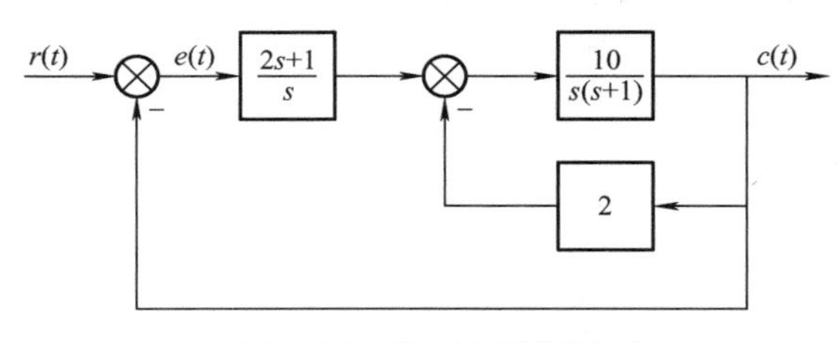

图5-31 控制系统框图

局部反馈加入后，系统开环传递函数为

$$G(s) = \frac{2s+1}{s^2} \cdot \frac{\frac{10}{s(s+1)}}{1+\frac{20}{s(s+1)}} = \frac{10(2s+1)}{s(s^2+s+20)}$$

$$K_p = \lim_{s\to 0} G(s) = \infty$$

$$K_v = \lim_{s\to 0} sG(s) = 0.5$$

$$K_a = \lim_{s\to 0} s^2 G(s) = 0$$

5.4.9 减小或消除稳态误差的方法

减小或消除系统的稳态误差有以下几种方法：

1）提高系统中元件的精度，特别是反馈通道上的元件应有较高的精度和稳定性。但是元件精度越高，成本也将越高。

2）提高系统的开环增益，特别是扰动作用点前的环节应有较高的增益。但是过分地提高开环增益将导致系统的不稳定，同时成本也会提高。

3）提高系统的型号，特别是在扰动作用点前应引入积分环节，但是单纯引入积分环节往往会使系统失去稳定。

4）增加副回路。图5-32所示系统的外回路一般称为主回路，里面的回路一般称为副回路。G_1是主控制对象，G_2是副控制对象。G_{c1}是主调节器，G_{c2}是副调节器。被副回路所包围的干扰称为二次干扰，被主回路包围的干扰称为一次干扰。图中所示的这种控制系统称为串级控制系统。引入副回路的优点是：

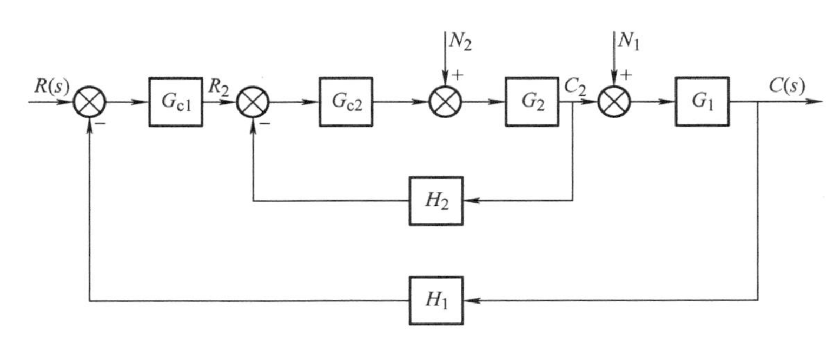

图5-32 串级控制系统框图

① 对二次干扰具有很强的抑制能力。副回路对二次干扰形成包围圈，使二次干扰的影响很快被副调节器的控制作用所抑制，这样二次干扰对被控制量的影响大大减小。这就是副回路的所谓的“超前控制”作用。

② 减小时间常数。设副回路各环节的传递函数为

$$G_2(s)=\frac{K_2}{T_2s+1} \qquad G_{c2}(s)=K_{c2} \qquad H_2(s)=K_{h2}$$

并设时间常数T_2很大。负反馈的作用是产生一个纠正信号，力图纠正扰动对被控制量的影响。纠正信号途经的各环节时间常数越大，则纠正信号对扰动信号的补偿作用越滞后，因而系统的超调也越大。假如图5-32所示系统没有副回路（$G_{c2}=1$，$G_2=1$，$H_2=1$），由于T_2很大，扰动N_1对被控制量C产生影响就较大，引入副回路以后，有

$$\frac{C_2(s)}{R_2(s)}=\frac{G_{c2}(s)G_2(s)}{1+G_{c2}(s)G_2(s)H_2(s)}=\frac{\dfrac{K_{c2}K_2}{1+K_{c2}K_{h2}K_2}}{\dfrac{T_2}{1+K_{c2}K_{h2}K_2}s+1} \tag{5-69}$$

可见，引入副回路以后，使时间常数T_2下降为原来值的$1/(1+K_{c2}K_{h2}K_2)$。由于主回路上元件时间常数减小，一次干扰N_1对被控制量C的影响就能得到迅速的补偿，从而降低了被控制量对一次干扰N_1的灵敏度。

③ 降低由于元件参数变化或非线性所产生的稳态误差。

5）引入前馈控制。目前，为了得到高精度的控制系统，广泛采用前馈控制与反馈控制相结合的复合控制，包括按输入补偿的前馈控制和按干扰补偿的前馈。

本章小结

本章主要介绍传递函数以及框图的简化。在经典控制理论中，传递函数是应用最广泛的一种数学模型；而框图模型是一种基于传递函数的图解模型，它能直观地描述系统各个变量之间的关联关系。对复杂的框图进行分析时，常用代数法进行变换和简化。控制系统框图是描述系统中各种信号传递关系的数学图形，它是系统中各个环节（方框）函数功能和信号流向的图形表示，框图中的内容为这个环节的传递函数。所以框图是由环节（方框）、信号线、引出点（测量点）和比较点组成的。框图也适用于非线性系统。框图的等效变换主要是通过变换比较点和引出点的位置来实现的。变换中掌握好两点：

1）前向通道中各传递函数的乘积不变。

2）回路中各传递函数的乘积不变。

通过框图变换将框图变换成具有串联、并联和反馈连接的结构。框图是本章的难点，简化时一定要掌握好框图等效变换的法则。

控制系统的传递函数是在输入信号作用下讨论的。实际控制系统不但受到输入信号的作用，还会受到干扰信号的作用。当两个输入量同时作用于线性系统时，可以分别考虑各种外部作用的影响，然后应用叠加原理，即可得到闭环系统总输出的响应。

稳态误差是系统控制精度的度量，也是系统重要的性能指标。系统的稳态误差既和系统的结构、参数有关，也和输入信号的形式、大小、作用点有关。本章还讨论了0型、Ⅰ型和Ⅱ型系统在不同控制输入作用下的稳态误差。

习 题

一、选择题

5-1 关于串联和并联环节的等效传递函数，正确的是（ ）。

（A）串联环节的等效传递函数为各环节传递函数的乘积，并联环节的等效传递函数为各环节传递函数的代数和

（B）串联环节的等效传递函数为各环节传递函数的代数和，并联环节的等效传递函数为各环节传递函数的乘积

（C）串联环节的等效传递函数为各环节传递函数的乘积，并联环节的等效传递函数为各环节传递函数的相除

（D）串联环节的等效传递函数为各环节传递函数的乘积，并联环节的等效传递函数为各环节传递函数的相加

5-2 由开环传递函数 $G(s)$ 和反馈传递函数 $H(s)$ 组成的基本负反馈系统的传递函数为（ ）。

（A）$\dfrac{G(s)}{1-G(s)H(s)}$　　（B）$\dfrac{1}{1-G(s)H(s)}$

（C）$\dfrac{G(s)}{1+G(s)H(s)}$　　（D）$\dfrac{1}{1+G(s)H(s)}$

5-3 求图5-33所示框图的总传递函数 $G(s)=C(s)/R(s)$，结果应为（ ）。

（A）$G(s)=\dfrac{G_1(1+G_1G_2)}{1+G_2G_3}$　　（B）$G(s)=\dfrac{G_1(1+G_2G_3)}{1+G_1G_2}$

（C）$G(s)=\dfrac{G_1(1-G_1G_2)}{1+G_2G_3}$　　（D）$G(s)=\dfrac{G_1(1-G_2G_3)}{1+G_1G_2}$

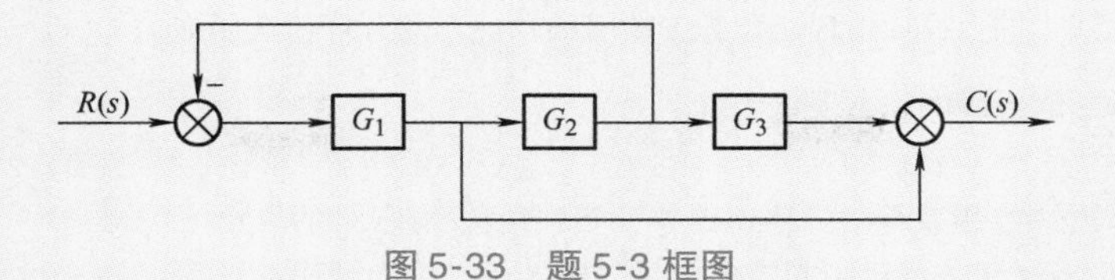

图 5-33　题 5-3 框图

5-4　计算如图 5-34 所示框图的总传递函数 $G(s)=C(s)/R(s)$，结果应为（　　）。

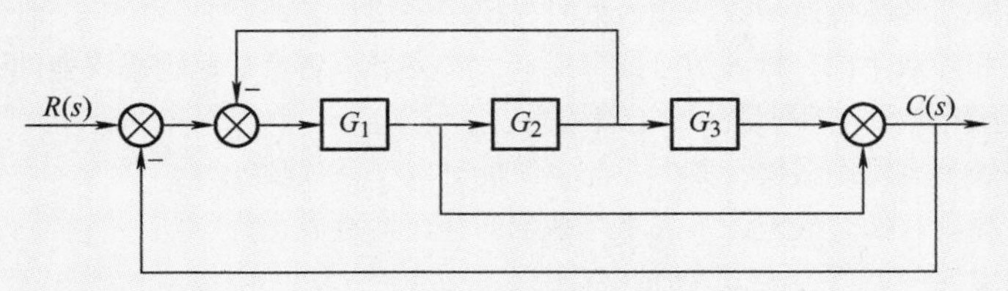

图 5-34　题 5-4 框图

（A）$G(s)=\dfrac{G_1+G_1G_2G_3}{1+G_1+G_1G_2+G_1G_2G_3}$　　（B）$G(s)=\dfrac{G_1+G_1G_2G_3}{1+G_2+G_1G_2+G_1G_2G_3}$

（C）$G(s)=\dfrac{G_1+G_2G_3}{1+G_1+G_1G_2+G_1G_2G_3}$　　（D）$G(s)=\dfrac{G_1+G_1G_2}{1+G_1+G_1G_2+G_1G_2G_3}$

5-5　计算如图 5-35 所示框图的总传递函数 $G(s)=C(s)/R(s)$，结果应为（　　）。

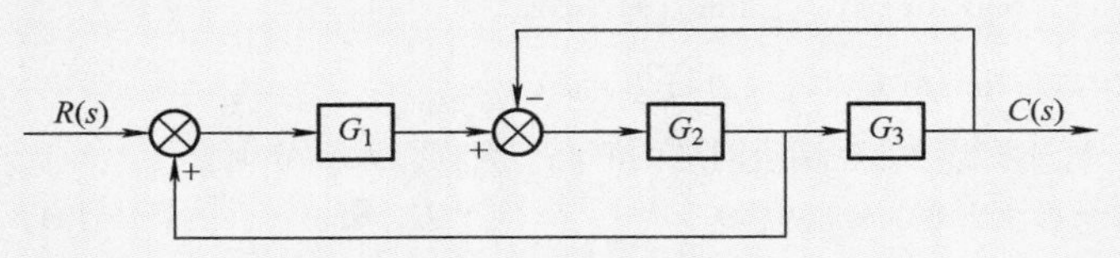

图 5-35　题 5-5 框图

（A）$G(s)=\dfrac{C(s)}{R(s)}=\dfrac{G_1G_2G_3}{1+G_1G_2-G_2G_3}$　　（B）$G(s)=\dfrac{C(s)}{R(s)}=\dfrac{G_1G_2G_3}{1-G_1G_2+G_2G_3}$

（C）$G(s)=\dfrac{C(s)}{R(s)}=\dfrac{G_1G_2G_3}{1-G_1G_2-G_1G_3}$　　（D）$G(s)=\dfrac{C(s)}{R(s)}=\dfrac{G_1G_2G_3}{1-G_1G_2+G_1G_3}$

5-6　设单位负反馈系统的开环传递函数为 $G(s)=\dfrac{10(1+5s)}{s(s^2+s+5)}$，则函数的稳定速度误差系数为（　　）。

（A）$K_v=2$　　（B）$K_v=\infty$

（C）$K_v=5$　　（D）$K_v=10$

5-7　由环节 $G(s)=\dfrac{K}{s(s^2+4s+200)}$组成的单位反馈系统（即负反馈传递函数为 1 的闭环系统），在单位斜坡输入时的稳态速度误差系数为（　　）。

（A）$\dfrac{K}{200}$　　（B）$\dfrac{1}{K}$

（C）K　　（D）0

5-8　由环节 $G(s)=\dfrac{2}{s(6s+1)(3s+2)}$组成的单位反馈系统（即负反馈传递函数为 1 的闭环系统），在单位斜坡输入时的稳态速度误差 e_{ss}应为（　　）。

（A）1　　（B）1/4　　（C）0　　（D）2

5-9　某闭环系统的开环传递系数为 $G(s)=\dfrac{5(1+2s)}{s^2(s^2+3s+5)}$，其加速度误差系数为（　　）。

（A）1　　（B）5　　（C）0　　（D）∞

5-10 设单位反馈（即负反馈传递函数为1的闭环系统）的开环传递函数为 $G(s)=\frac{10}{s(0.1s+1)(2s+1)}$，在参考输入为 $r(t)=2t$ 时系统的稳态误差为（ ）。

(A) 10 (B) 0.1 (C) 0.2 (D) 2

5-11 关于单位反馈控制系统中的稳态误差，下列说法不正确的是（ ）。

(A) 稳态误差是系统调节过程中其输出信号与输入信号之间的误差

(B) 稳态误差在实际中可以测量，具有一定的物理意义

(C) 稳态误差由系统开环传递函数和输入信号决定

(D) 系统的结构和参数不同，输入信号的形式和大小差异，都会引起稳态误差的变化

5-12 对于单位阶跃输入，下列说法不正确的是（ ）。

(A) 只有0型系统具有稳态误差，其大小与系统的开环增益成反比

(B) 只有0型系统具有稳态误差，其大小与系统的开环增益成正比

(C) Ⅰ型系统位置误差系数为无穷大时，稳态误差为0

(D) Ⅱ型及以上系统与Ⅰ型系统一样

5-13 设系统的开环传递函数为 $G(s)$，反馈环节传递函数为 $H(s)$，则该系统的静态位置误差系数、静态速度误差系数、静态加速度误差系数正确的表达方式是（ ）。

(A) $\lim\limits_{s\to 0}G(s)H(s)$、$\lim\limits_{s\to 0}sG(s)H(s)$、$\lim\limits_{s\to 0}s^2G(s)H(s)$

(B) $\lim\limits_{s\to \infty}G(s)H(s)$、$\lim\limits_{s\to \infty}sG(s)H(s)$、$\lim\limits_{s\to 0}s^2G(s)H(s)$

(C) $\lim\limits_{s\to 0}s^2G(s)H(s)$、$\lim\limits_{s\to 0}sG(s)H(s)$、$\lim\limits_{s\to 0}G(s)H(s)$

(D) $\lim\limits_{s\to \infty}s^2G(s)H(s)$、$\lim\limits_{s\to \infty}sG(s)H(s)$、$\lim\limits_{s\to \infty}G(s)H(s)$

5-14 0型系统、Ⅰ型系统、Ⅱ型系统对应的静态位置误差系数分别为（ ）。

(A) K、0、0 (B) ∞、K、0 (C) K、∞、∞ (D) 0、∞、∞

5-15 单位反馈系统的开环传递函数为 $G(s)=\frac{20}{s^2(s+4)}$，当参考输入为 $u(t)=4+6t+3t^2$ 时，稳态加速度误差系数为（ ）。

(A) $K_a=0$ (B) $K_a=\infty$ (C) $K_a=5$ (D) $K_a=20$

二、分析计算题

5-16 环节的连接和框图变换法则是什么？

5-17 将如图5-36所示的系统框图化简，并求出其传递函数 $C(s)/R(s)$。

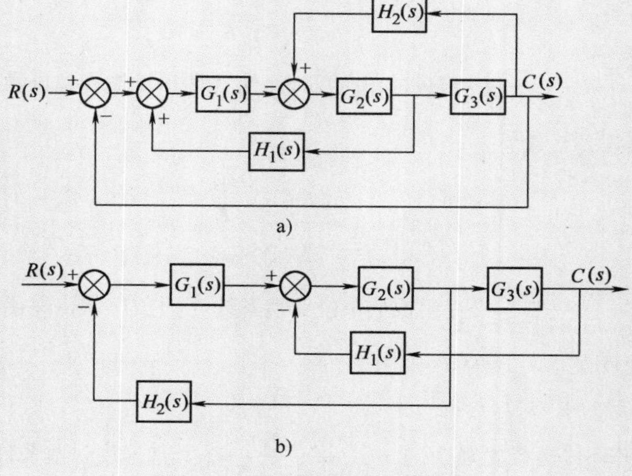

图5-36 习题5-17系统框图

5-18　试简化图 5-37 所示系统框图，并求传递函数 $C(s)/N(s)$ 和 $C(s)/R(s)$。

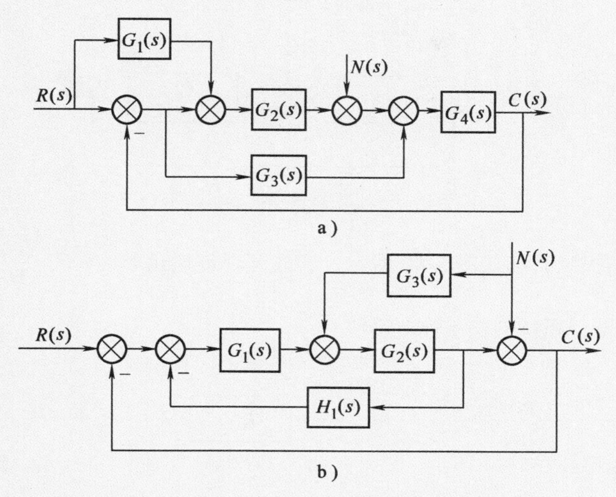

图 5-37　习题 5-18 系统框图

5-19　某系统框图如图 5-38 所示，求输出 $Y(s)$ 对输入 $W_2(s)$、$W_3(s)$ 的传递函数 $Y(s)/W_2(s)$ 以及 $Y(s)/W_3(s)$。

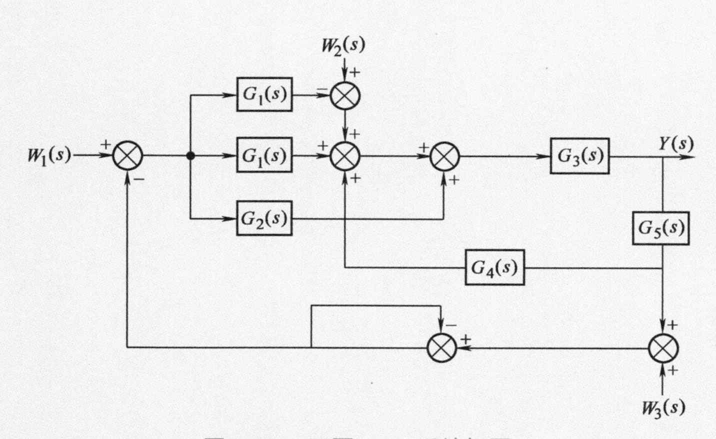

图 5-38　习题 5-19 系统框图

5-20　设系统传递函数为$\dfrac{C(s)}{R(s)}=\dfrac{2}{s(s^2+3s+2)}$且初始条件 $c(0)=0$，$\dot{c}(0)=0$。试求阶跃输入 $r(t)=1(t)$时，系统的输出响应 $c(t)$ 以及静态偏差 $c(\infty)$。

5-21　单位反馈系统的开环传递函数为

$$G(s)=\frac{5}{s(s+1)}$$

分别求输入信号为 $r_1(t)=1+0.1t$ 和 $r_2(t)=1+0.1t+0.01t^2$ 时，系统的给定稳态误差终值。

5-22　某一反馈和给定输入前馈复合控制系统框图如图 5-39 所示，图中前馈环节的传递函数 $F_r(s)=(as^2+bs)/(T_2s+1)$，当输入信号 $r(t)=t^2/2$ 时，为使系统的稳态误差终值等于零，试确定前馈环节的参数 a 和 b。

5-23　已知单位反馈系统的开环传递函数分别为：

(1) $G(s)=\dfrac{100}{(0.1s+1)(s+5)}$；(2) $G(s)=\dfrac{50}{s(0.1s+1)(s+5)}$；(3) $G(s)=\dfrac{10(2s+1)}{s^2(s^2+6s+100)}$。

试求输入分别为 $r(t)=2t$ 和 $r(t)=2+2t+t^2$ 时，系统的稳态误差。

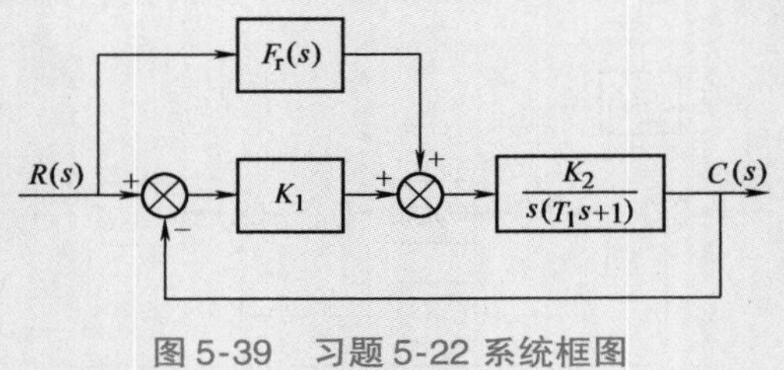

图5-39 习题5-22系统框图

5-24 有一单位反馈控制系统如图5-40所示，它的开环传递函数 $G(s)=\frac{s}{2s+1}$，当系统输入信号为 $r(t)=4\sin(2t+\frac{\pi}{6})$ 时，求该系统的稳定输出信号 $x(t)$。

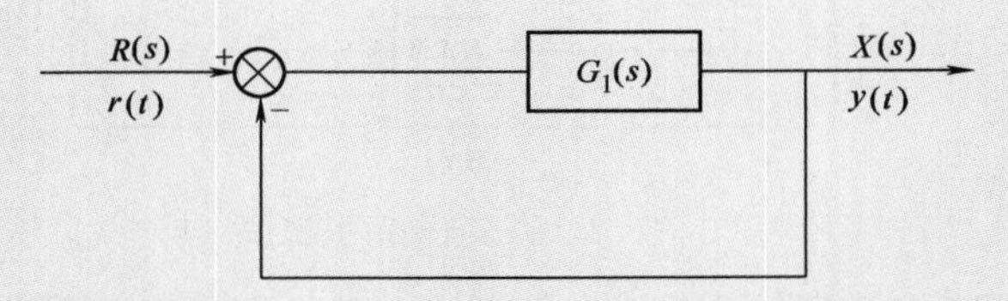

图5-40 习题5-24单位反馈控制系统图

第 6 章

6

线性控制系统的时域、频域分析及校正

6.1 控制系统的时域响应

控制系统的动态过程，凡是可以用一阶微分方程描述的，称为一阶系统。用二阶微分方程描述的称为二阶系统，用三阶及以上的系统称为高阶系统。由于在第 2 章调节对象特性部分对一阶环节特性方程进行了讨论，本节主要讲典型二阶系统的瞬态相应。由于许多高阶系统在一定的条件下可以用二阶系统去近似，因此，二阶系统的性能分析在自动控制系统的分析中占有重要的地位。在分析过程中，主要考虑输入信号为阶跃干扰信号。

6.1.1 分析系统动态性能的方法

从输入信号 $r(t)$ 作用在系统的时刻开始，到系统输出达到稳定状态为止，系统输出随时间变化的过程称为动态过程。分析系统的动态性能，通常可采用以下方法。

1. 解析法

在给定初始条件和输入信号的情况下，直接根据系统的数学模型求解，即求解系统的运动方程，直接得到系统的输出响应，或由传递函数求出输出响应的复域表达 $C(s)$，再由拉普拉斯反变换求出时域解。求出系统输出 $c(t)$ 在时域内变化的全过程，就可了解系统的动态性能。

2. 间接评价法

不直接求解运动方程，而是通过某些间接的性能指标来评价系统的品质。这些间接指标与系统的结构和参数有关，所以间接评价法在系统分析和设计中被广泛采用。

3. 计算机仿真法

对于高阶系统，用解析法求系统的解非常困难，此时，可利用计算机仿真，求出系统的输出响应，通过分析系统响应与参数之间的关系，对系统进行设计和参数调整。

6.1.2 二阶系统的时域响应

在系统能稳定工作的条件下，通常通过给定典型输入信号下的输出响应来评价其性能，对系统稳态响应和瞬态响应的要求，也是由系统对典型输入响应的性能指标来表示。在时域分析中，这些指标分为瞬态性能指标和稳态性能指标。瞬态响应性能指标包括最大超调量、上升时间、峰值时间、调节过程时间和延滞时间。这些参数的定义在第 1 章已经进行描述。

设二阶系统框图如图 6-1 所示。

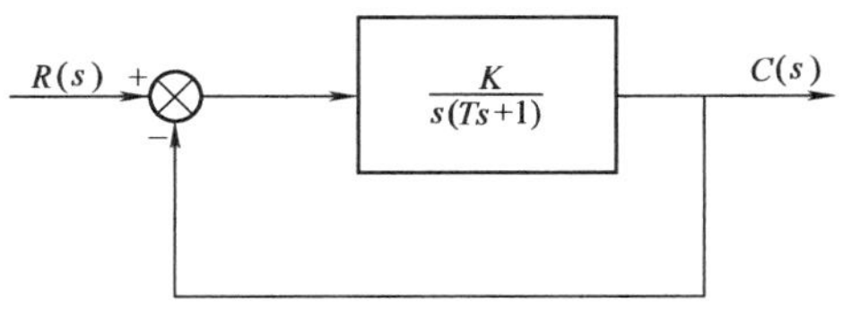

图 6-1 二阶系统框图

系统的闭环传递函数为

$$\Phi(s)=\frac{C(s)}{R(s)}=\frac{K}{Ts^2+s+K} \tag{6-1}$$

式中，K 为系统的开环放大系数；T 为时间常数。系统的微分方程为

$$T\frac{\mathrm{d}^2c(t)}{\mathrm{d}t^2}+\frac{\mathrm{d}c(t)}{\mathrm{d}t}+Kc(t)=Kr(t) \tag{6-2}$$

可见，该系统是一个二阶系统。为了分析方便，将系统的传递函数改写成如下形式：

$$\Phi(s)=\frac{C(s)}{R(s)}=\frac{\omega_\mathrm{n}^2}{s^2+2\zeta\omega_\mathrm{n}s+\omega_\mathrm{n}^2} \tag{6-3}$$

式中，ω_n 为无阻尼自然振荡角频率（简称为无阻尼自振频率），$\omega_\mathrm{n}=\sqrt{\frac{K}{T}}$；$\zeta$ 为衰减系数（阻尼比），$\zeta=\frac{1}{2\sqrt{TK}}$。系统的闭环特征方程为

$$s^2+2\zeta\omega_\mathrm{n}s+\omega_\mathrm{n}^2=0 \tag{6-4}$$

它的两个根为 $s_{1,2}=-\zeta\omega_\mathrm{n}\pm\omega_\mathrm{n}\sqrt{\zeta^2-1}$。

可见，二阶系统特征根（即闭环极点）的形式随着阻尼比 ζ 取值的不同而不同。按照 ζ 的不同取值，可以分析二阶系统的单位阶跃响应。

1. 二阶系统的阶跃响应

设系统的输入为单位阶跃函数，则系统输出响应的拉普拉斯变换表达式为

$$C(s)=\Phi(s)R(s)=\frac{\omega_\mathrm{n}^2}{s^2+2\zeta\omega_\mathrm{n}s+\omega_\mathrm{n}^2}\cdot\frac{1}{s} \tag{6-5}$$

对式(6-5) 取拉普拉斯反变换，即可求得二阶系统的单位阶跃响应。

下面分析当 ζ 取不同值时，二阶系统的响应情况。

（1）过阻尼（$\zeta>1$）的情况　当 $\zeta>1$ 时，系统具有两个不相等的负实数极点，即

$$p_1=-\zeta\omega_\mathrm{n}+\omega_\mathrm{n}\sqrt{\zeta^2-1}$$

$$p_2=-\zeta\omega_\mathrm{n}-\omega_\mathrm{n}\sqrt{\zeta^2-1}$$

它们在 s 平面上的位置如图6-2 所示。

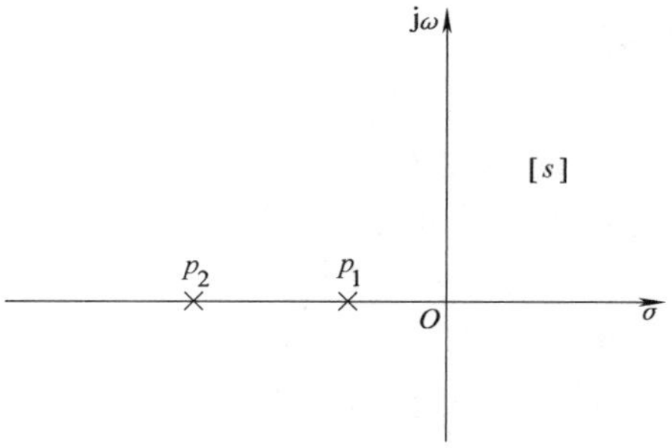

此时，式(6-5) 可写成

$$C(s)=\frac{\omega_\mathrm{n}^2}{s(s-p_1)(s-p_2)}=\frac{A_0}{s}+\frac{A_1}{s-p_1}+\frac{A_2}{s-p_3} \tag{6-6}$$

式中，$A_0=[C(s)s]_{s=0}=1$

$$A_1=[C(s)(s-p_1)]_{s=p_1}=\frac{\omega_\mathrm{n}}{2\sqrt{\zeta^2-1}p_1}$$

$$A_2=[C(s)(s-p_2)]_{s=p_2}=\frac{\omega_\mathrm{n}}{2\sqrt{\zeta^2-1}p_2}$$

图6-2　二阶系统的两个负实极点

将 A_0、A_1、A_2代入式(6-6)，并进行拉普拉斯反变换得

$$c(t)=1+\frac{\omega_\mathrm{n}}{2\sqrt{\zeta^2-1}}\left(\frac{\mathrm{e}^{p_1t}}{p_1}-\frac{\mathrm{e}^{p_2t}}{p_2}\right)\quad t\geqslant0 \tag{6-7}$$

式(6-7) 表明，系统的单位阶跃响应由稳态分量和瞬态分量组成，其稳态分量为1，瞬态分量包含两个衰减指数项，随着 t 增加，指数项衰减，响应曲线单调上升。为方便比较，将不同阻尼比的单位阶跃响应绘制于同一张图，如图6-3 所示。

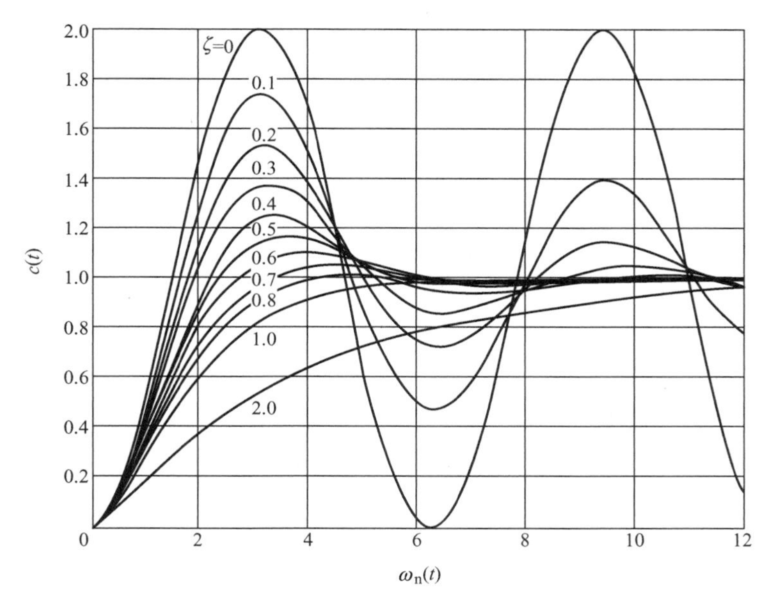

图6-3 二阶系统的单位阶跃响应

如果$\zeta \gg 1$，闭环极点p_2将比p_1距虚轴远得多，故$e^{p_2 t}$比$e^{p_1 t}$衰减快得多。因此，在求取输出响应的近似解时，可以忽略p_2对系统输出的影响，把二阶系统近似看作一阶系统来处理。在工程上，当$\zeta \geqslant 1.5$时，这种近似处理方法具有足够的准确度。

通常，称阻尼比$\zeta > 1$时二阶系统的运动状态为过阻尼状态。

（2）欠阻尼（$0<\zeta<1$）的情况 当$0<\zeta<1$时，系统具有一对共轭复数极点，且在左半s平面，即

$$p_1 = -\zeta\omega_n + j\omega_n\sqrt{1-\zeta^2}$$

$$p_2 = -\zeta\omega_n - j\omega_n\sqrt{1-\zeta^2}$$

它们在s平面上的位置如图6-4所示。

此时，式(6-6)可写成

$$C(s) = \frac{\omega_n^2}{s(s+\zeta\omega_n+j\omega_d)(s+\zeta\omega_n-j\omega_d)} = \frac{A_0}{s} + \frac{A_1 s + A_2}{(s+\zeta\omega_n)^2+\omega_d^2} \tag{6-8}$$

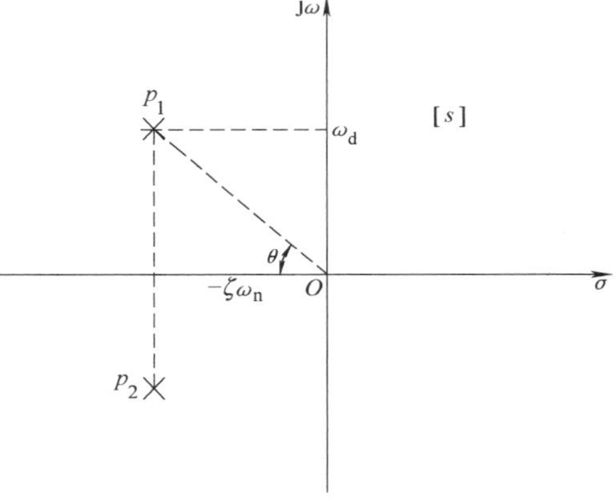

图6-4 二阶系统的两个共轭复数极点

式中，ω_d为阻尼自振频率，$\omega_d = \omega_n\sqrt{1-\zeta^2}$。

求得$A_0=1$，$A_1=-1$，$A_2=-2\zeta\omega_n$，将它们代入式(6-8)，并将式中的第二项分成两项得

$$C(s) = \frac{1}{s} - \frac{s+\zeta\omega_n}{(s+\zeta\omega_n)^2+\omega_d^2} - \frac{\zeta\omega_n}{(s+\zeta\omega_n)^2+\omega_d^2} \tag{6-9}$$

因为

$$L^{-1}\left[\frac{s+\zeta\omega_n}{(s+\zeta\omega_n)^2+\omega_d^2}\right] = e^{-\zeta\omega_n}\cos\omega_d t$$

$$L^{-1}\left[\frac{\omega_d}{(s+\zeta\omega_n)^2+\omega_d^2}\right] = e^{-\zeta\omega_n}\sin\omega_d t$$

故由拉普拉斯变换求得系统的输出响应为

$$c(t)=1-\mathrm{e}^{-\zeta\omega_{\mathrm{n}}t}\left(\cos\omega_{\mathrm{d}}t+\frac{\zeta}{\sqrt{1-\zeta^2}}\sin\omega_{\mathrm{d}}t\right)=1-\frac{\mathrm{e}^{-\zeta\omega_{\mathrm{n}}t}}{\sqrt{1-\zeta^2}}(\sqrt{1-\zeta^2}\cos\omega_{\mathrm{d}}t+\zeta\sin\omega_{\mathrm{d}}t) \tag{6-10}$$

令 $\sin\theta=\sqrt{1-\zeta^2}$，$\cos\theta=\zeta$，其中 θ 角如图 6-4 所示，于是有

$$c(t)=1-\frac{\mathrm{e}^{-\zeta\omega_{\mathrm{n}}t}}{\sqrt{1-\zeta^2}}\sin(\omega_{\mathrm{d}}t+\theta) \quad t\geqslant 0 \tag{6-11}$$

式中，$\theta=\arctan\dfrac{\sqrt{1-\zeta^2}}{\zeta}$或 $\theta=\arccos\zeta$。

式(6-11) 表明，系统响应的稳态分量为1，瞬态分量是一个随时间 t 的增大而衰减的正弦振荡过程值。其阻尼比为 ζ，阻尼自振频率为 ω_{n}，衰减速度取决于 $\zeta\omega_{\mathrm{n}}$ 的大小。系统的输出响应如图 6-5 所示。

二阶系统在 $0<\zeta<1$ 时的工作状态，称为欠阻尼状态。

(3) 临界阻尼 ($\zeta=1$) 的情况　当 $\zeta=1$ 时，系统具有两个相等的负实数极点，$p_{1,2}=-\omega_{\mathrm{n}}$，它们在 s 平面上的位置如图 6-6 所示。

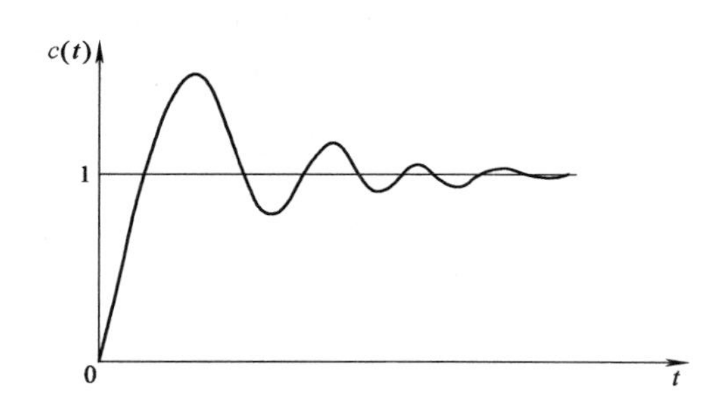

图 6-5　$0<\zeta<1$ 时二阶系统的阶跃响应

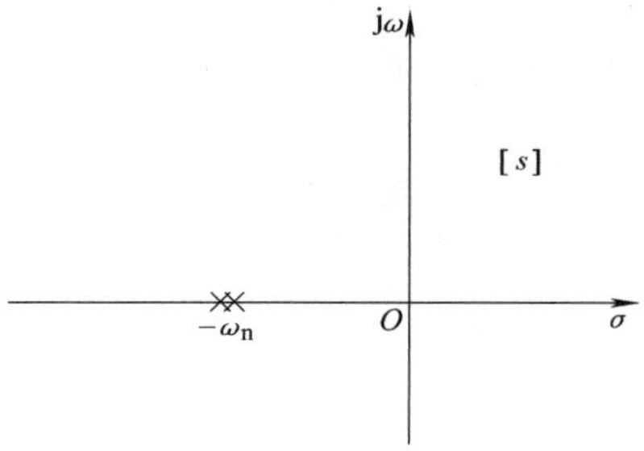

图 6-6　二阶系统的两个重实根

此时，式(6-6) 可写成

$$C(s)=\frac{\omega_{\mathrm{n}}^2}{s(s+\omega_{\mathrm{n}}^2)}=\frac{A_0}{s}+\frac{A_1}{s+\omega_{\mathrm{n}}}+\frac{A_2}{(s+\omega_{\mathrm{n}})^2} \tag{6-12}$$

式中，$A_0=[C(s)s]_{s=1}=1$

$$A_1=\left\{\frac{\mathrm{d}}{\mathrm{d}s}[C(s)(s+\omega_{\mathrm{n}})^2]\right\}_{s=-\omega_{\mathrm{n}}}=-1$$

$$A_2=[C(s)(s+\omega_{\mathrm{n}})^2]_{s=-\omega_{\mathrm{n}}}=-\omega_{\mathrm{n}}$$

将 A_0、A_1、A_2 代入式(6-12)，并进行拉普拉斯反变换得

$$c(t)=1-\mathrm{e}^{-\zeta\omega_{\mathrm{n}}t}-\omega_{\mathrm{n}}te-\omega_{\mathrm{n}}t=1-\mathrm{e}^{-\omega_{\mathrm{n}}t}(1+\omega_{\mathrm{n}}t) \quad t\geqslant 0 \tag{6-13}$$

式(6-13) 表明，当 $\zeta=1$ 时，系统的输出响应由零开始单调上升，最后达到稳态值 1，其响应曲线如图 6-7 所示。

$\zeta=1$ 是系统输出响应为单调和振荡过程的分界，通常称为临界阻尼状态。

(4) 无阻尼 ($\zeta=0$) 的情况　当 $\zeta=0$ 时，系统具有一对共轭纯虚数极点 $p_{1,2}=\pm\mathrm{j}\omega_{\mathrm{n}}$，它们在 s 平面上的位置如图 6-8 所示。

将 $\zeta=0$ 代入式(6-10)，得

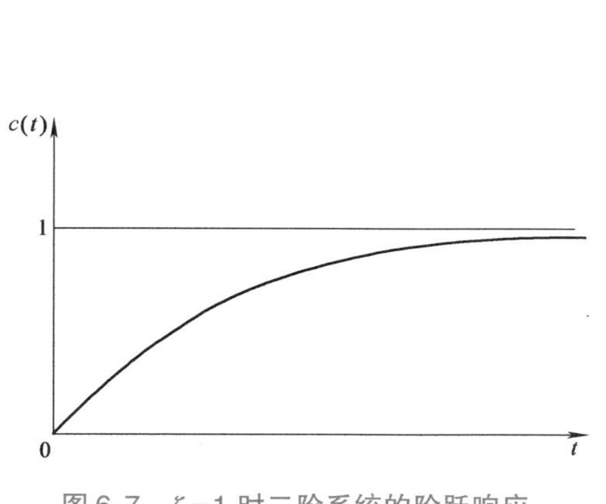

图6-7　$\zeta=1$ 时二阶系统的阶跃响应

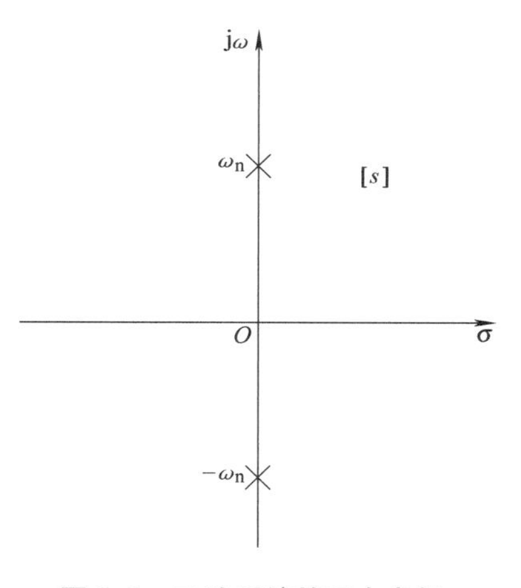

图6-8　二阶系统的两个虚根

$$c(t)=1-\cos\omega_{\mathrm{n}}t\quad t\geqslant 0 \tag{6-14}$$

可见，系统的输出响应是无阻尼的等幅振荡过程，其振荡频率为 ω_{n}。响应曲线如图6-9所示。

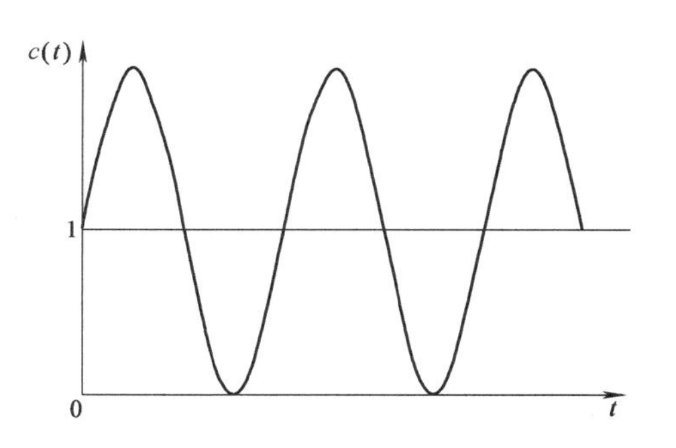

图6-9　$\zeta=0$ 时二阶系统的阶跃响应

综上所述，不难看出频率 ω_{n} 和 ω_{d} 的物理意义。ω_{n} 是无阻尼（$\zeta=0$）时二阶系统等幅振荡的振荡频率，因此称为无阻尼自振频率。显然，ω_{d} 总是小于 ω_{n}，且随着 ζ 的值增大，ω_{d} 的值减小。

当 $\zeta<0$ 时，系统具有实部为正的极点，其输出响应是发散的，此时系统已无法正常工作。

由以上分析可知，在不同的阻尼比时，二阶系统的响应具有不同的特点。因此阻尼比 ζ 是二阶系统的重要特征参数。ζ 越小，响应特性振荡得越厉害，随着 ζ 增大到一定程度后，响应特性变成单调上升的。从过渡过程持续的时间看，当系统无振荡时，以临界阻尼时过渡过程的时间最短，此时，系统具有最快的响应速度。当系统在欠阻尼状态时，若阻尼比 ζ 在0.4～0.8之间，则系统的过渡过程时间比临界阻尼时更短，而且此时的振荡特性也并不严重。因此，一般希望二阶系统工作在 $\zeta=0.4\sim0.8$ 的欠阻尼状态下，在工程实际中，通常选取 $\zeta=\frac{1}{\sqrt{2}}$ 作为设计系统的依据。

2. 二阶系统瞬态性能指标

在实际应用中，为了定量评价二阶系统的控制质量，通常用系统单位阶跃响应的特征量来表示系统的性能指标。

除了一些不允许产生振荡的系统外，通常希望二阶系统工作在 $\zeta=0.4\sim0.8$ 的欠阻尼状态下。此时，系统在具有适度振荡特性的情况下，具有较短的过渡过程时间，下面分析二阶系统在零初始条件下，欠阻尼情况时的性能指标与系统参数之间的关系。

系统在欠阻尼情况下的单位阶跃响应为

$$c(t)=1-\frac{\mathrm{e}^{-\zeta\omega_{\mathrm{n}}t}}{\sqrt{1-\zeta^{2}}}\sin(\omega_{\mathrm{d}}t+\theta)\quad t\geqslant 0 \tag{6-15}$$

对应的响应曲线如图6-5所示。

下面根据式(6-15)和图6-5所示曲线来讨论性能指标与系统参数之间的关系。

(1) 上升时间 t_r　由上升时间的定义知，当 $t=t_r$ 时，$c(t_r)=1$，由式(6-15)可得

$$\frac{e^{-\zeta\omega_n t}}{\sqrt{1-\zeta^2}}\sin(\omega_d t+\theta)=0$$

即
$$\sin(\omega_d t+\theta)=0$$

所以
$$\omega_d t+\theta=k\pi \quad k=0,1,2,\cdots$$

由于上升时间 t_r 是 $c(t)$ 第一次到达稳态值的时间，故取 $k=1$，所以

$$t_r=\frac{\pi-\theta}{\omega_d}=\frac{\pi-\theta}{\omega_n\sqrt{1-\zeta^2}} \tag{6-16}$$

由式(6-16)可以看出，当 ω_n 一定时，阻尼比 ζ 越大，上升时间 t_r 越长，当 ζ 一定时，ω_n 越大，则 t_r 越小。

(2) 峰值时间 t_p　根据峰值时间的定义，由式(6-15)对时间求导，并令其等于零，即

$$\left.\frac{dc(t)}{dt}\right|_{t=t_p}=0$$

得

$$\zeta\sin(\omega_d t+\theta)-\omega_d\cos(\omega_d t_p+\theta)=0$$

经变换可得

$$\tan(\omega_d t_p+\theta)=\frac{\omega_d}{\zeta\omega_n}=\frac{\sqrt{1-\zeta^2}}{\zeta}=\tan\theta$$

所以
$$\omega_d t_p+\theta=k\pi+\theta$$

即
$$\omega_d t_p=k\pi \quad k=1,2,\cdots$$

因为峰值时间 t_p 是 $c(t)$ 到达第一个峰值的时间，故取 $k=1$，所以

$$t_p=\frac{\pi}{\omega_d}=\frac{\pi}{\omega_n\sqrt{1-\zeta^2}} \tag{6-17}$$

可见，当 ζ 一定时，ω_n 越大，t_p 越小，反应速度越快。当 ω_n 一定时，ζ 越小，t_p 也越小。由于 ω_d 是闭环极点虚部的数值，ω_d 越大，则闭环极点到实轴的距离越远，因此，也可以说峰值时间 t_p 与闭环极点到实轴的距离成反比。

(3) 超调量 σ_p　将式(6-17)代入式(6-15)求得输出量的最大值为

$$c(t_p)=1-\frac{e^{\frac{-\pi\zeta}{\sqrt{1-\zeta^2}}}}{\sqrt{1-\zeta^2}}\sin(\pi+\theta)$$

由图6-4可知

$$\sin(\pi+\theta)=-\sin\theta=-\sqrt{1-\zeta^2}$$

所以
$$c(t_p)=1+e^{\frac{-\pi\zeta}{\sqrt{1-\zeta^2}}}$$

根据超调量的定义，并考虑到 $c(\infty)=1$，求得

$$\sigma_p=\frac{c(t_p)-c(\infty)}{c(\infty)}\times100\%=e^{\frac{-\pi\zeta}{\sqrt{1-\zeta^2}}}\times100\% \tag{6-18}$$

式(6-18)表明，σ_p 只是 ζ 的函数，与 ω_n 无关，ζ 越小，σ_p 越大。当二阶系统的阻尼比 ζ 确定后，即可求得对应的超调量 σ_p。反之，如果给出了超调量的要求值，也可求得相应的阻尼比的数值。一般当 $\zeta=0.4\sim0.8$ 时，相应的超调量 $\sigma_p=2.5\%\sim1.5\%$。σ_p 与 ζ 的

关系曲线如图6-10所示。

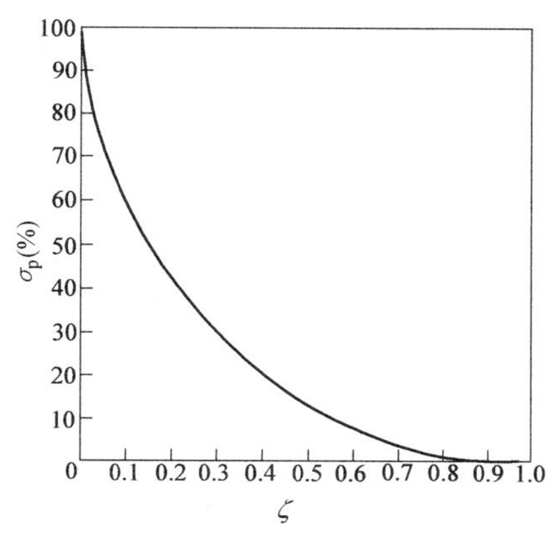

图6-10　$\zeta-\sigma_p$ 的关系曲线

对于衰减比 n（见第1章图1-19），表达式为

$$n=\frac{M_p}{M'_p}=\frac{e^{-\pi\zeta/\sqrt{1-\zeta^2}}}{e^{-3\pi\zeta/\sqrt{1-\zeta^2}}}=e^{2\pi\zeta/\sqrt{1-\zeta^2}} \tag{6-19}$$

式(6-19)表明，n 也只是 ζ 的函数。

（4）调节时间 t_s　根据条件时间的定义有

$$|c(t)-c(\infty)|\leqslant\Delta c(\infty)\quad t\geqslant t_s \tag{6-20}$$

式中，$\Delta=0.05$（或0.02）。将式(6-15)及 $c(\infty)=1$ 代入式(6-20)，得

$$\left|\frac{e^{\frac{-\pi\zeta}{\sqrt{1-\zeta^2}}}}{\sqrt{1-\zeta^2}}\sin(\pi+\theta)\right|\leqslant\Delta\quad t\geqslant t_s$$

为简单起见，可以采用近似的计算方法，忽略正弦函数的影响，考虑指数项衰减到0.05（或0.02）时，过渡过程结束，于是得到

$$\frac{e^{\frac{-\pi\zeta}{\sqrt{1-\zeta^2}}}}{\sqrt{1-\zeta^2}}\leqslant\Delta\quad t\geqslant t_s$$

由此可求得

$$t_s\geqslant\frac{1}{\zeta\omega_n}\ln\frac{1}{\Delta\sqrt{1-\zeta^2}}=\frac{1}{\zeta\omega_n}\left(\ln\frac{1}{\Delta}+\ln\frac{1}{\sqrt{1-\zeta^2}}\right) \tag{6-21}$$

若取 $\Delta=0.05$，则得

$$t_s\geqslant\frac{3+\ln\frac{1}{\sqrt{1-\zeta^2}}}{\zeta\omega_n} \tag{6-22}$$

若取 $\Delta=0.02$，则得

$$t_s\geqslant\frac{4+\ln\frac{1}{\sqrt{1-\zeta^2}}}{\zeta\omega_n} \tag{6-23}$$

当 $0<\zeta<0.9$ 时，式(6-22)和式(6-23)可分别近似为

$$t_s\approx\frac{3}{\zeta\omega_n}(\Delta=0.05)\text{和}\ t_s\approx\frac{4}{\zeta\omega_n}(\Delta=0.02) \tag{6-24}$$

式(6-24)表明，调节时间 t_s 近似与 $\zeta\omega_n$ 成反比。由于 $\zeta\omega_n$ 是闭环极点实部的数值，$\zeta\omega_n$ 越大，则闭环极点到虚轴的距离越远，因此，可以近似地认为调节时间 t_s 与闭环极点到虚轴的距离成反比。在设计系统时，ζ 通常有要求的超调量所决定，而调节时间 t_s 则由自然振荡频率 ω_n 所决定。也就是说，在不改变超调量的条件下，通过改变 ω_n 的值可以改变调节时间。

由以上分析可见，阻尼比 ζ 和无阻尼自振频率 ω_n 是二阶系统的两个重要特征参数。当保持 ζ 不变时，提高 ω_n 可使 t_r、t_p、t_s 下降，从而提高系统的快速性，同时保持 σ_p 不变。当保持 ω_n 不变时，增大 ζ 可使 σ_p 和 t_s（$0<\zeta<0.8$）下降，但使 t_r 和 t_p 上升。显然在系统的振荡性能和快速性之间是存在矛盾的，要使二阶系统具有满意的动态性能，必须选取合适的阻尼比和无阻尼自振荡率。通常可根据系统对超调量的要求选定 ζ，然后再根据其他要求来确定 ω_n。

6.1.3 改善二阶系统性能的措施

从前面的分析可以看出，通过调整系统参数 ζ 和 ω_n，可使系统性能得到改善，但同时也看到各性能指标之间的矛盾。为了提高系统的平稳性，要求增大阻尼 ζ，但 ζ 的增大，又会使上升时间、峰值时间和延迟变长。因此，典型的二阶系统难以兼顾系统响应的快速性与平稳性要求，必须研究改善二阶系统性能的其他措施。本节对二阶系统的比例微分控制和速度反馈控制进行介绍。

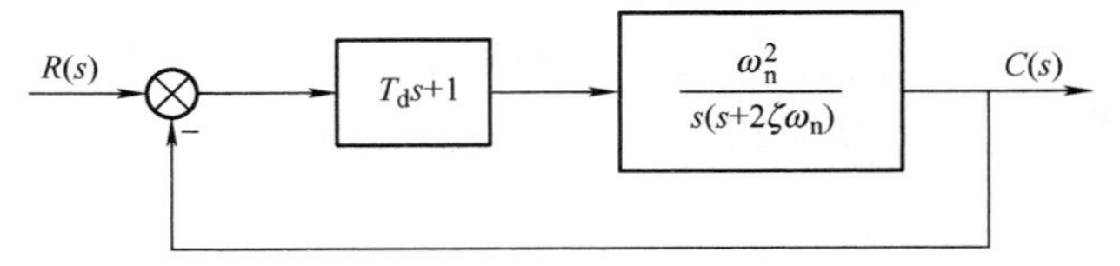

图 6-11 二阶系统的比例微分控制

1. 二阶系统的比例微分控制

设二阶系统的比例微分控制如图 6-11所示。为清楚起见，将框图分解为图 6-12。图 6-12 中，$E(s)$ 为误差信号，1 为比例因子，T_d为微分时间常数。可见，系统输出受偏差控制外，还受偏差速率的控制。即比例微分控制可根据偏差的变化趋势产生控制作用，因而是一种“预见”控制。

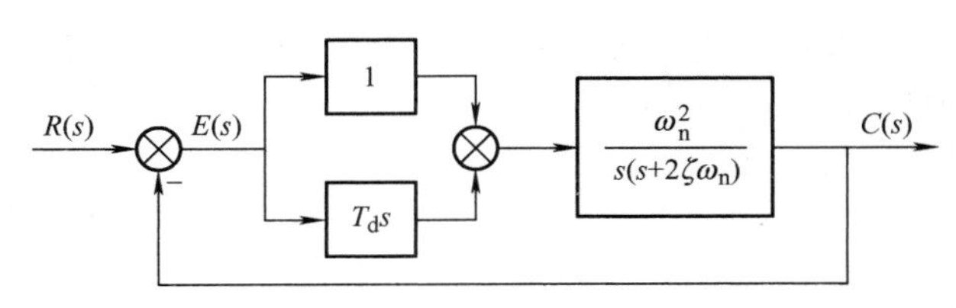

图 6-12 比例微分控制分解图

开环传递函数为

$$G(s)=\frac{C(s)}{E(s)}=\frac{\omega_n(T_ds+1)}{s(s+2\zeta\omega_n)}=\frac{K(T_ds+1)}{s\left(\dfrac{s}{2\zeta\omega_n}+1\right)} \tag{6-25}$$

式中，K 为开环增益，$K=\omega_n/2\zeta$。设 $a=1/T_d$，则系统闭环传递函数为

$$\Phi(s)=\frac{\omega_n^2}{a}\frac{s+a}{s^2+2\zeta_d\omega_n+\omega_n^2} \tag{6-26}$$

式中，$\zeta_d=\zeta+\dfrac{\omega_n}{2a}$。

可见，加入比例微分控制后，系统的阻尼比增大；且与原系统相比，增加了闭环零点 $-a=1/T_d$。在系统的二阶系统的分析中，已经分析了阻尼比对系统性能的影响，下面接着来分析闭环零点对系统的影响。

由式(6-26) 可知，系统输入为

$$C(s)=\frac{\omega_n^2}{s^2+2\zeta_d\omega_n+\omega_n^2}R(s)+\frac{\omega_n^2/a}{s^2+2\zeta_d\omega_n+\omega_n^2}sR(s) \tag{6-27}$$

其时域表达式为

$$c(t)=c_1(t)+\frac{1}{a}c_1(t) \tag{6-28}$$

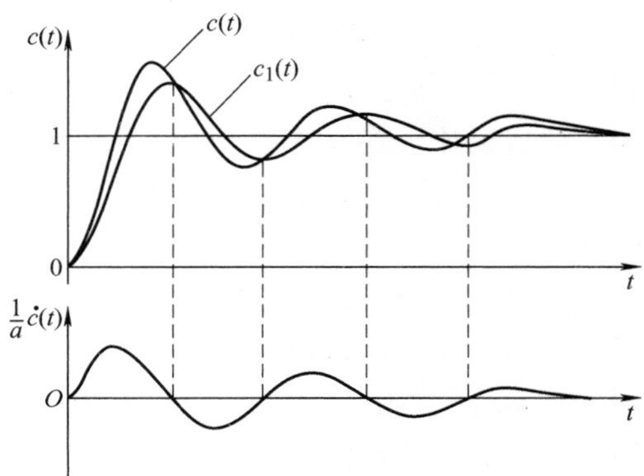

图 6-13 闭环零点对系统暂态响应的影响

即增加闭环零点后，系统输入是在无零点系统(典型二阶系统）输入的基础上，增加了附加的微分项。其相应曲线示意图如图 6-13 所示。

可见，闭环零点可以提高响应速度，使上升

时间缩短，峰值时间提前。

总结以上分析，可知比例微分方程控制具有如下特点。

1）引入比例微分控制，使系统阻尼比增大，从而抑制振荡，使超调减弱，改善系统平稳性。

2）零点的出现，将会加快系统响应速度，使上升时间缩短，峰值提前，削弱了阻尼作用。因此适当选择微分时间常数 T_d 将使系统得到比较满意的动态性能。

3）比例微分控制不改变系统开环增益和自然振荡频率，对系统误差没有影响。

2. 二阶系统的速度反馈控制

在二阶系统中引入速度反馈（又称测速反馈或微分反馈）后的结构图如图6-14所示。

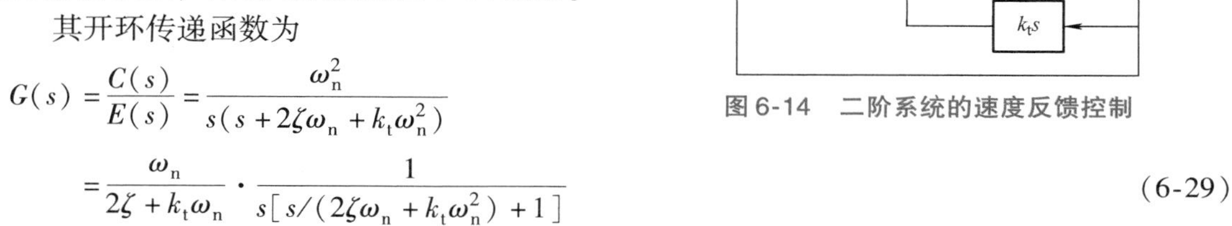

图6-14　二阶系统的速度反馈控制

其开环传递函数为

$$G(s)=\frac{C(s)}{E(s)}=\frac{\omega_n^2}{s(s+2\zeta\omega_n+k_t\omega_n^2)}$$

$$=\frac{\omega_n}{2\zeta+k_t\omega_n}\cdot\frac{1}{s[s/(2\zeta\omega_n+k_t\omega_n^2)+1]} \tag{6-29}$$

系统闭环传递函数为

$$\frac{C(s)}{R(s)}=\frac{\omega_n^2}{s^2+(2\zeta\omega_n+k_t\omega_n^2)s+\omega_n^2}=\frac{\omega_n^2}{s^2+2\zeta_t\omega_n s+\omega_n^2} \tag{6-30}$$

式中，$\zeta_t=\zeta+\frac{1}{2}k_t\omega_n$。

由上可知：

1）速度反馈使阻尼增大，振荡和超调减小，改善了系统平稳性。

2）速度负反馈控制的闭环传递函数无零点，其输出平稳性优于比例微分控制。

3）系统开环增益减小，跟踪斜坡输入时稳态误差会加大，因此应适当提高系统的开环增益。

【例6-1】　已知角度随动系统框图如图6-15所示，b 的大小代表速度反馈系数的大小，分别求当 $b=0$ 和 $b=0.05$ 时系统单位阶跃响应性能指标：$\sigma\%$，t_s，t_p。

【解】　当 $b=0$ 时，闭环传递函数为

$$\Phi(s)=\frac{\frac{10}{s(0.1s+1)}}{1+\frac{10}{s(0.1s+1)}}=\frac{100}{s^2+10s+100}$$

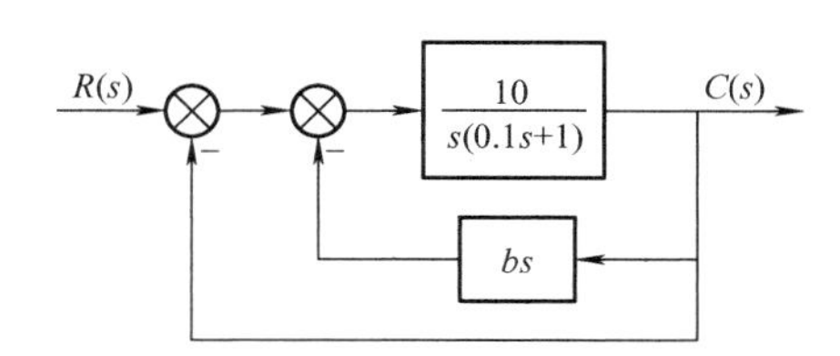

图6-15　系统框图

对比典型二阶系统标准形式，得

$$\begin{cases}\omega_n^2=100\\2\zeta\omega_n=10\end{cases}\Rightarrow\omega_n=10,\zeta=0.5$$

系统超调量

$$\sigma\%=e^{-\frac{\pi\zeta}{\sqrt{1-\zeta^2}}}\times100\%=16.3\%$$

峰值时间

$$t_p=\frac{\pi}{\omega_d}=\frac{\pi}{\omega_n\sqrt{1-\zeta^2}}=0.363s$$

调节时间（$\Delta=0.05$）

$$t_s = \frac{3}{\zeta\omega_n} = 0.6\text{s}$$

当 $b=0.05$ 时，系统闭环传递函数为

$$\Phi(s) = \frac{\dfrac{10}{s(0.1s+1)}}{1+\dfrac{10}{s(0.1s+1)}(1+bs)} = \frac{100}{s^2+(10+100b)s+100} = \frac{100}{s^2+15s+100}$$

对比典型二阶系统标准形式，得

$$\begin{cases}\omega_n^2 = 100 \\ 2\zeta\omega_n = 15\end{cases} \Rightarrow \omega_n = 10, \zeta = 0.75$$

系统超调量

$$\sigma\% = e^{-\frac{\pi\zeta}{\sqrt{1-\zeta^2}}} \times 100\% = 2.8\%$$

峰值时间

$$t_p = \frac{\pi}{\omega_d} = \frac{\pi}{\omega_n\sqrt{1-\zeta^2}} = 0.47\text{s}$$

调节时间（$\Delta=0.05$）

$$t_s = \frac{3}{\zeta\omega_n} = 0.4\text{s}$$

可见，选择适当的速度反馈系数，可以显著提高系统动态性能；对于比例微分控制也如此。

3. 比例微分控制与速度反馈控制的比较

比例微分控制与速度反馈控制都可改善系统动态特性，但在实际应用时，有很多必须考虑的因素。下面讨论两种控制方式的主要区别。

1）附加阻尼来源：比例微分控制的阻尼作用来源于系统偏差信号的速度；速度反馈控制的阻尼作用来源于系统输出端响应的速度。

2）对动态性能的影响：比例微分控制在系统中增加了零点，可加快响应速度。在相同阻尼比的情况下，比例微分控制的超调量会大于速度反馈控制的超调量。

3）对开环增益和自然振荡频率的影响：比例微分控制不改变系统的开环增益和自然振荡频率；速度反馈控制虽不改变自然振荡频率，却降低了系统的开环增益。因而对于具有常值稳态误差的系统，速度反馈要求较大的开环增益。而开环增益的增大，又使自然振荡频率增大，在系统存在高频噪声时，可能引起系统共振。

4）使用环境：微分作用对噪声有明显的放大作用，当系统输入端噪声水平较高时，一般不宜采用比例微分控制。同时，由于比例微分控制的输入信号为偏差信号，其能量水平低，需要相当大的放大作用，为了不明显恶化信噪比，需要选用高质量放大器。而速度反馈控制对系统输入噪声有滤波作用，且其输入信号为系统的输出信号，其能量水平较高，因而对元件没有过高的质量要求，适用范围较广。

6.2 控制系统的稳定性分析

稳定性是控制系统能正常工作的前提条件。控制系统在实际运行中，总会受到外界和内部某种扰动的影响，例如负载的波动、系统参数的变化、环境条件的改变等。如果

系统不稳定，就会在任何微小的扰动作用下，偏离原来的平衡状态，并随时间的推移而发散。

稳定性使系统的固有性质，与自身的结构和参数有关，而与系统的输入信号的种类、大小、输入位置和初始条件无关。因而，分析并找出保证系统稳定工作的条件，是自动控制理论的基本任务之一。

6.2.1 线性系统稳定的充分必要条件

当系统在有界的内部或外部扰动的作用下，系统的输出发生变化；而当扰动消失后，经过足够长的时间，如果系统的输出能够回到原来的状态，则认为该系统是稳定的；如果随着时间的推移，系统的输出是发散的，则该系统是不稳定的。

根据前面章节对二阶系统的单位阶跃响应的分析，影响系统的输出量随时间变化的是动态响应分量。而动态响应分量是否衰减只取决于系统闭环极点实部的正或负。如果控制系统的闭环传递函数的极点为负实数和具有负实部的共轭复数，则其对应的响应分量随着时间的推移而衰减；如果控制系统有一个或一个以上为正实数的闭环极点或具有正实部的共轭复数极点，则其对应的动态分量随着时间的推移会越来越大，系统的输出将会发散。

脉冲信号可以看作一种典型的扰动信号，根据系统稳定的定义，若系统在初始条件为零时，作用一个理想的单位脉冲响应，这时系统的输出增量为脉冲响应 $k(t)$。若此动态过程随时间的推移最终趋于零，即

$$\lim_{t\to\infty}k(t)=0$$

则线性系统是稳定的；否则，系统不稳定。

设系统的闭环传递函数为

$$\Phi(s)=\frac{B(s)}{A(s)}=\frac{b_m(s-z_1)(s-z_2)\cdots(s-z_n)}{a_n(s-\lambda_1)(s-\lambda_2)\cdots(s-\lambda_n)}$$

设闭环极点为互不相同的单根，则脉冲响应的拉普拉斯变换为

$$C(s)=\Phi(s)=\frac{A_1}{s-\lambda_1}+\frac{A_2}{s-\lambda_2}+\cdots+\frac{A_n}{s-\lambda_n}=\sum_{i=1}^{n}\frac{A_i}{s-\lambda_i}$$

式中，A_i 为待定常数。对上式进行拉普拉斯反变换，得单位脉冲响应函数为

$$k(t)=A_1e^{\lambda_1 t}+A_2e^{\lambda_2 t}+\cdots+A_ne^{\lambda_n t}=\sum_{i=1}^{n}A_ie^{\lambda_i t}$$

根据稳定性定义，系统稳定时应有

$$\lim_{t\to\infty}k(t)=\lim_{t\to\infty}\sum_{i=1}^{n}A_ie^{\lambda_i t}=0 \tag{6-31}$$

考虑到系数 A_i 的任意性，要使式(6-31)成立，只能有

$$\lim_{t\to\infty}e^{\lambda_i t}=0 \quad i=1,2,\cdots,n \tag{6-32}$$

式(6-32)表明，所有特征根均具有负的实部是系统稳定的必要条件。另一方面，如果系统的所有特征根均具有负的实部，则式(6-31)一定成立。所以，系统稳定的充分必要条件是系统闭环特征方程的所有根都具有负的实部，或者说所有闭环特征根均位于左半 s 平面(不包括虚轴)。

当系统有纯虚根时，系统处于临界稳定状态，脉冲响应呈现等幅振荡。由于系统参数的变化以及扰动是不可避免的，实际上等幅振荡不可能永远维持下去，系统很可能会由于某些

因素而导致不稳定。另外，从工程实践的角度来看，这类系统也不能正常工作，因此在经典控制理论中，将临界稳定系统划归到不稳定系统之列。

线性系统的稳定性是其自身的属性，只取决于系统自身的结构参数，与初始条件及外作用无关。

6.2.2 劳斯稳定判据

既然系统是否稳定完全取决于系统闭环传递函数的极点，那么线性系统稳定性的判别就变成求解系统特征方程的根，并检验所求的根是否都具有负实部。但是对于三阶以上的系统，求解系统的特征方程的根并非是一件容易的事。于是人们希望寻求一种不需要求解高阶代数方程就能判断系统是否稳定的间接方法。劳斯稳定判据就是其中的一种，它是由劳斯（Routh）于1877年首先提出的。劳斯稳定判据是利用特征方程也就是传递函数中分母部分的各项系数进行代数运算，得出全部极点为负实部的条件，以此条件来判断系统是否稳定。有关劳斯判据的数学证明这里从略，下面主要介绍劳斯判据有关的结论及该判据在判别控制系统稳定性方面的应用。

1. 劳斯判据的应用程序

1）写出系统的特征方程式

$$a_0 s^n + a_1 s^{n-1} + a_2 s^{n-2} + \cdots + a_{n-1} s + a_n = 0 \tag{6-33}$$

式中的系数为实数。假设 $a_n \neq 0$，即排除根为零的情况。

2）在至少存在一个正系数的情况下，还存在等于零或等于负值的系数，则必然存在一个或一个以上纯虚根或具有正实部的根。此时系统是不稳定的。如果只关心系统的绝对稳定性，就没有必要按照下列步骤继续进行下去。应当指出，系统特征方程的所有系数都必须是正值。这不是保证系统稳定的充分条件。式(6-33）中的系数都存在，并且全都是正值，是线性系统稳定的必要条件。

3）如果所有的系数都是正的，就可将系统特征方程式的系数组成如下排列的劳斯表：

$$\begin{array}{llllll}
s^n & a_0 & a_2 & a_4 & a_6 & \cdots \\
s^{n-1} & a_1 & a_3 & a_5 & a_7 & \cdots \\
s^{n-2} & b_1 & b_2 & b_3 & b_4 & \cdots \\
s^{n-3} & c_1 & c_2 & c_3 & c_4 & \cdots \\
\vdots & \vdots & \vdots & \vdots & \vdots & \\
s^2 & e_1 & e_2 & & & \\
s^1 & f_1 & & & & \\
s^0 & g_1 & & & &
\end{array}$$

表中有关的系数可根据下列公式来计算

$$b_1 = \frac{a_1 a_2 - a_0 a_3}{a_1},\ b_2 = \frac{a_1 a_4 - a_0 a_5}{a_1},\ b_3 = \frac{a_1 a_6 - a_0 a_7}{a_1} \tag{6-34a}$$

系数 b 的计算一直进行到其余的 b 值全部等于零时为止；系数 c，e，f 的计算，可分别用前两行系数交叉相乘的方法。具体如下：

$$c_1 = \frac{b_1 a_3 - a_1 b_2}{b_1},\ c_2 = \frac{b_1 a_5 - a_1 b_3}{b_1},\ c_3 = \frac{b_1 a_7 - a_1 b_4}{b_1} \tag{6-34b}$$

这一计算过程一直进行到第 n 行为止。为了简化数值运算，可以用一个正整数去除或乘某一行的各项，这时并不改变稳定性的结论。

劳斯稳定判据就是根据所列写的劳斯表第一列系数符号的变化，来判断闭环系统特征方程式的根在 s 平面上的分布情况，具体如下：

① 系统闭环极点全部在左半 s 平面的充分必要条件是特征方程的各项系数全部为正值，并且劳斯表第一列的系数都为正值，相应的系统是稳定的。

② 如果劳斯表中第一列系数的符号有改变，则劳斯表中第一列的系数符号改变的次数等于该系统闭环极点在右半 s 平面上的数目，相应的系统是不稳定的。

【例 6-2】　设三阶系统的特征方程式为

$$a_0s^3+a_1s^2+a_2s+a_3=0$$

试写出系统稳定的充分必要条件。

【解】　根据式(6-34) 列出该三阶系统的劳斯表如下：

$$\begin{array}{lll} s^3 & a_0 & a_2 \\ s^2 & a_1 & a_3 \\ s^1 & \dfrac{a_1a_2-a_0a_3}{a_1} & \\ s^0 & a_3 & \end{array}$$

根据劳斯稳定判据，可得出系统稳定的充分必要条件是

$a_0>0$，$a_1>0$，$a_2>0$，$a_3>0$；$(a_1a_2-a_0a_3)>0$

【例 6-3】　设系统的特征方程式为 $s^5+2s^4+s^3+3s^2+4s+5=0$，试判别其稳定性。

【解】　系统的劳斯表如下：

$$\begin{array}{llll} s^5 & 1 & 1 & 4 \\ s^4 & 2 & 3 & 5 \\ s^3 & -1/2 & 3/2 & \\ s^2 & 9 & 5 & \\ s^1 & 16/9 & & \\ s^0 & 5 & & \end{array}$$

第一列系数的符号改变了两次，由 2 变成 $-1/2$，又由 $-1/2$ 变成 9，因此该系统有两个具有正实部的闭环极点，系统是不稳定的。

在该例中，为了简化计算，在劳斯表的第 3 行，可用 2（正数）乘以第 3 行的各项系数，还可用 9（正数）乘以第 5 行的各项系数，则有

$$\begin{array}{llll} s^5 & 1 & 1 & 4 \\ s^4 & 2 & 3 & 5 \\ s^3 & -1 & 3 & 0 \\ s^2 & 9 & 5 & 0 \\ s^1 & 32 & & \\ s^0 & 5 & & \end{array}$$

这样得到的结论是一样的。即当用一个正整数去乘以某一行的各项时，其结果将不改变。

2. 劳斯稳定判据的特殊情况

当应用劳斯稳定判据分析线性系统的稳定性时，有时会遇到两种特殊情况，使得劳斯表中的计算无法进行下去，这时就需要进行相应的数学处理，处理的原则是不影响劳斯稳定判据的判别结果。

1）劳斯表中某行的第一列的系数等于零，而其余各列的系数不为零，或不全为零。

此时，可用一个很小的正数 ε 来代替为零的那一项，然后按照上述的方法计算劳斯表中的其余各项。如果零（ε）上面的系数符号与零（ε）下面的系数符号相反，表明这里有一个符号变化。如果零（ε）上面的系数符号与零（ε）下面的系数符号相同，表明有一对纯虚根存在。

【例6-4】 设系统的特征方程式为 $s^4+2s^3+s^2+2s+1=0$，试判别其稳定性。

【解】 系统的劳斯表为

$$\begin{array}{llll} s^4 & 1 & 1 & 1 \\ s^3 & 2 & 2 & \\ s^2 & \varepsilon(\approx 0) & 1 & \\ s^1 & 2-\dfrac{2}{\varepsilon} & & \\ s^0 & 1 & & \end{array}$$

现在考察劳斯表的第1列，当 ε 趋近于零时，$2-\dfrac{2}{\varepsilon}$ 的值是一个很大的负值，因此可以认为第1列中的各项数值的符号改变了两次。根据劳斯稳定判据，该系统有两个具有正实部的极点，系统是不稳定的。

再如，系统的特征方程式为 $s^3+2s^2+s+2=0$，其劳斯表为

$$\begin{array}{lll} s^3 & 1 & 1 \\ s^2 & 2 & 2 \\ s^1 & \varepsilon(\approx 0) & \\ s^0 & 2 & \end{array}$$

从劳斯表的第一列可以看出，零（ε）上面的系数符号与零（ε）下面的系数符号相同，表明有一对纯虚根存在。该系统有一对纯虚根为 $s=\pm \mathrm{j}$。

2）劳斯表中某行中的所有各项系数都为零。

此时，表明在 s 平面内存在一些大小相等符号相反的实数极点和（或）一些共轭复数极点。为了写出下面的各行，可用不为零的最后一行的各项系数构造一个方程，这个方程称为辅助方程，式中 s 均为偶次。将该辅助方程对 s 求导数，用求导得到的方程的各项系数来代替为零的各项，然后继续按照劳斯表的列写方法，写出以下的各行。至于这些数值相同但符号相反的根，可以通过解辅助方程得到。但是当一行中的第一列的系数为零，而且没有其他项时，可以像情况1）所述的那样，用很小的正数 ε 代替为零的一项，然后按通常方法计算劳斯表中的其余各项。

【例6-5】 系统的特征方程式为 $D(s)=s^6+2s^5+8s^4+12s^3+20s^2+16s+16=0$，试判别其稳定性。

【解】 列写劳斯表中 $s^6 \sim s^3$ 的项：

s^6	1	8	20	16
s^5	2	12	16	0
s^4	1	6	8	
s^3	0	0	0	

表中，s^3 行的各项全等于零。为了求出 $s^3 \sim s^0$ 各项，可用 s^4 行的各项构造辅助方程：

$$F(s)=s^4+6s^2+8$$

上式表明，系统有两对大小相等、符号相反的根存在，这两对根可通过求解辅助方程 $F(s)=0$ 得到。对辅助方程 $F(s)$ 求导数，得

$$\frac{\mathrm{d}F(s)}{\mathrm{d}s}=4s^3+12s$$

用上式中的各项系数作为 s^3 行的各项系数，并计算以下各行的各项系数，得到劳斯表为

s^6	1	8	20	16	
s^5	2	12	16	0	
s^4	1	6	8		
s^3	4	12			(各项除以2)
s^2	3	8			
s^1	4/3				
s^0	8				

从上表的第一列可以看出，各项符号没有改变，因此可以确定该系统在右半 s 平面没有闭环极点。

另外，由于 s^3 行的各项均为零，这表示有共轭复数极点。这些极点可由辅助方程求出，即求解 $s^4+6s^2+8=0$，解出大小相等、符号相反的虚数极点为 $s_{1,2}=\pm \mathrm{j}\sqrt{2}$，$s_{3,4}=\pm \mathrm{j}2$。

3. 劳斯稳定判据的应用

（1）确定系统的相对稳定性　如果一个系统的特征根都在左半 s 平面，但有些特征根靠近虚轴。尽管满足稳定的条件，但动态过程将具有强烈的振荡特性和缓慢的衰减过程。甚至可能会由于系统内部参数的波动，使得靠近虚轴的特征根跑到右半 s 平面，导致系统变得不稳定。

为保证系统稳定，且具有良好的动态特性，在控制工程中还要涉及相对稳定性的问题，用它来说明系统的稳定程度。在时域分析中，以实部最大的特征根与虚轴的距离 σ 来表示系统的相对稳定性或稳定裕度，如图6-16所示。

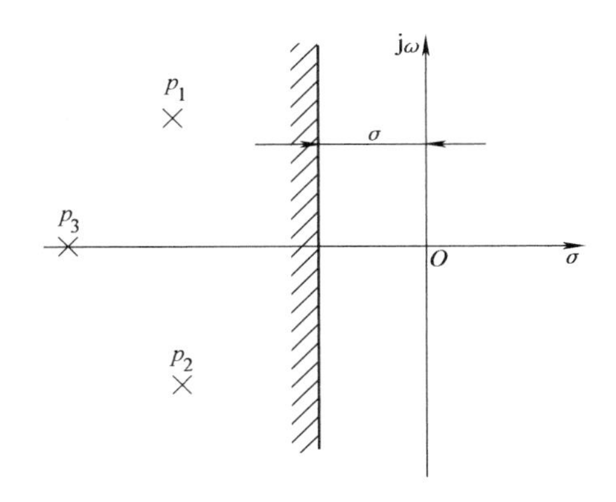

图6-16　系统的相对稳定性

要检查系统是否有 σ 的稳定裕度，可以移动 s 平面的虚轴到 σ 的位置，并把它看作是新的虚轴。如果系统的全部特征根都位于新虚轴的左边，则系统具有 σ 的稳定裕度。也就是说：

1）将 $s=s_1-\sigma(\sigma>0)$ 代入系统的特征方程，列出以 s_1 为变量的新的方程。

2）对以 s_1 为变量的新方程，应用劳斯稳定判据判别系统的稳定性。如果系统稳定，则系统具有 σ 的稳定裕度。

【例6-6】 设控制系统如图6-17所示。试用劳斯稳定判据确定使系统稳定的开环增益K的取值范围。如果要求闭环系统具有$\sigma=1$的稳定裕度，即要求闭环系统的极点全部位于$s=-1$垂线的左边取值范围又应取多大？

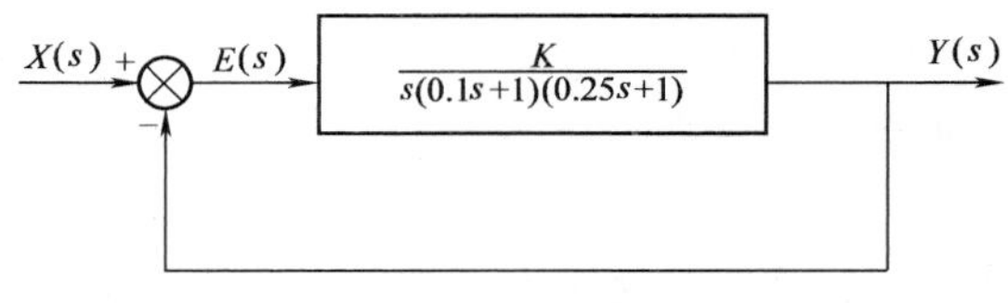

图6-17 控制系统框图

【解】 根据图6-17可写出系统的闭环传递函数为

$$\Phi(s)=\frac{K^*}{s(s+4)(s+10)+K^*}$$

式中，$K^*=40K$。

由上式可得到系统特征方程为$s^3+14s^2+40s+K=0$。相应的劳斯表为

$$\begin{array}{lll} s^3 & 1 & 40 \\ s^2 & 14 & K^* \\ s^1 & \dfrac{560-K^*}{14} & \\ s^0 & K^* & \end{array}$$

为了使系统稳定，劳斯表中第一列各系数必须为正，于是得

$$0<K^*<560,\ 0<K<14$$

上面不等式表明，当$K=14$时，系统处于临界稳定状态。由稳定性的定义可知，开环增益$K>14$时，闭环系统将变得不稳定。

如果要求闭环系统的极点在s平面上全部位于$s=-1$垂线的左边，可令$s=s_1-1$代入原特征方程，得到s_1的特征方程为

$$(s_1-1)^3+14(s_1-1)^2+40(s_1-1)+K^*=0$$

整理得

$$s_1^3+11s_1^2+15s_1+(K^*-27)=0$$

相应的劳斯表为

$$\begin{array}{lll} s_1^3 & 1 & 15 \\ s_1^2 & 11 & K^*-27 \\ s_1^1 & \dfrac{165-(K^*-27)}{11} & \\ s_1^0 & K^*-27 & \end{array}$$

令劳斯表中第一列各系数为正，得$27<K^*<192$，即有$0.675<K<4.8$。

当开环增益K在上述范围内取值时，可保证在左半s平面上，闭环三个极点全部位于$s=-1$垂线左边的区域。

(2) 分析系统参数对稳定性的影响 劳斯判据还可以方便地用于分析系统参数变化对稳定性的影响，得到使系统稳定工作的参数范围。

【例6-7】 设单位反馈控制系统的前向通道的传递函数为$G(s)=\dfrac{K}{s(1+T_1s)(1+T_2s)}$，试用劳斯稳定判据确定使系统稳定的开环增益$K$的取值范围。

【解】 由题意，写出系统的闭环传递函数为

$$G(s)=\frac{K}{s(1+T_1s)(1+T_2s)+K}$$

由上式可得系统的特征方程式为 $T_1T_2s^3+(T_1+T_2)s^2+s+K=0$，则相应的劳斯表为

$$\begin{array}{lll} s^3 & T_1T_2 & 1 \\ s^2 & T_1+T_2 & K \\ s^1 & \dfrac{T_1+T_2-KT_1T_2}{T_1+T_2} & \\ s^0 & K & \end{array}$$

令劳斯表中第一列各系数为正，得 $T_1T_2>0$，$T_1+T_2>0$，$0<K<\dfrac{T_1+T_2}{T_1T_2}$。当开环增益 K 在以上范围内取值时系统稳定。

如果需要确定系统其他参数，例如时间常数对系统稳定性的影响，方法是类似的。但是，一般来说，这种待定参数不能超过两个。

上述分析表明，系统参数对系统的稳定性是有影响的。适当选取系统某些参数，不但可以使系统稳定，而且可以使系统具有良好的动态特性。

6.3　线性控制系统频域分析

系统的动态性能用时域响应来描述最为直观和逼真，但用解析方法求解系统的时域响应非常困难，对于高阶系统就更加困难，尤其是当方程已经解出而系统响应不能满足性能指标时，不容易看出和决定应该如何调整系统结构和参数来获得预期的效果。因此，实际工程中希望找出一种方法，使之不用实际求解微分方程就可以得到系统的性能；同时这种方法又能方便地指出应该如何调整系统，使其达到希望的性能指标。

于是人们借助在通信领域发展起来的频域分析法。在通信系统中，较常见的信号是正弦信号。在正弦信号的作用下，系统输出的稳态分量称为频率响应。系统的频率响应与正弦输入信号之间的关系称为频率特性。应用频率特性研究线性系统的经典方法称为频域分析法。本节主要介绍频率特性的概念、典型环节和系统的频率特性以及频率特性图的应用。

6.3.1　频率特性的基本概念

1. 频率特性的定义

为了说明频率特性的基本要领，首先研究图6-18所示 RC 网络对正弦信号的响应。如果网络的输入电压为 $u_1(t)=U_{\mathrm{m}}\sin\omega t$，从交流电路理论知，其稳态输出电压 $u_2(t)$ 是与输入电压同频率的正弦振荡信号，但振幅和相位与输入信号不同。为了求稳态输出电压 $u_2(t)$，先求网络的复数导纳 Y，即

$$Y=\frac{1}{R+\dfrac{1}{\mathrm{j}\omega C}}=\frac{\mathrm{j}\omega C}{\mathrm{j}T\omega+1} \tag{6-35}$$

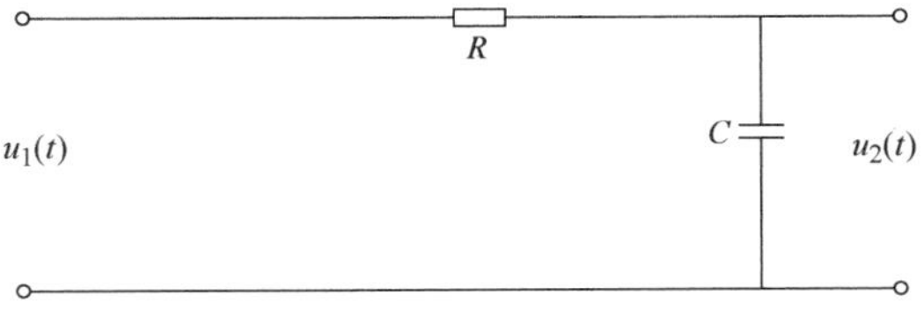

R　C　$u_1(t)$　$u_2(t)$

图6-18　RC 网络

式中，$T=RC$，复数电流为

$$\dot{I}=Y\dot{U}_1 \tag{6-36}$$

而复数输出电压为

$$\dot{U}_2=\frac{1}{\mathrm{j}\omega C}\dot{I} \tag{6-37}$$

把式(6-35)、式(6-36) 代入式(6-37)，得

$$\dot{U}_2=\frac{1}{\mathrm{j}\omega C}\cdot\frac{\mathrm{j}\omega C}{\mathrm{j}T\omega+1}\dot{U}_1=\frac{1}{\mathrm{j}T\omega+1}\dot{U}_1=\frac{1}{\sqrt{(T\omega)^2+1}}\mathrm{e}^{\mathrm{j}\varphi(\omega)}\dot{U}_1 \tag{6-38}$$

式中，$\varphi(\omega)=-\arctan T\omega$。由式(6-38) 得到稳态输出电压的时域表达式为

$$u_2(t)=\frac{U_\mathrm{m}}{\sqrt{(T\omega)^2+1}}\sin[\omega t+\varphi(t)] \tag{6-39}$$

则系统的稳态正弦输出信号的复数值与输入正弦信号的复数值之比为

$$G(\mathrm{j}\omega)=\frac{\dot{U}_1}{\dot{U}_2}=\frac{1}{\mathrm{j}T\omega+1}=|G(\mathrm{j}\omega)|\mathrm{e}^{\mathrm{j}\varphi(\omega)} \tag{6-40}$$

式(6-40) 为图6-18 所示 *RC* 网络的频率特性，频率特性 $G(\mathrm{j}\omega)$ 是一个既有大小又有方向且以频率 ω 为自变量的复变函数。如图6-19 所示，矢量$\boldsymbol{G}(\mathrm{j}\omega)$ 的模 $|\boldsymbol{G}(\mathrm{j}\omega)|=1/\sqrt{(T\omega)^2+1}$ 称为该网络的幅频特性，矢量$\boldsymbol{G}(\mathrm{j}\omega)$ 和正实轴的夹角 $\varphi(\omega)=-\arctan T\omega$ 称为该网络的相频特性。

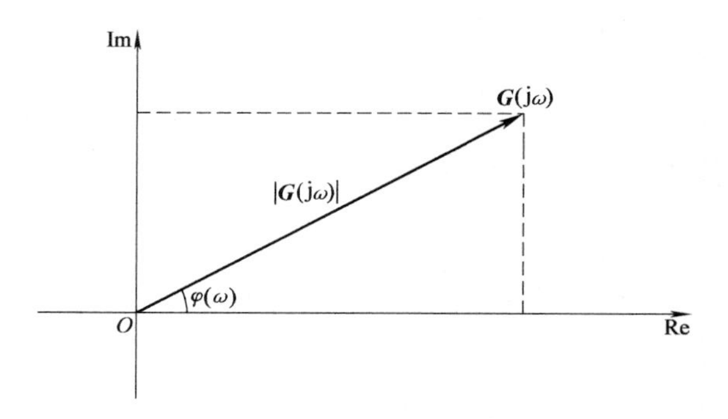

图6-19 复数域的 *RC* 网络的频率特性

不难看出，只要用 $\mathrm{j}\omega$ 代替该网络传递函数中的 s，便可得到其频率特性 $G(\mathrm{j}\omega)$。下面讨论这个结论的一般性。

对于输入为 $x(t)$，输出为 $y(t)$ 的一般线性定常系统，其传递函数可表示为

$$G(s)=\frac{Y(s)}{X(x)}=\frac{b_ms^m+b_{m-1}s^{m-1}+\cdots+b_1s+b_0}{a_ns^n+a_{n-1}s^{n-1}+\cdots+a_1s+a_0}=\frac{P(s)}{(s-s_1)(s-s_2)\cdots(s-s_n)} \tag{6-41}$$

式中，$s_1,s_2,\cdots,s_n$ 为系统传递函数的极点；当输入信号为 $x(t)=X_\mathrm{m}\sin\omega t$ 时，其拉普拉斯变换为 $X(s)=\dfrac{X_\mathrm{m}\omega}{s^2+\omega^2}=\dfrac{X_\mathrm{m}\omega}{(s-\mathrm{j}\omega)(s+\mathrm{j}\omega)}$；系统输出的拉普拉斯变换为

$$\begin{aligned}Y(s)=G(s)X(s)&=\frac{P(s)}{(s-s_1)(s-s_2)\cdots(s-s_n)}\cdot\frac{X_\mathrm{m}\omega}{(s-\mathrm{j}\omega)(s+\mathrm{j}\omega)}\\&=\sum_{i=1}^{n}\frac{A_\mathrm{i}}{s-s_\mathrm{i}}+\frac{B}{s-\mathrm{j}\omega}+\frac{B^*}{s+\mathrm{j}\omega}\end{aligned} \tag{6-42}$$

式中，$A_i(i=1,\ 2,\ \cdots,\ n)$ 及 B、B^* 为待定系数。对式(6-42) 进行拉普拉斯反变换，得

$$y(t)=\sum_{i=1}^{n}A_\mathrm{i}\mathrm{e}^{s_it}+B\mathrm{e}^{\mathrm{j}\omega t}+B^*\mathrm{e}^{-\mathrm{j}\omega t}$$

对于稳定的系统，极点 $s_1,s_2,\cdots,s_n$ 均具有负实部；当 $t\to\infty$ 时，$\mathrm{e}^{s_1t},\mathrm{e}^{s_2t},\cdots,\mathrm{e}^{s_nt}$ 衰减至零，所以输出的稳态分量为

$$y_{\mathrm{ss}}(t)=B\mathrm{e}^{\mathrm{j}\omega t}+B^*\mathrm{e}^{-\mathrm{j}\omega t} \tag{6-43}$$

式中，

$$B=G(s)\frac{X_\mathrm{m}\omega}{s+\mathrm{j}\omega}\bigg|_{s=\mathrm{j}\omega}=G(\mathrm{j}\omega)\frac{X_\mathrm{m}}{2\mathrm{j}} \tag{6-44}$$

$$B^* = G(s)\frac{X_m\omega}{s-j\omega}\bigg|_{s=j\omega} = -G(j\omega)\frac{X_m}{2j} \tag{6-45}$$

$G(j\omega)$ 为复数，将其表示为模与辐角的形式，有

$$G(j\omega) = |G(j\omega)|e^{j\varphi(\omega)} \tag{6-46}$$

$$\varphi(\omega) = \arg G(j\omega) = \arctan\frac{\mathrm{Im}[G(j\omega)]}{\mathrm{Re}[G(j\omega)]} \tag{6-47}$$

而

$$G(-j\omega) = |G(-j\omega)|e^{-j\varphi(\omega)} = |G(j\omega)|e^{-j\varphi(\omega)} \tag{6-48}$$

把式(6-44)～式(6-47)代入式(6-48)，有

$$\begin{aligned} y_{ss}(t) &= |G(j\omega)|e^{j\varphi(\omega)}\frac{X_m}{2j}e^{j\omega t} - |G(j\omega)|e^{-j\varphi(\omega)}\frac{X_m}{2j}e^{-j\omega t} \\ &= |G(j\omega)|X_m\frac{e^{j[\omega t+\varphi(\omega)]} - e^{-j[\omega t+\varphi(\omega)]}}{2j} \\ &= Y_m\sin[\omega t+\varphi(\omega)] \end{aligned} \tag{6-49}$$

式中，$Y_m = |G(j\omega)|X_m$。

根据式(6-49)可以这样定义频率特性：若系统的输入信号为正弦函数，则系统输出的稳态分量也是同频率的正弦函数，其振幅扩大为 $|G(j\omega)|$ 倍，相位移动了 $\varphi(\omega) = \arg G(j\omega)$。$|G(j\omega)|$ 和 $\varphi(\omega)$ 都是频率 ω 的函数。输出与输入的振幅比值 $|G(j\omega)|$ 称为系统的幅频特性，输出与输入的相位差 $\varphi(\omega)$ 称为相频特性，而复数 $G(j\omega) = |G(j\omega)|e^{j\varphi(\omega)}$ 称为系统的频率特性。

从推导 $G(j\omega)$ 的过程中，可以得到频率特性与传递函数的关系为

$$G(j\omega) = G(s)|_{s=j\omega} \tag{6-50}$$

此外，系统的频率特性与微分方程也存在内在的联系，它们之间可以相互转换，如图6-20所示。因此频率特性也和微分方程、传递函数一样，可以表征系统的运动特性，它是系统数学模型的一种表示形式。这就是可以利用频率特性来研究系统动态特性的理论依据。

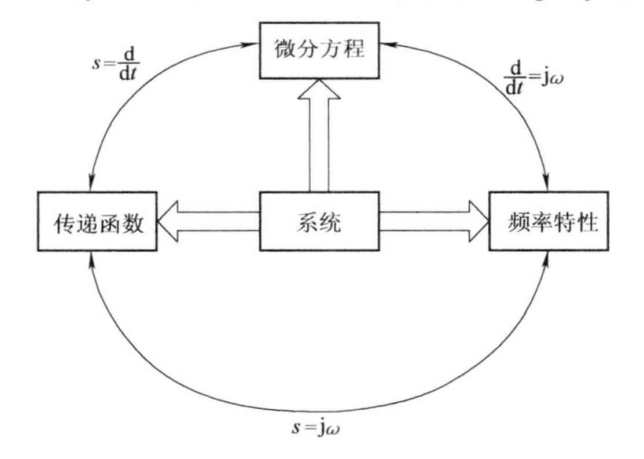

图6-20　频率特性、传递函数和微分方程三种系统之间的关系

2. 频率特性的几何表示方法

在工程分析和设计中，通常把频率特性画成一些曲线，根据频率特性曲线可以对系统进行直观、简便的分析研究。以图6-18所示的 RC 电路为例，介绍控制工程中四种频率特性表示方法（见表6-1），其中第2、3种图示方法在实际中应用最为广泛。

表6-1　常用频率特性曲线及其坐标

序号	名称	图形常用名	坐标系
1	幅频特性曲线 相频特性曲线	频率特性图	直角坐标
2	幅相频率特性曲线	极坐标图、奈奎斯特图	极坐标
3	对数幅频特性曲线 对数相频特性曲线	对数坐标图、伯德图	半对数坐标
4	对数幅相频率特性曲线	对数幅相图、尼科尔斯图	对数幅相坐标

（1）频率特性曲线 频率特性曲线包括幅频特性曲线和相频特性曲线。幅频特性是频率特性幅值 $G(\mathrm{j}\omega)$ 随 ω 的变化规律；相频特性描述频率特性相角 $\angle G(\mathrm{j}\omega)$ 随 ω 的变化规律。图6-18所示电路的频率特性如图6-21所示。

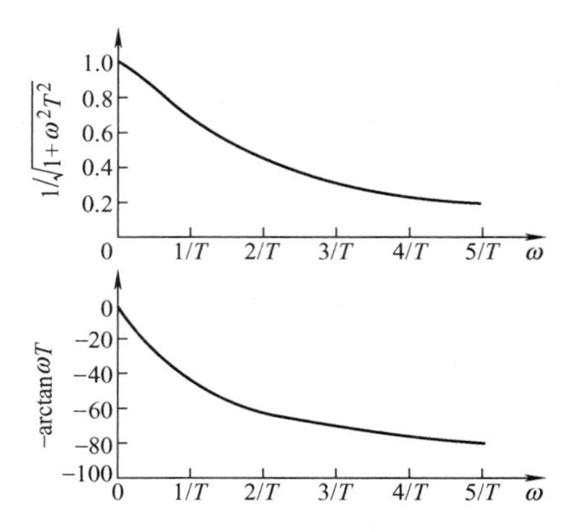

图6-21 RC电路的频率特性曲线

（2）幅相频率特性曲线 幅相频率特性曲线也称为极坐标图或称为奈奎斯特（Nyquist）图。频率特性 $G(\mathrm{j}\omega)$ 是以频率 ω 为自变量的复变函数，它可以表示成模与辐角的形式，也可以表示成实部与虚部的形式，即

$$G(\mathrm{j}\omega)=|G(\mathrm{j}\omega)|\mathrm{e}^{\mathrm{j}\varphi(\omega)} \tag{6-51}$$

或

$$G(\mathrm{j}\omega)=\mathrm{Re}G(\mathrm{j}\omega)+\mathrm{j}\mathrm{Im}G(\mathrm{j}\omega) \tag{6-52}$$

它们之间的关系可由图6-22所示的矢量图得到，即

$$\mathrm{Re}[G(\mathrm{j}\omega)]=|G(\mathrm{j}\omega)|\cos[\varphi(\omega)] \tag{6-53}$$

$$\mathrm{Im}[G(\mathrm{j}\omega)]=|G(\mathrm{j}\omega)|\sin[\varphi(\omega)] \tag{6-54}$$

当频率 ω 从零至无穷大变化时，频率特性的模和辐角也随之变化，图6-22所示矢量端点在复数平面上画出一条曲线。该曲线表示了以 ω 为参变量，模与辐角之间的关系。这条曲线通常被称为幅相频率特性曲线或奈奎斯特曲线，该曲线连同坐标一起称为幅相频率特性图或极坐标图或奈奎斯特图。这里规定幅相频率特性图的实轴正方向为相位的零度线，矢量逆时针转过的角度为正，顺时针转过的角度为负。图中用箭头标明 ω 从小到大的方向。由于幅频特性为 ω 的偶函数，相频特性为 ω 的奇函数，则 ω 从 $0\to\infty$ 变化和 ω 从 $-\infty\to0$ 变化的幅相频率特性曲线关于实轴对称，因此一般只绘制 ω 从 $0\to\infty$ 变化的幅相频率特性曲线。

图6-18所示RC网络的幅频特性和相频特性分别为

$$|G(\mathrm{j}\omega)|=\frac{1}{\sqrt{(T\omega)^2+1}} \tag{6-55}$$

$$\varphi(\omega)=-\arctan T\omega \tag{6-56}$$

当 $\omega=0$ 时，$|G(\mathrm{j}\omega)|=1$，$\varphi(\omega)=0°$；随 ω 的数值增加，$|G(\mathrm{j}\omega)|$ 减小，$\varphi(\omega)$ 向负的方向增加，当 $\omega=1/T$ 时，$|G(\mathrm{j}\omega)|=0.707$，$\varphi(\omega)=-45°$；当 $\omega\to\infty$ 时，$|G(\mathrm{j}\omega)|=0$，$\varphi(\omega)=-90°$。图6-23所示实线就是RC网络的幅相频率特性曲线，虚线部分为 ω 取负值的情况。

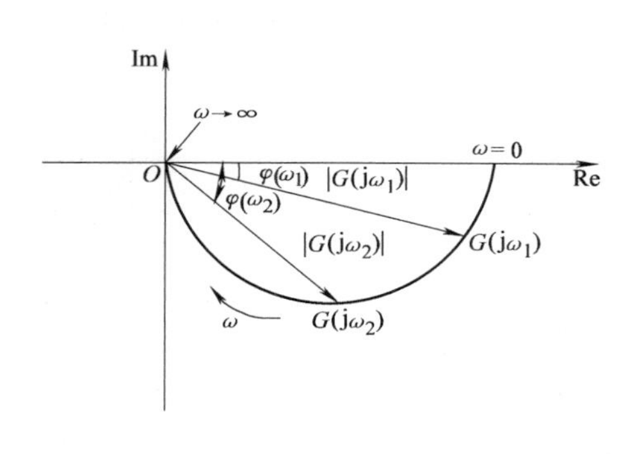

图6-22 幅相频率特性表示法

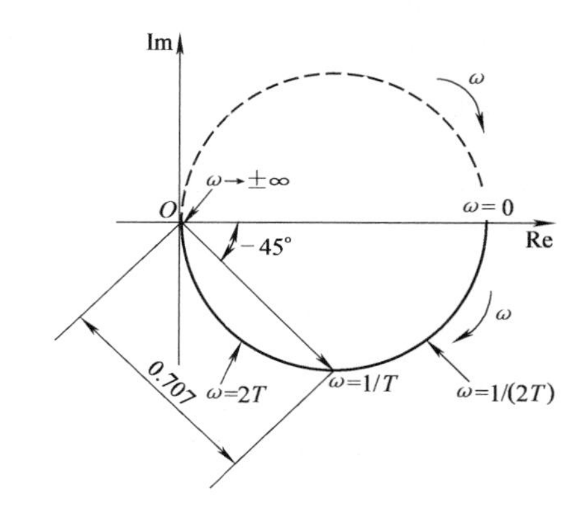

图6-23 RC网络的幅相频率特性曲线

幅相频率特性曲线的优点是在一张图上同时给出了整个频率域的幅频特性和相频特性。它比较简洁直观地表明了系统的频率特性。其主要缺点是不能明显地表示出系统传递函数中各个环节在系统中的作用。

（3）对数频率特性曲线　对数频率特性曲线也称为伯德（Bode）曲线或伯德图，是用两个坐标图分别表示对数幅频特性和对数相频特性。对数幅频特性曲线和对数相频特性曲线连同它们的坐标组成了对数频率特性曲线或称伯德图。

对数频率特性曲线的横坐标按 $\lg\omega$ 均匀分度，ω 和 $\lg\omega$ 的对应关系如图 6-24 所示。从图 6-24 可以看出，ω 的数值每变化 10 倍，在对数坐标上变化一个单位，如 ω 的数值由 0.1rad/s 增加到 1rad/s、由 1rad/s 增加到 10rad/s，或从任一数值 ω_0 增加到 $\omega_1=10\omega_0$，在对数坐标上均增加一个单位，即

$$\lg\omega_1-\lg\omega_0=\lg10\omega_0-\lg\omega_0=\lg10=1\ （单位）$$

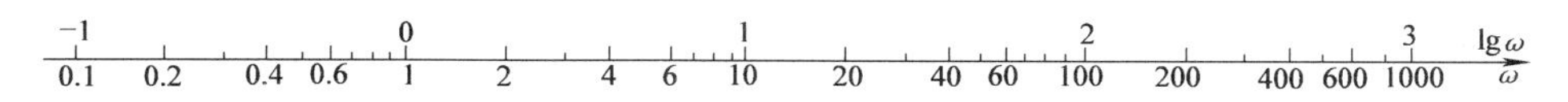

图 6-24　对数频率特性 ω 和 lg ω 的对应关系

ω 的数值变化 10 倍在对数坐标上的长度称为十倍频程，并用英文缩写 dec 表示；从图 6-24 可以看出，如果 ω 的数值变化 1 倍，在对数坐标上变化 0.301 单位，如 ω 的数值由 1rad/s 增加到 2rad/s、2rad/s 增加 4rad/s，或从任意数值 ω_0 增加到 $\omega_1=2\omega_0$，在对数坐标上均变化相等的长度，即

$$\lg\omega_1-\lg\omega_0=\lg2\omega_0-\lg\omega_0=\lg2=0.301\ （单位）$$

ω 的数值变化 1 倍在对数坐标上的长度称为倍频程。

对数幅频特性曲线的纵坐标按 $20\lg|G(j\omega)|$ 均匀分度，其单位是分贝（dB），并用符号 $L(\omega)$ 表示，即 $L(\omega)=20\lg|G(j\omega)|$。

对数相频特性曲线的纵坐标为 $\varphi(\omega)=\arg G(j\omega)$，按度或弧度均匀分度。对数相频特性曲线的横坐标与对数幅频特性曲线的横轴的表示相同。

图 6-18 所示 RC 网络的对数频率特性曲线如图 6-25 所示。为了方便，横坐标虽然是对数分度，但在其刻度上不标 $\lg\omega$ 值，而标 ω 值。

用伯德图描述频率特性的优点如下：

1）可将系统的各个环节串联的幅值相乘化为幅值的叠加，因而简化了作图过程。

2）因为系统的伯德图是由各个环节的伯德图叠加而成的，所以，通过伯德图可以方便地看出各个环节对系统总特性的影响。

3）可以先分段用直线作出对数幅频特性的渐近线，然后再借助正曲线对其进行修正。

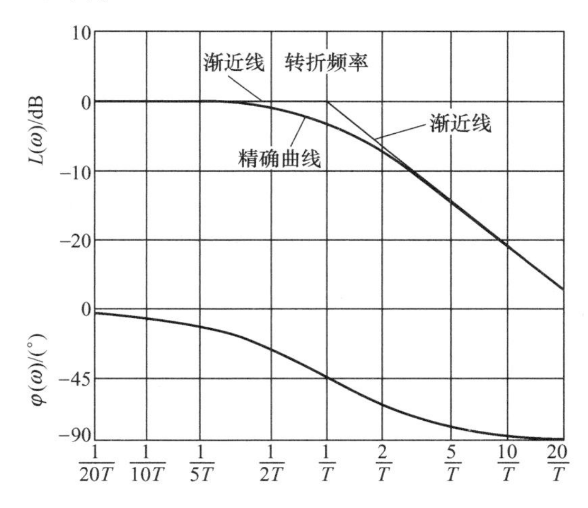

图 6-25　对数频率特性曲线

4）由于伯德图的横坐标采用对数分度，可将高频段的频率刻度压缩，因此伯德图可在很宽的频率范围描述系统的频率特性。

因而，工程上经常使用伯德图来分析系统的性能。

（4）对数幅相特性曲线　对数幅相特性曲线又称为尼科尔斯（Nichols）曲线或尼科尔

斯图。它将对数幅频特性和对数相频特性合起来画成一条曲线，其纵坐标为 $L(\omega)$，单位为分贝（dB），横坐标为 $\varphi(\omega)$，单位为度（°），ω 为参变量。图6-18所示 RC 网络的对数幅相特性曲线如图6-26所示。

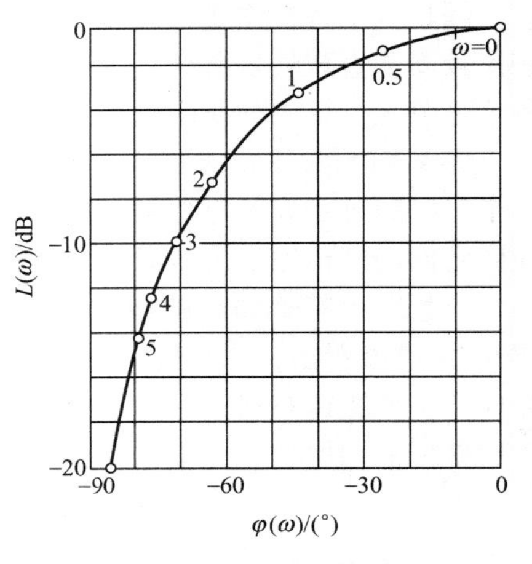

图6-26 RC网络的对数幅相特性

采用对数幅相特性可以利用尼科尔斯图方便地求得系统的闭环频率特性及其有关的特性参数，用以评估系统的性能。

6.3.2 典型环节的频率特性

自动控制系统的数学模型是由各典型环节组成的。因此，熟悉典型环节的频率特性及其图形表达方式，对了解系统的频率特性和分析系统的动态性能都有很大的帮助。本节讲述这些典型环节的频率特性，为绘图方便，本节中除比例环节之外，其余环节的放大系数均设为1。

1. 比例环节的频率特性

（1）幅相频率特性　比例环节的传递函数为

$$G(s)=K \tag{6-57}$$

其频率特性为

$$G(\mathrm{j}\omega)=K \tag{6-58}$$

幅频特性为

$$|G(\mathrm{j}\omega)|=K \tag{6-59}$$

相频特性为

$$\varphi(\omega)=0^\circ \tag{6-60}$$

它们均与频率 ω 无关。比例环节的幅相频率特性为实轴上的一个定点，其坐标为（K，j0），如图6-27所示。

（2）对数频率特性　比例环节的对数幅频特性为

$$L(\omega)=20\lg K \tag{6-61}$$

对数相频特性为

$$\varphi(\omega)=0^\circ \tag{6-62}$$

对数频率特性如图6-28所示。由图6-28可以看出，比例环节的对数幅频特性是一条水平线，分贝值为 $20\lg K$。对数相频特性是一条与0°线相重合的直线。因此，改变 K 值只能使对数幅频特性上升或下降，而对数相频特性不变。

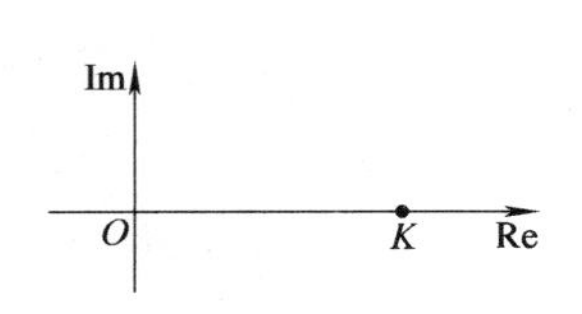

图6-27 比例环节的幅相频率特性

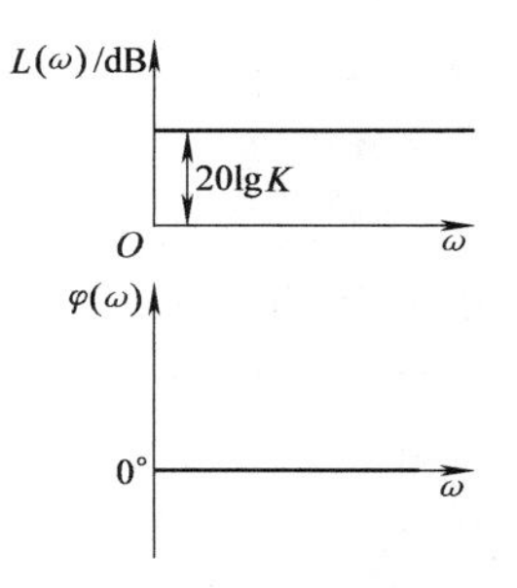

图6-28 比例环节的对数频率特性

2. 积分环节的频率特性

（1）幅相频率特性　积分环节的传递函数为

$$G(s)=\frac{1}{s} \tag{6-63}$$

其频率特性为

$$G(\mathrm{j}\omega)=\frac{1}{\mathrm{j}\omega} \tag{6-64}$$

幅频特性为

$$|G(\mathrm{j}\omega)|=\frac{1}{\mathrm{j}\omega} \tag{6-65}$$

相频特性为

$$\varphi(\omega)=-90^\circ \tag{6-66}$$

积分环节的幅相频率特性如图6-29所示。由图6-29可知，当 ω 由零至无穷大变化时，幅频特性 $|G(\mathrm{j}\omega)|$ 由无穷大变为零，相频特性始终等于 -90°，而与 ω 无关。

（2）对数频率特性　积分环节的对数幅频特性和对数相频特性分别为

$$L(\omega)=20\lg\frac{1}{\omega}=-20\lg\omega \tag{6-67}$$

$$\varphi(\omega)=-90^\circ \tag{6-68}$$

由式(6-67)可知，积分环节的对数幅频特性为过横轴 $\omega=1$，斜率为 $\frac{\mathrm{d}L(\omega)}{\mathrm{d}(\lg\omega)}=-20\mathrm{dB/dec}$ 的直线。对数相频特性与 ω 无关，其值恒为 -90°，所以对数相频特性是一条平行于横轴，纵坐标为 -90° 的直线。积分环节的对数频率特性如图6-30所示。

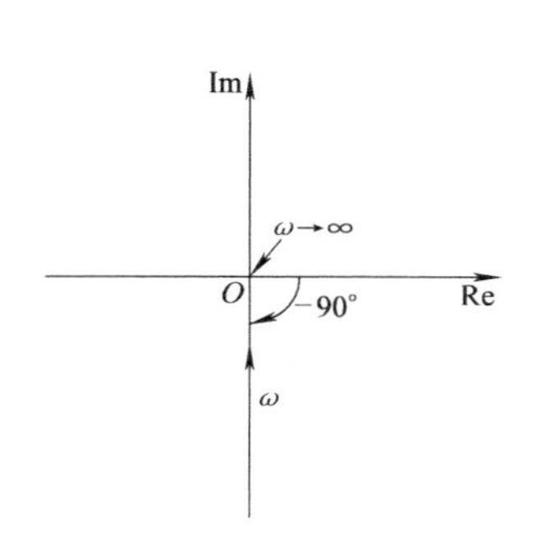

图6-29　积分环节的幅相频率特性

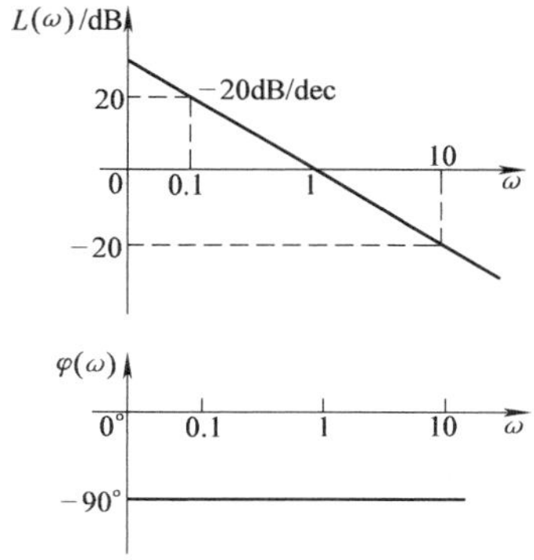

图6-30　积分环节的对数频率特性

3. 纯微分环节的频率特性

（1）幅相频率特性　纯微分环节的传递函数为

$$G(s)=s \tag{6-69}$$

其频率特性为

$$G(\mathrm{j}\omega)=\mathrm{j}\omega \tag{6-70}$$

幅频特性为

$$|G(\mathrm{j}\omega)|=\omega \tag{6-71}$$

相频特性为

$$\varphi(\omega)=90° \tag{6-72}$$

纯微分环节的幅相频率特性如图6-31所示。

由图6-31可知，当ω从零变到无穷大时，纯微分环节的幅频特性由零变到无穷大，相频特性恒等于90°，与频率无关。

（2）对数频率特性 纯微分环节的对数幅频特性为

$$L(\omega)=20\lg\omega \tag{6-73}$$

对数相频特性为

$$\varphi(\omega)=90° \tag{6-74}$$

纯微分环节的对数幅频特性是一条过横轴$\omega=1$，斜率为20dB/dec的直线。对数相频特性与ω无关，其值恒为90°，所以对数相频特性是一条平行于横轴，纵坐标为90°的直线。纯微分环节的对数频率特性如图6-32所示。

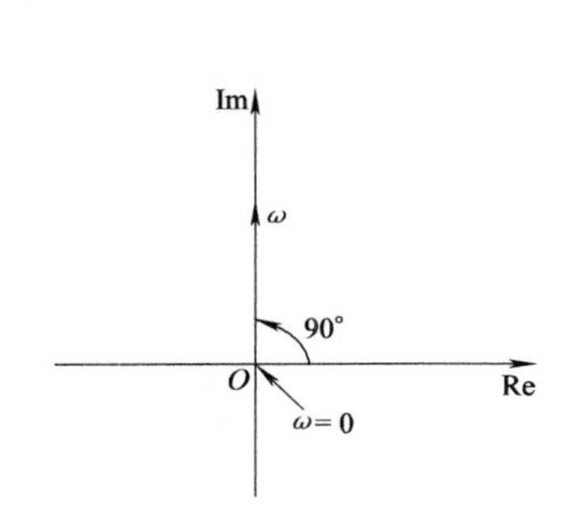

图6-31 纯微分环节幅相频率特性

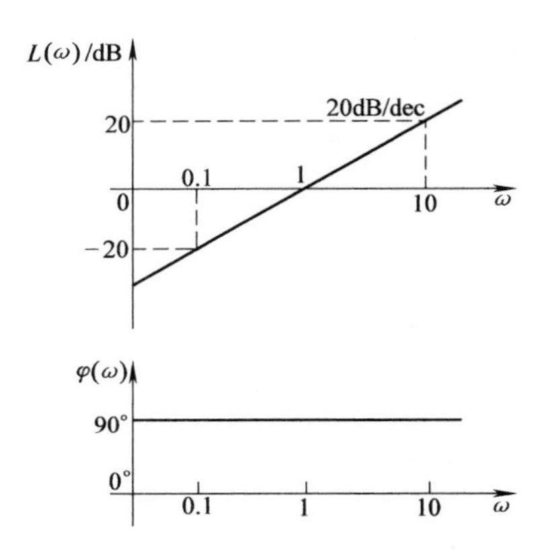

图6-32 纯微分环节对数频率特性

4. 惯性环节的频率特性

（1）幅相频率特性 惯性环节的传递函数为

$$G(s)=\frac{1}{Ts+1} \tag{6-75}$$

其频率特性为

$$G(j\omega)=\frac{1}{Tj\omega+1} \tag{6-76}$$

幅频特性为

$$|G(j\omega)|=\frac{1}{\sqrt{(T\omega)^2+1}} \tag{6-77}$$

相频特性为

$$\varphi(\omega)=-\arctan T\omega \tag{6-78}$$

把频率特性分解为实部和虚部，即

$$G(j\omega)=u+jv$$

式中，

$$u=\frac{1}{(T\omega)^2+1} \tag{6-79}$$

$$v=\frac{-T\omega}{(T\omega)^2+1} \tag{6-80}$$

式(6-80) 除以式(6-79)，得

$$T\omega=-\frac{v}{u} \tag{6-81}$$

将式(6-81) 代入式(6-79)，有

$$u=\frac{1}{\left(-\frac{v}{u}\right)^2+1}$$

$$u^2-u+v^2=0$$

对上式配方之后，得

$$\left(u-\frac{1}{2}\right)^2+v^2=\left(\frac{1}{2}\right)^2 \tag{6-82}$$

由式(6-82) 可知，惯性环节的幅相频率特性曲线为圆，其圆心为 (1/2，j0)，半径为 $R=1/2$。图6-33表示了惯性环节的幅相频率特性，图中下半圆对应于 $0\leqslant\omega\leqslant\infty$，上半圆对应于 $-\infty<\omega<0$。

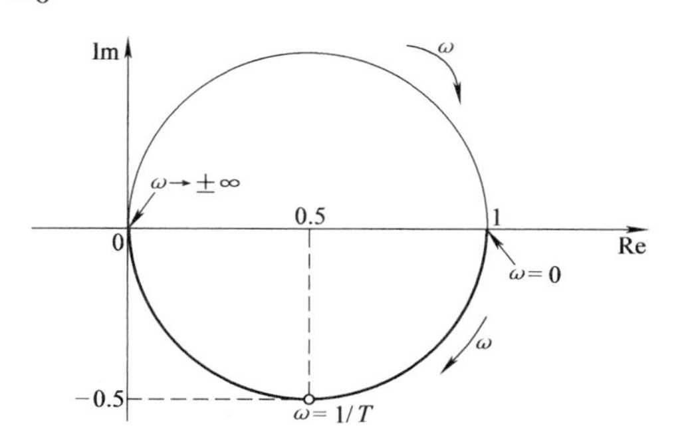

图6-33　惯性环节的幅相频率特性

(2) 对数频率特性　惯性环节的对数幅频特性为

$$L(\omega)=20\lg\frac{1}{\sqrt{(T\omega)^2+1}}=-20\lg\sqrt{(T\omega)^2+1} \tag{6-83}$$

当 $T\omega\ll1$，即 $\omega\ll1/T$ 时，$L(\omega)\approx0\text{dB}$；

当 $T\omega\gg1$，即 $\omega\gg1/T$ 时，$L(\omega)\approx-20\lg T\omega=-20\lg\omega-20\lg T$。

由此可见，在低频段，对数幅频特性近似为0dB线，此水平线即为对数幅频特性曲线的低频渐近线；在高频段，对数幅频特性是一条斜率为 −20dB/dec 与横轴交于 $\omega=1/T$ 的斜线，此斜线即为对数幅频特性曲线的高频渐近线。由这两条直线构成的折线称为惯性环节的渐近对数幅频特性，两条直线的交点 $\omega=1/T$ 称为交接频率。在绘制渐近对数幅频特性时，交接频率是一个重要参数。

惯性环节的对数幅频特性的渐近线与精确曲线之间存在误差 $\delta(\omega)$，取 $\delta(\omega)$ 为准确对数幅频特性减去渐近对数幅频特性，则误差 $\delta(\omega)$ 的表达式为

$$\delta(\omega)=\begin{cases}-20\lg\sqrt{(T\omega)^2+1} & \omega\leqslant1/T\\ -20\lg\sqrt{(T\omega)^2+1}+20\lg T\omega & \omega\geqslant1/T\end{cases}$$

误差的最大值出现在交接频率 $\omega=1/T$ 处，其数值为

$$\delta\left(\frac{1}{T}\right)=-20\lg\sqrt{2}\,\text{dB}=-3.01\text{dB} \tag{6-84}$$

根据式(6-83) 绘制的惯性环节的误差曲线如图6-34所示。

惯性环节的对数相频特性为

$$\varphi(\omega)=-\arctan T\omega \tag{6-85}$$

图6-35绘出了惯性环节的对数频率特性曲线，图中的虚线为准确的对数幅频特性曲线。通常情况下，工程上可直接使用渐近线进行修正。从图6-35中可以看出，惯性环节具有高频衰减特性。因此，可以把数学模型为惯性环节的元件作为低通滤波器。

5. 一阶微分 (比例加微分) 环节的频率特性

(1) 幅相频率特性　一阶微分环节的传递函数为

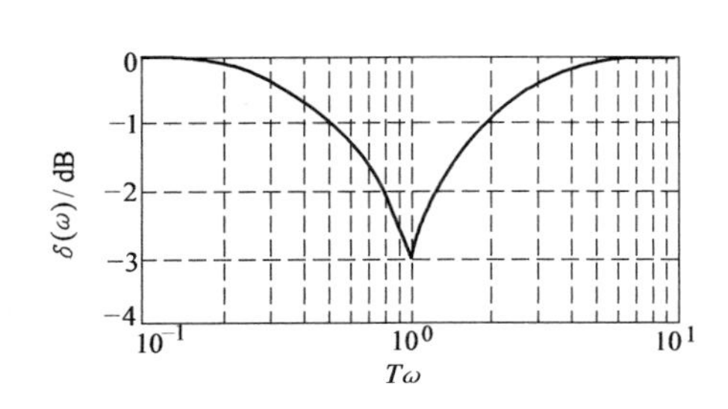

图 6-34 惯性环节的误差曲线

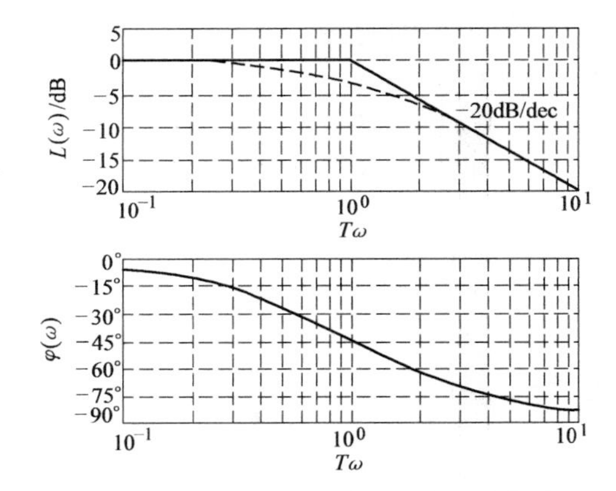

图 6-35 惯性环节的对数频率特性曲线

$$G(s)=Ts+1 \tag{6-86}$$

其频率特性为

$$G(\mathrm{j}\omega)=T\mathrm{j}\omega+1 \tag{6-87}$$

幅频特性和相频特性分别为

$$|G(\mathrm{j}\omega)|=\sqrt{(T\omega)^2+1} \tag{6-88}$$

$$\varphi(\omega)=\arctan T\omega \tag{6-89}$$

根据式(6-87) 画出一阶微分环节的幅相频率特性如图 6-36 所示，它是过点（1，j0）且平行于虚轴的直线。

（2）对数频率特性 一阶微分环节的对数幅频特性和对数相频特性分别为

$$L(\omega)=20\lg\sqrt{(T\omega)^2+1} \tag{6-90}$$

$$\varphi(\omega)=\arctan T\omega \tag{6-91}$$

比较式(6-83)、式(6-85) 和式(6-90)、式(6-91) 可知，一阶微分环节的对数频率特性是惯性环节对数频率特性的负值，即一阶微分环节的对数幅频特性和对数相频特性分别与惯性环节的对数幅频特性及对数相频特性对称于 0dB 线和 0°线。一阶微分环节的对数频率特性如图 6-37 所示。

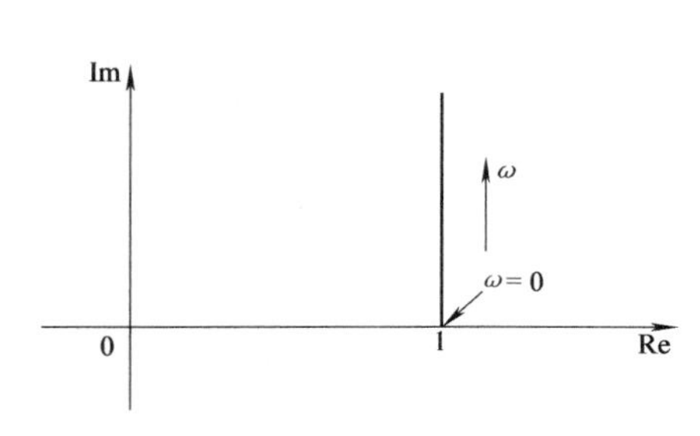

图 6-36 一阶微分环节的幅相频率特性

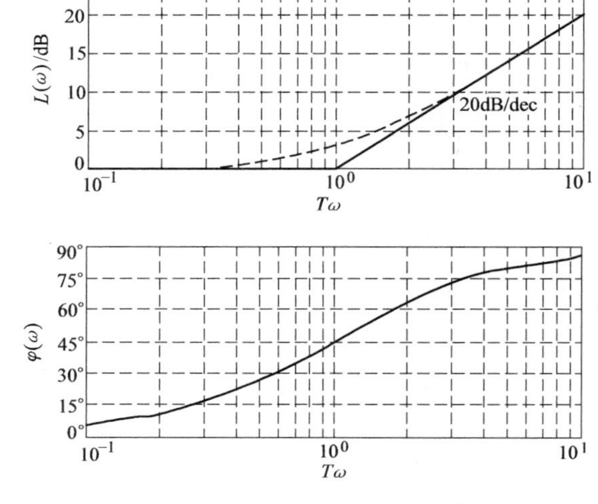

图 6-37 一阶微分环节的对数频率特性

6. 二阶微分环节的频率特性

（1）幅相频率特性 二阶微分环节的传递函数为

$$G(s)=\frac{s^2}{\omega_n^2}+2\zeta\frac{s}{\omega_n}+1 \quad 0<\zeta<1 \tag{6-92}$$

其频率特性为

$$G(j\omega)=1-\left(\frac{\omega}{\omega_n}\right)^2+j2\zeta\frac{\omega}{\omega_n} \tag{6-93}$$

幅频特性和相频特性分别为

$$|G(j\omega)|=\sqrt{\left[1-\left(\frac{\omega}{\omega_n}\right)^2\right]^2+\left(2\zeta\frac{\omega}{\omega_n}\right)^2} \tag{6-94}$$

$$\varphi(\omega)=\arctan\frac{2\zeta\dfrac{\omega}{\omega_n}}{1-\left(\dfrac{\omega}{\omega_n}\right)^2} \tag{6-95}$$

当阻尼比等于常数时，二阶微分环节的频率特性是相对频率（ω/ω_n）的函数。由式(6-94)、式(6-95) 可知：

1）当 $\omega/\omega_n=0$，即 $\omega=0$ 时，$|G(j\omega)|=1$，$\varphi(\omega)=0°$。

2）当 $\omega/\omega_n=1$，即 $\omega=\omega_n$ 时，$|G(j\omega)|=2\zeta$，$\varphi(\omega)=90°$。

3）当 $\omega/\omega_n\to\infty$，即 $\omega\to\infty$ 时，$|G(j\omega)|\to\infty$，$\varphi(\omega)=180°$。

图 6-38 给出了二阶微分环节在不同值 ζ 时的幅相频率特性曲线。二阶微分环节的幅相频率特性曲线起始于点（1，j0），终止于点（$-\infty$，j∞）。曲线与负实轴的交点的坐标为（0，j2ζ），此时的频率为 ω_n。

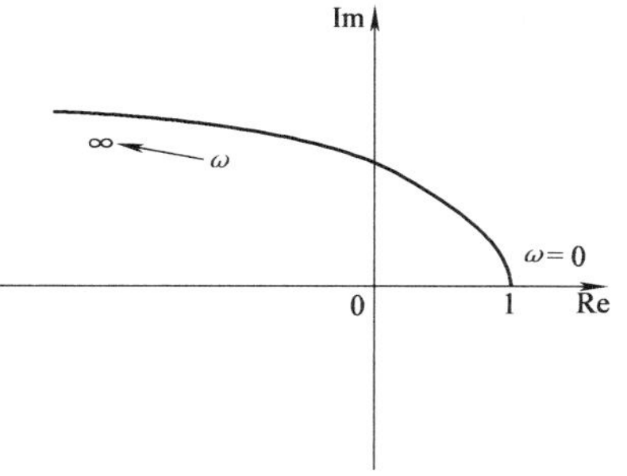

图 6-38 二阶微分环节的幅相频率特性

（2）对数频率特性 二阶微分环节的对数幅频特性为

$$L(\omega)=20\lg\sqrt{\left[1-\left(\frac{\omega}{\omega_n}\right)^2\right]^2+\left(2\zeta\frac{\omega}{\omega_n}\right)^2} \tag{6-96}$$

1）当 $\omega/\omega_n\ll1$，即 $\omega\ll\omega_n$ 时，$L(\omega)\approx-20\lg1=0\text{dB}$。

2）当 $\omega/\omega_n\gg1$，即 $\omega\gg\omega_n$ 时，

$$L(\omega)\approx-20\lg\left(\frac{\omega}{\omega_n}\right)^2=-40\lg\omega+40\lg\omega_n \tag{6-97}$$

由此可见，在低频段，二阶微分环节的对数幅频特性近似为 0dB 线，此水平线即为对数幅频特性曲线的低频渐近线；在高频段，对数幅频特性是一条斜率为 40dB/dec 与横轴交于 $\omega=\omega_n$ 的斜线，此斜线即为对数幅频特性曲线的高频渐近线。上述两条直线是二阶微分环节对数幅频特性的渐近线，由这两条直线衔接起来所构成的折线称为二阶微分环节的渐近对数幅频特性，两条直线的交点 ω_n 称为交接频率。图 6-39 表示了二阶微分环节渐近对数幅频特性曲线和按照式(6-96) 绘制的准确曲线。从图中可以看出，ζ 越小，$\omega=\omega_n$ 附近的负峰值越高，渐近线和精确曲线之间的误差就越大。

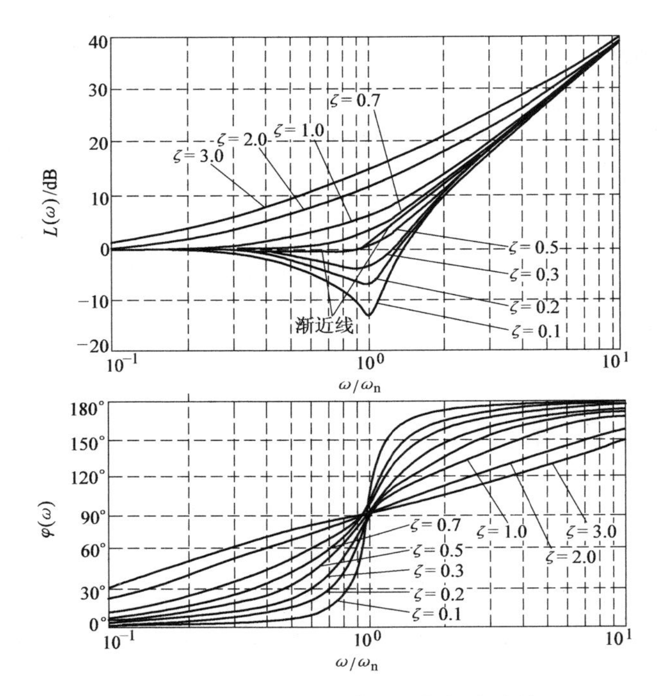

图 6-39 二阶微分环节的对数频率特性

7. 延时环节的频率特性

延时环节的运动特性是输出量 $y(t)$ 完全复现输入量 $x(t)$，但比输入量 $x(t)$ 滞后一个固定的时间 τ，即

$$y(t)=x(t-\tau) \quad t\geqslant\tau \tag{6-98}$$

（1）幅相频率特性 延时环节的传递函数为

$$G(s)=\mathrm{e}^{-\tau s} \tag{6-99}$$

其频率特性为

$$G(\mathrm{j}\omega)=\mathrm{e}^{-\mathrm{j}\tau\omega} \tag{6-100}$$

延时环节的幅频特性为

$$|G(\mathrm{j}\omega)|=|\mathrm{e}^{-\mathrm{j}\tau\omega}|=1 \tag{6-101}$$

相频特性为

$$\varphi(\omega)=-\tau\omega \tag{6-102}$$

式(6-101) 表明，延时环节的幅频特性恒为 1，与角频率 ω 无关，也就是说，输出信号的幅值等于输入信号的幅值；而相频特性 $\varphi(\omega)=-\tau\omega$，表明输出信号的相位滞后于输入信号的相位，绝对值正比于 ω。因此，延时环节的幅相频率特性是一个以坐标原点为圆心，以 1 为半径的圆，如图 6-40 所示。

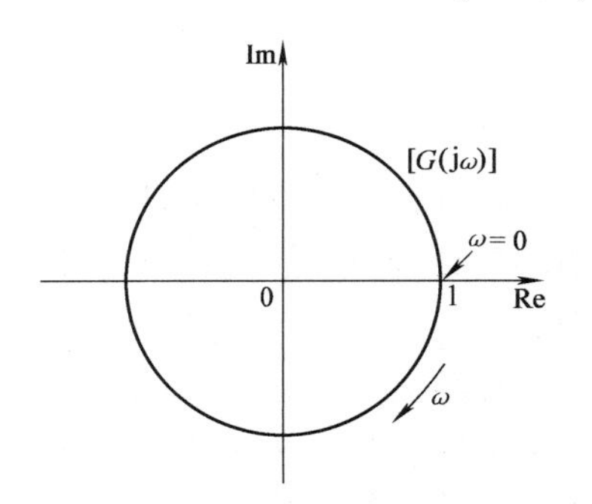

图 6-40 延时环节的幅相频率特性

（2）对数频率特性 延时环节的对数幅频和相频特性分别为

$$L(\omega)=0 \tag{6-103}$$

$$\varphi(\omega)=-\tau\omega \tag{6-104}$$

由式(6-103)、式(6-104)绘出延时环节的对数频率特性如图6-41所示。由图6-41可知，延时环节的对数幅频特性是0dB线，对数相频特性随ω增加而滞后增加。当$\omega=1/\tau$时，$\varphi(\omega)=-57.3°$；当$\omega\to\infty$时，$\varphi(\omega)\to-\infty$。

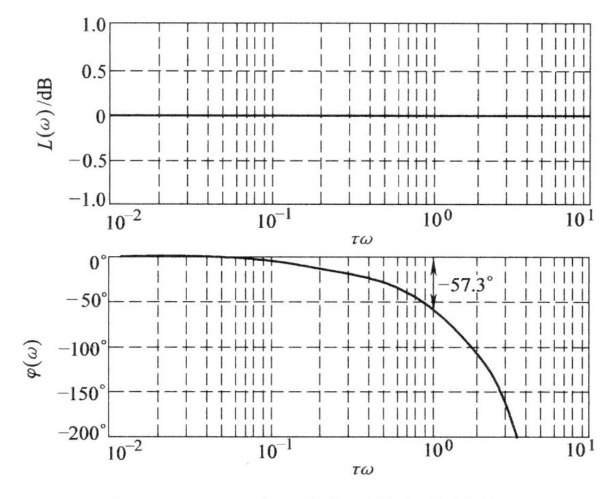

图6-41　延时环节的对数频率特性

6.3.3　对数频率特性图的应用

利用对数频率特性图可判断系统的稳定性，估计调节质量指标，并设计调节器参数，下面分别加以说明。

1. 对数频率特性图上的稳定裕度

自动调节系统能完成它的任务且良好地工作，系统首先应该是稳定的。稳定的基本条件是：闭环特征根的实数部分都是负数，系统才是稳定的；若有任何正实数部分的根，系统是不稳定的。

控制系统稳定与否是绝对稳定性的概念。而对一个稳定的系统而言，还有一个稳定的程度，即相对稳定性的概念。相对稳定性与系统的动态性能指标有着密切的关系。在设计一个控制系统时，不仅要求它必须是绝对稳定的，而且还应保证系统具有一定的稳定程度。只有这样，才能不致因系统参数变化而导致系统性能变差甚至不稳定。

稳定裕度是衡量一个系统稳定性及它离开不稳定状态的程度，包括幅值稳定裕度和相角稳定裕度。相角裕度和幅值裕度是系统开环频率指标，它与闭环系统的动态性能密切相关。

在对数频率特性曲线图上可以将幅值稳定裕度和相角稳定裕度表示出来。对于一个最小相角系统而言，$G(\mathrm{j}\omega)$曲线越靠近（-1，j0）点，系统阶跃响应的振荡就越强烈，系统的相对稳定性就越差。因此，可用$G(\mathrm{j}\omega)$曲线对（-1，j0）点的接近程度来表示系统的相对稳定性。通常，这种接近程度是以相角裕度和幅值裕度来表示的。

（1）相角裕度　相角裕度是指幅相频率特性$G(\mathrm{j}\omega)$的幅值$A(\omega)=|G(\mathrm{j}\omega)|=1$时的向量与负实轴的夹角，常用希腊字母$\gamma$表示。

在G平面上画出以原点为圆心的单位圆如图6-42所示。$G(\mathrm{j}\omega)$曲线与单位圆相交，交点处的频率ω_c称为截止频率，此时有$A(\omega_c)=1$。按相角裕度的定义，有

$$\gamma=\varphi(\omega_c)-(-180°)=180°+\varphi(\omega_c) \tag{6-105}$$

由于$L(\omega_c)=20\lg A(\omega_c)=20\lg 1=0$，故在伯德图中，相角裕度表现为$L(\omega_c)=0\mathrm{dB}$处的相角$\varphi(\omega_c)$与$-180°$水平线之间的角度差，如图6-43所示。图6-42和图6-43中的γ均为正值。

（2）幅值裕度　$G(\mathrm{j}\omega)$曲线与负实轴交点处的频率ω_g称为相角交界频率，此时幅相特性曲线的幅值为$A(\omega_g)$，如图6-42所示。幅值裕度是指（-1，j0）点的幅值1与$A(\omega_g)$之比，常用h表示，即

$$h=\frac{1}{A(\omega_g)} \tag{6-106}$$

在对数坐标图上

$$20\lg h=-20\lg\frac{1}{|A(\omega_g)|}h=-L(\omega_g) \tag{6-107}$$

即h的分贝值等于$L(\omega_g)$与0dB之间的距离（0dB下为正）。

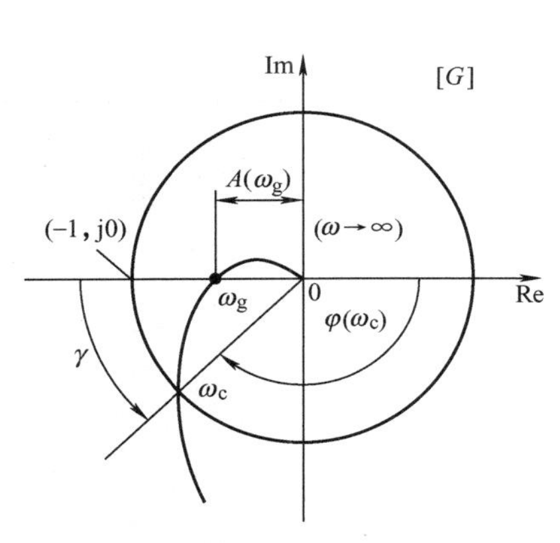

图6-42 相角裕度和幅值裕度的定义

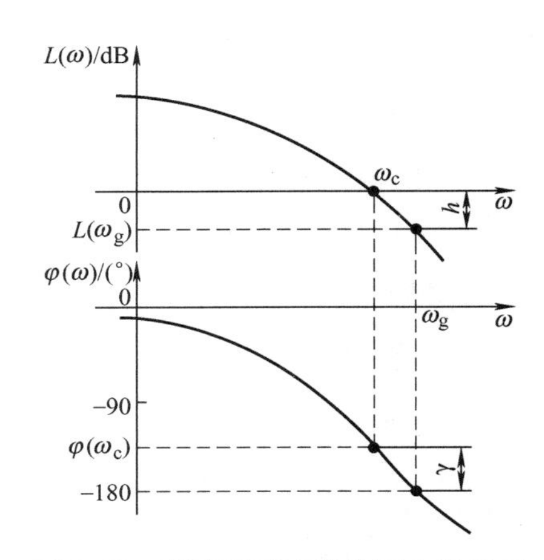

图6-43 稳定裕度在伯德图上的表示

相角裕度的物理意义在于：稳定系统在截止频率 ω_c 处，若相角再滞后一个 γ 角度，则系统处于临界状态；若相角滞后大于 γ，系统将变成不稳定。

幅值裕度的物理意义在于：稳定系统的开环增益增大为 h 倍，则 $\omega=\omega_g$ 处的幅值 $A(\omega_g)$ 等于1，曲线正好通过（-1，j0）点，系统处于临界稳定状态；若开环增益增大为 h 倍以上，系统将变成不稳定。

对于最小相角系统，要使系统稳定，要求相角裕度 $\gamma>0$，幅值裕度 $h>1$（$20\lg h>0$dB）。为保证系统具有一定的相对稳定性，稳定裕度不能太小。在工程设计中，一般取 $\gamma=30°\sim60°$，$h\geqslant2$（对应于 $20\lg h=6$dB）。

稳定性判据有多个，对数频率判据是其中的一个。

对数频率判据利用开环系统的对数幅频特性和对数相频特性来判断闭环系统的稳定性。应用此判据时，首先要将开环系统的对数幅频特性曲线和对数相频特性曲线画在一张图上，横坐标的数值要上下对齐，如图6-44所示。

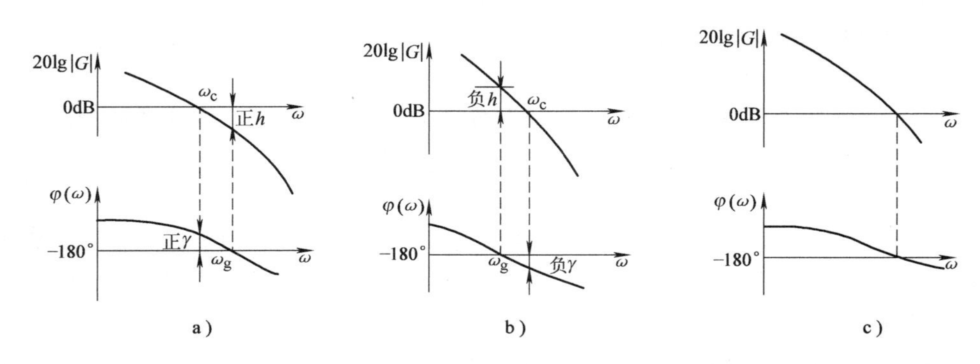

图6-44 对数频率特性判别系统稳定性

a）稳定系统 b）不稳定系统 c）临界系统

对数判据的条件简述如下：设开环系统是稳定的，假如对数幅频特性曲线比对数相频特性曲线先和横坐标轴相交，则系统是稳定的；假如对数幅频特性曲线比对数相频特性曲线后与横坐标轴相交，则系统是不稳定的。这里对数幅频特性是以0dB线作横坐标的，而对数相频特性是以 $-180°$ 线作横坐标的。

根据上述判别方法，可以看出图6-44a为稳定系统，幅值裕度 h 和相角裕度 γ 都为正值。图6-44b为不稳定系统，幅值裕度h和相角裕度γ都为负值。图6-44c所示两条曲线同时与横坐标轴相交，表示系统处于稳定和不稳定边界之际，为临界系统。

在一般调节系统的实际应用中，采用稳定裕度$h>6\text{dB}$和$\gamma=30°\sim60°$认为是理想标准。为了获得满意的调节性能，对于开环稳定系统，当具有相角裕度$\gamma=30°\sim60°$和幅值裕度$h>6\text{dB}$时，即使开环放大增益和元件时间常数在一定范围内发生变化，也能保证系统的稳定性。经过很多反馈系统设计的实践发现符合上述两个稳定裕度时，调节质量大多是合格的，所以就把这两个稳定裕度作为简易的设计原则。

【例6-8】 某单位反馈系统的开环传递函数为

$$G(s)=\frac{K_0}{s(s+1)(s+5)}$$

试求当$K_0=10$时系统的相角裕度和幅值裕度。

【解】

$$G(s)=\frac{K_0/5}{s(s+1)\left(\frac{1}{5}s+1\right)}$$

$$\begin{cases}K=K_0/5\\ v=1\end{cases}$$

绘制开环增益$K=K_0/5=2$时的$L(\omega)$曲线如图6-45所示。

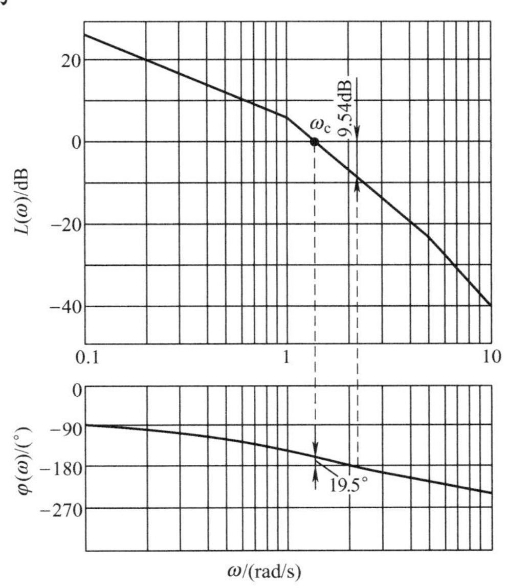

图6-45 $K=2$时的$L(\omega)$曲线

当$K=2$时

$$A(\omega_c)=\frac{2}{\omega_c\sqrt{\omega_c^2+1^2}\sqrt{\left(\frac{\omega_c}{5}\right)^2+1^2}}=$$

$$1\approx\frac{2}{\omega_c\sqrt{\omega_c^2}\sqrt{1^2}}=\frac{2}{\omega_c^2}\quad 0<\omega_c<2$$

所以

$$\omega_c=\sqrt{2}\,\text{rad/s}$$

$$\gamma_1=180°+\angle G(j\omega_c)=180°-90°-\arctan\omega_c-\arctan\frac{\omega_c}{5}=90°-54.7°-15.8°=19.5°$$

又由

$$180°+\angle G(j\,\omega_g)=180°-90°-\arctan\omega_g-\arctan\frac{\omega_g}{5}=0$$

有

$$\arctan\omega_g+\arctan\frac{\omega_g}{5}=90°$$

等式两边取正切，得

$$\left(\frac{\omega_g+\frac{\omega_g}{5}}{1-\frac{\omega_g^2}{5}}\right)=\tan 90°=\infty$$

得 $1-\omega_g^2/5=0$，即 $\omega_g=\sqrt{5}=2.236$。故

$$h_1=\frac{1}{|A(\omega_g)|}=\frac{\omega_g\sqrt{\omega_g^2+1^2}\sqrt{\left(\frac{\omega_g}{5}\right)^2+1^2}}{2}=2.9999$$

$$20\lg h_1=9.54\text{dB}$$

在实际工程设计中，只要绘出 $L(\omega)$ 曲线，直接在图上读数即可，不需太多计算。

2. 用对数频率特性图设计调节器参数

应用稳定的开环系统的对数频率特性图，可以判断出闭环系统的稳定性，因此可从保证调节系统的稳定性要求出发，来设计调节系统并选择调节器及其参数。

【例6-9】 已知一调节系统的广义对象特性（除调节器外调节系统的特性）的传递函数为 $G_o(s)=\frac{3.6}{(1+10s)(1+5s)(1+2s)}$（见图6-46a），若采用比例调节器和比例积分调节器 $G(s)$，应用对数频率特性图确定调节器参数（放大系数 K 和积分时间常数 T_i）。

【解】 广义对象的开环对数频率特性图如图6-46b所示，以实线表示。若按幅值稳定裕度来考虑，当相频特性曲线达 $-180°$ 时，由图中 a 点，得它的临界频率 $\omega=0.41\text{rad/s}$，在幅频特性曲线上，得 b 点的幅值为 $+11.4\text{dB}$。选取幅值裕度为6dB，则比例调节器的放大增益的允许最大值为 $11.4\text{dB}-6\text{dB}=5.4\text{dB}$，即调节器的最大允许放大系数 K 为1.85（解 $20\lg K=5.4\text{dB}$ 得到）。若调节器的放大增益超过这一数值，则调节系统的稳定裕度可能不够，容易引起不稳定的振荡。

若按相角裕度来考虑，相角裕度选取30°，即相频特性曲线与 $-150°$ 相交，得 c 点，根据 c 点的频率，在幅频特性曲线上得 d 点，d 点的幅值为 $+4\text{dB}$，因此比例调节器的放大增益最大值为4dB，即调节器的最大允许放大系数为1.58（解 $20\lg K=4\text{dB}$ 得到）。

要同时满足相角裕度与幅值裕度，调节器的最大允许放大系数为1.58。

用上述两种稳定裕度来考虑比例调节器的放大增益，有一定误差，但对调节器参数选择的初步设计，已足够满足要求。

若调节系统要求调节过程消除静态偏差，则可选用积分调节器。

比例积分调节器的对数频率特性曲线如图6-46b中的虚线所示。广义对象特性曲线（实线）及比例积分调节器特性曲线（虚线）叠加得到调节系统总的开环对数频率特性曲线（点画线）。由于调节器有积分作用，即调节系统中加入了积分作用后，调节系统的相频特性曲线下降（图6-46中点画线在实线的下面），可见调节系统的临界频率减小了（发生在 d 点）。同时为了保证一定的幅值裕度，调节器的放大增益要比纯比例调节器的增益减小。放大增益减小，意味着调节作用降低；临界频率减小，意味着振荡周期加大，调节过渡时间加长，结果调节质量有所降低。积分时间短，积分作用强，对调节系统影响大，容易造成系统的不稳定；积分时间长，积分作用弱，调节系统消除静态偏差所用时间太长。为了解决这一矛盾，要求积分时间适当，因而采用了一个折中的办法。

实践经验指出，调节器积分时间的选取，使其等于纯比例作用下的临界周期，效果较好。积分时间的选择步骤如下。

暂时先按纯比例调节器的参数选择方法，求得临界频率 $\omega_c=0.41\text{rad/s}$，则临界周期 $T_a=$

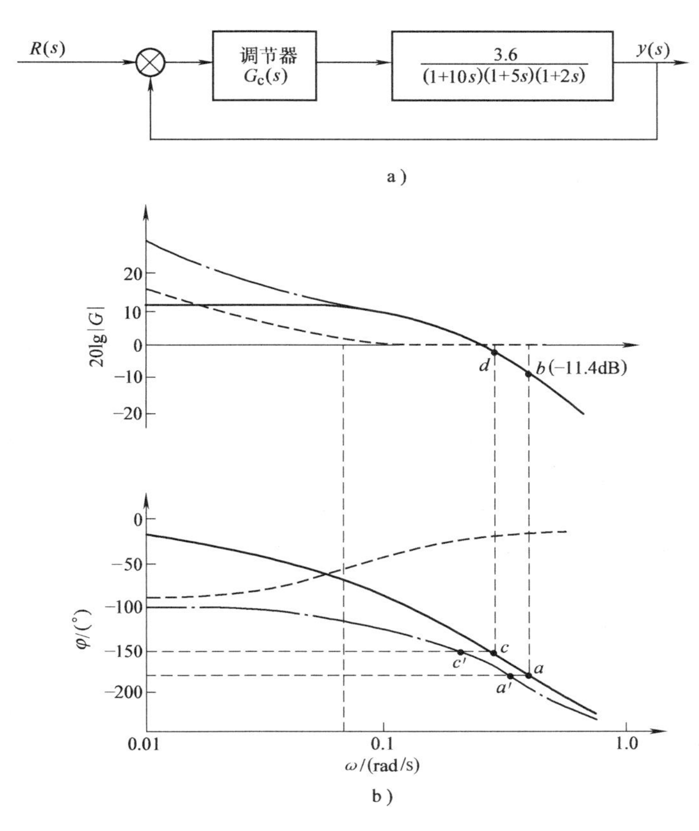

图6-46　利用对数频率特性图选择调节器参数

$\frac{2\pi}{\omega_a}=\frac{2\pi}{0.41}\text{s}=15.3\text{s}$。调节器积分时间选取为等于该临界周期，即 $T_I=T_a=15.3\text{s}$。然后在图上画出放大系数为1的比例积分调节器的对数频率特性曲线，如图6-46b中虚线所示，将广义对象的对数频率特性曲线和比例积分调节器的对数频率特性曲线叠加，得总的调节系统的开环对数频率特性曲线（见图6-46b中的点画线）。按幅值裕度来求取调节器的放大系数。系统总的相频特性曲线（点画线）与 $-180°$ 相交，得临界频率 a' 点，相应临界频率下对数幅频特性曲线的幅值为 $+5.8\text{dB}$。若幅值裕度要求为6dB，则调节器的放大增益为 -0.2dB，即放大系数为0.976。故本调节器选择放大系数 $K_c=0.98$，积分时间 $T_I=15.3\text{s}$。

6.3.4　利用开环频率特性分析系统的性能

在频域中对系统进行分析、设计时，通常是以频域指标作为依据，不如时域指标来得直接、准确。因此，需进一步探讨频域指标与时域指标之间的关系。考虑到对数频率特性在控制工程中应用的广泛性，本书将以伯德图为基本形式，首先讨论开环对数幅频特性 $L(\omega)$ 的形状与性能指标的关系，然后根据频域指标与时域指标的关系估算出系统的时域响应性能。

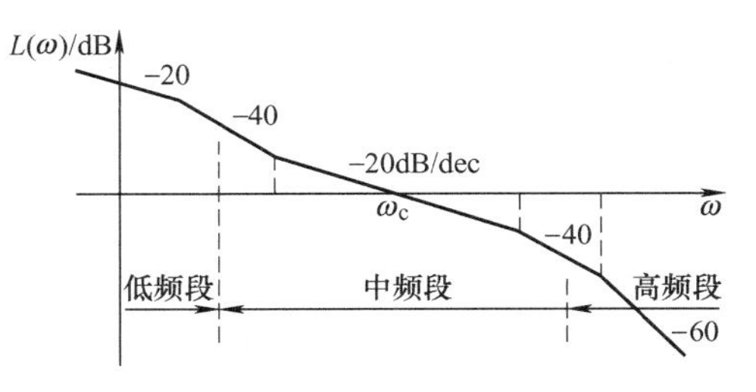

图6-47　对数频率特性三个频段的划分

实际系统的开环对数幅频特性 $L(\omega)$ 一般都符合如图6-47所示的特征：左端（频率较低的

部分）高；右端（频率较高的部分）低。将 $L(\omega)$ 人为地分为三个频段：低频段、中频段和高频段。低频段主要指第一个转折点以前的频段；中频段是指截止频率 ω_c 附近的频段；高频段指频率远大于 ω_c 的频段。这三个频段包含了闭环系统性能不同方面的信息，需要分别进行讨论。

1. $L(\omega)$ 低频渐近线与系统稳态误差的关系

系统开环传递函数中含积分环节的数目（系统型别）确定了开环对数幅频特性低频渐近线的斜率，而低频渐近线的高度则取决于开环增益的大小。因此，$L(\omega)$ 低频段渐近线集中反映了系统跟踪控制信号的稳态精度信息。根据 $L(\omega)$ 低频段可以确定系统型别 v 和开环增益 K，利用第3章中介绍的静态误差系数法可以确定系统在给定输入下的稳态误差。

2. $L(\omega)$ 中频段特性与系统动态性能的关系

开环对数幅频特性的中频段是指截止频率 ω_c 附近的频段。设开环部分纯粹由积分环节构成，图6-48a所示的对数幅频特性对应一个积分环节，斜率为 -20dB/dec，相角 $\varphi(\omega)=-90°$，因而相角裕度 $\gamma=90°$；图6-48b所示的对数幅频特性对应两个积分环节，斜率为 -40dB/dec，相角 $\varphi(\omega)=-180°$，因而相角裕度 $\gamma=0°$。

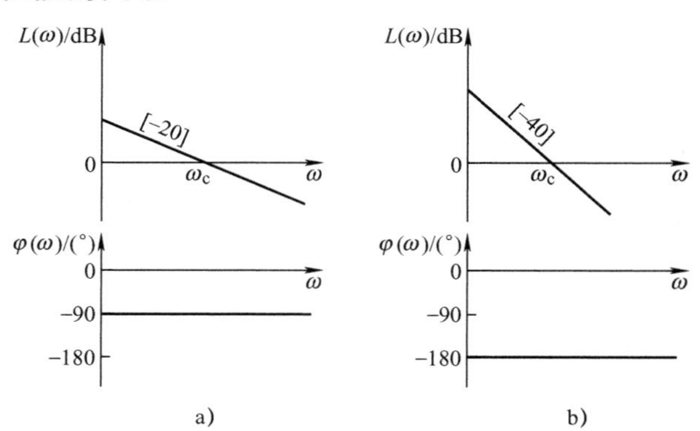

图6-48 $L(\omega)$ 中频段对稳定性的影响

一般情况下，系统开环对数幅频特性的斜率在整个频率范围内是变化的，故截止频率 ω_c 处的相角裕度 γ 应由整个对数幅频特性中各段的斜率所共同确定。在 ω_c 处，$L(\omega)$ 曲线的斜率对相角裕度 γ 的影响最大，远离 ω_c 的对数幅频特性，其斜率对 γ 的影响就很小。为了保证系统有满意的动态性能，希望 $L(\omega)$ 曲线以 -20dB/dec 的斜率穿过0dB线，并保持较宽的频段。截止频率 ω_c 和相角裕度 γ 是系统开环频域指标，主要由中频段决定，它与系统动态性能指标之间存在着密切关系，因而频域指标是表征系统动态性能的间接指标。

（1）二阶系统　典型二阶系统的结构图可用图6-49表示。其中开环传递函数为

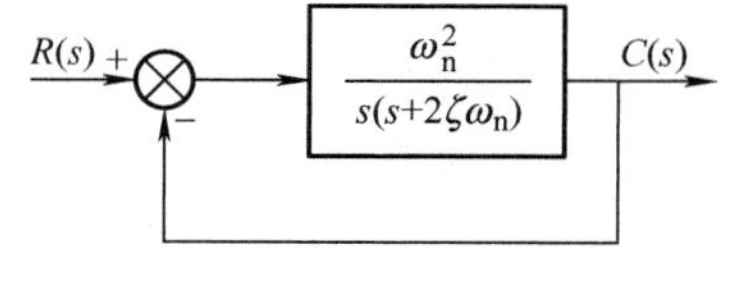

图6-49 典型二阶系统结构图

$$G(s)=\frac{\omega_n^2}{s(s+2\zeta\omega_n)}\qquad 0<\zeta<1 \tag{6-108}$$

相应的闭环传递函数为

$$\Phi(s)=\frac{\omega_n^2}{s^2+2\zeta\omega_n s+\omega_n^2} \tag{6-109}$$

1）γ、$\sigma\%$ 与 ζ 的关系。系统开环频率特性为

$$G(\mathrm{j}\omega)=\frac{\omega_n^2}{\mathrm{j}\omega(\mathrm{j}\omega+2\zeta\omega_n)} \tag{6-110}$$

开环幅频和相频特性分别为

$$A(\omega)=\frac{\omega_n^2}{\omega\sqrt{\omega^2+(2\zeta\omega_n)^2}} \tag{6-111}$$

$$\varphi(\omega) = -90° - \arctan\frac{\omega}{2\zeta\omega_n} \tag{6-112}$$

在 $\omega=\omega_c$ 处，$A(\omega)=1$，即

$$A(\omega_c) = \frac{\omega_n^2}{\omega_c\sqrt{(\omega_c^2+(2\zeta\omega_n)^2}} = 1$$

亦即

$$\omega_c^4 + 4\zeta^2\omega_n^2\omega_c^2 - \omega_n^4 = 0$$

解得

$$\omega_c = \sqrt{\sqrt{4\zeta^4+1} - 2\zeta^2}\,\omega_n \tag{6-113}$$

当 $\omega=\omega_c$ 时，有

$$\varphi(\omega_c) = -90° - \arctan\frac{\omega_c}{2\zeta\omega_n} \tag{6-114}$$

由此可得系统的相角裕度为

$$\gamma = 180° + \varphi(\omega_c) = 90° - \arctan\frac{\omega_c}{2\zeta\omega_n} = \arctan\frac{2\zeta\omega_n\omega_c}{\omega_c} \tag{6-115}$$

将式(6-113) 代入式(6-115)，得

$$\gamma = \arctan\frac{2\zeta}{\sqrt{\sqrt{4\zeta^4+1} - 2\zeta^2}} \tag{6-116}$$

根据式(6-116)，可以画出 γ 和 ζ 的函数关系曲线如图 6-50 所示。

另一方面，典型二阶系统超调量

$$\sigma\% = \frac{c_{\max} - c(\infty)}{c(\infty)} = \frac{M_p}{c(\infty)} = e^{-\pi\zeta/\sqrt{1-\zeta^2}} \times 100\% \tag{6-117}$$

式中，M_p 为最大动态偏差。

为便于比较，将式(6-117) 的函数关系也一并绘于图 6-50 中。

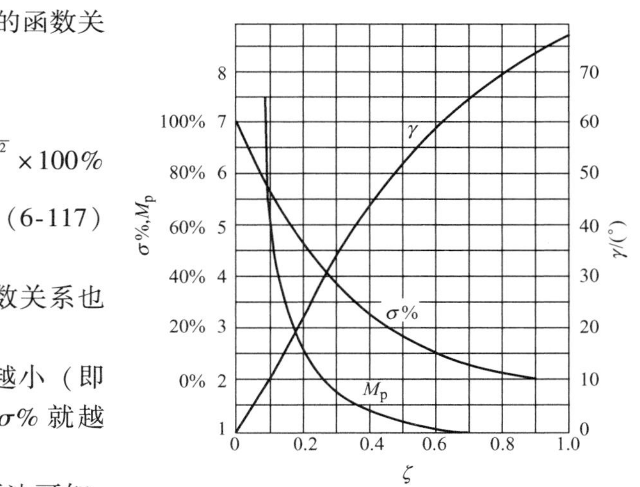

图 6-50 二阶系统 $\sigma\%$、M_p、γ 与 ζ 的关系曲线

从图 6-50 所示曲线可以看出：γ 越小（即 ζ 小），$\sigma\%$ 就越大；反之，γ 越大，$\sigma\%$ 就越小。通常希望 $30°\leqslant\gamma\leqslant60°$。

2）$t_s\omega_c$ 与 γ 的关系。由时域分析法可知，典型二阶系统调节时间（取 $\Delta=0.05$）为

$$t_s = \frac{3.5}{\zeta\omega_n} \qquad 0.3<\zeta<0.8 \tag{6-118}$$

将式(6-118) 与式(6-113) 相乘，得

$$t_s\omega_c = \frac{3.5}{\zeta}\sqrt{\sqrt{4\zeta^4+1} - 2\zeta^2} \tag{6-119}$$

再由式(6-116) 和式(6-119) 可得

$$t_s\omega_c = \frac{7}{\tan\gamma} \tag{6-120}$$

将式(6-120)的函数关系绘成曲线，如图6-51所示。可见，调节时间 t_s 与相角裕度 γ 和截止频率 ω_c 都有关。当 γ 确定时，t_s 与 ω_c 成反比。换言之，如果两个典型二阶系统的相角裕度 γ 相同，它们的超调量也相同（见图6-50），这样，ω_c 较大的系统，其调节时间 t_s 必然较短（见图6-51）。

（2）高阶系统　对于一般三阶或三阶以上的高阶系统，要准确推导出开环频域特征量（γ 和 ω_c）与时域指标（$\sigma\%$ 和 t_s）之间的关系是很困难的，即使导出这样的关系式，使用起来也不方便，实用意义不大。在控制工程分析与设计中，通常采用下述两个近似公式由频域指标估算系统的动态性能指标：

$$\sigma\% = \left[0.16 + 0.4\left(\frac{1}{\sin\gamma} - 1\right)\right] \times 100\% \qquad 35° \leqslant \gamma \leqslant 90° \tag{6-121}$$

$$t_s = \frac{\pi}{\omega_c}\left[2 + 1.5\left(\frac{1}{\sin\gamma} - 1\right) + 2.5\left(\frac{1}{\sin\gamma} - 1\right)^2\right] \qquad 35° \leqslant \gamma \leqslant 90° \tag{6-122}$$

图6-52所示的两条曲线是根据上述两式绘成的，以供查用。图中曲线表明，随着 γ 值的增加，高阶系统的超调量 $\sigma\%$ 和调节时间 t_s（ω_c 一定时）都会降低。

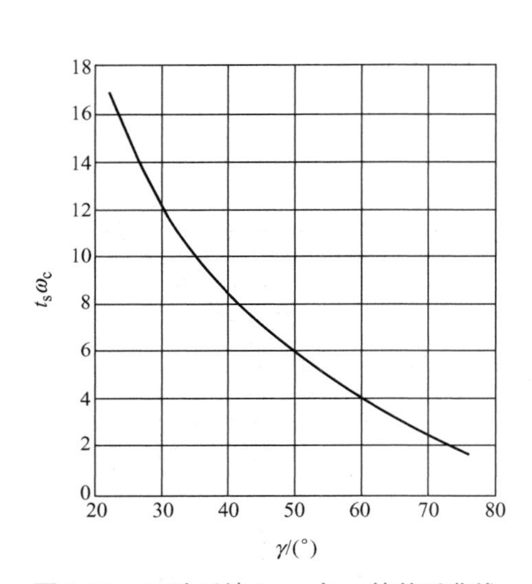

图6-51　二阶系统 $t_s\omega_c$ 与 γ 的关系曲线

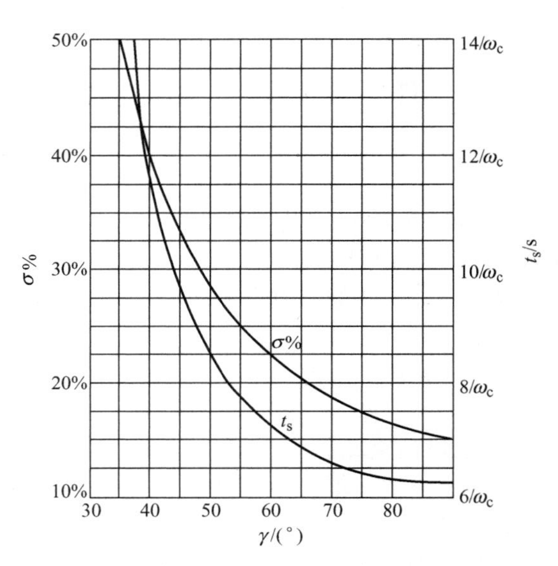

图6-52　高阶系统 $\sigma\%$、t_s 与 γ 的关系曲线

3. $L(\omega)$ 高频段对系统性能的影响

$L(\omega)$ 的高频段特性是由小时间常数的环节构成的，其转折频率均远离截止频率 ω_c，所以对系统的动态响应影响不大。但是，从系统抗干扰的角度出发，研究高频段的特性是具有实际意义的，现说明如下：

对于单位反馈系统，开环频率特性 $G(j\omega)$ 和闭环频率特性 $\Phi(j\omega)$ 的关系为

$$\Phi(j\omega) = \frac{G(j\omega)}{1 + \Phi(j\omega)} \tag{6-123}$$

在高频段，一般有 $20\lg|G(j\omega_c)| \ll 0$，即 $|G(j\omega_c)| \ll 1$。故由式（6-123）可得

$$|\Phi(j\omega)| = \frac{|G(j\omega)|}{|1 + \Phi(j\omega)|} \approx |G(j\omega)|$$

即在高频段，闭环幅频特性近似等于开环幅频特性。

因此，$L(\omega)$ 特性高频段的幅值，直接反映出系统对输入端高频信号的抑制能力，高频

段的分贝值越低，说明系统对高频信号的衰减作用越大，即系统的抗高频干扰能力越强。

综上所述，人们所希望的开环对数幅频特性应具有如下的性质：

1）如果要求具有一阶或二阶无差度（即系统在阶跃或斜坡作用下无稳态误差），则 $L(\omega)$特性的低频段应具有 -20dB/dec 或 -40dB/dec 的斜率。为保证系统的稳态精度，低频段应有较高的分贝数。

2）$L(\omega)$ 特性应以 -20dB/dec 的斜率穿过 0dB 线，且具有一定的中频段宽度。这样，系统就有足够的稳定裕度，保证闭环系统具有较好的平稳性。

3）$L(\omega)$ 特性应具有较高的截止频率 ω_c，以提高闭环系统的快速性。

4）$L(\omega)$ 特性的高频段应有较大的斜率，以增强系统的抗高频干扰能力。

6.4　线性控制系统的校正

控制系统的分析方法能够在系统结构和参数已经确定的情况下，计算或者估算系统的性能指标。这类问题是系统的分析问题。但在实际中常常提出相反的要求，也就是在被控对象已知，预先给定性能指标的前提下，要求设计者选择控制器的结构和参数，使控制器和被控对象组成一个性能满足指标要求的系统。这就是控制系统的校正问题。对于提高系统准确性的校正方法可以采用引入前馈控制系统构成复合控制系统，该部分内容具体在第 3 章已经讲述。改善系统的动态性能可以采用引入速度负反馈的方法、引入串联校正装置的方法和反馈校正方法等。

6.4.1　自动控制系统性能指标的确定及校正的概念

自动控制系统一般由控制器及受控对象组成。控制器是指对受控对象起控制作用的装置总体，其中包括测量及信号转换装置、信号放大及功率放大装置以及实现控制指令的执行机构等部分。在工程实践中，这种由控制器的基本组成部分及受控对象组成的反馈控制系统，往往不能同时满足各项性能指标的要求，甚至不能稳定工作。为了改善系统的性能，人们希望通过改变控制器基本组成部分的参数来实现。但通常除了放大器的增益可调外，其他参数都难以改变。而在多数情况下，仅靠调整增益是不能兼顾稳态和动态性能的。这是因为增益小了不能保证系统的稳态精度，而增益大了又可能导致动态性能恶化，甚至造成系统不稳定。因此必须在系统中引入一些附加装置，以改善系统的性能，从而满足工程要求。这种措施称为校正（Correct），所引入的装置称为校正装置（Correct Unit）。为了讨论问题方便，常将系统中除校正装置以外的部分，包括受控对象及控制器的基本组成部分，称为“固有部分”。因此，控制系统的校正，就是按给定的“固有部分”的特性和对系统提出的性能指标要求，选择与设计校正装置。

一个系统的性能指标总是根据它所要完成的具体任务规定的，通常由其使用单位或设计制造单位提出。性能指标的提出应根据系统工作的实际需要而定，对不同系统应有所侧重。切忌盲目追求高指标而忽视经济性，甚至脱离实际。

一般情况下，几个性能指标的要求往往是互相矛盾的，如减小系统的稳态误差常会降低系统的相对稳定性，甚至导致系统不稳定。在这种情况下，就要考虑哪个性能要求是主要的，首先加以满足；在另外一些情况下，就要采取折中方案，使各方面的性能要求都得到适当满足。

系统性能指标要能反映系统实际性能的特点，又要便于测量和检测。常用指标有时域指标和频域指标。

时域指标主要有超调量 σ、调节时间 t_s 和稳态误差 e_{ss}。

频域指标主要有相角裕度 γ、截止频率 ω_c、带宽频率 ω_b 和谐振峰值 M_r 等。

6.4.2 控制系统的校正方法

控制系统的校正实质上就是根据系统性能指标的要求和系统的原有部分，求出校正装置的结构及其参数，这个问题是校正方法问题，目前对输出反馈系统来说有以下两种校正方法。

1. 分析法

分析法的基本思想是对系统的性能指标要求和系统的原有部分开环传递函数 $G_0(s)$ 进行分析，首先看一看需不需要校正，如果需要校正，则根据经验确定校正的方式，预选一个校正装置 $G_c(s)$，然后检验性能指标是否满足要求。如果不满足，则需改变校正装置的参数或校正方式，直到校正后的系统满足性能指标要求为止。由此可看出，分析法实质上就是一种试探法。如果设计人员具有一定的实践经验，不需要多次试探，就可以设计出较高性能指标的控制系统。

2. 希望特性法

希望特性法的基本思想是根据性能指标要求确定希望的开环特性曲线，然后将希望特性和系统原有部分的特性进行比较，从而确定校正方式和校正装置 $G_c(s)$ 的参数。这种方法直观，但有时求出的校正装置的传递函数 $G_c(s)$ 比较复杂，因而不便于物理实现。

6.4.3 线性系统的时域校正

常用的校正方式有串联校正、反馈校正和前馈（复合）校正，相应地，在系统中的连接方式如图 6-53 所示。图中，$G_c(s)$ 为待求的校正装置传递函数。

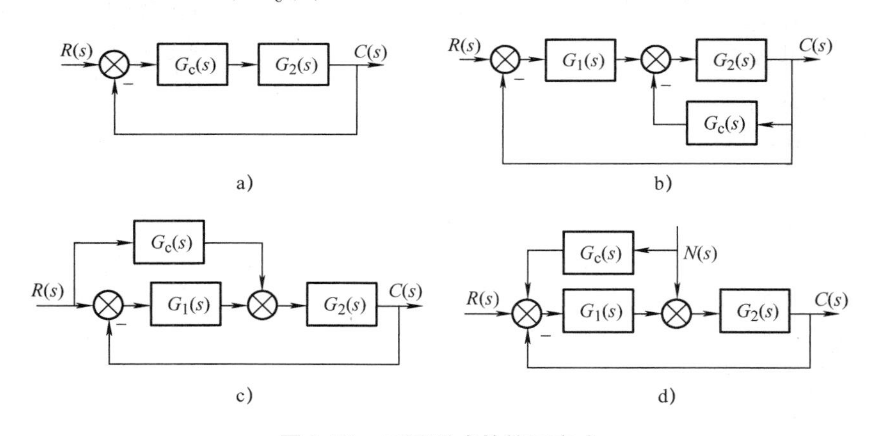

图 6-53 不同形式的校正方式

a）串联校正 b）反馈校正 c）按输入补偿复合控制 d）按扰动补偿复合控制

1. 反馈校正

反馈校正一般是指在主反馈环内，为改善系统的性能而加入反馈装置。这是工程控制中广泛采用的校正形式之一。反馈校正的目的在于改善系统的动态性能。反馈校正有如下特点。

1）负反馈可以降低参数变化及线性特性对系统的影响。对如图 6-54a 所示的开环系统，若由于参数变化或其他因素引起传递函数 $G(s)$ 改变，产生一个增量 $\Delta G(s)$，导致输出为

$$C(s)+\Delta C(s)=[G(s)+\Delta G(s)]R(s) \tag{6-124}$$

产生的输出增量是

$$\Delta C(s)=\Delta G(s)R(s)$$

对如图6-54b所示的闭环系统，对应有

$$C(s)+\Delta C(s)=\Phi(s)R(s)=\frac{G(s)+\Delta G(s)}{1+[G(s)+\Delta G(s)]H(s)}R(s) \tag{6-125}$$

$$\Delta C(s)\approx\frac{\Delta G(s)}{1+G(s)H(s)}R(s) \tag{6-126}$$

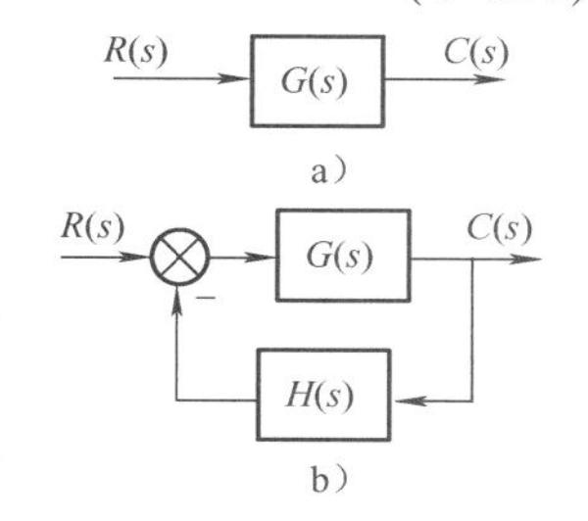

图6-54 系统结构图

显然，负反馈可以大大减小由 $\Delta G(s)$ 引起的输出增量 $\Delta C(s)$。在深度反馈条件下，$|[G(s)+\Delta G(s)]H(s)|\gg 1$，近似有 $\Phi(s)\approx 1/H(s)$，即系统几乎不受 $G(s)$ 的影响。在实际系统中，如果因为某一个环节性能很差，影响整个系统性能的提高，经常采用局部负反馈包围此环节，以抑制其不良影响。

2）比例负反馈可以减小被包围环节的时间常数，提高其相应的快速性。如图6-55所示，$G(s)=K/(T_s+1)$ 环节被比例负反馈包围后系统的传递函数为

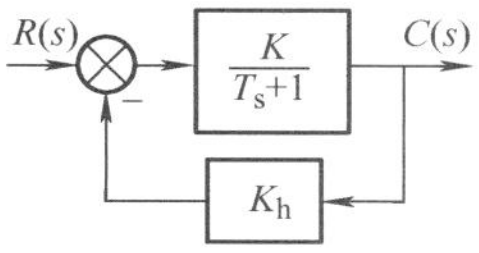

$$G(s)=\frac{K}{T_s+1},\ G'(s)=\frac{K}{T_s+1+KK_h}=\frac{K'}{T'_s+1} \tag{6-127}$$

图6-55 系统结构图

式中，$T'=\dfrac{T}{1+KK_h}$，$K'=\dfrac{K}{1+KK_h}$。

反馈后系统的时间常数 $T'<T$，动态特性得以改善。但其增益 K' 同时降低，需要进行补偿。

3）抑制系统噪声。在控制系统局部反馈中，接入不同形式的反馈校正装置，可以起到与串联校正装置同样的作用，同时可削弱噪声对系统性能的影响。

2. 复合校正

为了减小或消除系统在特定输入作用下的稳态误差，可以提高系统的开环增益，或者采用高型别系统。但是，这两种方法都将影响系统的稳定性，并会降低系统的动态性能。如果在系统的反馈控制回路中加入前馈通路，组成一个前馈控制和反馈控制相组合的系统，只要系统参数选择得当，不但可以保持系统稳定，极大地减小乃至消除稳态误差，而且可以抑制几乎所有的可量测扰动，其中包括低频强扰动，这样的系统就称之为复合控制系统，相应的控制方式称为复合控制。把复合控制的思想用于系统设计，就是所谓的复合校正。在高精度的控制系统中，复合控制得到了广泛的应用。

复合校正中的前馈装置是按不变性原理进行设计的，可分为按输入补偿和按扰动补偿两种方式。

（1）按输入补偿的复合校正　设按输入补偿的复合控制系统如图6-56所示。图中，$G(s)$ 为反馈系统的开环传递函数，$G_c(s)$ 为前馈补偿装置的传递函数。由图可知，系统的输出量为

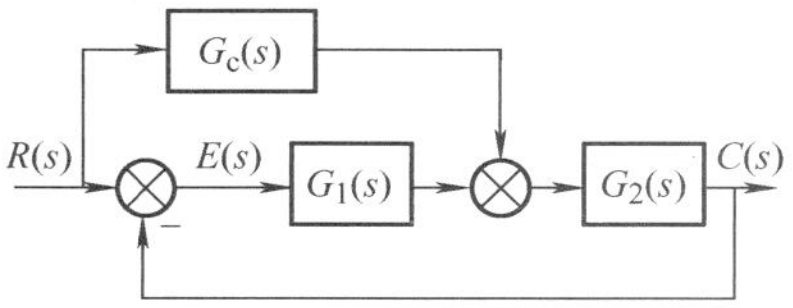

图6-56 按输入补偿的复合控制

$$C(s)=\frac{[G_1(s)+G_c(s)]G_2(s)}{1+G_1(s)G_2(s)}R(s) \tag{6-128}$$

取

$$G_c(s)=\frac{1}{G_2(s)} \tag{6-129}$$

则式(6-128)变为

$$C(s)=R(s) \tag{6-130}$$

式(6-130) 表明，在式(6-129) 成立的条件下，系统的输出量在任何时刻都可以完全无误地复现输入量，具有理想的时间响应特性。

系统误差传递函数为

$$\Phi_e(s)=\frac{E(s)}{R(s)}=\frac{1-G_2(s)G_c(s)}{1+G_1(s)G_2(s)} \tag{6-131}$$

只要取 $G_c(s)=1/G_2(s)$，恒有 $E(s)=0$。前馈装置 $G_c(s)$ 的存在，实现了系统误差全补偿，式(6-129) 称为按输入的误差全补偿条件。为了使 $G_c(s)$ 在物理上能够实现，通常只进行部分补偿，将系统误差减小至允许范围内即可。

(2) 按扰动补偿复合校正　设按扰动补偿的复合控制系统如图6-57所示。图中，$N(s)$ 为可量测扰动，$G(s)$ 和 $G_2(s)$ 为反馈部分的前向通路传递函数，$G_c(s)$ 为前馈补偿装置传递函数。复合校正的目的是通过恰当选择 $G_c(s)$，使扰动 $N(s)$ 经过 $G_c(s)$ 对系统输出 $C(s)$ 产生补偿作用，以抵消扰动 $N(s)$ 通过 $G_2(s)$ 对输出 $C(s)$ 的影响。由图6-57可知，扰动作用下的输出为

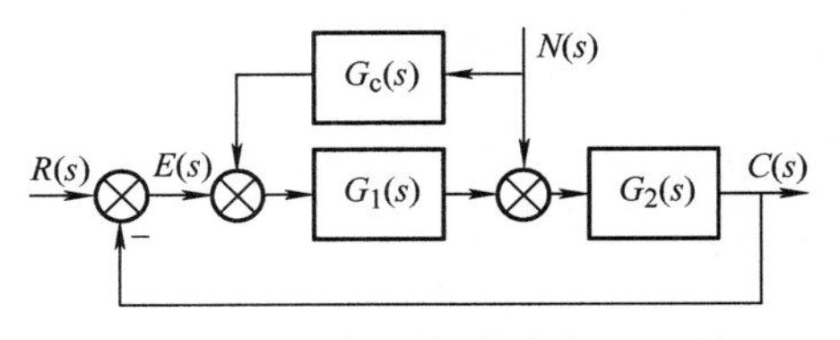

图6-57　按扰动补偿的复合控制

$$C(s)=\frac{G_2(s)[1+G_1(s)G_c(s)]}{1+G_1(s)G_2(s)}N(s) \tag{6-132}$$

扰动作用下的误差为

$$E(s)=-C(s)=\frac{G_2(s)[1+G_1(s)G_c(s)]}{1+G_1(s)G_2(s)}N(s) \tag{6-133}$$

若选择前馈补偿装置的传递函数

$$G_c(s)=-\frac{1}{G_1(s)} \tag{6-134}$$

则必有 $C(s)=0$，$E(s)=0$，即输出不受干扰影响，式(6-134) 称为扰动的误差全补偿条件。

具体设计时，可以选择 $G_1(s)$ 的形式与参数，使系统获得满意的动态性能和稳态性能；然后按式(6-134) 确定前馈补偿装置的传递函数 $G_c(s)$，使系统完全不受可量测扰动的影响。然而，误差全补偿条件在物理上往往无法准确实现，因为对由物理装置实现的 $G_1(s)$ 来说，其分母多项式次数总是大于或等于分子多项式的次数。因此在实际使用时，多在对系统性能起主要影响的频段内采用近似全补偿，或者采用稳态全补偿，以使前馈补偿装置易于在物理上实现。

从补偿原理来看，由于前馈补偿实际上是采用开环控制方式去补偿可量测的扰动信号，因此前馈补偿并不改变反馈控制系统的特性。从抑制扰动的角度来看，前馈控制可以减轻反馈控制的负担，所以反馈控制系统的增益可以取得小一些，以有利于系统的稳定性。所有这些都是用复合校正方法设计控制系统的有利因素。

6.4.4 线性系统频域法串联校正

1. 校正装置及其特性

(1) 超前校正装置的特性　图6-58是 RC 超前网络图。如果输入信号源的内阻为零，输出端负载阻抗为无穷大，则超前网络的传递函数可写为

$$aG_c(s)=\frac{1+aTs}{1+Ts} \tag{6-135}$$

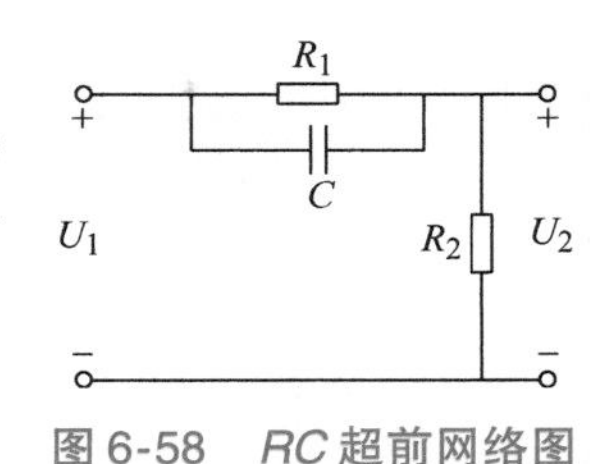

图6-58　RC 超前网络图

式中，a 为分度系数，$a=\dfrac{R_1+R_2}{R_2}>1$；T 为时间常数，

$$T=\frac{R_1R_2}{R_1+R_2}C \tag{6-136}$$

由式(6-135)可见，采用无源超前网络进行串联校正时，整个系统的开环增益要下降为 $1/a$，因此需要提高放大器增益加以补偿。超前网络的零、极点分布图如图6-59所示。由于 $a>1$，故超前网络的负实零点总是位于负实极点之右，两者之间的距离由常数 a 决定。改变 a 和 T 的数值，可以调节超前网络零、极点在负实轴上的位置。

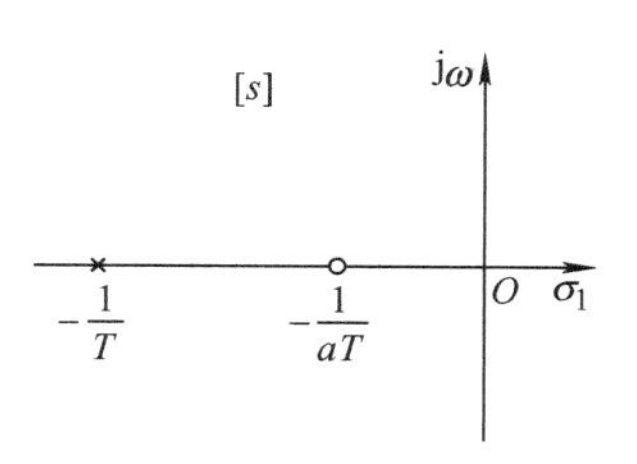

图6-59　零、极点分布

根据式(6-135)可以画出超前网络 $aG_c(s)$ 的对数频率特性，如图6-60a所示。

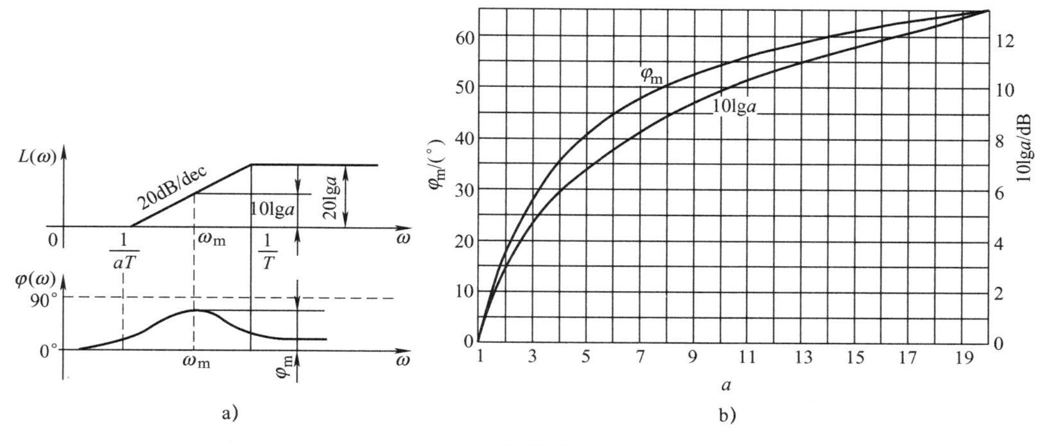

图6-60　无源超前网络特性

显然，超前网络对频率在 $1/aT$ 至 $1/T$ 之间的输入信号有明显的微分作用，在该频率范围内，输出信号相角超前于输入信号，超前网络的名称由此而得。图6-60a表明，在最大超前角频率 ω_m 处，网络具有最大超前角 φ_m，且 ω_m 正好处于两转折频率 $1/aT$ 和 $1/T$ 的几何中心。

超前网络式(6-135)的相角为

$$\varphi_c(\omega)=\arctan aT_\omega-\arctan T_\omega=\arctan\frac{(a-1)T_\omega}{1+a(T_\omega)^2} \tag{6-137}$$

将式(6-137)对 a 求导并令其为零，可得到最大超前角频率为

$$\omega_m=\frac{1}{T\sqrt{a}} \tag{6-138}$$

将式(6-138)代入式(6-137)，得

$$\varphi_m=\arctan\frac{1-a}{2\sqrt{a}}=\arcsin\frac{a-1}{a+1} \tag{6-139}$$

或改写成

$$a=\frac{1+\sin\varphi_m}{1-\sin\varphi_m} \tag{6-140}$$

式(6-140) 表明：最大超前角 φ_m 仅与分度系数 a 有关。a 值选得越大，超前网络的微分效应就越强。为了保持较高的系统信噪比，实际选用的 a 值一般不超过 20。此外，由图 6-60a可以明显看出 φ_m 处的对数幅频值为

$$L_c(\omega_m) = 20\lg|aG_c(j\omega_m)| = 10\lg a \tag{6-141}$$

a 与 φ_m、$10\lg a$ 的关系曲线如图 6-60b 所示。

(2) 滞后校正装置的特性　无源滞后网络的电路图如图 6-61a 所示。如果输入信号源的内阻为零，负载阻抗为无穷大，滞后网络的传递函数为

$$G_c(s) = \frac{1+bTs}{1+Ts} \tag{6-142}$$

式中，b 为滞后网络的分度系数，$b = \dfrac{R_2}{R_1+R_2} < 1$；$T$ 为时间常数，

$$T = (R_1+R_2)C \tag{6-143}$$

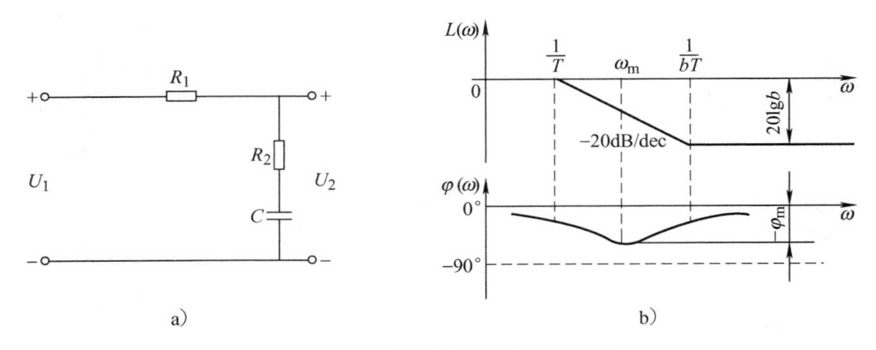

图 6-61　无源滞后网络及其特性

无源滞后网络的对数频率特性如图 6-61b 所示。由图可见，滞后网络在频率 $1/T$ 至 $1/bT$ 之间呈积分效应，而对数相频特性呈滞后特性。用与超前网络类似的方法可以证明，最大滞后角 φ_m 发生在最大滞后角频率 ω_m 处，且 ω_m 正好是 $1/T$ 与 $1/bT$ 的几何中心。

计算 ω_m 及 φ_m 的公式分别为

$$\omega_m = \frac{1}{T\sqrt{b}} \tag{6-144}$$

$$\varphi_m = \arcsin\frac{1-b}{1+b} \tag{6-145}$$

图 6-61b 还表明，滞后网络对低频有用信号不产生衰减，而对高频信号有削弱作用，b 值越小，这种作用越强。

采用无源滞后网络进行串联校正时，主要是利用其高频幅值衰减特性，以降低系统的截止频率，提高系统的相角裕度。因此，应力求避免最大滞后角发生在校正后系统的截止频率 ω_c 附近。选择滞后网络参数时，通常使网络的交接频率 $1/bT$ 远小于 ω_c，一般取

$$\frac{1}{bT} = \frac{\omega_c}{10} \tag{6-146}$$

此时，滞后网络在 ω_c 处产生的相角滞后量按下式确定：

$$\varphi_c(\omega_c) = \arctan bT_{\omega_c} - \arctan T_{\omega_c} \tag{6-147}$$

由两角和的三角函数公式，得

$$\tan\varphi_c(\omega_c)=\frac{bT_{\omega_c}-T_{\omega_c}}{1+bT^2\omega_c^2} \tag{6-148}$$

代入式(6-146) 及 $b<1$ 关系，式(6-148) 可化简为

$$\varphi_c(\omega_c)\approx\arctan[0.1(b-1)] \tag{6-149}$$

$\varphi_c(\omega_c)$ 和 20lg$b$ 的关系曲线如图 6-62 所示。

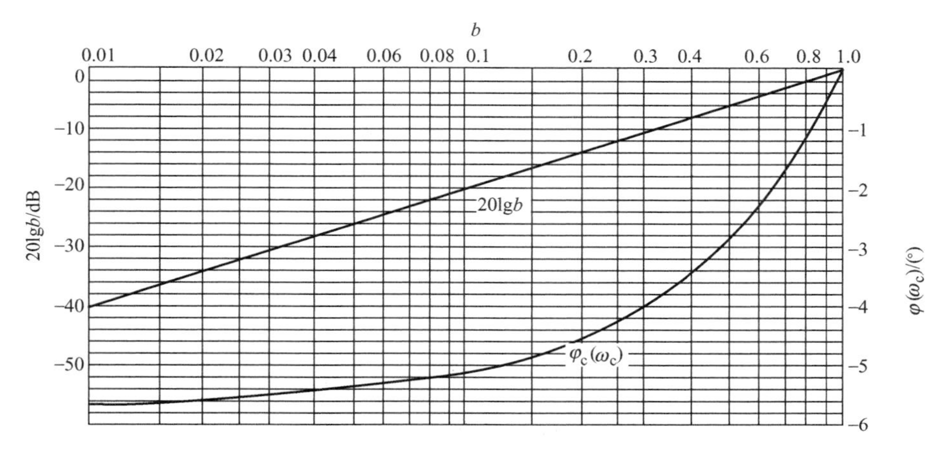

图 6-62　滞后网络关系曲线（$1/bT=0.1\omega_c$）

由图 6-62 可见，只要使滞后网络的第二个转折频率离开校正后，截止频率 ω_c 有 10 倍频，则滞后网络对校正后系统相角裕度造成的影响不会超过 −6°。

（3）滞后—超前校正装置的特性　无源滞后—超前网络的电路图如图 6-63a 所示，其传递函数为

$$G_c(s)=\frac{(1+T_as)(1+T_bs)}{T_aT_bs^2+(T_a+T_b+T_{ab})s+1} \tag{6-150}$$

式中

$$T_a=R_1C_1, T_b=R_2C_2, T_{ab}=R_1C_2 \tag{6-151}$$

设置参数使式(6-150) 的分母二项式对应两个不相等的负实根，则式(6-150) 可以写为

$$G_c(s)=\frac{(1+T_as)(1+T_bs)}{(1+T_1s)(1+T_2s)} \tag{6-152}$$

比较式(6-150) 及式(6-152)，可得

$$T_1T_2=T_aT_b$$
$$T_1+T_2=T_a+T_b+T_{ab}$$

设 $T_1>T_a$，$\frac{T_a}{T_1}=\frac{T_2}{T_b}=\frac{1}{a}$，其中 $a>1$，则有

$$T_1=aT_a,\quad T_2=\frac{T_b}{a}$$

于是，无源滞后—超前网络的传递函数最后可表示为

$$G_c(s)=\frac{(1+T_as)(1+T_bs)}{(1+aT_as)\left(1+\frac{T_b}{a}s\right)} \tag{6-153}$$

式中，$(1+T_a s)/(1+aT_a s)$为网络的滞后部分；$(1+T_b s)/(1+T_b s/a)$为网络的超前部分。无源滞后—超前网络的对数幅频渐近特性如图6-63b所示。

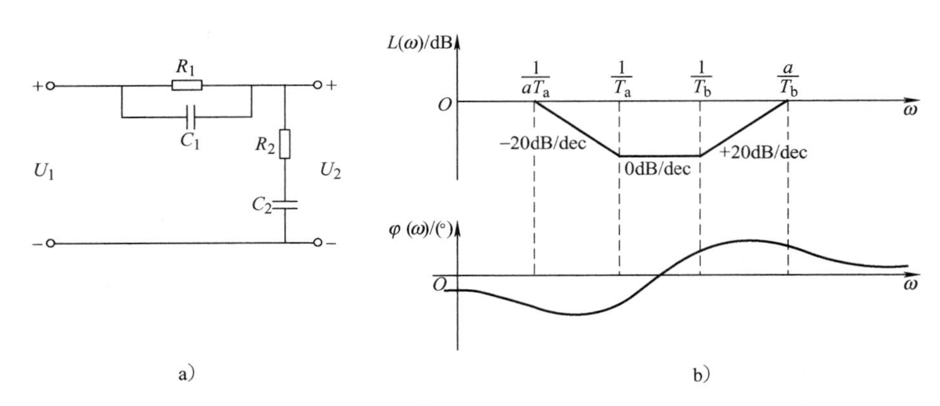

图6-63 无源滞后—超前网络及其特性

2. 频域法串联校正

（1）串联超前校正 超前网络的特性是相角超前，幅值增加。串联超前校正的实质是将超前网络的最大超前角补在校正后系统开环频率特性的截止频率处，提高校正后系统的相角裕度和截止频率，从而改善系统的动态性能。

假设未校正系统的开环传递函数为$G_0(s)$，系统给定的稳态误差、截止频率、相角裕度和幅值裕度指标分别为e_{ss}^*、ω_c^*、γ^*和h^*。设计超前校正装置的一般步骤可归纳如下：

1）根据给定稳态误差e_{ss}^*的要求，确定系统的开环增益K。

2）根据已确定的开环增益K，绘出未校正系统的对数幅频特性曲线，并求出截止频率ω_{c0}和相角裕度γ_0。当$\omega_{c0}<\omega_c^*$，$\gamma_0<\gamma^*$时，可以考虑用超前校正。

3）根据给定的相位裕度γ^*，计算校正装置所应提供的最大相角超前量φ_m，即

$$\varphi_m=\gamma-\gamma_0+(5°\sim15°) \tag{6-154}$$

式中，（5°~15°）是用于补偿引入超前校正装置，截止频率增大所导致的校正前系统的相角裕度的损失量。若未校正系统的对数幅频特性在截止频率处的斜率为−40dB/dec并不再向下转折时，可以取5°~8°，若该频段斜率从−40dB/dec继续转折为−60dB/dec，甚至负更多时，则补偿角应适当取大些。注意：如果$\varphi_m>60°$，则用一级超前校正不能达到要求的γ^*指标。

4）根据所确定的最大超前相角φ_m，按式(6-140）求出相应的a值，即

$$a=\frac{1+\sin\varphi_m}{1-\sin\varphi_m}$$

5）选定校正后系统的截止频率。在$-10\lg a$处作水平线，与$L_0(\omega)$相交于A'点，交点频率设为ω'_A。取校正后系统的截止频率为

$$\omega_c=\max\{\omega_{A'},\omega_c^*\} \tag{6-155}$$

6）确定校正装置的传递函数。在选好的截止频率ω_c处作垂直线，与$L_0(\omega)$交于A点；确定A点关于0dB线的镜像点B，过点B作斜率为20dB/dec的直线，与0dB线交于C点，对应C点处的频率为ω_C；在CB延长线上定D点，使$\frac{\omega_D}{\omega_c}=\frac{\omega_c}{\omega_C}$，在$D$点将曲线改平，则对应超前校正装置的传递函数为

$$G_c(s)=\frac{\frac{s}{\omega_C}+1}{\frac{s}{\omega_D}+1} \tag{6-156}$$

7）验算。写出校正后系统的开环传递函数

$$G(s)=G_c(s)G_0(s)$$

验算是否满足设计条件 $\omega_c \geqslant \omega_c^*$，$\gamma \geqslant \gamma^*$，$h \geqslant h^*$。若不满足，返回3）适当增加相角补偿量，重新设计直到达到要求。当调整相角补偿量不能达到设计指标时，应改变校正方案，可尝试使用滞后—超前校正。

超前校正拓宽了截止频率 ω_c，增加了系统的带宽，减小了调节时间 t_s，增大了相角裕度 γ，从而有效改善系统的动态性能，提高系统快速性，使稳定性变好。

超前校正能使瞬态响应法得到显著改善，对稳定精度的改变很小，但增加了高频噪声效应。超前校正装置基本是一个高通滤波器。高通滤波器又称低截止滤波器、低阻滤波器，是允许高于某一截止频率的频率通过，而大大衰减较低频率的一种滤波器。它去掉了信号中不必要的低频成分，或者说去掉了低频干扰。

在系统稳定性能满足的情况下，要求系统响应快、超调量小，可以采用串联超前校正。

常见的PD控制器的传递函数为 $G_c(s)=K_p(1+T_Ds)$，是一种超前校正装置。

（2）串联滞后校正　滞后校正的实质是利用滞后网络幅值衰减特性，将系统的中频段压低，使校正后系统的截止频率减小，挖掘系统自身的相角储备来满足校正后系统的相角裕度要求。

设计滞后校正装置的一般步骤可以归纳如下：

假设未校正系统的开环传递函数为 $G_0(\omega)$，系统设计指标为 e_{ss}^*、ω_c^*、γ^* 和 h^*。

1）根据给定的稳态误差或静态误差系数要求，确定开环增益 K。

2）根据确定的 K 值绘制未校正系统的对数幅频特性曲线 $L_0(\omega)$，确定其截止频率 ω_{c0} 和相角裕度 γ_0。

3）判别是否适合采用滞后校正。若 $\begin{cases}\omega_{c0}>\omega_c^* \\ \gamma_0<\gamma^*\end{cases}$，并且在 ω_c^* 处满足

$$\gamma_0(\omega_c^*)=180°+\angle G_0(j\omega_c^*)\geqslant \gamma^*+6° \tag{6-157}$$

则可以采用滞后校正。否则用滞后校正不能达到设计要求，建议使用滞后—超前校正。

4）确定校正后系统的截止频率 ω_c。确定满足条件 $\gamma_0(\omega_{c1})=\gamma^*+6°$的频率 ω_{c1}。根据情况选择 ω_c，使 ω_c 满足 $\omega_c^* \leqslant \omega_c \leqslant \omega_{c1}$。（建议取 $\omega_c=\omega_{c1}$，以使校正装置物理上容易实现。）

5）设计滞后校正装置的传递函数 $G_c(s)$。在选定的校正后系统截止频率 ω_c 处作垂直线交 $L(\omega_c)$ 于 A 点，确定 A 关于0dB线的镜像点 B，过 B 点作水平线，在 $\omega_C=0.1\omega_c$ 处确定 C 点，过该点作斜率为 -20dB/dec 的直线交0dB线于点 D，对应频率为 ω_D，则校正后系统的传递函数可写为

$$G_c(s)=\frac{\frac{s}{\omega_C}+1}{\frac{s}{\omega_D}+1} \tag{6-158}$$

6）验算。写出校正后系统的开环传递函数 $G(s)=G_c(s)G_0(s)$，验算相角裕度 γ 和幅值裕度 h 是否满足

$$\begin{cases}\gamma = 180° + \angle G(\omega_C) \geqslant \gamma^* \\ h \geqslant h^*\end{cases}$$

否则重新进行设计。

采用滞后校正装置进行串联校正时，主要是利用其高频幅值的衰减特性，以降低系统的截止频率，提高系统的相角裕度 γ，改善系统的平稳性。滞后校正装置基本上为低通滤波器，能抑制噪声，改善稳态性能，减少稳态误差。低通滤波器是容许低于截止频率的信号通过，但高于截止频率的信号不能通过的电子滤波装置。

高精度、稳定性要求高的系统通常采用串联滞后校正，如恒温控制。

常见的 PI 控制器的传递函数为 $G_c(s) = K_p\left(1 + \frac{1}{T_i s}\right)$，是一种滞后校正装置。

（3）滞后—超前校正网络特性　滞后—超前校正的实质是综合利用超前网络的相角超前特性和滞后网络幅值衰减特性来改善系统的性能。假设未校正系统的开环传递函数为 $G_0(\omega)$，给定系统指标为 e_{ss}^*、ω_c^*、γ^* 和 h^*，可以按照以下步骤设计滞后—超前校正装置。

1）根据系统的稳态误差 e_{ss}^* 要求确定系统开环增益 K。

2）计算未校正系统的频率指标，决定应采用的校正方式。由 K 绘制未校正系统的开环对数幅频特性 $L_0(\omega)$，确定校正前系统的 ω_{c0} 和 γ_0。当 $\gamma_0 < \gamma^*$，用超前校正所需要的最大超前角 $\varphi_m > 60°$；而用滞后校正在 ω_c^* 处系统又没有足够的相角储备量

$$\gamma_0(\omega_c^*) = 180° + \angle G_0(\omega_0^*) < \gamma^* + 6°$$

因而分别用超前、滞后校正均不能达到目的时，可以考虑用滞后—超前校正。

3）校正设计。

① 选择校正后系统的截止频率 $\omega_c = \omega_c^*$，计算 ω_c 处系统需要的最大超前角

$$\varphi_m(\omega_c) = \gamma^* - \gamma_0(\omega_c) + 6° \tag{6-159}$$

式中，6°是为了补偿校正网络滞后部分造成的相角损失而预置的。计算超前部分参数

$$a = \frac{1 + \sin\varphi_m}{1 - \sin\varphi_m}$$

② 在 ω_c 处作一垂线，与 $L_0(\omega)$ 交于点 A，确定 A 关于 0dB 线的镜像点 B。

③ 以点 B 为中心作斜率为 20dB/dec 的直线，分别与 $\omega = \sqrt{a}\omega_c$、$\omega_c/\sqrt{a}$ 两条垂直线交于点 C 和点 D（对应频率 $\omega_C = \sqrt{a}\omega_c$，$\omega_D = \omega_c/\sqrt{a}$）。

④ 从点 C 向右作水平线，从 D 点向左作水平线。

⑤ 在过点 D 的水平线上确定 $\omega_E = 0.1\omega_C$ 的点 E；过点 E 作斜率为 −20dB/dec 的直线交 0dB 线于点 F，相应频率为 ω_F，则滞后—超前校正装置的传递函数为

$$G_c(s) = \frac{\frac{s}{\omega_D} + 1}{\frac{s}{\omega_C} + 1} \cdot \frac{\frac{s}{\omega_E} + 1}{\frac{s}{\omega_F} + 1} \tag{6-160}$$

⑥ 验算。写出校正后系统的开环传递函数

$$G(s) = G_c(s)G_0(s)$$

计算校正后系统的 γ 和 h，若 $\gamma \geqslant \gamma^*$，$h \geqslant h^*$，则结束，否则返回 3）调整参数重新设计。

常见的 PID 控制器的传递函数为 $G_c(s) = K_p\left(1 + T_D s + \frac{1}{T_I s}\right)$，是一种滞后—超前校正装置。

本章小结

本章主要介绍调节系统时域分析法、稳定性判据、频域分析法等，另外，还介绍了线性控制系统的校正方法。

时域分析法是通过直接求解系统在典型输入信号作用下的时域响应来分析系统的性能。系统的时间响应由暂态响应和稳态响应两部分组成。

单位阶跃函数是一种重要的函数，控制系统常采用单位阶跃函数作为输入信号，因为这种典型信号比较容易产生，且对系统的考察是严格的，所以是一种理想的试验信号。

二阶系统，特别是二阶欠阻尼系统，在时域分析法中占有重要地位，具有典型性。二阶欠阻尼系统的时间响应虽有振荡，但只要阻尼比 ζ（$\zeta=0.7$ 左右）取值适当，则系统既有响应的快速性，又有过渡过程的平稳性，因而在控制工程中常把二阶系统设计为欠阻尼系统。

对系统首要要求的性能是稳定性。线性定常系统的稳定性取决于系统的暂态响应是否收敛到零，而这一点取决于系统特征方程式的根。如果系统特征方程式的全部根都具有负实部，系统就稳定。系统的稳定性是系统本身的固有特性，即系统的稳定性取决于系统本身的结构和参数。对线性定常系统而言，系统的稳定性和输入信号的形式和大小无关，和初始状态无关。

判别系统的稳定性有多种方法。本章介绍了一种代数判据即劳斯判据。劳斯判据代数方程式的根和系数的关系来判别系统稳定与否。

稳态误差是系统控制精度的度量，也是系统的一个重要的性能指标。系统的稳态误差既和系统的结构和参数有关，也和输入信号的形式、大小和作用点有关。

通常可以用分析法或实验法获得系统的频率特性。分析法就是根据描述系统的微分方程求出系统的传递函数 $G(s)$，用 $\mathrm{j}\omega$ 取代 s 即得到系统的频率特性。实验法则是根据系统在频率由 $0\to\infty$ 变化的正弦信号作用下，稳态输出与正弦输入的幅值比和相位差绘出系统的伯德图，即可求出系统的频率特性。

在工程分析和设计中，通常把频率特性画成一些曲线，根据频率特性曲线可以对系统进行直观、简便的分析和研究。常用的几何表示法有频率特性曲线、幅相频率特性曲线、对数频率特性曲线和对数幅相特性曲线。和其他方法相比，采用对数频率特性曲线，环节进行串联组成的系统可分别由各个环节的对数幅、相频特性的叠加而得。因而，掌握典型环节的对数频率特性曲线具有重要意义。

考虑到系统内部参数和外界环境的变化对系统稳定性的影响，要求系统不仅能稳定地工作，而且还需有足够的稳定裕度。稳定裕度通常用幅值裕度和相位裕度来表示。

对于同一系统，无论在时域或频域研究，都应有相同的动态性能。因此，二阶欠阻尼系统在时域中的动态性能指标，可以在频域中找出与之相对应的一些特征量，这就是系统的频域性能指标。

线性控制系统常用的时域校正方式有串联校正、反馈校正和前馈（复合）校正。复合校正中的前馈装置是按不变性原理进行设计的，可分为按输入补偿和按扰动补偿两种方式。线性系统频域法串联校正包括超前校正、滞后校正和超前—滞后校正。串联超前校正拓宽了截止频率 ω_c，增加了系统的带宽，减小了调节时间 t_s，增大了相角裕度 γ，从而有效改善系统的动态性能，提高系统快速性，使稳定性变好。在系统稳定性能满足的情况下，要求系统响应快、超调量小，可以采用串联超前校正（例如PD控制器的传递函数）。采用滞后校正装置进行串联校正时，主要是利用其高频幅值的衰减特性，以降低系统的截止频率，提高系统的相角裕度γ，改善系统的平稳性。滞后校正装置基本上为低通滤波器，能抑制噪声，改善稳态性能，减少稳态误差。高精度、稳定性要求高的系统通常采用串联滞后校正（例如PD控制器的传递函数）。串联滞后—超前校正的实质是综合利用超前网络的相角超前特性和滞后网络幅值衰减特性来改善系统的性能。PID控制器的传递函数就是典型滞后—超前校正。

习　题

一、选择题

6-1　某闭环系统的总传递函数为$G(s)=K/2s^3+3s^2+K$，根据劳斯稳定判断，正确的论述为（　　）。

（A）不论K为何值，系统不稳定　　（B）不论K为何值，系统稳定

（C）当$K>0$时，系统稳定　　（D）当$K<0$时，系统稳定

6-2　某闭环系统的总传递函数为$G(s)=\frac{1}{2s^3+3s^2+s+K}$，根据劳斯稳定判据判断下列论述哪个是对的？（　　）

（A）不论K为何值，系统不稳定　　（B）当$K=0$时，系统稳定

（C）当$K=1$时，系统稳定　　（D）当$K=2$时，系统稳定

6-3　系统的稳定性与其传递函数的特征方程根的关系为（　　）。

（A）各特征根实部均为负时，系统具有稳定性

（B）各特征根至少有一个存在正实部时，系统具有稳定性

（C）各特征根至少有一个存在零实部时，系统具有稳定性

（D）各特征根全部具有正实部时，系统具有稳定性

6-4　关于自动控制系统的稳定判据的作用，不正确的表述是（　　）。

（A）可以用来判断系统的稳定性

（B）可以用来分析系统参数变化对稳定性的影响

（C）检验稳定裕度

（D）不能判断系统的相对稳定性

6-5　三阶稳定系统的特征方程为$3s^3+2s^2+s+a_3=0$，则a_3的取值范围为（　　）。

（A）大于0　　（B）大于0，小于$\frac{2}{3}$　　（C）大于$\frac{2}{3}$　　（D）不受限制

6-6　下列方程式系统的特征方程，系统不稳定的是（　　）。

（A）$3s^2+4s+5=0$　　（B）$3s^3+2s^2+s+0.5=0$

（C）$9s^3+6s^2+1=0$　　（D）$2s^2+s+|a_3|=0$　　$(a_3\neq0)$

6-7　关于线性系统稳定判断条件的描述，不正确的是（　　）。

（A）衰减比大于1时，系统稳定

（B）闭环系统稳定的充分必要条件是系统的特征根均具有负实部

（C）闭环系统稳定必要条件是系统特征方程的各项系统均存在，且同号

（D）系统的阶数高，则稳定性好

6-8　设某闭环系统的总传递函数$G(s)=1/(s^2+2s+1)$，此系统为（　　）。

（A）欠阻尼二阶系统　　（B）过阻尼二阶系统

（C）临界阻尼二阶系统　　（D）等幅振荡二阶系统

6-9　某闭环系统总传递函数 $G(s)=\dfrac{8}{s^2+Ks+9}$，为使其阶跃相应无超调，K 值为（　　）。

（A）3.5　　（B）4.5　　（C）5.5　　（D）6.5

6-10　二阶系统的传递函数 $G(s)=\dfrac{9.0}{s^2+3.6s+9.0}$，其阻尼系数 ζ 和无阻尼自然频率 ω 分别为（　　）。

（A）$\zeta=0.6$，$\omega=3.0$　　（B）$\zeta=0.4$，$\omega=9.0$

（C）$\zeta=1.2$，$\omega=3.0$　　（D）$\zeta=9.0$，$\omega=3.6$

6-11　设系统的传递函数为 $G(s)=\dfrac{4}{6s^2+10s+8}$，则该系统的（　　）。

（A）增益 $K=2/3$，阻尼比 $\zeta=\dfrac{5\sqrt{3}}{12}$，无阻尼自然频率 $\omega_n=\dfrac{2}{\sqrt{3}}$

（B）增益 $K=2/3$，阻尼比 $\zeta=\dfrac{5}{3}$，无阻尼自然频率 $\omega_n=\dfrac{4}{3}$

（C）增益 $K=1/2$，阻尼比 $\zeta=\dfrac{3}{4}$，无阻尼自然频率 $\omega_n=\dfrac{5}{4}$

（D）增益 $K=1$，阻尼比 $\zeta=\dfrac{3}{3}$，无阻尼自然频率 $\omega_n=\dfrac{5}{2}$

6-12　设二阶系统的传递函数为 $G(s)=\dfrac{2}{s^2+4s+2}$，则此系统为（　　）。

（A）欠阻尼　　（B）过阻尼　　（C）临界阻尼　　（D）无阻尼

6-13　二阶系统传递函数 $G(s)=\dfrac{1}{s^2+2s+1}$ 的频率特性函数为（　　）。

（A）$\dfrac{1}{\omega^2+2\omega+1}$　　（B）$\dfrac{1}{-\omega^2+2j\omega+1}$　　（C）$-\dfrac{1}{\omega^2+2\omega+1}$　　（D）$\dfrac{1}{\omega^2-2\omega+1}$

6-14　如图6-64所示控制系统，试判断此系统为以下哪种类型。（　　）

（A）欠阻尼二阶系统　　（B）过阻尼二阶系统

（C）临界阻尼二阶系统　　（D）等幅振荡二阶系统

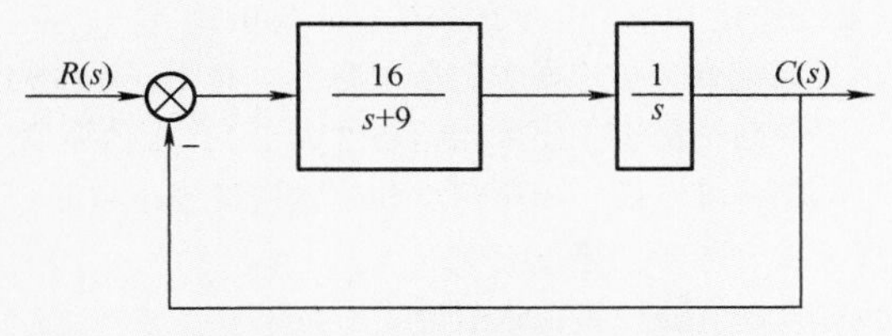

图6-64　习题6-14控制系统

6-15　如图6-65所示系统，虚线所示的反馈通道为速度反馈，那么与原闭环系统，即无速度反馈的系统相比，（　　）。

（A）阻尼系数增加　　（B）无阻尼频率增加

（C）阻尼及无阻尼自然频率增加　　（D）阻尼及无阻尼自然频率基本不变

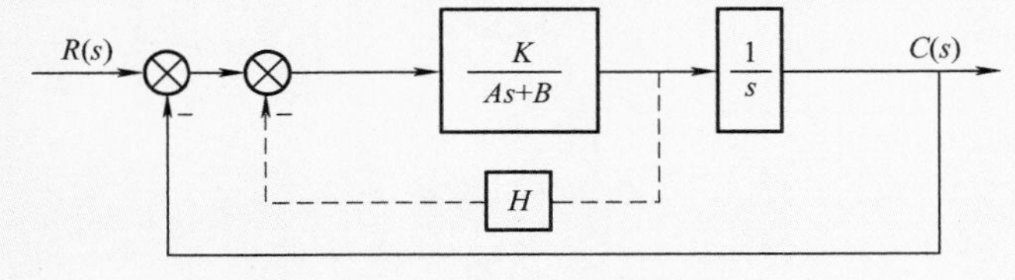

图6-65　习题6-15控制系统

6-16　二阶欠阻尼系统质量指标与系统参数的关系是（　　）。

（A）衰减系数不变，最大偏差减小，衰减比增大

(B) 衰减系数增大，最大偏差增大，衰减比减小，调节时间增大
(C) 衰减系数减小，最大偏差增大，衰减比减小，调节时间增大
(D) 衰减系数减小，最大偏差增大，衰减比减小，调节时间减小

6-17 按控制系统的动态特性可将系统分为（　　）。
(A) 欠阻尼系统和过阻尼系统　　(B) 开环控制系统和闭环控制系统
(C) 单回路控制系统和闭环控制系统　　(D) 正反馈控制系统和负反馈控制系统

6-18 关于二阶系统的设计，正确的做法是（　　）。
(A) 调整典型二阶系统的两个特征参数：阻尼系数 ζ 和无阻尼自然频率 ω_n，就可完成最佳设计
(B) 比例微分控制和测速反馈是有效的设计方法
(C) 增大阻尼系数 ζ 和无阻尼自然频率 ω_n
(D) 将阻尼系数 ζ 和无阻尼自然频率 ω_n 分别计算

6-19 二阶环节 $G(s)=10/(s^2+3.6s+9)$ 的阻尼比为（　　）。
(A) $\zeta=0.6$　　(B) $\zeta=1.2$　　(C) $\zeta=1.8$　　(D) $\zeta=3.6$

6-20 控制系统的闭环传递函数 $G(s)=\dfrac{4}{s^2+6s+4}$，分别求 ζ、ω_n 为（　　）。
(A) $\zeta=1.5$，$\omega_n=4$　　(B) $\zeta=2$，$\omega_n=1.5$　　(C) $\zeta=1.5$，$\omega_n=2$　　(D) $\zeta=4$，$\omega_n=1.5$

6-21 设计二阶系统的阻尼比为1.5，则此二阶系统的阶跃响应应为（　　）。
(A) 单调增加　　(B) 衰减振荡　　(C) 等幅振荡　　(D) 单调衰减

6-22 某闭环系统的总传递函数为 $G(s)=\dfrac{10}{s^2+As+16}$，选用合适的 A 值，使其瞬态相应能最快达到稳定。（　　）
(A) $A=2$　　(B) $A=5$　　(C) $A=10$　　(D) $A=12$

6-23 设一传递函数为 $G(j\omega)=\dfrac{3}{1+j\omega}$，其对数幅值特性的增益穿越频率（即增益交接频率或增益为0dB的频率）应为（　　）。
(A) $\sqrt{6}$　　(B) $\sqrt{8}$　　(C) $\sqrt{9}$　　(D) $\sqrt{12}$

6-24 关于自动控制系统相角裕度和幅值裕度的描述，正确的是（　　）。
(A) 相角裕度和幅值裕度是系统开环传递函数的频率指标，与闭环系统的动态性能密切相关
(B) 对于最小相角系统，要使系统稳定，要求相角裕度大于1，幅值裕度大于0
(C) 为保证系统具有一定的相对稳定性，相角裕度和幅值裕度越小越好
(D) 稳定裕度与相角裕度无关，与幅值裕度有关

6-25 图6-66为某环节的对数幅值随频率变化渐近线，在下列频率特性中哪个和图6-66相符合？（　　）

(A) $\dfrac{K}{[(j\omega)^2+a(j\omega)+1][(j\omega)^2+b(j\omega)+1]}$

(B) $\dfrac{K}{(j\omega+a)(j\omega+b)[(j\omega)^2+c(j\omega)+1]}$

(C) $\dfrac{K}{(j\omega)^4+b(j\omega)^3+c(j\omega)^2+1}$

(D) $\dfrac{K}{(j\omega)^4+b(j\omega)^3+c(j\omega)^2+(j\omega)}$

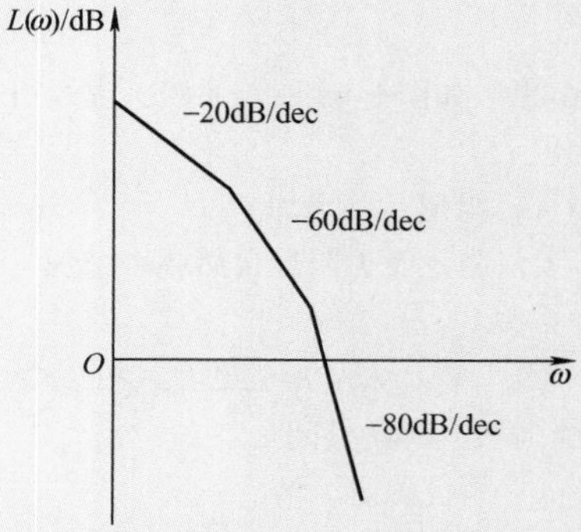

图6-66 习题6-25幅值随频率变化曲线

6-26 传递函数 $G_1(s)$、$G_2(s)$、$G_3(s)$、$G_4(s)$ 的增益分别为 K_1、K_2、K_3、K_4，其余部分相同，且 $K_1<K_2<K_3<K_4$。由传递函数 $G_2(s)$ 代表的单位反馈（反馈传递函数为1的负反馈）闭环系统的奈奎斯特曲线如图6-67所示。下面哪个传递函数代表的单位反馈闭环控制系统为稳定的系统？（　　）

（A）由 $G_1(s)$ 代表的闭环系统　　（B）由 $G_2(s)$ 代表的闭环系统

（C）由 $G_3(s)$ 代表的闭环系统　　（D）由 $G_4(s)$ 代表的闭环系统

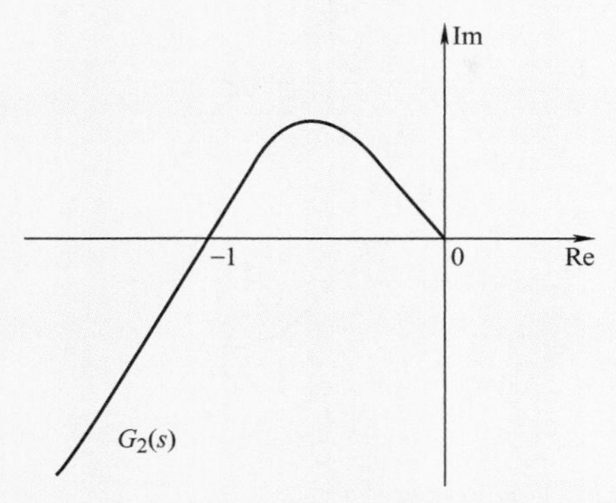

图6-67　习题6-26 闭环系统的奈奎斯特曲线

6-27　根据图6-68所示的开环传递函数的对数坐标图判断其闭环系统的稳定性。(　　)

（A）系统稳定，增益裕量为 a　　（B）系统稳定，增益裕量为 b

（C）系统不稳定，负增益裕量为 a　　（D）系统不稳定，负增益裕量为 b

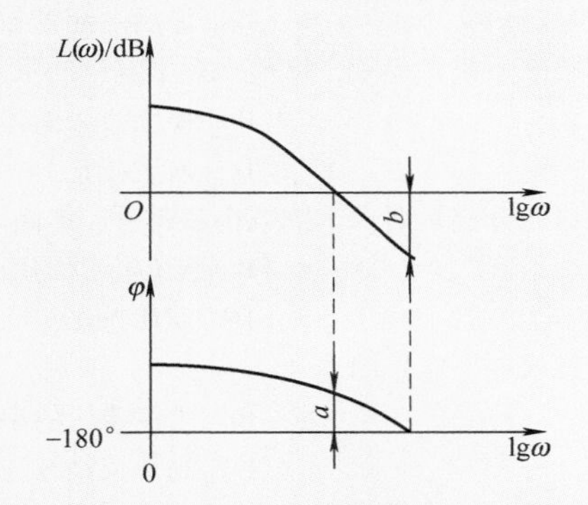

图6-68　习题6-27 开环传递函数的对数坐标图

6-28　图6-69为某环节的对数幅值随频率的变化渐近线，下列频率特性中哪项和图6-69相符合？(　　)

（A）$G(\mathrm{j}\omega)=\dfrac{K}{[(\mathrm{j}\omega)^3+b(\mathrm{j}\omega)^2+c(\mathrm{j}\omega)+1]}$

（B）$G(\mathrm{j}\omega)=\dfrac{K}{(\mathrm{j}\omega)[(\mathrm{j}\omega)^2+b(\mathrm{j}\omega)+1]}$

（C）$\dfrac{K}{(\mathrm{j}\omega+a)(\mathrm{j}\omega+b)(\mathrm{j}\omega+c)}$

（D）$\dfrac{K}{\mathrm{j}\omega(\mathrm{j}\omega+a)(\mathrm{j}\omega+b)}$

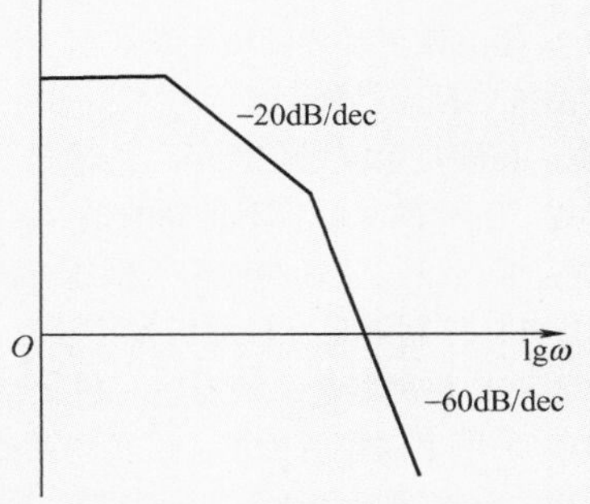

图6-69　习题6-28 对数幅值随频率的变化渐近线

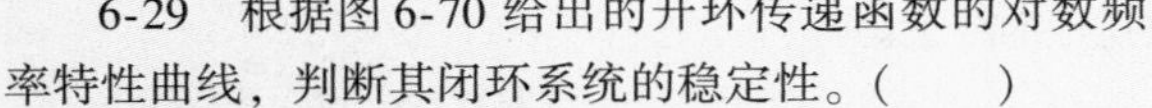
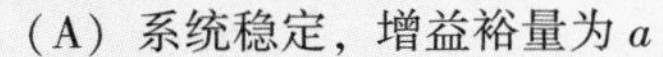

6-29　根据图6-70给出的开环传递函数的对数频率特性曲线，判断其闭环系统的稳定性。(　　)

（A）系统稳定，增益裕量为 a　　（B）系统稳定，增益裕量为 b

（C）系统不稳定，负增益裕量为 a　　（D）系统不稳定，负增益裕量为 b

6-30　比例环节的奈奎斯特曲线占据复平面中（　　）。

（A）整个负虚轴　　（B）整个正虚轴　　（C）实轴上的某一段　　（D）实轴上的某一点

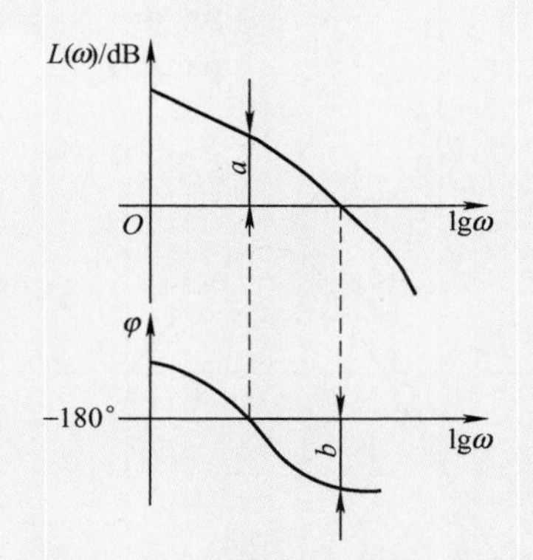

图6-70 习题6-29 开环传递函数的对数频率特性曲线

6-31 一个二阶环节采用局部反馈进行系统校正，(　　)。

(A) 能增大频率响应的带宽　　(B) 能增加瞬态响应的阻尼比

(C) 能提高系统的稳态精度　　(D) 能增加系统的无阻尼自然频率

6-32 增加控制系统的带宽、增加增益、减小稳态误差，宜采用（　　）。

(A) 相位超前的串联校正　　(B) 相位滞后的串联校正

(C) 局部速度反馈校正　　(D) 滞后—超前校正

6-33 某控制系统的稳态精度以充分满足要求，欲增大频率响应的带宽，应采用（　　）。

(A) 相位超前的串联校正　　(B) 相位滞后的串联校正

(C) 局部速度反馈校正　　(D) 前馈校正

6-34 某控制系统的稳态精度以充分满足要求，欲减小超调量、提高瞬态响应速度，应采用（　　）。

(A) 相位超前的串联校正　　(B) 相位滞后的串联校正

(C) 局部速度反馈校正　　(D) 前馈校正

6-35 如需减小控制系统的稳态误差，应采用（　　）。

(A) 相位超前的串联校正　　(B) 相位滞后的串联校正

(C) 滞后—超前控制　　(D) 局部反馈校正

6-36 关于超前校正装置，下列描述不正确的是（　　）。

(A) 超前校正装置利用校正装置的相位超前特性来增加系统的相角稳定裕度

(B) 超前校正装置利用校正装置频率特性曲线的正斜率来增加系统的穿越频率

(C) 超前校正装置利用相角超前、幅值增加的特性，使系统的截止频率变窄、相角裕度减小，从而有效改善系统的动态性能

(D) 在满足系统稳定性条件的情况下，采用串联超前校正可使系统响应快、超调小

6-37 下列说法中，不正确的是（　　）。

(A) 滞后校正装置的作用是低通滤波，能抑制高频噪声，改善稳态性能

(B) PD 控制器是一种滞后校正装置，PI 控制器是一种超前校正装置

(C) PID 控制器是一种滞后—超前校正装置

(D) 采用串联滞后校正，可实现系统的高精度、高稳定性

6-38 能够增加自动系统的带宽，提高系统的快速性的校正是（　　）。

(A) 前馈校正　　(B) 预校正　　(C) 串联超前校正　　(D) 串联滞后校正

6-39 滞后校正装置能抑制高频噪声，改善稳态性能，采用串联滞后校正时（　　）。

(A) 可使校正后系统的截止频率减小　　(B) 可使校正后系统的截止频率增大

(C) 可使校正后系统的相角裕度降低　　(D) 可使校正后系统的平稳性降低

二、计算分析题

6-40 在分析与设计自动调节系统时，为什么常使用频率响应法？在得到系统的频率特性后，往往要

转换为对数频率特性，这又是为什么？

6-41 给出几种典型环节的对数频率特性曲线。

6-42 若系统单位阶跃响应为

$$h(t)=1-1.8e^{-4t}+0.8e^{-9t}$$

试确定系统的频率特性。

6-43 你用什么方法得到调节系统的共振幅值 M_r 和共振频率 ω_r？这两个参数对调节系统有什么影响？

6-44 有一调节系统的框图如图6-71所示，系统中环节的传递函数如下：

调节器：$G_c(s)=K_c\dfrac{1+\dfrac{1}{T_c s}}{1+\dfrac{1}{T_h s}}$

调节对象：$G_o(S)=\dfrac{K_o}{1+T_o s}$

发信器：$G_h(s)=\dfrac{K_h}{1+2DT_h s+T_h s^2}$

式中，$K_c=0.4$，$T_c=5s$，$K_h=0.4$，$T_o=0.1s$，$K_o=5$，$T_h=5s$，$D=0.7$。

（1）试写出系统的传递函数以及微分方程。

（2）将调节系统中各环节的频率特性分别作出伯德图（近似图），标出交接频率和渐近线的斜率。

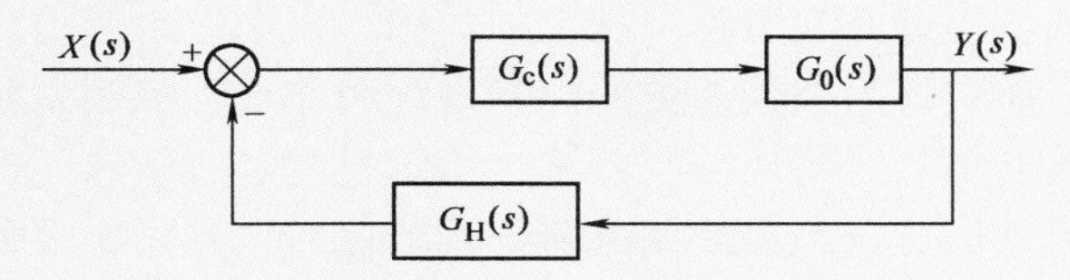

图6-71 习题6-44系统框图

6-45 绘制下列传递函数的对数幅频渐进特性曲线。

1）$G(s)=\dfrac{1}{(2s+1)(8s+1)}$

2）$G(s)=\dfrac{200}{s^2(s+1)(10s+1)}$

6-46 已知系统开环传递函数为

$$G(s)H(s)=\frac{(s+1)}{s\left(\frac{s}{2}+1\right)\left(\frac{s^2}{9}+\frac{s}{3}+1\right)}$$

要求选择频率点，列表计算 $A(\omega)$、$L(\omega)$ 和 $\varphi(\omega)$，并据此在对数坐标纸上绘制系统开环对数频率特性曲线。

第 7 章 计算机过程控制系统

7

7.1 过程控制系统的构成及其性能指标

7.1.1 过程控制系统的构成

过程控制通常是指石油、化工、电力、冶金、轻工、建材、核能等工业生产中连续的或按一定周期程序进行的生产过程自动控制，它是自动化技术的重要组成部分。在现代工业生产过程中，过程控制技术正在实现各种最优的技术指标、提高经济效益和劳动生产率、改善劳动条件、保护生态环境等方面起着越来越大的作用。人们把生产过程中的温度、压力、流量、液位和浓度等状态参数作为被控参数的控制系统叫作过程控制系统。

过程控制系统本质上仍然属闭环控制系统，给定量与经过敏感元件的检验和变换部分的传感器取出的统一信号进行比较，再经调节器把调节信号送到操作部分，从而形成了过程控制的闭环。

操作部分多采用自动控制阀，阀的驱动有气压式、液压式和电气式三种，或者是三种方式的组合。过程控制系统与伺服系统相比，调节器和被控对象从功能和结构上明显分开，一般调节器都有标准化成品可供选购，根据对象的特性选择具有相应调节机构的调节器。

7.1.2 常规过程控制系统

仅用模拟控制装置（也称常规仪表）对生产过程进行自动控制的系统，通常称为常规过程控制系统。例如，用 DDZ、QDZ 单元组合仪表和 I 系列、V 系列仪表、组装仪表及其他模拟控制装置与生产过程构成的自动控制系统，均属于常规过程控制系统。它包括单回路反馈控制系统、串级控制系统及其他控制系统。单回路系统是过程控制系统的基础。

单回路系统是指仅有一个检测变送器、一个调节器、一个执行器（一般是调节阀）连同被控对象所组成的一种单闭环系统。

影响系统品质的因素是多种多样的，其中以对象特性、干扰形式、调节器的控制规律和参数整定最为重要。

调节器作为过程控制系统的控制装置，其控制规律的选择对于系统的控制品质具有决定性的影响，也是系统方案设计的核心内容之一。应用最为广泛的调节器控制规律为开关控制、比例控制、积分控制、微分控制及它们的组合（包括比例积分、比例微分以及比例积分微分）。这些在第 3 章已经展开描述，本章不再重复。

7.1.3 过程对象及特性

由于生产规模的大小不同，生产工艺要求各异，生产的品种多种多样，因此过程控制中的被控过程的特性是多种多样的，它们的动态特性一般具有大惯性、大时延（大滞后）的特点，而且常伴有非线性特性。若以对象的单位阶跃输入的响应来分，大致可表示为图7-1所示的三种类型。虽然由于被控对象的多样性和复杂性，很难用准确的传递函数来表示其特性，但是按图7-1所示的几种响应来近似处理，在工程上是可行的。

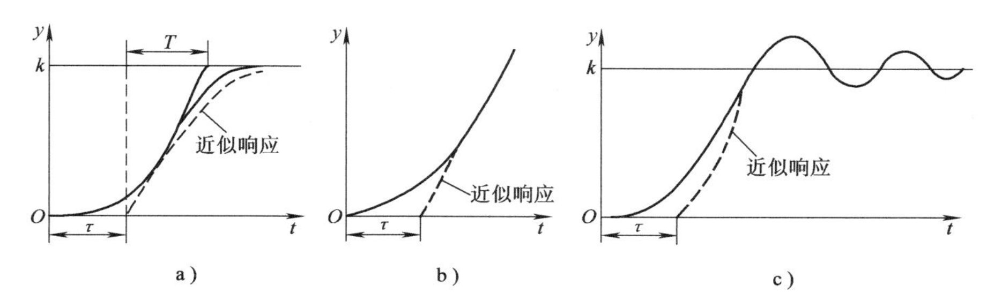

图7-1　过程对象特性的几种近似处理

a）定位过程　b）无定位过程　c）多容过程

1）可视为具有延时的惯性环节，如图7-1a所示。响应曲线形状如S形阶跃响应的定位过程，可用下述传递函数近似表示：

$$G(s)=\frac{k\mathrm{e}^{-\tau s}}{Ts+1} \tag{7-1}$$

2）可视为具有延时的积分环节，如图7-1b所示。在无定位过程中，可用下述传递函数近似表示：

$$G(s)=\frac{k\mathrm{e}^{-\tau s}}{Ts} \tag{7-2}$$

3）可视为具有延时的振荡环节，如图7-1c所示。在以振荡阶跃响应所示的过程中，可用下述传递函数近似表示：

$$G(s)=\frac{k\mathrm{e}^{-\tau s}}{T^2s^2+2\zeta Ts+1}\quad 0<\zeta<1 \tag{7-3}$$

但这种形状的过程较少，如果$\zeta>1$，则就变为图7-1a所示的响应曲线，可用式(7-1)来描述。

7.1.4　过程控制系统的性能指标

过程控制的单项性能指标，如衰减比、动态偏差、静态偏差、调节时间等在第1章已经描述。人们还时常用误差积分指标衡量控制系统性能的优良程度。它是一类综合指标，人们希望它越小越好。常用的有以下几种：

（1）误差积分（*IE*）

$$IE=\int_0^\infty e(t)\mathrm{d}t \tag{7-4}$$

（2）绝对误差积分（*IAE*）

$$IAE=\int_0^\infty |e(t)|\mathrm{d}t \tag{7-5}$$

（3）二次方误差积分（*ISE*）

$$ISE=\int_0^\infty e^2(t)\mathrm{d}t \tag{7-6}$$

（4）时间与绝对误差乘积积分（*ITAE*）

$$ITAE=\int_0^\infty t|e(t)|\mathrm{d}t \tag{7-7}$$

式(7-4)～式(7-7)中，$e(t)$是系统的误差信号，$e(t)=y(t)-y(\infty)$。

7.2 计算机控制系统一般组成

7.2.1 计算机控制的概念

自动控制系统的基本功能是信号的测量变送、比较、加工。这些功能由敏感变送器、调节器和执行机构来完成。其中，调节器是控制系统中最重要的部分，它决定了控制系统的调节规律，并在很大程度上决定了控制系统的调节品质。如果把调节器用微型计算机来代替，就构成了微型计算机控制系统，其基本框图如图7-2所示。

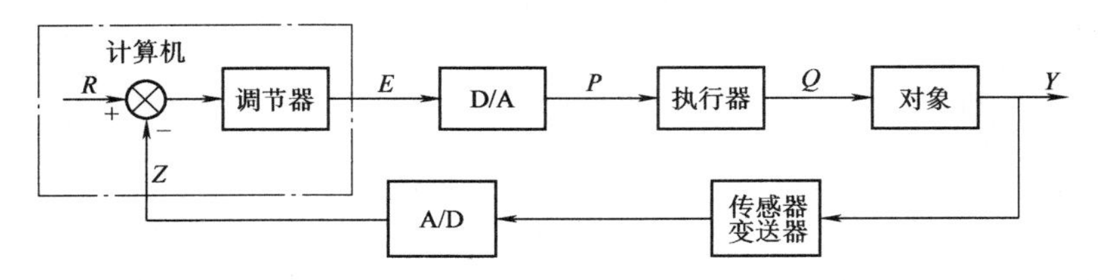

图7-2 微型计算机控制系统基本框图

控制系统中引入计算机，可以充分利用微型计算机强大的算术运算、逻辑运算及记忆等功能，运用微型计算机指令系统编出符合某种控制规律的程序。微型计算机执行这样的程序，就能实现被控参数的调节。在计算机系统中，程序是无形的，通常称为软件，而设备是有形的，通常称为硬件。在常规控制系统中，系统的调节规律由硬件决定。改变调节规律必须变更硬件，改变计算机控制系统中的调节规律只需改变软件编排即可。

计算机控制系统中，输入、输出信号都是数字信号，因此在这种控制系统中，输入端必须加A/D转换器，将模拟信号转换为数字信号；输出端必须加D/A转换器，将数字信号转换为模拟信号。

从本质上讲，计算机控制系统的控制过程可归结为实时数据采集、实时决策和实时控制三个步骤进行。三个步骤不断重复就会使整个系统按照给定的规律进行工作，同时也可以对被调参数及设备运行状况进行监督、超限报警及保护。对微型计算机来讲，控制过程的三个步骤实际上只是执行输入操作、算术逻辑运算、输出操作。上述计算机控制系统的一般概念中，计算机没有通过中间媒体如磁盘等，而是直接连在系统中工作。这种生产过程设备直接与计算机连接的工作方式，叫“联机”或“在线”工作方式。生产过程设备不直接受计算机控制，而是通过中间媒体，靠人进行联系并做相应操作的工作方式叫“脱机”或“离线”方式。离线方式不能实时地对系统进行控制。

所谓实时，是指信号的输入、运算和输出都要在一定的时间内完成，即计算机对输入信息、以足够快的速度进行处理，并在一定的时间内做出反应或进行控制，超出了这个时间就失去了控制的时机，控制也就失去了意义。实时的概念不能脱离具体的过程。比如，空调室室温控制，从信号输入到调节完成延迟1s仍认为是实时的；而火炮控制系统则必须在几毫秒之内完成，超过了这个时间，就击不中目标了。实时性的指标涉及信号从输入到控制信号输出整个的时间延迟。一个在线系统不一定是实时系统，但一个实时控制系统必定是在线系统。

计算机过程控制系统是以计算机为自动化工具的过程控制系统。它不仅能完成常规过程控制系统所具有的控制功能，还具有独特的优点：

1）它速度快、精度高，所以容易达到常规控制仪表达不到的控制质量。

2）它的记忆和判断功能使其能综合生产过程的各方面情况，在环境和过程参数变化时及时做出判断，选择合理的、最有利的方案和对策。而常规控制仪表无法胜任。

3）对有些生产过程，如大滞后的对象、各参数相互关联比较密切的对象、被控参数需经过计算才能得出间接指标的对象等，常规控制仪表往往得不到满意的控制效果，而它可以达到最佳的控制效果。

总之，计算机控制系统的特点是容易实现任意的控制算法，只要按照人们的要求改变程序或修改控制算法（或模型）中的某些参数，就能得到不同的控制效果。当然，采用计算机控制需要设备比较多，一次性投资较大，设备的可靠性对系统的可靠性影响很大，同时设备的使用、维护、修理和编程都比较复杂，需要专门训练的人才，计算机还需特殊的环境条件等。因此，在选择时要从实际出发，选出合理的控制系统方案。

7.2.2 计算机控制系统的一般组成

1. 硬件

计算机控制系统的硬件一般由被控对象、I/O通道、主机、接口电路、控制台以及测量元件和执行机构等几部分组成，如图7-3所示。

1）主机。主机通常包括微处理器（CPU）、内存储器（ROM、RAM）和系统总线，它是整个控制系统的核心。主机根据从输入通道送来的测量信号和设定值，按照预先编制好的控制程序，以一定的规律对信息进行处理、计算，形成控制信号由输出通道送至执行机构和有关设备。

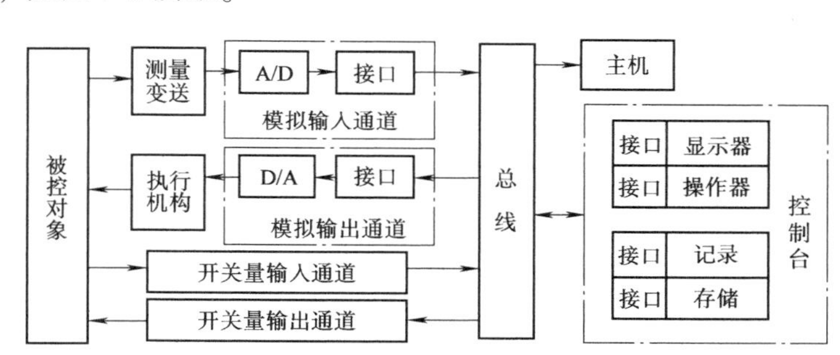

图7-3 计算机硬件组成

2）测量元件和执行机构。测量元件包括数字测量元件和模拟测量元件，执行机构根据需要可以接收模拟控制量和数字控制量。

3）过程通道（I/O通道）。I/O通道把计算机与测量元件、执行机构和被控对象连接起来，进行信息的传递和转换。I/O通道一般可分为模拟量输入通道、数字量输入通道、模拟量输出通道和数字量输出通道。模拟量I/O通道主要由A/D转换器和D/A转换器组成。

4）接口电路。I/O通道、控制台等设备通过接口电路传送信息和命令，接口电路一般有并行接口、串行接口和管理接口。

5）控制台。操作人员通过控制台与计算机进行人机对话，随时了解运行状态，修改控制参数和控制程序，发出控制命令，判断故障和进行人工干预等。

2. 软件

计算机控制系统的软件通常分为两大类：系统软件和应用软件。

1）系统软件是计算机运行的基本条件之一，它包括操作系统、监控程序和故障诊断程序等，这类程序具有通用性。

2）应用软件主要是根据用户需要解决的控制问题而编写的各种程序，对于不同的被控对象和不同的控制目的，应用软件有很大的差别。在计算机控制系统中，应用软件与有关的硬件及系统软件相互配合，完成信息的获取、加工和传递任务。应用软件的编制是否合理及质量好坏将直接影响到控制系统的控制效果。

与一般用途的计算机相比较，控制系统中的计算机具有以下特点：

1）实时性。计算机的运行速度要保证能进行实时的数据采集、实时的决策运算、实时控制和实时报警。

2）高可靠性。包括硬件的必要冗余和软件的容错性。

3）环境的适应性。计算机控制系统比一般用途的计算机工作条件恶劣，各种干扰也较大，应保证机器在恶劣环境下能够长期可靠地工作。

7.2.3 工业控制用计算机系统组成

工业控制用计算机系统是由工业对象和工业控制计算机两大部分组成。

工业控制计算机（简称工控机）是指按工业生产控制的特点和要求而设计的成套计算机系统，它包括硬件和软件两大部分。

硬件包括主机、外设和工业自动化仪器仪表。主机包括 CPU 和内存等，外部设备包括人机联系设备、过程输入输出设备及大容量外存等。其组成如图 7-4 所示。

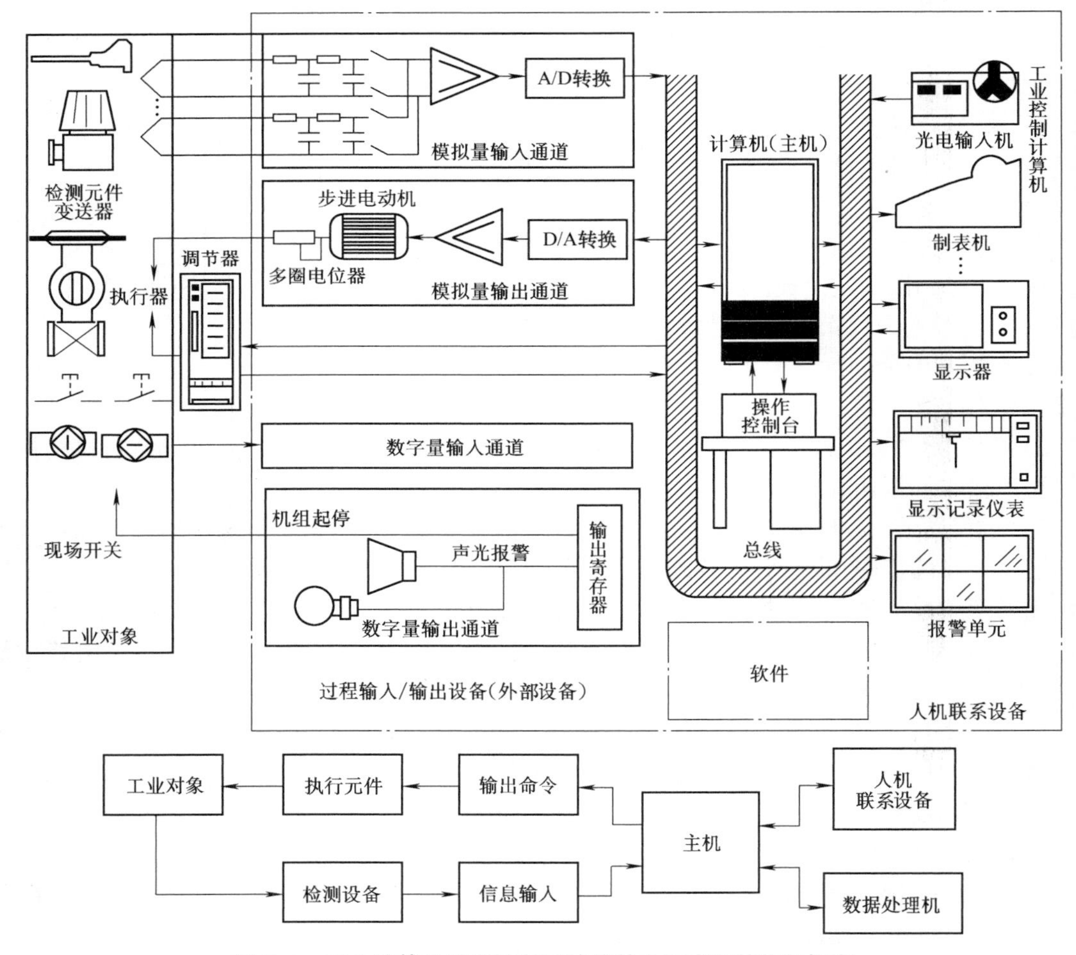

图 7-4 工业计算机过程控制系统的基本组成及其作用框图

软件指计算机控制系统的程序系统。它分为系统软件和应用软件两大类。系统软件包括程序设计系统、机器的监控管理程序、故障检查和诊断程序、调试程序和操作系统程序。应用软件视计算机的应用场合而异，它包括描述生产过程的控制规律以及实现控制动作程序等。它涉及生产工艺、生产设备、控制理论、控制工具等各方面的内容。

一个过程计算机控制系统不仅包括由成套控制计算机与被控对象组成的整体，而且还包括反映生产过程的控制规律，体现控制功能和控制动作的应用程序系统。因此，建立一个计算机控制系统时，除了要搞好规划，选购配齐硬件和系统软件之外，还要着重研究生产装置和工艺流程，建立数学模型，确定控制规律和控制作用，并把它编成相应的软件。所以，要最终实现一个计算机控制系统，应把注意力集中在应用软件方面。

控制用的计算机也称控制机，其主机一般为计算机（常为小型机或微型机），它在结构性能上与通用机有共性，但它专供自动控制使用，在应用上有其特殊性。对它的要求如下：

1）可靠性要高。由于工业过程往往是昼夜不停连续运行，因此要求计算机可靠性尽可能高而故障率要低（一般允许几千小时出一次故障），且平均故障时间要短（一次故障时间不超过几分钟）。

2）精度、速度要求较低。控制机多为定点机，一般字长较短（16～24位），速度较低（几万次/s到100万次/s），内存容量较小（一般为4～32千字）。

3）实时响应性好。要求计算机在某一限定时间内必须完成规定处理的所有工作，使被控对象发生随机事态时，保持诸多数据的同时性。

4）有比较完善的中断系统。要求计算机能快速地响应生产过程或计算机内部发生的各种中断请求。

5）有比较丰富的指令系统。

6）有较完善的外部设备。特别是过程输入输出设备和各种工业自动化仪表要配套。

7）有比较完善的软件。包括具有比较完整的操作系统，配备有工业自动化所需的应用软件。

7.2.4　可编程序逻辑控制器

20世纪60年代末出现了可编程序逻辑控制器（Programmable Logic Controller，PLC），用它代替由继电器和逻辑线路构成的控制器。可编程序控制器一般安装在工业控制现场，直接在工业环境中工作。按国际电工委员会（IEC）1987年1月颁发的《可编程序控制器标准草案》第三稿，对可编程序控制器的定义是：“可编程序控制器是一种数字运算操作的电子系统，专为工业环境下应用而设计。它采用了可编程序的存储器，用来在内部存储执行逻辑运算、顺序控制、定时、计数和算术运算等面向用户的指令，并通过数字式或模拟式的输入和输出，控制各种类型的机械或生产过程。”

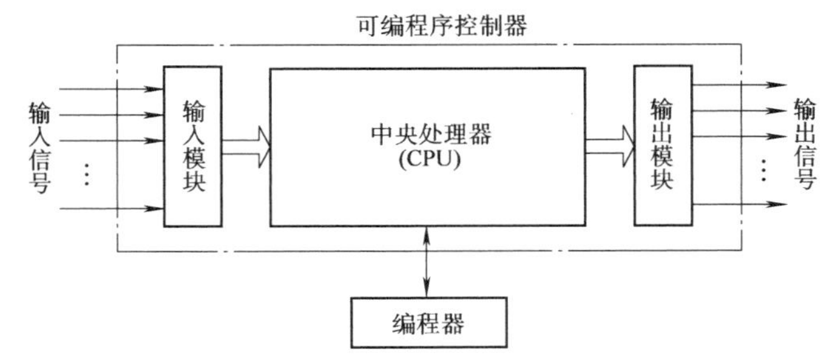

图7-5　PLC原理框图

小型PLC的原理框图如图7-5所示，PLC由中央处理器（CPU）、编程器和输入/输出（I/O）模块三大部分组成。

1. 中央处理器（CPU）模块

整个PLC的工作是在中央处理器（Central Processing Unit，CPU）统一调度下进行的。不同型号的PLC，其CPU不同。CPU主要由微处理器和存储器组成。CPU中还包括只读存储器（ROM），PLC的制造厂编写的系统程序固化在ROM中。随机存储器（RAM）把从编程器输入的用户程序和数据存放在该存储器中。也可用可擦除只读存储器（EPROM、E^2PROM），一旦将用户程序写入到EPROM中，PLC就可以长期按该程序运行，只有在紫外线连续照射下，才能清除其存储的内容。E^2PROM是电可擦除的只读存储器，在断电状态保存的内容不变。使用编程器可对存储的内容进行修改。

2. 输入模块和输出模块

输入模块和输出模块简称为I/O模块，通常称为输入/输出接口，或分别称为输入接口、输出接口。输入模块将PLC与输入信号、被控设备连接起来。现场输入信号可以是行程开关、限位开关、按键开关、其他传感器输入的开关量和模拟量；输入信号可以是直流，也可以是交流。输入模块除了接收和采集输入信号外，还要将这些信号转换成中央处理器能接收和处理的数字信号。输入接口一般都要采用光电耦合电路，增强抗干扰能力。PLC通过输出模块向现场执行装置输出相应的控制信号。

3. 编程器

编程器的功能是供用户输入、编辑、调试和监视程序。普通的编程器是独立单元，包括键盘和显示屏，一般用发光二极管（LED）或液晶显示器（LCD）进行显示，使用时将它接入PLC专用接口。这种编程器适用于规模较小的程序输入、编辑和调试。简易编程器又称为指令语句表编程器，也就是必须将梯形图程序转换成语句表指令程序，用按键输入，在工作现场使用很方便。

高档编程器可以直接生成或编辑梯形图，可以在线编程，也可以脱机编程，也称为图形编程器。许多图形编程器带有磁盘驱动器，具有打印机接口等，实际上是一台专用计算机，配上相应的软件，可以实现不同编程语言之间的转换。这对编辑程序、调试和维护程序提供了很大的便利。

4. PLC的主要功能

（1）开关量逻辑控制　逻辑控制和顺序控制是PLC最基本的功能。它是指设备或生产过程，按设定的要求，通过预先编制的程序实现自动控制。PLC既可以对单台设备进行控制，也可以用于自动化生产线的控制。

（2）闭环控制　由于PLC具有运算能力和处理模拟信号的能力。因此，可以用于连续量的闭环控制，可以实现PID控制。控制的回路可以从几个到几百个。其典型应用有电焊机自动控制、燃油燃气锅炉自动控制等。

（3）运动控制　PLC使用运动控制模块或专用指令，对直线运动或圆周运动的位置、速度和加速度进行控制，还可以驱动伺服电动机或实现步进电动机的单轴、双轴或多轴的位置控制。PLC的运动控制功能广泛应用于各种机械，如数控机床、机械手控制以及自动电梯控制等。

（4）数据处理　PLC具有数据传送、转移、排序、查表、位操作和数学运算等功能，能够进行数据采集、分析、处理和显示。

（5）通信与联网　PLC具有通信功能，除了可以实现主机与远程的I/O模块之间的通信外，也可以实现PLC与PLC之间、PLC与管理计算机之间的通信。PLC具有通信功能，可以方便地实现集中管理、分散控制的集散控制系统。利用这类系统可以实现整个工厂的自动化。

PLC是专为工业控制设计的，比计算机有许多特点，更适应于工业现场的应用。归纳起来，PLC的主要特点如下：

1）可靠性高。工业生产现场环境较恶劣，各种粉尘、电磁干扰、环境温度等诸多条件都较差，要求PLC有很强的抗干扰能力，不管是对电磁的屏蔽，还是对粉尘的屏蔽，都要采取特殊的措施。由于采取了元件筛选、模块结构、屏蔽、滤波、隔离、自诊断、信息保护与恢复等一系列措施，PLC 的平均无故障时间（Mean Time Between Failure，MTBF）已达几十万小时。

2）具有大量输入输出接口，组成系统很方便。PLC 具有大量的输入/输出接口，可以与工业现场的不同的器件或设备直接相连。能够适应各种不同的被控对象的要求，只要正确地选择 PLC，就能够构成所需要的系统。所以，设计和构造系统，变成选择合适的 PLC 问题。

3）编程简单。国际电工委员会（IEC）在 IEC 61131 -3 标准中，推荐了五种编程语言：梯形图编程（Ladder Diagram，LD）语言、指令表（Instruction List，IL）语言、功能块编程（Function Block Diagram，FBD）语言、顺序功能图（Sequential Function Chart，SFC）语言、结构化文本（Structured Text，ST）语言。目前 PLC 广泛采用梯形图（LD）和指令表（IL）的编程方法，清晰直观，指令少，编程简单。

7.3　计算机控制系统的类型

微型计算机控制系统与其控制的生产过程的复杂程度密切相关，不同的控制对象和不同的要求，应有不同的控制方案。根据应用的特点，微型计算机控制可分为数据采集和数据处理，直接数字控制（DDC）系统、监督控制（SCC）系统和分布式控制系统（DCS）。下面分别简述这几种典型应用。

7.3.1　数据采集和数据处理

微型计算机在进行数据采集和处理时，主要是对大量的生产过程参数进行巡回检测、数据记录、数据计算、数据统计和整理、数据超限报警以及对大量数据进行积累和实时分析。这种应用方式，微型计算机不直接参与过程控制，对生产过程不会产生直接的影响。图 7-6 所示就是这种应用的框图。

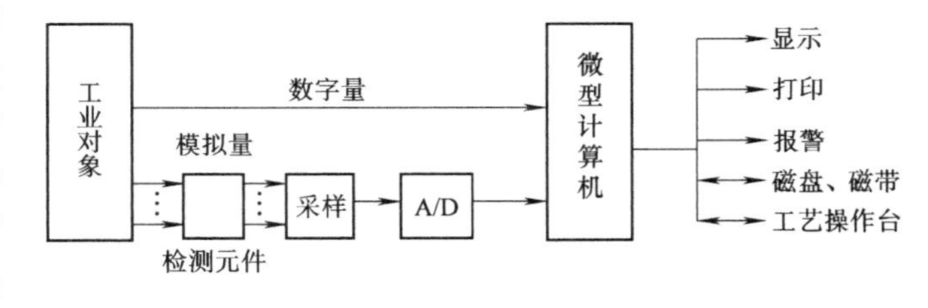

图 7-6　计算机数据采集、处理系统

在数据采集、处理应用方式中，微型计算机虽然不直接参加生产过程的控制，但其作用是十分明显的。首先，微型计算机快速地将生产现场检测元件送来的模拟信号，按一定顺序巡回地经过采样、A/D 转换变为数字信号送入计算机，可以代替大量的常规显示记录仪表，对整个生产过程进行集中监视。其次，微型计算机的算术、逻辑运算的功能强，它可以对大量的输入数据进行必要的加工处理，总结归纳，并且能以最醒目的方式表示出来，以利于指导生产过程控制。最后，微型计算机的存储量大，可以用来记录生产过程参数变化的历史资料，供用户建立或改善过程的数学模型。同时，微型计算机中可预先存入各种过程参数的极限值，处理数据过程中可以超限报警，以保证生产过程的安全性。

7.3.2　直接数字控制系统

1. 直接数字控制系统概念

直接数字控制（Direct Digital Control，DDC）系统是目前国内外应用较为广泛的计算机控制系统。它用计算机对控制规律的数值计算来取代模拟调节器的调节作用，计算的结果以数字量的形式或转变为模拟量直接控制生产过程，因此称之为直接数字控制系统。实质上，DDC 系统是一种多回路数字调节装置，它以微型计算机为核心，加上过程输入、输出通道与被控对象一起组成闭环控制系统。图 7-7 所示为 DDC 系统框图。该系统利用多路采样器按顺序对多路被测参数进行采样，A/D 转换输入到计算机，计算机按预先确定的控制算法分别对各路参数进行比较、分析和计算，最后将计算结果经 D/A 转换器、输出扫描器按顺序送至相应的执行器，实现对生产过程各被控制参数的调节和控制，使之保持在预定值或最佳值上，以达到预期的控制效果。

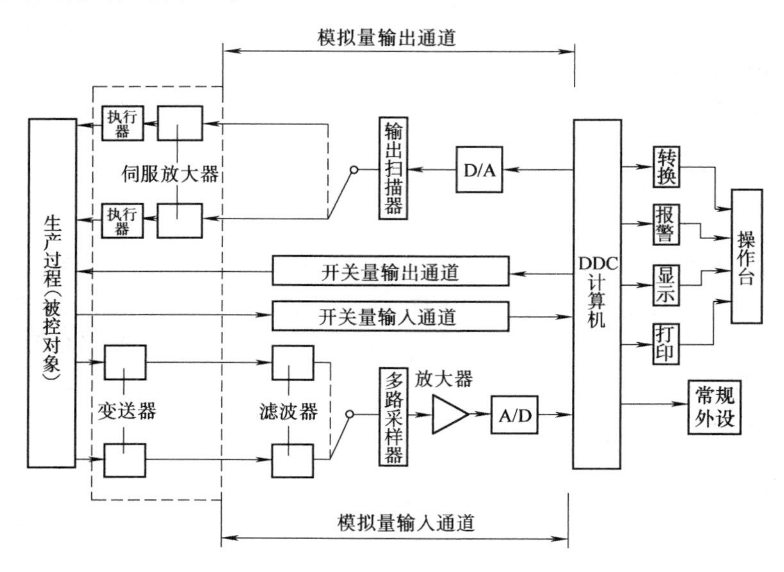

图 7-7 DDC 系统框图

DDC 系统中不仅能完全取代模拟调节器，实现几十个甚至上百个回路的 PID 调节，而且不需要改变硬件，只通过改变控制程序就能实现复杂控制，如前馈控制、最优控制、模糊控制等。DDC 系统具有巡回检测的全部功能，能显示、修改参数值、打印制表、越限报警。此外微型计算机还提供故障诊断、故障报警，在计算机或系统的某个部件发生故障时，能及时通知操作人员切换至手动位置或更换备件。由于 DDC 系统有上述各种优点，所以使用日益广泛。

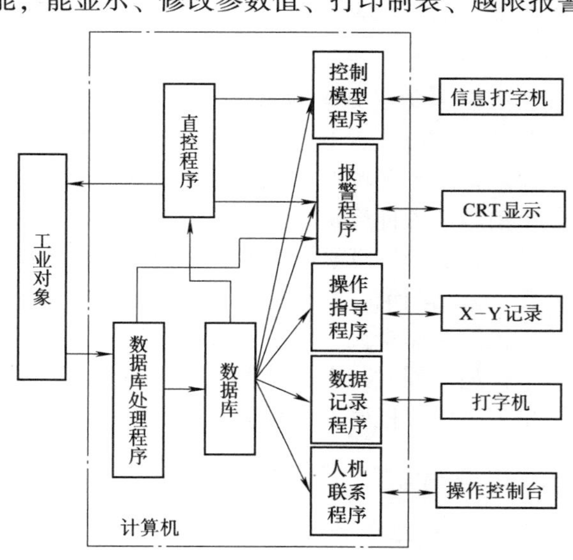

图 7-8 DDC 系统的功能图

2. 直接数字控制系统的功能

DDC 系统必须具备的功能如图 7-8 所示。由图 7-8 可看出，它的功能最终可归结到各种控制程序组成的应用软件，DDC 系统功能的齐全程度随其完成的任务和控制本身的功能不同而异，它的主要功能如下：

1）将 A/D 转换器的转换结果输入并转换成相应的工程量。

2）测量值、给定值和常数的显示。

3）在线改变已设定的信息（给定值和整定参数）。

4）测量值的自动记录。

5）越限比较，越限时发出上限或下限报警信号。

6）对偏差信号按控制规律（如PID）进行运算，并把所得的阀门位置改变量输出给接收部件，最终送至调节阀。

DDC系统的特点是易于实现任意的控制算法，只需按人们的要求改变程序或修改算式的某些参数，就能得到不同的控制效果。DDC系统的控制功能如下：

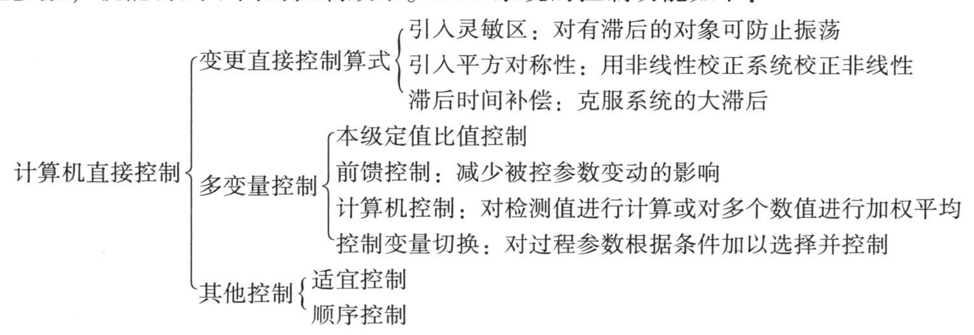

7.3.3　监督控制系统

DDC系统中是用计算机代替模拟调节器进行控制的。而在计算机监督控制（Supervisory Computer Control，SCC）系统中，则是由计算机按照描述生产过程的数字模型，计算出最佳给定值送给模拟调节器或者DDC计算机，最后由模拟调节器或DDC计算机控制生产过程，从而使生产过程处于最佳工作状态。SCC系统较DDC系统更接近实际生产过程变化情况，它不仅可以进行定值控制，同时还可以进行顺序控制、最优控制及自适应控制等，它是操作指导控制系统和DDC系统的综合与发展。

SCC系统就其结构来讲有两种：一种是SCC加模拟调节器控制系统，另一种是SCC加DDC系统。

1. SCC加模拟调节器控制系统

该系统原理图如图7-9所示，在此系统中，SCC计算机的作用是收集检测信号及管理命令，显示数据，并记录打印报告，然后按照一定的数学模型计算后，输出设定值到模拟调节器中，与检测值进行比较，得出偏差。经模拟调节器运算输出一控制信号到执行器，以达到最优控制的目的。而一般的模拟调节系统设定值不能随意改变，难以实现最优控制。这种系统特别适用于老企业的技术改造，既利用了原有的模拟调节器，又实现了最佳设定值控制。

2. SCC加DDC系统

该系统原理图如图7-10所示。这个系统为两级计算机控制系统，一级为监督级SCC，其作用与SCC加模拟调节器控制系统中的SCC一样，是用来计算最佳设定值的。第二级为直接数字控制器（DDC），它的作用是将SCC送来的最佳设定值与测量值（数学量）进行比较，其偏差由DDC进行数字控制计算，然后经D/A转换器和多路扫描器分别控制各个执行器进行调节。与SCC加模拟调节器控制系统比较，DDC的控制规律可以改变，因而使用起来更加灵活，而且一台DDC可以控制多个参数，使系统构成比较简单。

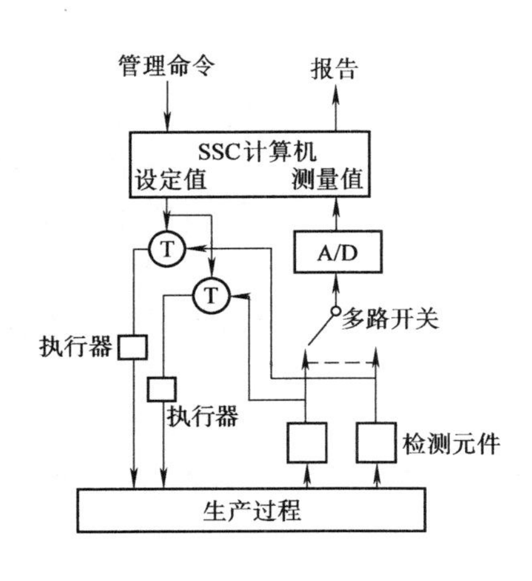

图7-9 SCC加模拟调节器控制系统原理图

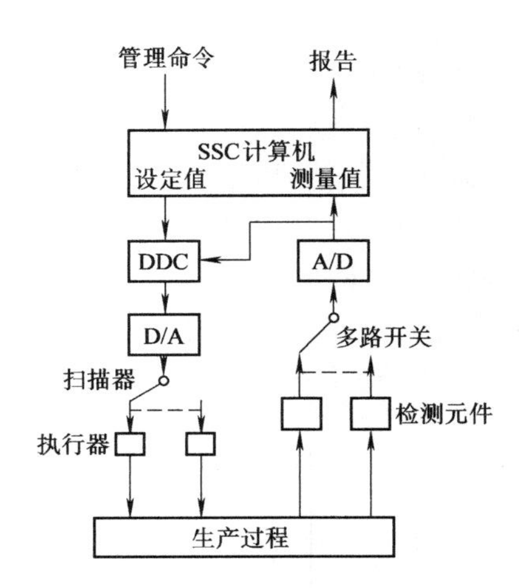

图7-10 SCC加DDC系统原理图

SCC比DDC系统有更大的优越性，可更接近于生产实际情况。另一方面当系统中的模拟调节器或DDC出现了故障时，可用SCC系统代替调节器或DDC进行调节，因此大大提高了系统的可靠性。

但是对生产过程较复杂的控制系统，其生产过程的数学模型的精确建立是比较困难的，所以系统实现起来比较困难。

7.3.4 分布式控制系统

随着工业现代化的发展，生产规模不断扩大，生产工艺日趋复杂，对实现生产过程自动控制的系统提出了更高的要求，不但要求系统有优越的控制性能、良好的性价比、良好的可维护性，还要求高可靠性、灵活的构成方式和简易的操作方法。而模拟仪表控制系统和DDC系统很难同时满足这些要求，分级分布式控制系统就是在这种形势下于20世纪70年代中期被推出来的，被称为总体分散型控制系统（又称分散型综合控制系统，简称集散系统）（Distributed Control System，DCS）。

大系统理论证明，DCS是实现大系统综合控制的理想方案，它比较合理地吸收了仪表控制系统和计算机系统的长处，有效地克服了两者的缺点，被公认为是目前最先进的过程控制系统。

现代工业过程对控制系统的要求已不限于能实现自动控制，还要求过程能长期在最佳状态下进行。对一个规模庞大、结构复杂、功能综合、因素众多的大工程系统，要解决的不是一个局部最优化问题，而是一个整体的总目标函数最优化问题，即所谓生产过程的综合自动化问题。总体的目标函数不但包括产量、质量等指标，还包括能耗、成本、污染等各种指标，这些指标反映着技术、经济、环境等各方面的要求。为了实现工程大系统的最优化控制，大系统控制理论将高阶对象大系统划分为若干个低阶小系统，用局部控制器分别控制各小系统，使之最优化。在局部最优化的基础上考虑各子系统之间的相互影响和相互耦合作用，用协调控制器的方法，使各局部控制器间协调工作，达到整个系统的最优化。这种采用集中和分散相结合的控制系统，每个控制器所处理的信息比集中控制时所处理的信息大大减少，从而简化了控制器的结构。

20世纪70年代中期出现的集散控制系统，是4C技术即计算机（Computer）、控制器

(Controller)、通信(Communication)和CRT显示技术相结合的产物。它以微处理机为核心，把微型计算机、工业控制计算机、数据通信系统、显示操作装置、过程通道、模拟仪表等有机地结合起来，采用组合组装式结构组成系统，为实现大系统的综合自动化创造了条件。集散控制系统的开发时间并不长，但推广相当快，目前在国外过程控制领域已得到广泛的应用。

图7-11所示是集散控制系统组成框图。从图中可以清楚地看到，它是一种典型的分级分布式控制结构。管理计算机完成制订生产计划、产品管理、财务管理、人员管理以及工艺流程管理等功能，以实现生产过程的静态最优化。监控计算机通过协调各基本控制器的工作，达到过程动态最优化。基本控制器则完成过程的现场控制任务。CRT操作站是显示操作装置，完成“人—控制系统—生产过程”接口任务。数据采集器用来收集现场控制信息和过程变化的信息。这样，系统中的现场控制任务，不但可以由带有通信装置的基本控制器来完成，而且可以由一般仪表或逻辑箱来完成。数据采集器和基本控制器在现场对信号进行预处理后经高速数据通道再送入上一级计算机，不但减少了上级计算机的负荷，而且减少了现场电缆铺设，减少了投资。

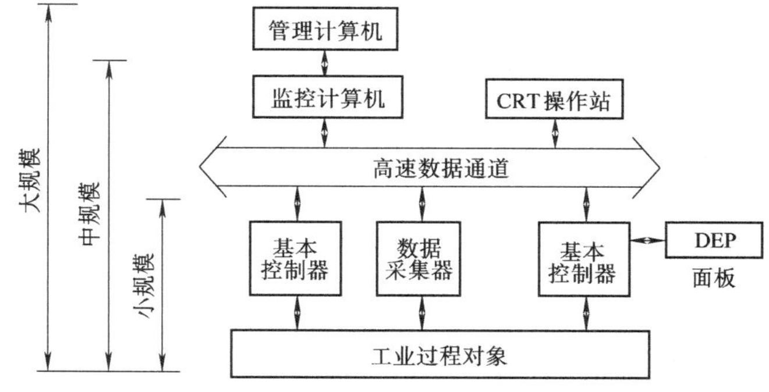

图7-11 集散控制系统组成框图

常规仪表控制系统具有技术成熟、成本低、性能与价格比高、可靠性可维护性好等优点，在工业控制中应用很普遍。但是随着工业生产向连续化、大型化发展，对自动化的要求越来越高，上述系统越来越表现出很大的局限性，主要表现在以下几点：

1）它难以实现多变量控制、复杂控制规律的控制、最优控制和时变控制。

2）模拟仪表屏越来越长，难于实现集中控制。

3）各分系统之间不便实现通信联系，从而难于实现分级控制。

4）控制方案的改变比较麻烦和困难。

计算机集中控制系统是一种多目的、多任务的控制系统。它把各种各样的任务都交给一台计算机，利用计算机的高速分时多路处理的特点，完成对现场的直接控制。这种控制系统克服了仪表控制系统的缺点，显示出模拟仪表控制系统无法相比的优点，然而从系统构成来看，还有对计算机可靠性要求非常苛刻、系统构成、改变灵活性差、维护复杂等一些弱点。

集散控制系统既有计算机控制系统控制方式先进、精度高、响应速度快的优点，又有仪表控制系统安全可靠、维护方便的优点，其主要特点是：

1）采用分级分布式控制。以微处理机为核心的基本控制器，不但能代替模拟仪表完成常规的过程控制，并且能进行复杂的运算和顺序控制。这种基本控制器采用固化的应用软件，在控制现场对输入、输出数据进行处理，减少了信息传输量，降低了对上级计算机的要求，使系统的应用程序较为简单。

2）采用物理上分散的结构，实现了真正的分散控制，提高了控制性能，使故障分散，增加了系统的可靠性。

3）采用了数据高速通道，提高了现代分时通信的技术，使基本控制等设备与监控计算机联系起来，进行协调控制，可实现整体最优化运行。同时采用数据高速通道作为通信系统，不但可减少系统布线，而且使系统扩展容易。

4）备有多功能CRT操作台作为集中型的人机接口，在CRT操作台上，可以存取并能以多种画面显示流程、全部过程变量、控制变量及其他参数，并可在屏幕上实现参数设定、设备操作等，实现了集中监视和集中操作。

5）管理计算机通过高速数据通道，直接与生产过程相连接，完成生产计划、管理、决策的最优化，从而实现了整个生产过程的最优化自动控制。

集散控制系统自20世纪70年代中推出以来，发展相当迅速，产品也很多，如霍尼韦尔公司的TDC-2000系统，日本横河电机制作所的CEATUM、YPII、UXT系统，日立公司的Σ系列，美国福克斯波罗公司的Spertrum系统，西门子公司的TELEPERM M系统。也有的公司推出了楼宇自动化系统（Building Automation System，BAS），如TA公司的TA-System7、江森公司的SDC800I系统等。

随着微型计算机技术的迅猛发展，高性能、低价格的微型计算机不断推出，整个集散控制系统“全微机化”也是完全有可能的。微型计算机控制的回路减少，危险就越分散，可靠性、维护性就越好，因而集散控制系统向小规模、控制器向单回路方向发展非常迅速，20世纪80年代初已出现只控制一条或两条回路的“智能”仪表。有些控制仪表甚至有多种功能相结合，参数自整定的功能。随着通信技术的不断发展，集散控制系统将向更完善、更可靠、更方便的方向发展。

7.4 计算机控制系统信号的采样与复现

采样控制系统的理论作为一门工程科学，是从第二次世界大战才开始发展起来的。采样控制系统中以微型计算机作为控制器，对连续性受控对象进行控制。这种系统与连续系统相比在信号的传输上有很大差别，即在“A/D—微型计算机控制器—D/A”的通道上，传递的信号不是连续的模拟量，而是断续的数码或脉冲，这称为离散信号。控制系统中有一处或几处信号是一串脉冲或数码，该系统便称为离散系统。由于其信号仅在一定间隔的采样瞬时上存在，故这种具有离散传输通道的系统常称为采样系统。

7.4.1 计算机控制系统中信号的种类

对连续控制系统，不论是被控对象部分还是控制器部分，其各点信号在时间上和幅值上都是连续的。在计算机控制系统中，信号的种类较多。在时间上，既有连续信号，也有断续信号；在幅值上，既有模拟量，也有离散量或数字量，数字量即是用二进制编码表示的离散量。

当区分各种信号的形式时，只要从时间（轴）和从幅值两方面分析，就可以清楚地区别信号的类型。

从时间上区分，可分为连续时间信号和离散时间信号。连续时间信号指时间轴上任何时刻都存在的信号；离散时间信号指时间轴上断续出现的信号。

从幅值上区分，可分为模拟量、离散量和数字量。模拟量幅值连续变化，可取任意值的信号；离散量具有最小分层单位的模拟量，更一般地说，幅值上只能取离散值；数字量幅值用一定位数的二进制编码形式表示。

以下首先分析信号转换装置A/D和D/A中各种信号形式，然后归纳出计算机控制系统中的信号。

7.4.2 数字控制系统

数字控制系统是采用数字计算机作为控制器的一种离散型控制系统。结构如图7-12所示，图中，A/D转换器是将连续的模拟信号转换为离散数字信号的装置。A/D转换包括两个过程：一是采样过程，即每隔T对图中所示的连续信号$e(z)$进行一次采样，得到采样后的离散信号$e(kT)$；二是量化过程，因为在计算机中，任何数值的离散信号必须表示成最小二进制的整数倍，成为数字信号才能进行运算。D/A转换器是将离散的数字信号转换为连续的模拟信号的装置。D/A转换也包含两个过程：一是解码过程，将离散数字信号转换为离散的模拟信号，二是复现过程，即将离散的模拟信号经过保持器后转换成连续的模拟信号。在计算机中，信号保持器是由输出寄存器解码网络完成的。由于数字控制系统具有一系列的优越性，所以在军事、航空及工业控制中得到了广泛应用。

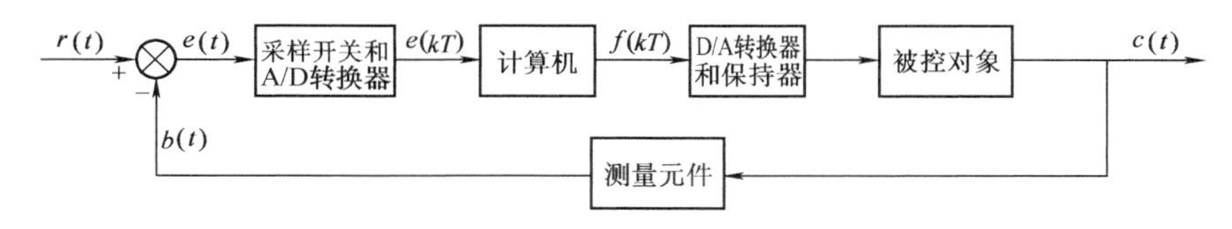

图7-12 数字控制系统结构图

数字控制系统中，A/D转换器是一种将连续模拟信号转换成离散数字编码信号的装置。通常，A/D转换器要按下述顺序完成三种转换：采样/保持（S/H）、量化及编码。其框图如图7-13所示。

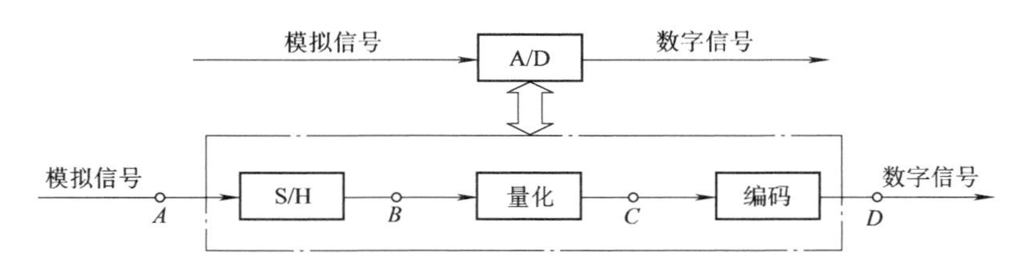

图7-13 A/D转换器框图

7.4.3 采样及采样定理

1. 采样函数的数学表示

采样/保持（S/H）器对连续的模拟输入信号，按一定的时间间隔T（采样周期）进行采样，并保持一定时间（采样时间，在其他教科书中常用r表示），从而变成时间离散（断续）、幅值等于采样时刻输入信号值的方波序列信号，如图7-14b所示。从理论上来说，不需要保持操作。但由于A/D转换需要时间，为了减少在转换过程中信号变化带来的影响，采样后的信号将保持幅值不变，直到完成转换。显然，采样过程是将连续时间信号变为离散时间信号的过程，也即将时间轴上连续存在的信号变成了时有时无的断续信号，这个过程涉及信号的有、无问题，因而是A/D转换中本质的转换。当采样时间p忽略不计时，采样过程可用一个理想的采样开关表示。所谓理想的采样开关是指，该开关每隔1个采样周期闭合1次，并且闭合后又瞬时打开，既没有延时也没有惯性。这样，经过理想采样开关后的信号为一串理想的脉冲序列信号。

在数字控制系统中，采样器可以看作是产生脉冲序列（采样信号）的元件，采样过程

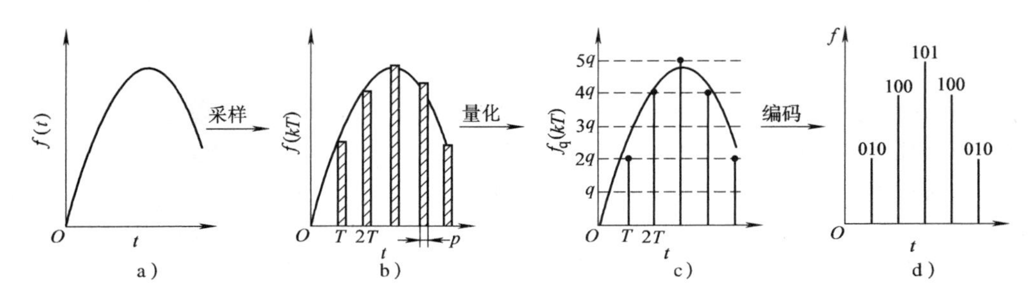

图 7-14 A/D 转换中信号形式的变化

可以理解为连续信号的脉冲调制过程，即连续信号与采样信号相乘。最常用的采样信号是单位脉冲信号 $\delta(t)$

$$\delta(t)=\begin{cases}0 & t<0,t>0\\ \lim\limits_{\varepsilon\to 0}\dfrac{1}{\varepsilon} & 0\leqslant t\leqslant \varepsilon\end{cases}\qquad \int_0^{\infty}\delta(t)\,\mathrm{d}t=1 \tag{7-8}$$

当一个单位脉冲信号 $\delta(t)$ 与一个任意连续信号 $f(t)$ 相乘后再将其从 0 到 $+\infty$ 对时间积分，有

$$\begin{aligned}\int_0^{\infty}f(t)\delta(t)\,\mathrm{d}t &= \lim_{t\to 0}\int_0^{t}f(t)\delta(t)\,\mathrm{d}t+\lim_{t\to 0}\int_t^{\infty}f(t)\delta(t)\,\mathrm{d}t\\ &=\lim_{t\to 0}\int_0^{t}f(t)\delta(t)\,\mathrm{d}t=f(0)\int_0^{t}\delta(t)\,\mathrm{d}t=f(0)\end{aligned} \tag{7-9}$$

即为 $f(t)$ 在 $t=0$ 时的值。更一般地，有

$$\int_0^{\infty}f(t)\delta(t-\tau)\,\mathrm{d}t=f(\tau) \tag{7-10}$$

也就是说，当采样信号 $\delta(t)$ 与连续时间模拟信号 $f(t)$ 相乘以后成为采样数字信号 $f^*(t)$，在时刻 τ，采样数字信号 $f^*(t)$ 的幅值就等于 $f(t)$ 在时刻 τ 的值。

采样以后，采样数字信号 $f^*(t)$ 在时间上不连续，通常可以用一个无穷级数来对它进行描述：

$$\begin{aligned}f^*(t)&=f(0)\delta(0)+f(T)\delta(t-T)+\cdots+f(kT)\delta(t-kT)+\cdots\\ &=\sum_{k=0}^{\infty}f(kT)\delta(t-kT)\end{aligned} \tag{7-11}$$

2. 采样定理

为了实现数字控制或采样控制，需要将连续信号转换成离散脉冲序列，但仍希望离散脉冲序列能保留原连续信号的信息。可是连续信号 $f(t)$ 经过采样后，只能给出采样点上的数值，不能知道各采样时刻之间的数值。定性地看，如果连续信号 $f(t)$ 变化缓慢（最大角频率 $\omega_{\max}$ 较低），而采样角频率 ω_s 比较高（采样周期 T 较小），则 $f^*(t)$ 基本上能反映 $f(t)$ 的变化规律。从傅里叶变换角度而言，连续信号 $f(t)$ 可看成许多信号的叠加，即

$$f(t)=\frac{1}{2\pi}\int_{-\infty}^{\infty}F(\mathrm{j}\omega)\mathrm{e}^{\mathrm{j}\omega t}\mathrm{d}\omega \tag{7-12}$$

式中，$F(\mathrm{j}\omega)$ 称为信号 $f(t)$ 的频谱，并且 $F(\mathrm{j}\omega)=\int_{-\infty}^{\infty}f(t)\mathrm{e}^{-\mathrm{j}\omega t}\mathrm{d}t$。

实际信号都是有限带宽信号，即最大频率是有限的。其最大频率是 $\omega_{\max}$，如图 7-15a 所示。现对采样后得到的离散脉冲序列 $f^*(t)$ 进行频谱分析：设用于调制器载波的窄脉冲信

号为 $P_T(t)$；用傅里叶级数可以表示为 $P_T(t)=\sum_{k=-\infty}^{\infty}a_k e^{jk\omega_s t}$。

式中，$a_k=\frac{1}{T}\int_{-\frac{T}{2}}^{\frac{T}{2}}\frac{1}{\tau}e^{-jk\omega_s t}dt=\frac{1}{T}\frac{\sin\frac{k\pi\tau}{T}}{\frac{k\pi\tau}{T}}$

其中，$a_k\leqslant\frac{1}{T}$，若令 $\frac{\tau}{T}=\frac{1}{10}$，则

$$a_0=\frac{1}{T},\ a_1=\frac{0.984}{T},\ a_2=\frac{0.935}{T},\ \cdots,$$

由此可得

$$f^*(t)=f(t)P_T(t)=f(t)\sum_{k=-\infty}^{\infty}a_k e^{jk\omega_s t}$$

$$=\left[\frac{1}{2\pi}\int_{-\infty}^{\infty}F(j\omega)e^{j\omega t}d\omega\right]\sum_{k=-\infty}^{\infty}a_k e^{jk\omega_s t}=\frac{1}{2\pi}\int_{-\infty}^{\infty}\left[\sum_{k=-\infty}^{\infty}a_k F(j\omega)e^{j(\omega+\omega_c)t}\right]d\omega \tag{7-13}$$

若令 $\omega+k\omega_s=u$，则 $f^*(t)=\frac{1}{2\pi}\int_{-\infty}^{\infty}\sum_{k=-\infty}^{\infty}a_k F[j(u-k\omega_s)]e^{jut}du$ (7-14)

或
$$f^*(t)=\frac{1}{2\pi}\int_{-\infty}^{\infty}\sum_{k=-\infty}^{\infty}a_k F[j(\omega+k\omega_s)]e^{j\omega t}d\omega \tag{7-15}$$

且
$$F_s^*(j\omega)=\sum_{k=-\infty}^{\infty}a_k F[j(\omega+k\omega_s)] \tag{7-16}$$

由式(7-16) 可知，离散脉冲序列 $f^*(t)$ 的频谱 $F_s^*(j\omega)$ 可以看作是原连续信号 $f(t)$ 的频谱 $F(j\omega)$ 经过无穷多次平移后叠加而成的，如图 7-15b 所示。由图可看出，当 $\omega_s>2\omega_{max}$时，采样信号的频谱中保留原信号的频谱，只要做一个带宽为 $\omega_s/2$ 的低通滤波器就可以获得原连续的频谱，从而恢复原信号。相反，若 $\omega_s<2\omega_{max}$，则由采样信号的频谱不能获得不失真的原连续信号的频谱，也就不能获得不失真的原连续信号，如图 7-16 所示。这一结论称作香农（Shannon）采样定理。

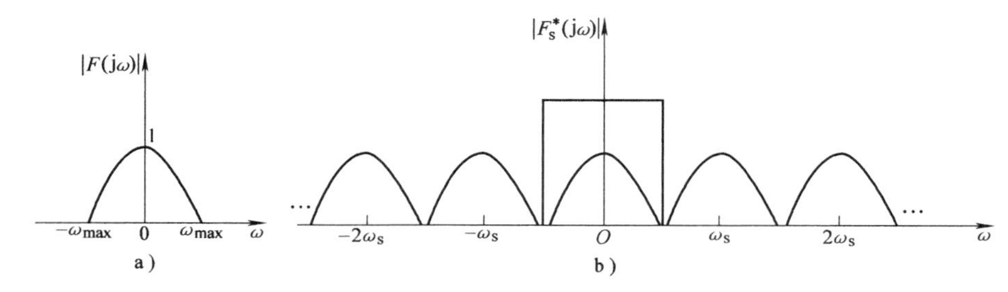

图 7-15　连续信号和采样信号的频谱（$\omega_s>2\omega_{max}$）

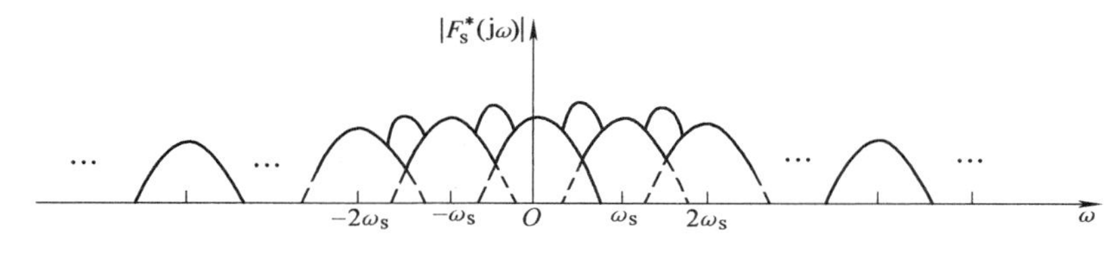

图 7-16　连续信号和采样信号的频谱（$\omega_s<2\omega_{max}$）

香农采样定理表明采样频率越低，采样次数越少，则信号失真度越大；采样周期越小，即 ω_s 越高，信号失真度越小，控制效果越好。但采样周期 T 过小，将增加不必要的计算负担，反之 T 过大，又会给控制过程带来较大的误差，降低系统的动态性能。工业上对几种典型控制对象的采样周期 T 选择见表7-1。

表7-1 典型控制对象的采样周期 T 选择

控制对象	采样周期 T/s
流量	1
压力	5
液位	5
温度	20
成分	20

但对于快速随动系统，采样周期 T 的选择将是系统设计中必须予以认真考虑的问题。从频域性能指标看可按式 $T=\frac{\pi}{5}\times\frac{1}{\omega_c}$ 选择，其中，ω_c 为截止频率。从时域性能指标看可按 $T=\frac{1}{10}t_r$ 或 $T=\frac{1}{40}t_s$ 选择，其中，t_r 为单位阶跃响应的上升时间；t_s 为调节时间。

7.4.4 采样控制系统

采样控制系统结构如图7-17所示。图中，e 是连续的误差信号，经采样开关后，变成一组脉冲序列 e^*，脉冲控制器对 e^* 进行某种运算，产生控制信号脉冲序列 u^*，保持器将采样信号 u^* 变成模拟信号 u，作用于被控对象 $G(s)$。完整的采样系统中，测量元件和执行元件的输入和输出是连续信号，而控制器中的脉冲元件是离散信号，为了使两种信号在系统中能相互传递，需加入两个特殊环节即采样器和保持器，系统框图如图7-18所示。

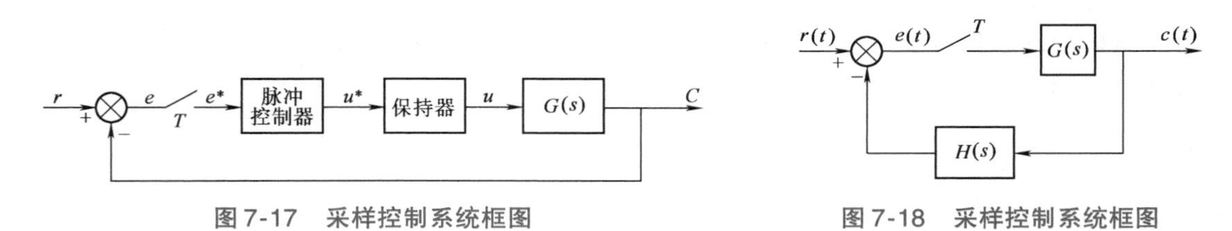

图7-17 采样控制系统框图　　图7-18 采样控制系统框图

7.4.5 采样信号保持器

采样信号为脉冲信号时，含有许多高频分量。显然，如果不将高频分量滤掉，则相当于给系统加入了噪声，严重时会使系统部件受损。因此在实际系统中，为了使信号尽量不失真，常常设置一个保持器（或称信号复现滤波器）。保持器是一种时域外推装置，即将过去时刻或现在时刻的采样值进行外推，从而将脉冲信号转换复原成连续信号再加到后续放大器。从频谱分析的角度而言，保持器的作用正是一个低通滤波器，它通过在低频打开一个适当的窗口，从采样脉冲的频谱中截取原连续信号的频谱。把采样值按常数、线形函数和抛物线函数外推的保持器分别称为零阶、一阶和二阶保持器。

1. 零阶保持器

零阶保持器（Zero Order Hold，ZOH）的作用是使采样信号 $e^*(t)$ 每一个采样瞬时的值

$e(kT)$ 一直保持到下一个采样瞬时 $e[(k+1)T]$，从而使 $e^*(t)$ 变成阶梯信号 $e_h(t)$，$e^*(t)$与 $e_h(t)$ 的关系如图7-19所示。

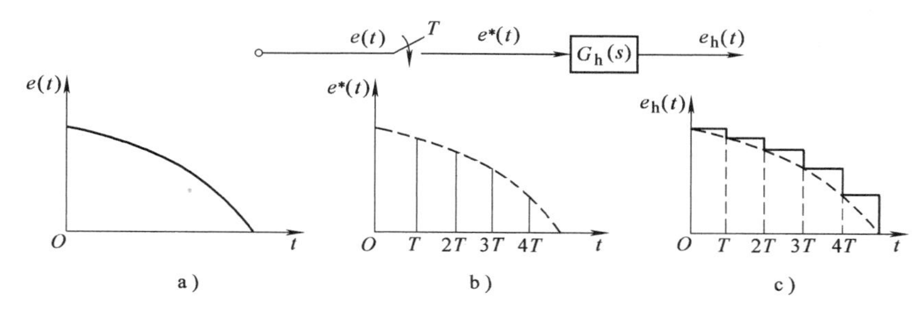

图7-19 零阶保持器的输入信号和输出信号

由于保持器处在每个采样区间内的信号值为常数，其对时间的导数为0，故称为零阶保持器。如果将阶梯信号 $e_h(t)$ 的每个区间的中点连接起来，则可得到与 $e(t)$ 形状一致而在时间上落后$\frac{T}{2}$的曲线 $e\left(t-\frac{T}{2}\right)$，从而可以看出，零阶保持器带来了相位滞后。尽管恢复后的连续信号与原先的连续信号有些差别，但只要采样频率足够高，误差在允许的范围内，工程上还是较多地采用零阶保持器，因为与一阶保持器或其他高阶保持器相比，零阶保持器的实现最为简单。

2. 零阶保持器的传递函数

从前面分析看出，零阶保持器输入为单位脉冲时，其输出为一个高度为1，宽度为 T 的矩形波 $g_h(t)$，如图7-20a所示。$g_h(t)$ 即脉冲响应，且可分解为两个单位阶跃函数的叠加，如图7-20b所示，即

$$g_h(t)=1(t)-1(t-T) \tag{7-17}$$

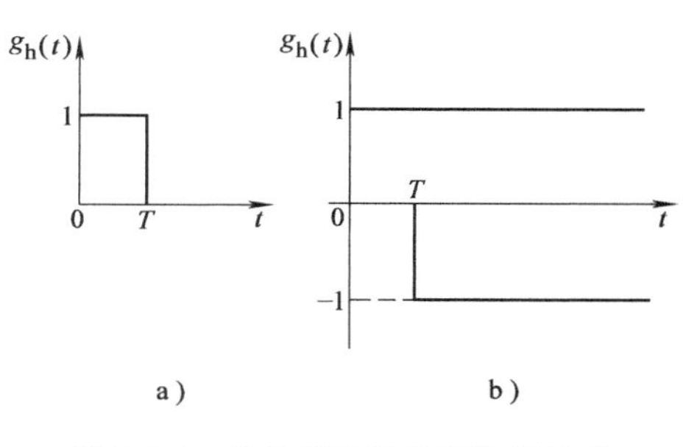

图7-20 单位脉冲下的零阶保持器

则零阶保持器的传递函数是其脉冲响应的拉普拉斯变换，故

$$G_h(s)=L[g_h(t)]=\frac{1}{s}-\frac{1}{s}e^{-Ts}=\frac{1-e^{-Ts}}{s} \tag{7-18}$$

其频率特性为

$$G_h(j\omega)=\frac{1-e^{-j\omega T}}{j\omega}=\frac{e^{\frac{j\omega T}{2}}\left(e^{\frac{j\omega T}{2}}-e^{\frac{-j\omega T}{2}}\right)}{j\omega}=T\frac{\sin(\omega T/2)}{\omega T/2}e^{\frac{-j\omega T}{2}} \tag{7-19}$$

若以采样角频率 $\omega_s=\frac{2\pi}{T}$来表示，则式(7-19) 可表示为

$$G_h(j\omega)=\frac{2\pi}{\omega_s}\frac{\sin(\pi\omega/\omega_s)}{\pi\omega/\omega_s}e^{-j\pi\omega/\omega_s}=\frac{2\pi}{\omega_s}\mathrm{Sa}(\pi\omega/\omega_s)e^{\frac{-j\pi\omega}{\omega_s}} \tag{7-20}$$

幅频

$$|G_h(j\omega)|=\frac{2\pi}{\omega_s}|\mathrm{Sa}(\pi\omega/\omega_s)| \tag{7-21}$$

相频

$$\angle G_h(j\omega)=\frac{-\pi\omega}{\omega_s}+\angle\mathrm{Sa}(\pi\omega/\omega_s) \tag{7-22}$$

式中

$$\angle \mathrm{Sa}(\pi\omega/\omega_s)=\begin{cases}0 & 2n\omega_s<\omega<(2n+1)\omega_s \\ \pi & (2n+1)\omega_s<\omega<2(n+1)\omega_s\end{cases} \quad n=0,1,2,\cdots \tag{7-23}$$

根据式(7-21)和式(7-22)，可绘制出零阶保持器的幅相特性，如图7-21所示。

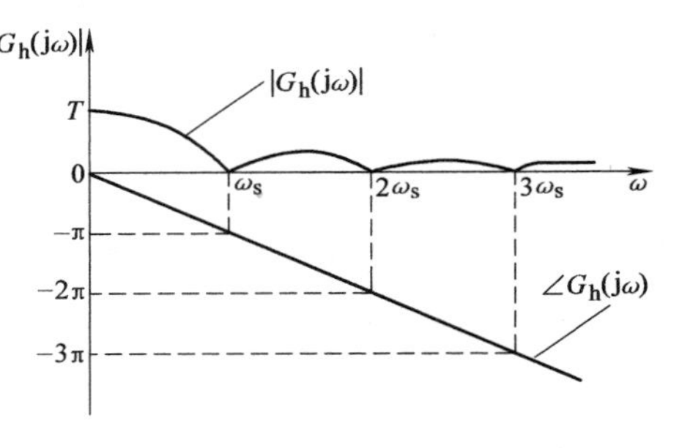

图7-21 零阶保持器的幅相特性

3. 零阶保持器的特性

(1) 低通特性 零阶保持器是一种近似的带通滤波器。由零阶保持器的幅相特性可见当 ω 增加时，幅值 $|G_h(j\omega)|$ 降低，且截止频率不止一个，除允许主要频谱分量通过外，还允许部分高频频谱分量通过，从而造成数字控制系统的输出中存在纹波。

(2) 相角滞后 零阶保持器的幅相特性中相角滞后随 ω 增加而加大，在 $\omega=\omega_s$ 处，相角滞后可达 $-180°$，从而使闭环系统的稳定性变差。

(3) 时间滞后 零阶保持器的输出信号为阶梯信号 $e_h(t)$，其平均响应为 $e[t-(T/2)]$，比原信号在时间上滞后 $T/2$，相当于给系统增加了一个延迟时间为 $T/2$ 的延迟环节，使系统总的相角滞后增大，对系统的稳定性不利。

7.5 脉冲传递函数

7.5.1 脉冲传递函数的定义

在模拟系统中，传递函数是很重要的概念。它是输出量的拉普拉斯变换与输入量的拉普拉斯变换之比，在采样系统的分析中，引入 z 变换。设线性定常离散系统如图7-22所示。$G(s)$ 是离散系统中连续部分的传递函数，脉冲传递函数的定义为：零初始条件下，离散输出信号的 z 变换与离散输入信号的 z 变换之比，即

$$G(z)=\frac{X_o(z)}{X_i(z)} \tag{7-24}$$

式中，$X_o(z)=Z[x_o^*(t)]$，$X_i(z)=Z[x_i^*(t)]$。

大多数采样系统的输出信号往往是连续信号 $x_o(t)$，而不是离散信号 $x_o^*(t)$，如图7-23所示。在这种情况下，为了应用脉冲传递函数的概念，可以在输出端虚设一个采样开关，如图中虚线所示，它与输入端采样开关同步，那么输出的离散信号就可根据下式求得：

$$x_o^*(t)=Z^{-1}[X_o(z)]=Z^{-1}[G(z)X_i(z)] \tag{7-25}$$

这时，求得的只是输出连续函数 $x_o(t)$ 在采样时刻的函数值。

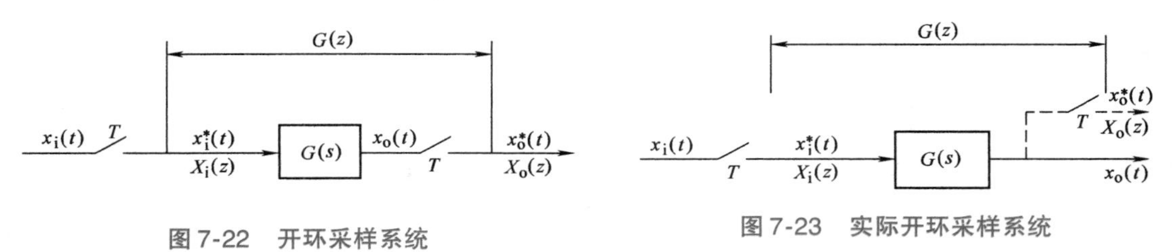

图7-22 开环采样系统

图7-23 实际开环采样系统

7.5.2 开环系统的脉冲传递函数

采样系统中环节串联时，它们之间有无采样开关，脉冲传递函数是不相同的。

1）串联环节之间无采样开关，传递函数分别为 $G_1(s)$ 和 $G_2(s)$ 的两个环节串联，如图7-24所示。

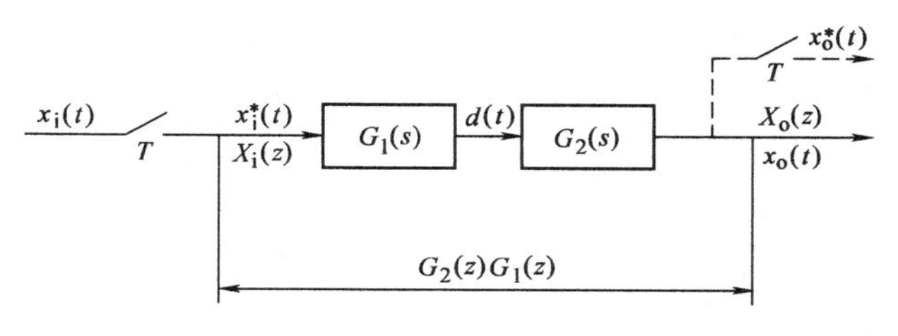

图7-24 串联环节之间无采样开关的开环采样系统

由图可见

$$G(s)=G_1(s)G_2(s)$$

$$G(z)=\frac{X_o(z)}{X_i(z)}=Z[G_1(s)G_2(s)]=G_1G_2(z) \tag{7-26}$$

离散后

$$G^*(s)=[G_1(s)G_2(s)]^* \tag{7-27}$$

$$G(z)=G_1G_2(z) \tag{7-28}$$

2）串联环节之间有采样开关的开环采样系统如图7-25所示。

由图可见

$$D(z)=G_1(z)X_i(z),X_o(z)=G_2(z)D(z)$$

则有

$$X_o(z)=G_2(z)G_1(z)X_i(z) \tag{7-29}$$

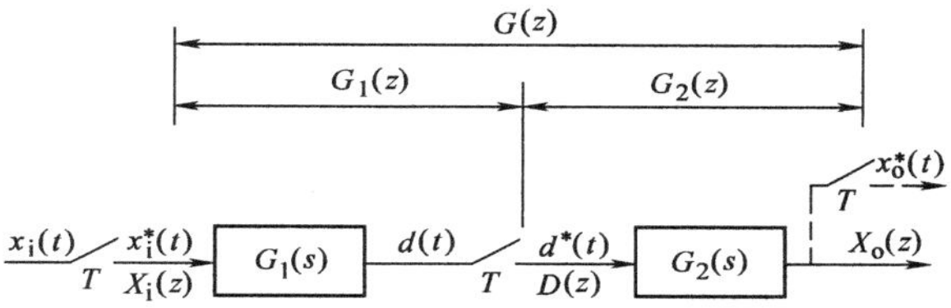

图7-25 串联环节之间有采样开关的开环采样系统

因此

$$G(z)=\frac{X_o(z)}{X_i(z)}=G_1(z)G_2(z) \tag{7-30}$$

3）带零阶保持器的开环采样系统结构如图7-26所示。

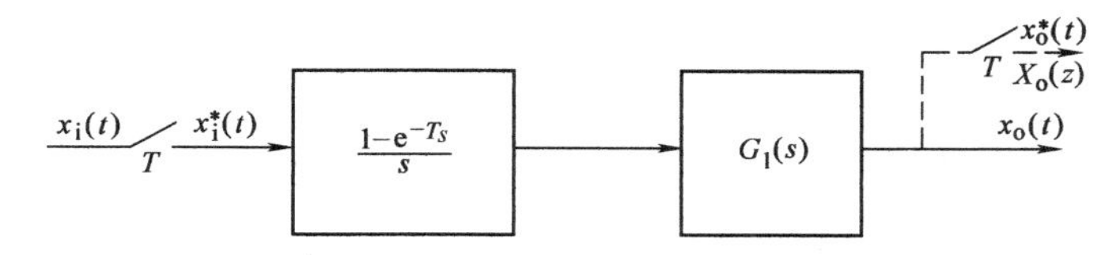

图7-26 有零阶保持器的开环采样系统

开环系统传递函数为

$$G(s)=\frac{1-e^{-Ts}}{s}G_1(s)=(1-e^{-Ts})\frac{G_1(s)}{s} \tag{7-31}$$

设

$$G_2(s)=\frac{G_1(s)}{s}$$

则

$$G(s)=(1-e^{-Ts})G_2(s)=G_2(s)-e^{-Ts}G_2(s)$$

根据拉普拉斯变换定理

$$L^{-1}[e^{-Ts}G_2(s)]=g_2(t-T)$$

则

$$Z[g_2(t-T)]=z^{-1}G_2(z)$$

$$G(z)=G_2(z)-z^{-1}G_2(z)=(1-z^{-1})G_2(z) \tag{7-32}$$

7.5.3 闭环系统的脉冲传递函数

在连续系统中，闭环系统的传递函数和开环系统的传递函数之间有着确定的关系，而在采样系统中，由于采样开关在系统中的位置不同，系统脉冲传递函数也不同，所以，闭环脉冲传递函数与采样开关的位置有关。

下面求几种典型结构闭环系统的脉冲传递函数。

1）采样系统结构如图7-27所示，因为z变换是对离散信号进行的一种数学变换，所以系统中的连续信号都假设离散化了。

用虚线表示采样开关，均以周期T同步工作。由图7-27，可得

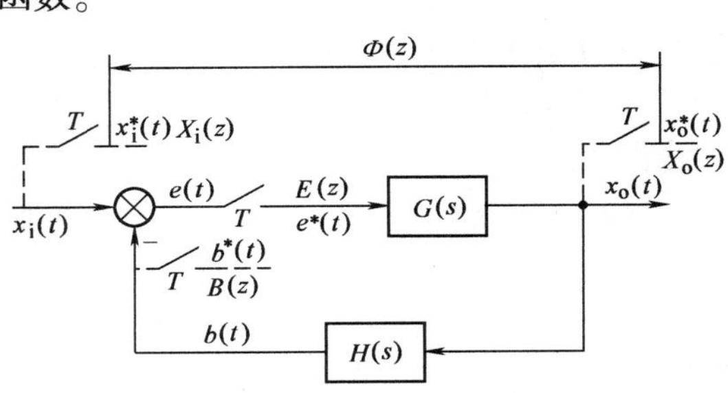

图7-27 闭环采样系统结构图

$$E(s)=X_i(s)-B(s)$$

$$B(s)=G(s)H(s)E^*(s)$$

采样后 $E^*(s)=X_i^*(s)-B^*(s)$

$$B^*(s)=[G(s)H(s)]^*E^*(s)$$

z变换后 $E(z)=X_i(z)-B(z), B(z)=GH(z)E(z)$

得 $E(z)=X_i(z)-GH(z)E(z)$

$$E(z)=\frac{X_i(z)}{1+GH(z)} \tag{7-33}$$

系统输出 $X_o(s)=G(s)E^*(s)$

离散后 $X_o^*(s)=G^*(s)E^*(s)$

$$X_o(z)=G(z)E(z)$$

由式(7-33)得 $X_o(z)=\dfrac{X_i(z)G(z)}{1+GH(z)}$ （7-34）

闭环系统脉冲传递函数为

$$\Phi(s)=\frac{X_o(z)}{X_i(z)}=\frac{G(z)}{1+GH(z)} \tag{7-35}$$

2）采样系统结构如图7-28所示。

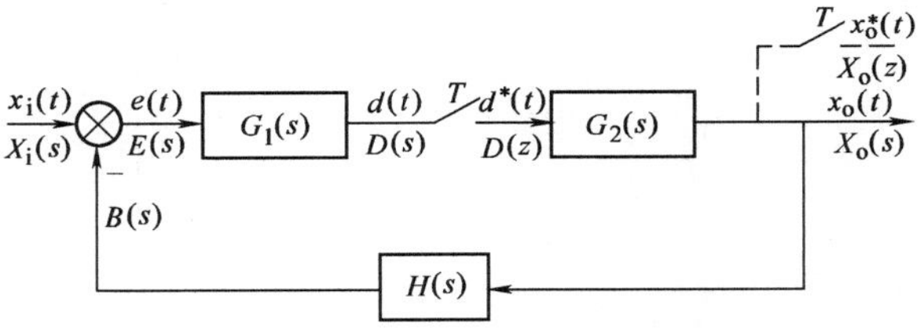

图7-28 闭环采样系统结构图

偏差信号

$$E(s)=X_i(s)-B(s)$$

$$D(s)=E(s)G_1(s)=[X_i(s)-B(s)]G_1(s)=X_i(s)G_1(s)-B(s)G_1(s) \tag{7-36}$$

反馈信号

$$B(s)=X_o(s)H(s)=D^*(s)G_2(s)H(s)$$

代入式(7-36)，得

$$D(s)=X_i(s)G_1(s)-D^*(s)G_1(s)G_2(s)H(s)$$

对上式采样，得

$$D^*(s)=X_i(s)G_1^*(s)-D^*(s)G_1(s)G_2(s)H^*(s)$$

得

$$D^*(s)=\frac{X_i(s)G_1^*(s)}{1+G_1(s)G_2(s)H^*(s)} \tag{7-37}$$

系统的输出
$$X_o(s)=D^*(s)G_2(s)$$
离散化
$$X_o^*(s)=D^*(s)G_2^*(s)$$

由式(7-37)，得

$$X_o^*(s)=\frac{G_2^*(s)X_i(s)G_1^*(s)}{1+G_1(s)G_2(s)H^*(s)} \tag{7-38}$$

系统输出的 z 变换

$$X_o(z)=\frac{X_iG_1(z)G_2(z)}{1+G_1G_2H(z)} \tag{7-39}$$

该系统的输入信号直接进入连续环节 $G_1(s)$，因此只能求出输出量的 z 变换表达式，而求不出系统的闭环脉冲传递函数。通过上面两例可知，系统中采样开关的位置不同，闭环脉冲传递函数也不一样。除了以上介绍的求取方法以外，还有一种简便的方法，其步骤如下：

1）求出系统的闭环传递函数，写成 $X_o(s)=X_i(s)G(s)$ 的形式。

2）在系统的输出端虚设一采样开关，并根据信号在前向通路和前向通路与反馈回路中的流向，按采样开关的位置，对上式进行采样。

3）将采样记号换成 z 变换，就得到了输出量的 z 变换表达式 $X_o(z)$。

表7-2给出了几种典型采样系统的框图及输出量的 z 变换。

表7-2　几种典型采样系统的框图

框图	输出量的 z 变换
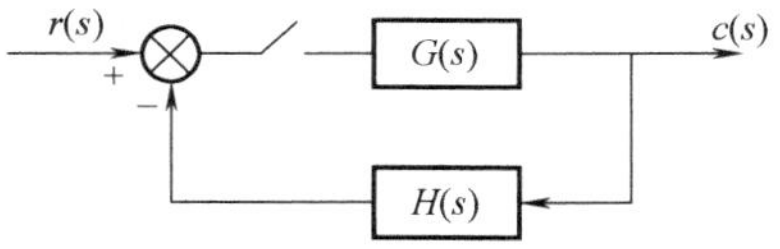 $r(s)$ + − $G(s)$ $c(s)$ $H(s)$	$C(z)=\frac{G(z)R(z)}{1+GH(z)}$
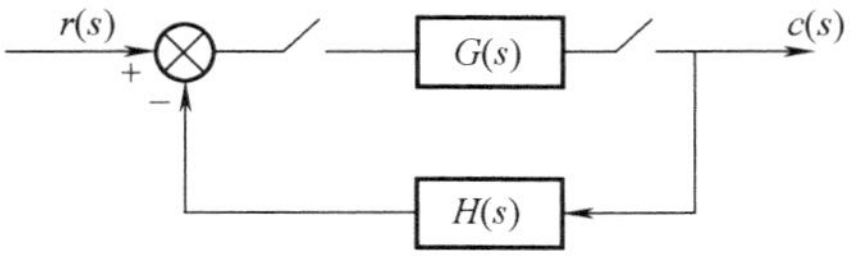 $r(s)$ + − $G(s)$ $c(s)$ $H(s)$	$C(z)=\frac{G(z)R(z)}{1+G(z)H(z)}$
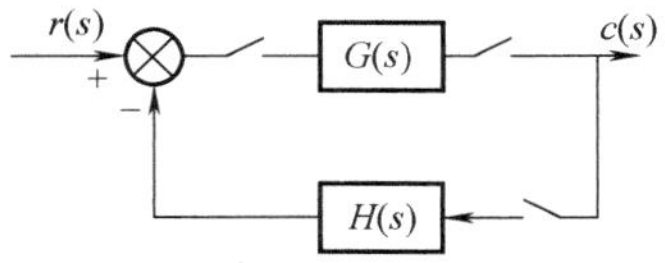 $r(s)$ + − $G(s)$ $c(s)$ $H(s)$	$C(z)=\frac{G(z)R}{1+G(z)H}$
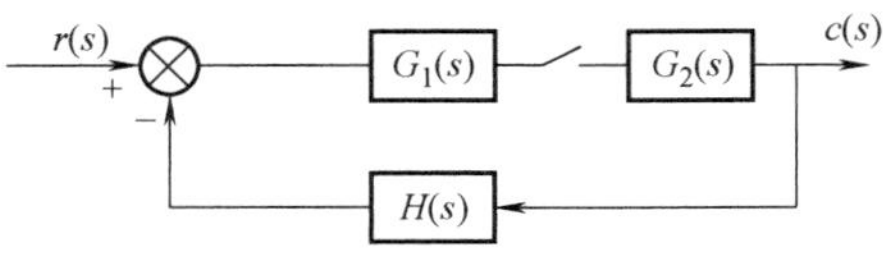 $r(s)$ + − $G_1(s)$ $G_2(s)$ $c(s)$ $H(s)$	$C(z)=\frac{G_2(z)RG_1(z)}{1+G_2HG_1(z)}$
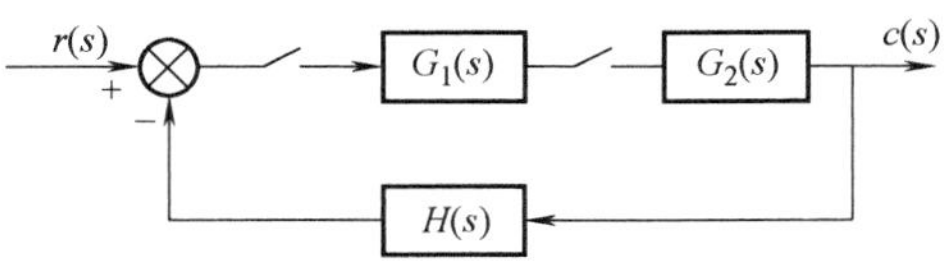 $r(s)$ + − $G_1(s)$ $G_2(s)$ $c(s)$ $H(s)$	$C(z)=\frac{G_1(z)G_2(z)R(z)}{1+G_1(z)G_2H(z)}$

7.6 采样系统的稳定性分析

正如在线性连续系统分析中的情况一样，稳定性和稳态误差也是线性定常离散系统分析的重要内容。本节主要讨论如何在 z 域和 ω 域中分析离散系统的稳定性，同时给出判定离散系统是否稳定的判据。

7.6.1 采样系统的稳定条件

1. 从 s 平面到 z 平面的映射

由 z 变换定义式知

$$z = \mathrm{e}^{sT}$$

将 $s=\sigma+\mathrm{j}\omega$ 代入，得

$$z = \mathrm{e}^{(\sigma+\mathrm{j}\omega)T} = \mathrm{e}^{\sigma T}\mathrm{e}^{\mathrm{j}\omega T} = |z|\mathrm{e}^{\mathrm{j}\theta}$$

而

$$|z| = \mathrm{e}^{\sigma T}, \theta = \omega T$$

则 s 平面上的虚轴为 $\sigma=0$，$s=\mathrm{j}\omega$，在 z 平面上为

$$|z| = \mathrm{e}^{\sigma T} = \mathrm{e}^{0T} = 1, \theta = \omega T$$

$$z = 1 \cdot \mathrm{e}^{\mathrm{j}\omega T}$$

即为模等于1的单位圆。而位于左半 s 平面的点 $\sigma<0$，则 $|z|=\mathrm{e}^{\sigma T}<1$，对应于 z 平面上单位圆之内；反之，右半 s 平面的点则对应于 z 平面上单位圆之外。

2. 采样系统 z 域稳定条件

由前面的分析可知，典型离散系统特征方程为 $D(z)=1+GH(z)=0$，其极点为各不相同的 z_1，z_2，…，z_n。由于 s 平面和 z 平面的映射关系，当极点在左半 s 平面分布时，闭环系统才能稳定。故当且仅当 $|z_i|<1$（$i=1$，2，…，n），即全部特征根分布在 z 平面上的单位圆内时，相应的线性定常离散系统是稳定的。这个结论是从特征方程无重根情况下推导出来的，但对于有重根的情况也是正确的。特殊地，在临界情况下，$|z_i|=1$ 系统也属于不稳定范畴。

7.6.2 离散系统的稳定性判据

1. 劳斯稳定判据

连续系统中的劳斯判据可以判别特征根是否全在左半 s 平面，从而确定系统的稳定性。而在 z 平面，稳定性取决于根是否全在单位圆内，因此原劳斯稳定判据不能直接运用。

将 z 平面复原到 s 平面，由于 $z=\mathrm{e}^{sT}$，将使系统特征方程出现超越函数。如果设法寻找一种新的变换，使 z 平面的单位圆映射到一个新平面的虚轴左侧，并且新平面对应的系统方程为多项式形式，则原劳斯判据便可直接应用。这个新平面称为 ω 平面。取 $z=\dfrac{\omega+1}{\omega-1}$，则 $\omega=\dfrac{z+1}{z-1}$，z、ω 均为复变量，如写作 $z=x+\mathrm{j}y$，$\omega=u+\mathrm{j}v$，得

$$\omega = u+\mathrm{j}v = \frac{x+\mathrm{j}y+1}{x+\mathrm{j}y-1} = \frac{x^2+y^2-1}{(x-1)^2+y^2} - \mathrm{j}\frac{2y}{(x-1)^2+y^2} \tag{7-40}$$

ω 平面的虚轴对应于 $u=0$，则有 $x^2+y^2-1=0$，即 $x^2+y^2=1$。
则 z 平面上单位圆的圆周对应 ω 平面的虚轴；z 平面上单位圆的内域 $x^2+y^2<1$ 对应左半 ω

平面；z 平面上单位圆的外域 $x^2+y^2>1$ 对应右半 ω 平面。z 平面与 ω 平面的映射关系如图 7-29 所示。经 ω 变换后，离散化系统特征方程一般形式为

$$B_0\omega^n+B_1\omega^{n-1}+\cdots+B_{n-1}\omega+B_n=0 \quad (7\text{-}41)$$

利用这种变换，可将特征方程 $D(z)=0$ 转换为 $D(\omega)=0$，然后应用连续系统中劳斯判据判断 $D(\omega)=0$ 的根是否全部具有负实部，从而判别离散系统是否稳定。

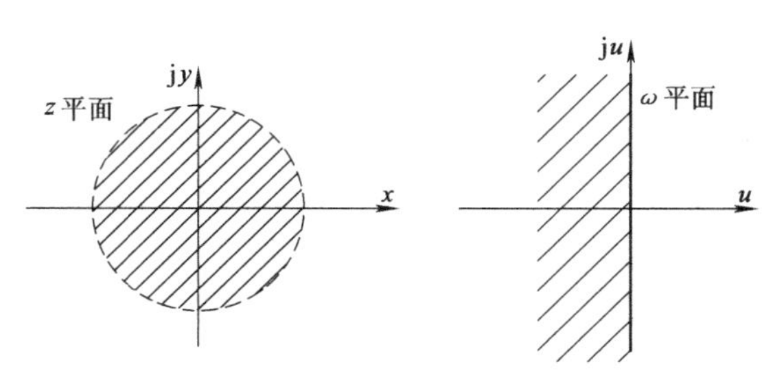

图 7-29　z 平面与 ω 平面的映射关系

2. 朱利判据

朱利（Jury）判据是直接在 z 域内应用的稳定判据，类似于连续系统中的赫尔维茨判据，朱利判据根据系统的闭环特征方程 $D(z)=1+GH(z)=0$ 的系数，判别其根是否位于 z 平面的单位圆内，从而判断该采样系统的稳定性。

设采样系统的闭环特征方程可写为

$$D(z)=a_nz^n+\cdots+a_2z^2+a_1z+a_0=0 \quad a_n>0 \qquad (7\text{-}42)$$

特征方程的系数，按照下述方法构造（$2n-3$）行、（$n+1$）列朱利阵列，见表 7-3。

表 7-3　朱利阵列

行数	z^0	z^1	z^2	z^3	…	z^{n-k}	…	z^{n-1}	z^n
1	a_0	a_1	a_2	a_3	…	a_{n-k}	…	a_{n-1}	a_n
2	a_n	a_{n-1}	a_{n-2}	a_{n-3}	…	a_k	…	a_1	a_0
3	b_0	b_1	b_2	b_3	…	b_{n-k}	…	b_{n-1}	
4	b_{n-1}	b_{n-2}	b_{n-3}	b_{n-4}	…	b_{k-1}	…	b_0	
5	c_0	c_1	c_2	c_3	…	c_{n-2}			
6	c_{n-2}	c_{n-3}	c_{n-4}	c_{n-5}	…	c_0			
⋮	⋮	⋮	⋮	⋮					
$2n-5$	p_0	p_1	p_2	p_3					
$2n-4$	p_3	p_2	p_1	p_0					
$2n-3$	q_0	q_1	q_2						

在朱利阵列中，第（$2k+2$）行各元素是按（$2k+1$）行各元素的反序列排序。从第三行起，阵列中各元素定义如下：

$$b_k=\begin{vmatrix} a_0 & a_{n-k} \\ a_n & a_k \end{vmatrix},\ k=0,1,\cdots,n-1 \qquad c_k=\begin{vmatrix} b_0 & b_{n-k-1} \\ b_{n-1} & b_k \end{vmatrix},\ k=0,1,\cdots,n-2$$

$$d_k=\begin{vmatrix} c_0 & c_{n-k-2} \\ c_{n-2} & c_k \end{vmatrix},\ k=0,1,\cdots,n-3$$

…

$$q_0=\begin{vmatrix} p_0 & p_3 \\ p_3 & p_0 \end{vmatrix},\ q_1=\begin{vmatrix} p_0 & p_2 \\ p_3 & p_1 \end{vmatrix},\ q_2=\begin{vmatrix} p_0 & p_1 \\ p_3 & p_2 \end{vmatrix}$$

朱利稳定判据可以描述为：特征方程 $D(z)=0$ 的根全部位于 z 平面上单位圆内的充分必要条件是 $D(1)>0$，$D(-1)\begin{cases} >0, & n\text{ 为偶数} \\ <0, & n\text{ 为奇数} \end{cases}$，以及下列（$n-1$）个约束条件成立

$$|a_0| < a_n, |b_0| > |b_{n-1}|, |c_0| > |c_{n-2}|$$
$$|d_0| > |d_{n-3}|, \cdots, |q_0| > |q_2|$$

只有当上述条件均满足时，采样系统才是稳定的，否则系统不稳定。

7.7　计算机控制过程算式

DDC 的基本算式是指计算机对生产过程进行 PID 控制时的几种控制方程式，而 PID 基本算式有两种：一种是理想 PID，另一种是实际 PID。选用何种算式，要根据所选用的执行器的形式、被控对象的特性、是主回路还是副回路等条件而定。算式一旦确定，k_p、T_I、T_D 参数整定就成为计算机投运时一项细致而重要的工作。

由于计算机控制是一种采样控制，它只能根据采样时刻的偏差值计算控制量，因此常用的 PID 数学表达式中的积分项和微分项不能直接准确计算，只能采用数值计算方法逼近。

7.7.1　理想 PID 算式

由于工业生产过程大多数是缓慢变化的过程，因此只要控制机的采样周期 θ 取得足够短，断续控制形式就趋于连续控制形式。可以将模拟调节器的控制规律，近似地作为 DDC 系统控制规律的基础形式。模拟 PID 调节器的理想 PID 算式为

$$u(t) = k_p\left[e(t) + \frac{1}{T_I}\int_0^t e(t)\,dt + T_D\frac{de(t)}{dt}\right] \tag{7-43}$$

式中，$u(t)$ 为调节器的输出；$e(t)$ 为调节系统的控制偏差；k_p为调节器的放大系数（也可称增益或放大倍数）；T_I为积分时间；T_D为微分时间。

其传递函数为

$$\frac{U(s)}{E(s)} = k_p + \frac{k_p}{T_I s} + k_p T_D s \tag{7-44}$$

框图如图 7-30 所示。

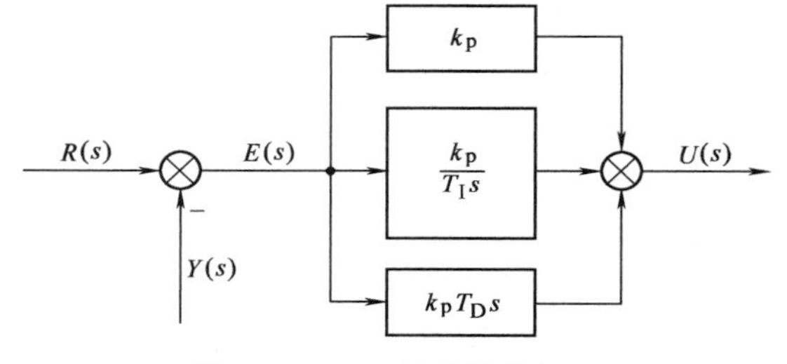

图 7-30　PID 调节器的框图

7.7.2　计算机控制算式

由于小型或微型工控机所能接受的计算一般比较简单，因此复杂的运算（如微分、积分）都要变成简单的加、减、乘、除四则运算。计算机按照一定的采样时刻从生产过程取得数据，并依照一定采样时刻，把计算机结果输送给各个控制回路。所以，连续的时间函数必须转化为断续的时间函数。因此，要把式(7-43) 变为差分方程，替换如下：

令 $t = k\theta$

$$\frac{de(t)}{dt} = \frac{e(k\theta) - e[(k-1)\theta]}{\theta}$$

$$\int_0^t e(t)\,dt = \sum_{i=0}^{k} e(i\theta)\theta$$

式中，θ 为采样周期；k 为采样时刻，为简便常以 $e(k)$ 表示 $e(k\theta)$。

DDC 的理想算式的表达式有三种形式，即位置式、增量式和速度式。

1. 位置式

DDC 计算机控制经 PID 运算，其输出是指调节阀开度（位置）的大小，此种 PID 算式

的形式称为位置式。在采样时刻 $t=i\theta$（θ 为采样周期），PID 的调节规律可通过下面的数值公式近似计算：

$$u(k)=k_{\mathrm{p}}\left\{e(k)+\frac{\theta}{T_{\mathrm{I}}}\sum_{i=0}^{k}e(i)+\frac{T_{\mathrm{D}}}{\theta}[e(k)-e(k-1)]\right\}$$

整理可得

$$u(k)=k_{\mathrm{p}}e(k)+k_{\mathrm{I}}\sum_{i=0}^{k}e(i)+k_{\mathrm{D}}[e(k)-e(k-1)] \tag{7-45}$$

式中，k_{I} 为积分系数，$k_{\mathrm{I}}=\dfrac{k_{\mathrm{p}}\theta}{T_{\mathrm{I}}}$；$k_{\mathrm{D}}$ 为微分系数，$k_{\mathrm{D}}=\dfrac{k_{\mathrm{p}}T_{\mathrm{D}}}{\theta}$。

式(7-45) 中的输出 $u(k)$ 与调节阀开度（位置）是一一对应的。位置式方程需要 DDC 计算机重复计算每一时刻区间调节阀开度（位置）的绝对值。图 7-31 给出了位置式 PID 算法的结构。

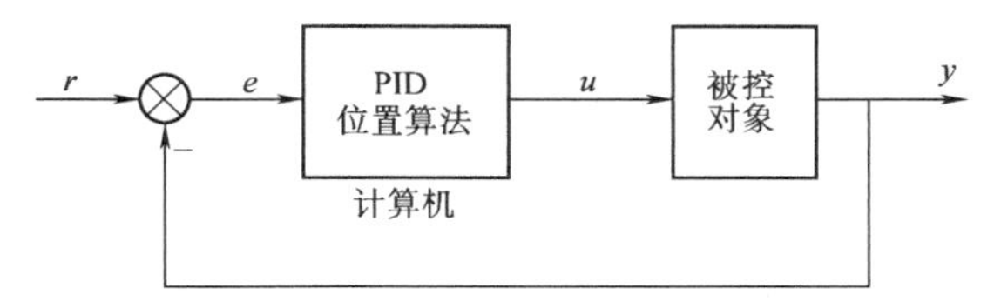

图 7-31　位置式 PID 算法结构图

2. 增量式

DDC 计算机经 PID 运算，其输出是指调节阀开度（位置）的增量（改变量），此种 PID 算式的形式称为增量式。

计算机 PID 运算的输出增量，为前后两次采样所计算的位置之差，即

$$\Delta u(k)=u(k)-u(k-1)$$

故可得理想 PID 增量式为

$$\Delta u(k)=k_{\mathrm{p}}\left\{[e(k)-e(k-1)]+\frac{\theta}{T_{\mathrm{I}}}e(k)+\frac{T_{\mathrm{D}}}{\theta}[e(k)-2e(k-1)+e(k-2)]\right\}$$

$$\Delta u(k)=k_{\mathrm{p}}[e(k)-e(k-1)]+k_{\mathrm{I}}e(k)+k_{\mathrm{D}}[e(k)-2e(k-1)+e(k-2)] \tag{7-46}$$

式(7-46) 中的输出 $\Delta u(k)$ 表示阀位的增量。图 7-32 给出了增量式 PID 算法的结构，式(7-46) 进一步改写为

$$\Delta u(k)=d_0e(k)+d_1e(k-1)+d_2e(k-2) \tag{7-47}$$

式中，$d_0=k_{\mathrm{p}}\left(1+\dfrac{\theta}{T_{\mathrm{I}}}+\dfrac{T_{\mathrm{D}}}{\theta}\right)$，$d_1=-k_{\mathrm{p}}\left(1+\dfrac{2T_{\mathrm{D}}}{\theta}\right)$，$d_2=k_{\mathrm{p}}\dfrac{T_{\mathrm{D}}}{\theta}$。

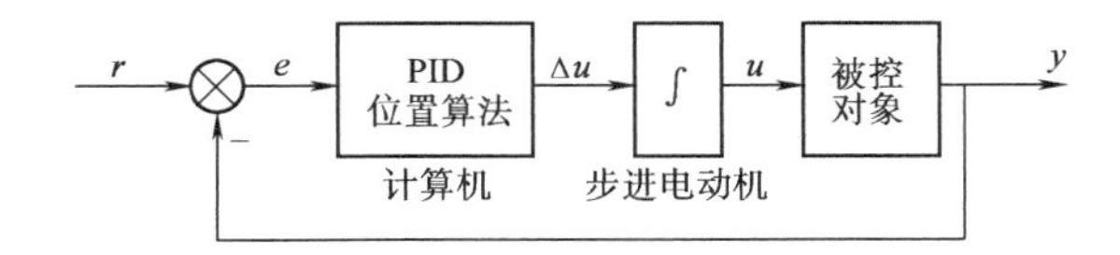

图 7-32　增量式 PID 算法结构图

图 7-33 给出了增量式 PID 控制算法的流程。

采用增量式算法，计算机输出的控制增量 $\Delta u(k)$ 对应的是本次采样时刻执行机构位置的增量。对应执行机构实际位置的控制量 $u(k)$，可以采用有积累作用的执行机构（如步进

电动机）来实现，而更多的是利用算式 $u(k)=u(k-1)+\Delta u(k)$ 来计算。由此可见，就整个系统而言，位置式算法和增量式算法之间并没有本质差别。

增量式算法虽然只是在算法上做了一点改进，却带来了不少优点。控制量的增量只与最近几次采样时刻的误差值有关，而不再需要计算累加项，从而避免了累积误差；计算机输出的是控制增量，所以当计算机系统发生故障时产生误动作的影响较小，必要时可以通过逻辑判断来限制或者取消本次输出，而不会对系统产生重大的影响。

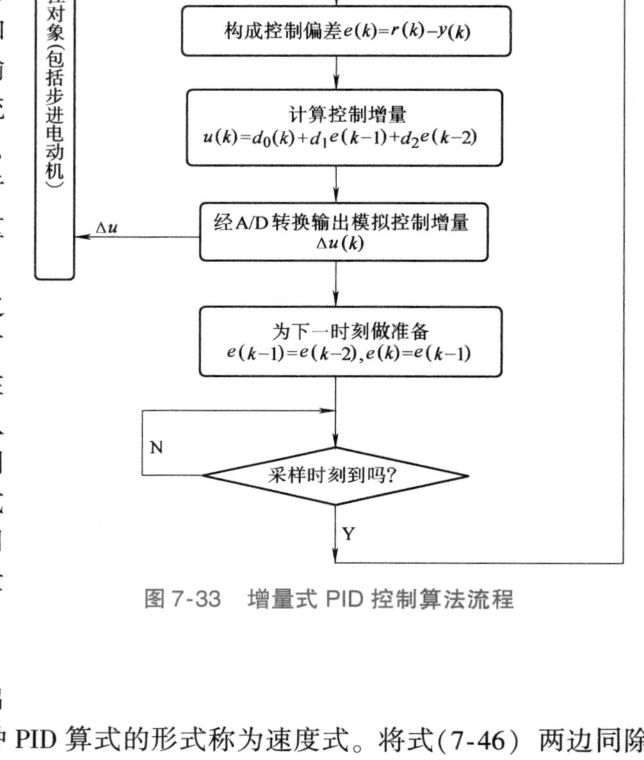

图 7-33 增量式 PID 控制算法流程

但是增量式算法也有其不足之处，即积分截断效应较位置式大，有静态误差；溢出的影响大。因此，在选择算法时不能一概而论。一般认为，在以晶闸管作为执行器或在控制精度要求高的系统中，可采用位置式算法；而在以步进电动机或电动阀门作为执行器的系统中，则多选用增量式算法。

3. 速度式

DDC 计算机经 PID 运算，其输出是指直流伺服电动机的转动速度，此种 PID 算式的形式称为速度式。将式(7-46) 两边同除以 θ 可得其速度增量式为

$$\Delta V(k)=\frac{\Delta u(k)}{\theta}=k_{\mathrm{p}}\left\{\frac{1}{\theta}[e(k)-e(k-1)]+\frac{1}{T_{\mathrm{I}}}e(k)+\frac{T_{\mathrm{D}}}{\theta^2}[e(k)-2e(k-1)+e(k-2)]\right\} \tag{7-48}$$

由于 θ 是一个常数，故式(7-48) 与式(7-46) 没有本质差别。但这两式有一个共同的特点是，由于没有差分积分等效符号 Σ，从而消除了当偏差存在时发生积分饱和的危险。

在实际使用中，选用理想 PID 算式，一定要结合实际执行器的形式、被控对象特性以及客观条件而定。对位置式，为了实现手动自动无扰动切换，可采用步进电动机来实现控制，此法需增加硬设备，且输出速度有所降低。目前用得较多的是用步进电动机作增量式控制。对速度式控制，其执行器必须具有积分特性（如电动阀），此法目前用得较少。

7.7.3 实际 PID 算式

由于实际 DDC 的采样回路都可能存在高频干扰，因此几乎所有的数字控制回路都设置

一级低通滤波器来限制高频干扰的影响。

低通滤波器的传递函数一般为

$$G_t(s)=\frac{1}{T_f s+1} \tag{7-49}$$

那么低通滤波器和理想 PID 算式结合后的传递函数为

$$\frac{U(s)}{E(s)}=\frac{1}{T_f s+1}\left(1+\frac{1}{T_I s}+T_D s\right) \tag{7-50}$$

设 $T_f=aT_2$，整理式(7-50) 可得实际 PID 算式为

$$\frac{U(s)}{E(s)}=\frac{k_c(T_1 s+1)(T_2 s+1)}{T_1 s(aT_2 s+1)}=\frac{T_2 s+1}{aT_2 s+1}k_c\left(1+\frac{1}{T_1 s}\right) \tag{7-51}$$

式中，$U(s)$ 为 DDC 的输出（至调节阀）；$E(s)$ 为 DDC 系统的偏差，$E(s)=R(s)-Y(s)$；T_1为实际积分时间；T_2为实际微分时间；a 为微分放大系数（$a<1$）；k_c为放大倍数。其中

$$k_c=\frac{T_1}{T_1+T_2} \quad T_I=T_1+T_2 \quad T_D=\frac{T_1 T_2}{T_1+T_2}$$

实际 PID 算式框图如图 7-34 所示。

图中的各方框可用软件来实现，这一点对 DDC 微型计算机特别有利。实际 PID 的差分算式可先分别就每个方框推得，然后按图 7-34 叠加而成。它也有三种形式。

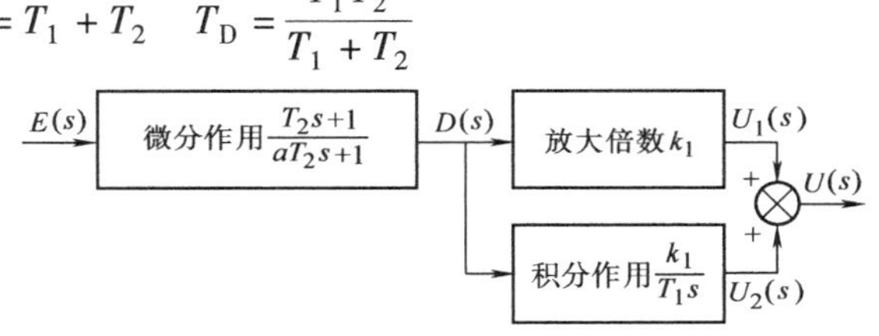

图 7-34 实际 PID 算式框图

1. 实际 PID 的位置式

$$\Delta u(k)=u_1(k)+u_2(k)=u_2(k-1)+k_1\left(1+\frac{\theta}{T_1}\right)\left[\frac{aT_2}{aT_2+\theta}D(k-1)+\frac{T_2+\theta}{aT_2+\theta}ek-\frac{T_2}{aT_2+\theta}e(k-1)\right] \tag{7-52}$$

它的阶跃响应过程比较平滑，保留微分作用持续时间更长，所以比理想 PID 位置式能得到更好的控制效果。

2. 实际 PID 的增量式

$$\Delta u(k)=u_1(k)+u_2(k)=u_2(k-1)+k_1\left(1+\frac{\theta}{T_1}\right)\left[\frac{aT_2}{aT_2+\theta}\Delta D(k-1)+\frac{T_2+\theta}{aT_2+\theta}\Delta e(k)-\frac{T_2}{aT_2+\theta}\Delta e(k-1)\right] \tag{7-53}$$

式中，$\Delta u(k-1)=u(k-1)+u(k-2)$，$\Delta D(k-1)=D(k-1)+D(k-2)$，$\Delta e(k)=e(k)-e(k-1)$，$\Delta e(k-1)=e(k-1)-e(k-2)$。

3. 速度式

$$u(k)=\frac{\Delta u(k)}{\theta}=\frac{1}{\theta}\left\{\Delta u_2(k-1)+k_1\left(1+\frac{\theta}{T_1}\right)\left[\frac{aT_2}{aT_2+\theta}\Delta D(k-1)+\frac{T_2+\theta}{aT_2+\theta}\Delta e(k)-\frac{T_2}{aT_2+\theta}\Delta e(k-1)\right]\right\} \tag{7-54}$$

实际 PID 的增量式和速度式可以实现手动—自动的无扰动切换。

由于生产实际的需要，目前 DDC 中开始采用一些非标准形式的 PID 控制方式(如带死区的 PID 控制方式)，使 PID 算式得到了发展，再就是数值积分求和如何提高运算精度及定点运算不丢掉积分作用的问题，还需对 PID 中积分算法进行改进，还有 PID 算式中如何减少数

据误差和噪声，还需对 PID 中微分算法改进。这里就不再赘述。

7.7.4 数字 PID 控制算法的改进

在计算机控制系统中，PID 控制规律是用计算机程序实现的，因此它的灵活性很大。一些原来在模拟 PID 控制器中无法实现的问题，在引入计算机以后，就可以得到解决，于是出现了一系列的改进算法，主要包括积分分离 PID 控制算法、带死区的 PID 控制算法、遇限削弱积分 PID 控制算法、梯形积分 PID 控制算法、不完全微分 PID 控制算法和微分先行 PID 控制算法。本书主要介绍前面两种算法。后面的算法可以查阅相关书籍。

1. 积分分离 PID 控制算法

在普通的 PID 数字控制器中引入积分环节，主要是为了消除静态误差、提高精度。但是在受控对象的启动或大幅度增减设定值的时候，短时间内系统输出有很大的误差，会造成 PID 运算中的积分部分有很大的输出，甚至可能造成数据溢出，以致算得的控制量超过执行机构可能的最大动作范围所对应的极限控制量，最终引起系统较大的超调，甚至引起系统的振荡。使用引进积分分离 PID 控制算法，既保持了积分作用，又减小了超调量，使得控制性能有了较大的改善。其具体实现如下：

1）根据实际情况，设定一阈值 $\varepsilon>0$。

2）当 $|e(k)|>\varepsilon$ 时，也就是当 $|e(k)|$ 比较大时，切除积分环节，改用 PD 控制，这样可以避免过大的超调，又能使系统有较快的响应。

3）当 $|e(k)|\leqslant\varepsilon$ 时，也就是当 $|e(k)|$ 比较小时，加入积分环节，成为 PID 控制，保证系统的控制精度。

积分分离 PID 控制算法（位置式算法）为

$$u(k)=K_c e(k)+\beta K_I\sum_{i=0}^{k}e(i)+K_D[e(k)-e(k-1)] \tag{7-55}$$

式中

$$\beta=\begin{cases}1 & |e(k)|\leqslant\varepsilon\\ 0 & |e(k)|>\varepsilon\end{cases}$$

从式(7-55) 可见，积分分离 PID 控制算法，只是在常规 PID 控制算法的积分项前乘一个系数 β，以此来控制积分作用是否有效。

采用积分分离 PID 控制算法以后，控制效果如图 7-35 所示。由图可见，采用积分分离 PID 控制算法使得控制系统的性能有了较大的改善。

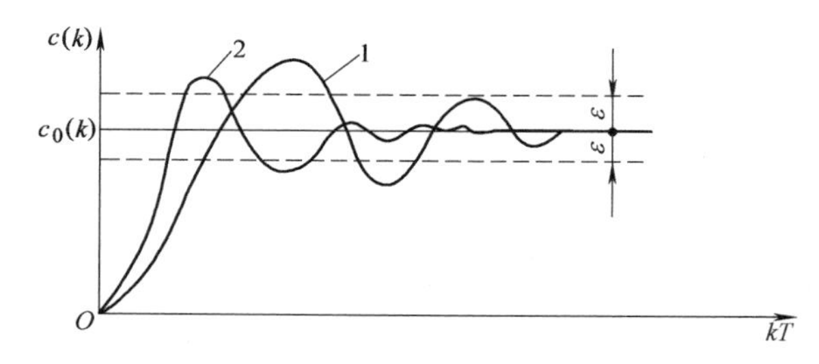

图 7-35 普通 PID 与积分分离 PID 控制算法的控制效果对比

1—普通 PID 2—积分分离 PID

2. 带死区的 PID 控制算法

在计算机控制系统中，某些系统为了避免控制作用的过于频繁，消除由于频繁动作所引

起的振荡，可以采用带死区的PID控制算法，如图7-36所示。相应的控制算式为

$$e'(k)=\begin{cases}0 & |e(k)|\leqslant|e_0|\\ e(k) & |e(k)|>|e_0|\end{cases}$$

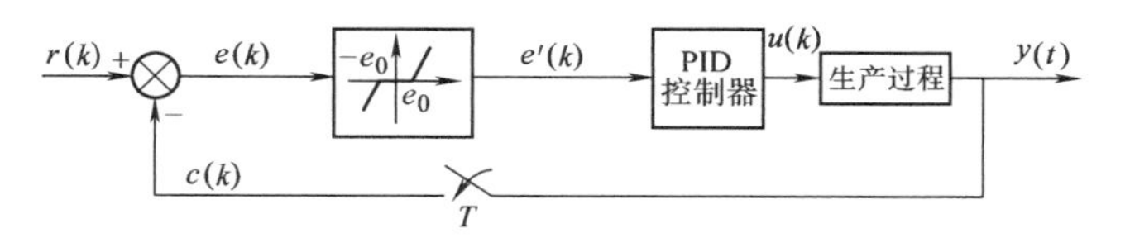

图7-36 带死区的PID控制系统框图

式中，死区e_0是一个可调的参数，其具体数值可根据实际控制对象由实验确定。如果e_0太小，将使控制动作过于频繁，达不到稳定被控对象的目的；若e_0过大，则系统将产生较大的滞后。带死区的PID控制系统实际上是一个非线性系统。即当$|e(k)|\leqslant|e_0|$时，数字控制器的输出为零；当$|e(k)|>|e_0|$时，数字控制器有PID控制输出。

另外，从数字PID算法中的增量式算法［见式(7-46)］中，可知其中的积分项为

$$\Delta u(k)=K_c\frac{T_0}{T_I}e(k)$$

由于计算机字长的限制，当运算结果小于计算机能够表示的最小的数（即字长的精度ε）时，计算机就将它作为“零”而丢弃。由上式可知，当计算机运算字长较短、采样周期T_0也较短、而积分时间T_I又较长时，$\Delta u(k)$容易出现因计算结果小于字长的精度而将其丢弃。这时控制器失去积分作用，从无差系统变成有差系统，降低了控制品质。这种现象称为积分不灵敏区。积分不灵敏区是数字控制器特有的现象。

为了消除积分不灵敏区，通常采用以下措施：

1）增加计算字长，同时增加A/D转换器的字长，这样可以提高运算精度，减少出现积分不灵敏区的机会。即使出现，也可以减小对控制精度的影响。

2）在积分运算部分采用双倍字长，当运算结果小于精度ε时，不是将其丢弃，而是将它们累加起来。在累加结果大于ε时，将其作为积分结果输出，同时调整累加器的值。

7.7.5 DDC系统采样周期的确定

DDC系统中的参数整定就是关于采样周期θ、比例带、积分时间常数、微分时间常数的工程整定。关于后面三个参数的工程整定在第3章已经讲述，这里主要讨论采样周期θ的确定。由于一般的生产过程都具有较大的时间常数，而DDC系统的采样周期θ则要小得多（约差一个数量级），所以DDC系统以及PID数字控制器的参数整定，完全可以按照模拟调节器的各种参数整定方法进行分析和综合。但是数字控制器与模拟调节器相比毕竟有其特殊性，即除了比例系数、积分时间常数和微分时间常数外，还有一个重要的参数就是采样周期θ。合理地选择采样周期θ，也是数字控制系统的关键问题之一。

从理论上讲，采样频率越高，失真越小。但是，从控制器本身来说，大都是依靠偏差信号$e(k)$进行调节计算的。当采样周期θ太小时，偏差信号$\Delta e(k)$也会过小，此时微型计算机将会失去调节作用；采样周期θ的选择必须综合考虑。影响采样周期θ的因素有：

1）加到被控对象的扰动信号的频率。

2）对象的动态特性。

3）数字控制器$D(z)$所使用的算式及其执行机构的类型。

4）控制的回路数。

5）对象所要求的控制质量。

通常，采样周期的选择方法有两种，一种是计算法，一种是经验法。工程上应用最多的还是经验法。

所谓经验法是一种试凑法，即根据人们在控制工作实践中积累的经验以及被控制对象的特点及参数，先选择一个采样周期 θ，然后送入微机控制系统进行试验。根据被控对象的实际控制效果，再反复地改变 θ，直到满意为止。经验法所采用的采样周期见表7-4。

表7-4 采样周期的经验数据

被测参数	采样周期/s	备注
流量	1～5	优先选用1～2s
压力	3～10	优先选用6～8s
液位	5～8	
温度	15～20	串级系统：副回路采样周期为主回路采样周期的1/4～1/5
成分	15～20	

7.8 计算机控制系统在暖通空调系统中的应用

7.8.1 暖通空调系统及控制要求

1. 干扰多

暖通空调系统（以下简称为空调系统）的干扰分为外扰和内扰，外扰主要是送风及围护结构传热的扰动，内扰就是指房间内电器、照明散热、工艺设备的起停及室内外物品流动等变化对室内温、湿度产生的影响。为了抑制或消除这些干扰，除了在建筑热工和空调工艺方面采取措施外，在自控设计中应分析干扰来源及影响的大小，选择合理的控制方案。

2. 温度与湿度的相关性和空调系统的整体控制性

空调系统中主要是对温度和相对湿度进行控制，这两个参数常常是在一个调节对象里同时进行调节的两个被调量，两个参数在调节过程中相互影响。例如，房间温度升高时，在含湿量不变的情况下，相对湿度会下降，因此在自动控制中要充分考虑到温、湿度的相关性。

空调自动控制系统是以空调房间的温、湿度控制为中心，通过工况转换与空气处理过程，每个环节紧密联系在一起的整体控制系统。任意环节有问题，都将影响空调房间的温、湿度调节，甚至使整个调节系统无法工作。

3. 具有工况转换的控制

空调系统是按工况运行的，因此，自动控制系统应包括工况自动转换部分。如在夏季工况表冷器工作，控制冷水量，调节室内温度；而在冬季工况需转换到加热器工作，控制热媒，调节温度。这是最基本的工况转换。此外，从节能出发进行工况转换控制。全年运行的空调系统，采用工况的处理方法能达到节能的目的。为了尽量避免空气处理过程中的冷热抵消，充分利用新、回风和发挥空气处理设备的潜力，在考虑温、湿度为主的自动调节外，还必须考虑与其相配合的工况自动转换的控制。

7.8.2 空调自动控制系统分类

空调自动控制系统按被调参数的不同，可分为温度、湿度、压力、液位等调节系统。按被调参数的给定值不同，可分为定值调节系统（如温、湿度自控系统）、程序调节系统（给定值按某一确定的程度变化）和随动调节系统（被调参数的给定值是某一未知变量的函数）等。按自动调节装置实现调节动作与时间关系的系统，可分为连续和断续调节系统。按结构特点可分为简单控制系统和复杂控制系统。

1. 简单控制系统

当前，随着计算机技术的日益普及，为了满足节能要求和优化运行，空调系统对自动控制的要求越来越多，但是简单控制系统占控制系统总数的绝大部分，通常超过 70%。另外，掌握简单控制系统也是应用复杂控制系统的必要基础。

简单控制系统由一个调节器、一个变送器（测量仪表）、一个执行器（调节阀）和一个被控物理对象组成。图 7-37 所示是典型的简单换热器温度控制系统。图 7-38 是该系统的框图。

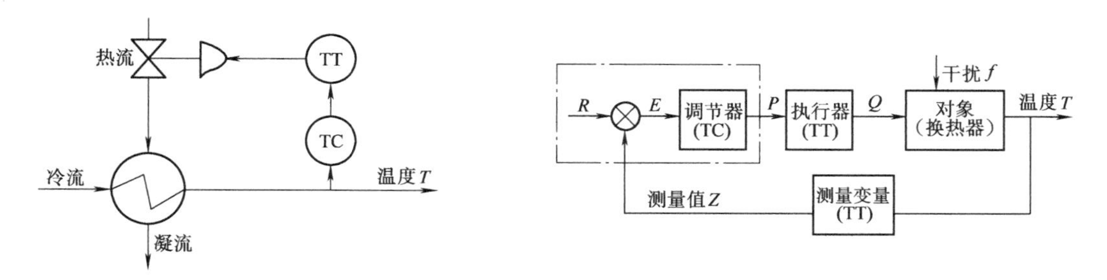

图 7-37　换热器温度控制系统　　图 7-38　换热器温度控制系统框图

实际的调节器包括框图中的比较环节和调节器两部分，调节器可以是电动Ⅱ型、Ⅲ型或 S 型调节器，甚至是工控计算机，它们的输出信号都是电信号，可通过一只电/气转换器将信号送至气动调节阀。调节器方块实现各种调节规律，调节规律是调节器输入信号与输出信号之间的数学关系。常规非数字调节器包括比例（P）、微分（D）和积分（I）三种基本调节规律，实际使用的是比例（P）、比例积分（PI）、比例微分（PD）和比例积分微分（PID）四种规律的调节器。

在控制系统中，主要可以改变参数，灵活性最大的就是调节器，通过它的改变可以改变整个控制系统的动态特性，以达到控制的目的。

2. 复杂控制系统

（1）新风补偿调节系统　在舒适性空调中，当新风温度变化时，自动地改变室内温度调节器的给定值，以达到舒适、节能的目的，这种系统实质是一种随动调节系统。在冬季，室外温度下降时，为了补偿建筑物冷辐射对室内工作人员的影响，随着室外温度（新风温度）的降低，应适当降低室内温度调节给定值；在夏季，随着室外温度的增加而调节室内温度调节器的给定值，这样可消除由于室内外较大温差所造成的冷热冲击。

（2）前馈控制系统　前馈调节主要是针对被测干扰而进行的控制，其克服干扰的能力比反馈调节快而及时。

事实上，前馈调节不可能完全补偿多种干扰对被调参数的影响，通常只是针对主要干扰进行前馈调节。在空调系统实际应用中，是将前馈与反馈结合起来使用（见图 7-39），从而实现高精度控制。国内 20 世纪 90 年代就有通用的前馈调节器产品，如果空调

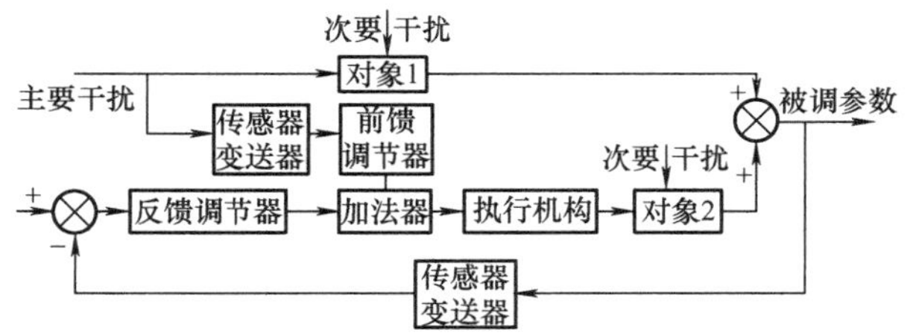

图 7-39　前馈—反馈组合的复合调节系统

系统采用计算机控制，前馈调节就通过软件实现。

（3）串级调节系统 在空调高精度调节中也常采用串级调节系统。串级调节系统对于调节对象纯滞后较大、时间常数较大、热湿干扰影响严重的空调系统是很适宜的。例如，采用蒸汽或热水加热器及表冷器的室温空调系统。将送风干扰作为主干扰纳入副环的送风温度调节系统，而主环对象（空调房间）的干扰通过主调节器的作用来改变副调节器的给定值，使送风温度按室温变化调整，从而减少室温的波动，提高调节质量。对采用淋水室的空调系统进行高精度室内相对湿度调节时，也可采用串级调节系统，以室内相对湿度调节为主环，露点温度调节为副环，将获得良好的控制效果。下面介绍空调串级房间温度调节系统。

空调房间送风状态是通过调节空气处理装置（Air Handling Unit，AHU）中的处理过程而改变的。例如，当需要降温时，调节通过表冷器的冷水水量；当需要升温时调节通过加热器的热水水量；当采用室外新风降温时调节回风与新风的比例等。AHU 的调节过程视处理工况不同而异，并且由于 AHU 中的各个设备的时间常数都远小于房间的时间常数，因此 AHU 处理空气的调节特性与房间温度的调节特性有很大不同。这样就需要把这两个调节过程分开，形成如图 7-40 所示的“串级调节”过程。由室温与室温设定值间的偏差，通过适当的调节算法，确定送风温度的设定值 $t_{s,set}$，再根据 $t_{s,set}$ 调节 AHU，使其处理出要求的送风温度，再送到室内。整个室温控制调节就由这样两个调节过程构成。由于室温调节过程的时间常数远大于 AHU 内对送风温度调节的时间常数，因此相对于室温的调节过程，AHU 对送风温度的调节过程可在很短的时间内完成。在室温调节这个大调节回路中，送风温度调节过程的时间几乎可以忽略。而相对于室温的缓慢调节过程，AHU 中对送风温度的调节又非常快，进入 AHU 的回风参数和室外新风参数在调节过程中又都可以看成不变的参数。这样，采用串级调节，把调节过程分解为两个相互影响很小的调节过程，就可以更好地实现控制调节。

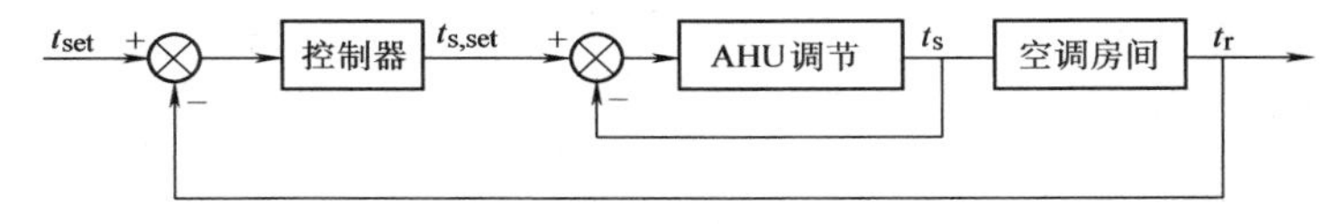

图 7-40 空调房间温度串级控制

（4）模糊控制技术 模糊控制技术（Fuzzy Logic Control，FLC）是人工智能领域中形成最早、应用最广泛的一个重要分支，适用于结构复杂且难以用传统理论建模的问题。在空调系统的过程控制中，由于控制对象的时滞、时变和非线性的特征比较明显，导致控制参数不易在线调节，而 FLC 却能较好地适应这些特征，因此引起了空调领域的普遍关注，目前已经成功地应用到家用空调器上。日本、西欧等发达国家在这一领域处于领先水平。随着模糊控制技术在空调系统中应用研究的不断深入，在控制目标方面从早期的温度控制发展到以预计平均热感觉指数（Predicted Mean Vote，PMV）作为控制基准；在控制策略方面从基于查询表方法的简单模糊控制发展到与其他人工智能领域相结合的智能模糊控制。为了提高控制器的控制效果，适应过程参数的变化对控制系统的要求，出现了在线调整模糊控制参数的自适应、自组织模糊控制器等，如在日本已经出现了基于遗传算法的模糊空调器、模糊神经元控制的空调系统等。另外，混沌（Chaos）理论在国外一些新型空调系统中得到了应用。如日本三洋公司生产的 SAP-E40B6 型空调器，在室内机贯流风扇的控制中采用混沌理论，降低了风扇的噪声，增大了风量。这些智能控制方法的应用极大地提高了空调器的控制效果。

国内在模糊控制方面的研究虽然起步较晚，但是发展很快，取得了一些令人鼓舞的成就。尽管如此，其应用成果的数量和质量均有待进一步提高。20 世纪 90 年代初，国内一些空调生产厂家率先从国外（尤其是日本）引进了模糊控制技术，目前已有一些产品问世。但是这些产品和国外先进技术相比还存在一定差距，主要表现在智能化程度不高、控制效果不太理想等。要解决这些问题，不但需要控制领域的相关知识，更重要的是需要制冷学科的知识，应用研究的不深入是造成国产模糊控制器在空调系统中应用效果不理想的主要原因，结合空调系统本身来研究模糊控制是提高家用空调性能的重要措施。

7.8.3　空调系统中 DDC 的功能

建筑智能化首先是从建筑设备自动化系统开始的。暖通空调设施就是建筑设备自动化系统的主要被控对象。建筑设备自动化系统的功能就是调节、控制建筑物内的这些设备设施，检测、显示其运行参数，监视、控制其运行状态，根据外界条件、环境因素、负载变化等情况自动调节相应设备，使其始终运行于最佳状态；自动监测并处理诸如停电、火灾、地震等意外事件；保障工作或生活环境既舒适、安全，又节约能源。建筑设备自动化系统中，空调系统监控多采用 DDC。空调系统中 DDC 主要实现以下功能：

1）焓值调节。所谓焓值调节就是 DDC 根据室内温、湿度传感器送来的信号，计算出室内焓值 h_n，再根据室外温、湿度传感器送来的信号，计算出室外焓值 h_w，然后比较 h_n和 h_w的大小，结合室内温度值，发出控制指令，驱动电动机，控制回风阀和新风阀开度，改变新风和回风的混合比。

2）控制器最佳起停控制。为了保证工作人员在上班时，室内达到预定的控制温度，空调器应提前运行。这里有一个空调最佳提前运行时间问题。这个最佳时间实际上就是从空调器投入运行到室内温度达到控制值这段过渡过程的时间；同样在下班时，空调器应提前关闭，以降低能源消耗。空调器最佳起停时间是随着季节、天气（即室外气温）的变化而变化。

3）温度控制。温度控制是 DDC 系统中最基本的控制。在 DDC 系统中，可以根据控制对象的不同，选用合适的控制算法程序，如新风温度补偿控制，自动整定最佳 PID 参数控制或模糊控制等。DDC 除了完成现场控制任务外，还可挂在楼宇自动化系统（BAS）中的中央处理单元通信干线上和中央站进行通信，把采集到的温度和湿度等数据送到中央站，并接到于中央站发来的控制命令运行。

BAS 系统主要采用总线集散型网络。集散控制系统的基本思路是分散控制、集中操作、分级管理。分散是指工艺设备地理位置分散，被控设备相应分散。集散型控制系统一般分为三级。第一级为现场控制级，它承担分散控制任务，并与过程及操作站（现场设备）联系。第二级为监控级，包括信息的集中管理。第三级为管理级，它把建筑物自动控制系统与企业管理信息系统有机结合起来，其结构如图 7-41 所示。它将复杂的对象分解为若干子对象，由现场控制级（器）进行局部控制。中央站实施最优控制策略，对整个工作过程进行集中监视、操作、管理。通过现场控制器对工作过程各部分进行分散控制，使系统整体运行最佳。

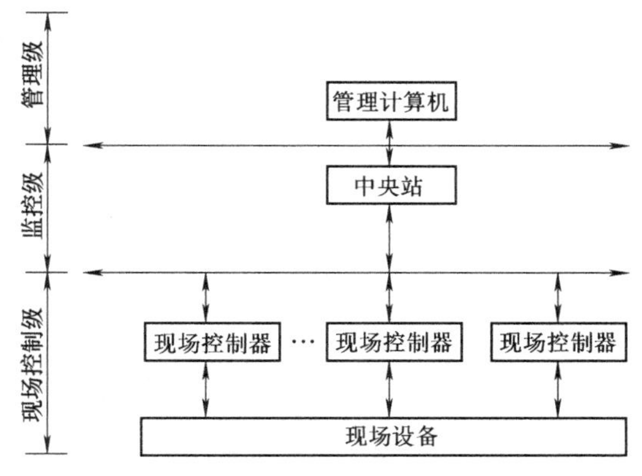

图 7-41　集散控制系统结构

应当指出，并不是所有控制系统都具有三层功能，大多数中小规模系统只有一二层，只有大规模系统才有第三层。

本章小结

本章着重介绍常规控制和计算机过程控制，其目的是为了了解计算机控制系统的不同形式，为以后控制系统的设计应用奠定基础。微型计算机控制可分为数据采集和数据处理，直接数字控制系统（DDC）、监督控制系统（SCC）和集散控制系统（DCS）。计算机系统使用的数字 PID 控制器，其控制算法的表达式有三种形式，即位置式、增量式和速度式。本章还介绍计算机控制的信号的采用与复现、脉冲传递函数、采样系统的稳定性分析等。最后简要介绍计算机控制系统在暖通空调系统中的应用。

习题

7-1 过程控制系统与伺服机构相比，有哪些结构特点？

7-2 试总结各种控制规律对控制质量的影响及调节器的选型原则。

7-3 计算机控制系统组成包括哪些部分？PLC 主要功能有哪些？

7-4 计算机过程控制系统与常规仪表控制系统比较，各有什么优缺点？

7-5 DDC、SCC、DCS 各有什么特点？其主要功能是什么？

7-6 计算机控制系统信号的特征是什么？

7-7 PID 的基本算式的特点及各量的物理意义？试编制实际 PID 算式的软件块。

7-8 求图 7-42 所示系统的传递函数。图 7-42 中，环节$\frac{1}{s(s+1)}$变为$\frac{k}{s(s+1)}$后，当 $T=1$，$k=10$ 时系统是否稳定，并求出使系统稳定 k 值的范围。

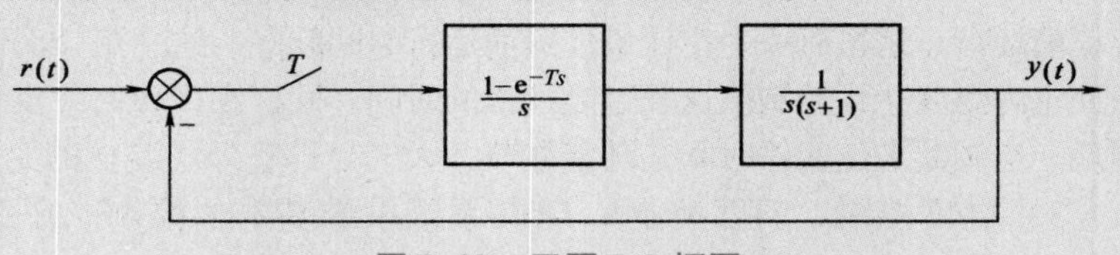

图 7-42 习题 7-8 框图

7-9 已知图 7-43 中，$G_1(s)=\frac{1}{s}$，$G_2(s)=\frac{a}{s+a}$，输入信号 $r(t)=1(t)$，求两种情况下的输出 $C(z)$。

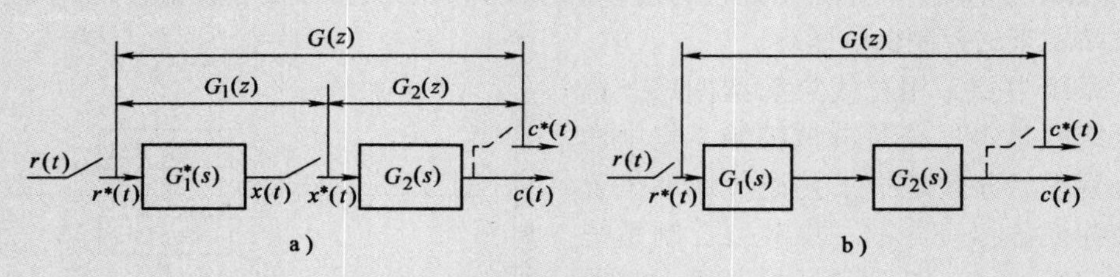

图 7-43 习题 7-9 框图

7-10 求如图 7-44 所示采样系统的脉冲函数。

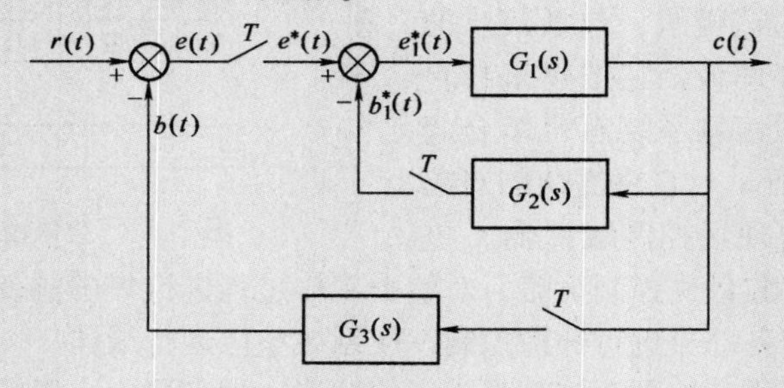

图 7-44 习题 7-10 框图

附　　录

附录 A　拉普拉斯变换及其重要性质

拉普拉斯（Laplace）变换是积分变换中一种常用的变换，它的作用如同数学上的对数变换、坐标变换一样，可以用来将较复杂的运算转换为比较简单的运算，还可以用来揭示原函数的某些性质以及变量之间的关系。

拉普拉斯变换是分析定常系统的有力工具。它在自然科学和各种工程技术领域中得到了广泛的应用。在控制工程中，描述系统动态特性的传递函数和频率特性都是建立在拉普拉斯变换基础上的，因此，拉普拉斯变换就成为分析工程控制系统动态特性的基本数学方法。

A.1　拉普拉斯变换的定义

若函数 $f(t)$ 满足下列条件：

1）$t<0$ 时，$f(t)=0$。

2）$t>0$ 时，$f(t)$ 逐段连续且对任意值都有固定的单值。

3）积分 $\int_0^{\infty} f(t)\mathrm{e}^{-st}\mathrm{d}t$ 收敛（s 为一复变量，$s=\sigma+\mathrm{j}\omega$）。

则函数 $f(t)$ 的拉普拉斯变换 $F(s)$ 定义为

$$F(s)=\int_0^{\infty} f(t)\mathrm{e}^{-st}\mathrm{d}t \tag{A-1}$$

式中，复变量 s 的实部 σ 大于某一正实数 β，即 $\mathrm{Re}(s)=\sigma>\beta$。

式(A-1) 称为函数 $f(t)$ 的拉普拉斯变换式，记为 $F(s)=L[f(t)]$。$F(s)$ 称为 $f(t)$ 的象函数；$f(t)$ 称为 $F(s)$ 的原函数。在本书中，原函数用小写字母表示，其象函数用对应的大写字母表示。在式(A-1) 中，s 的量纲是时间的负一次方幂，可见 e^{-st} 无量纲，因此，$F(s)$ 的量纲是 $f(t)$ 的量纲与时间量纲的乘积。

A.2　拉普拉斯变换的存在定理

对一个函数做拉普拉斯变换需要具备一些条件。那么，一个函数究竟满足什么条件时，它的拉普拉斯变换一定存在呢？下面的定理将解决这个问题。

拉普拉斯变换的存在定理　若函数满足下列条件：

1）在 $t\geqslant0$ 的任一有限区间上分段连续；

2）当 $t\to\infty$ 时，$f(t)$ 的增长速度不超过某一指数函数，亦即存在 $M>0$ 及 $c\geqslant0$，使得 $|f(t)|\leqslant M\mathrm{e}^{ct}$，$0\leqslant t<+\infty$ 成立（满足此条件的函数，称它的增大是指数级的，c 为它的增长指数）。则 $f(t)$ 的拉普拉斯变换 $F(s)=\int_0^{+\infty} f(t)\mathrm{e}^{-st}\mathrm{d}t$，在半平面 $\mathrm{Re}(s)>c$ 上一定存在，此时右端的积分绝对收敛而且一致，并且在此半平面内，$F(s)$ 为解析函数。

证明：由条件 2）可知，对于任何 t 值（$0\leqslant t<+\infty$），有

$$|f(t)\mathrm{e}^{-st}|=|f(t)|\mathrm{e}^{-\beta t}\leqslant M\mathrm{e}^{-(\beta-c)t},\mathrm{Re}(s)=\beta$$

若令 $\beta-c\geqslant\varepsilon>0$（即 $\beta\geqslant c+\varepsilon=c_1>c$），则 $|f(t)\mathrm{e}^{-st}|\leqslant M\mathrm{e}^{-\varepsilon t}$，所以

$$\int_{0}^{+\infty} |f(t)\mathrm{e}^{-st}|\mathrm{d}t \leqslant \int_{0}^{+\infty} M\mathrm{e}^{-\varepsilon t}\mathrm{d}t = \frac{M}{\varepsilon}$$

根据含参量广义积分的性质可知，在 $\mathrm{Re}(s) \geqslant c_1 > c$ 内，式(A-1) 右端的积分不仅绝对收敛而且一致收敛，不仅如此，若在式(A-1) 的积分号内对 s 求导，则

$$\int_{0}^{+\infty} \frac{\mathrm{d}}{\mathrm{d}s}[f(t)\mathrm{e}^{-st}]\mathrm{d}t = \int_{0}^{+\infty} -tf(t)\mathrm{e}^{-st}\mathrm{d}t$$

而

$$|-tf(t)\mathrm{e}^{-st}| \leqslant Mt\mathrm{e}^{-(\beta-c)t} \leqslant Mt\mathrm{e}^{-st}$$

所以

$$\int_{0}^{+\infty} \left|\frac{\mathrm{d}}{\mathrm{d}s}[f(t)\mathrm{e}^{-st}]\right|\mathrm{d}t \leqslant \int_{0}^{+\infty} Mt\mathrm{e}^{-\varepsilon t}\mathrm{d}t = \frac{M}{\varepsilon^2}$$

由此可见，$\int_{0}^{+\infty} \frac{\mathrm{d}}{\mathrm{d}s}[f(t)\mathrm{e}^{-st}]\mathrm{d}t$ 在半平面 $\mathrm{Re}(s) \geqslant c_1 > c$ 内也是绝对收敛并且一致收敛，从而微分和积分的次序可以交换，即

$$\begin{aligned}\frac{\mathrm{d}}{\mathrm{d}s}F(s) &= \frac{\mathrm{d}}{\mathrm{d}s}\int_{0}^{+\infty} f(t)\mathrm{e}^{-st}\mathrm{d}t = \int_{0}^{+\infty} \frac{\mathrm{d}}{\mathrm{d}s}[f(t)\mathrm{e}^{-st}]\mathrm{d}t \\ &= \int_{0}^{+\infty} -tf(t)\mathrm{e}^{-st}\mathrm{d}t = L[-tf(t)]\end{aligned}$$

这就表明，$F(s)$ 在 $\mathrm{Re}(s) > c$ 内是可微的。根据复变函数的解析函数理论可知，$F(s)$ 在 $\mathrm{Re}(s) > c$ 内是解析的。

这个定理的条件是充分的，物理学和工程技术中常见的函数大都能满足这两个条件，一个函数的增大是指数级的和函数要绝对可积，这两个条件相比，前者的条件弱得多，$u(t)$、$\cos kt$、t^m 等函数都不满足傅里叶积分定理中绝对可积的条件，但它们都能满足拉普拉斯变换存在定理中的条件 2)：

$|u(t)| \leqslant 1 \cdot \mathrm{e}^{0t}$，此处 $M=1$，$c=0$；

$|\cos kt| \leqslant 1 \cdot \mathrm{e}^{0t}$，此处 $M=1$，$c=0$；

$|t^m| \leqslant 1 \cdot \mathrm{e}^{0t}$，此处 $M=1$，$c=1$（$m=1, 2, 3, \cdots$）。

由此可见，对于某些问题（如在线性系统分析中），拉普拉斯变换的应用就更为广泛。应指出的是，由于工程中描述常见信号的函数大都能满足拉普拉斯变换存在的条件，因此常常省略对函数的考察。

A.3 拉普拉斯变换的基本定理

1. 线性性质

设 $F_1(s) = L[f_1(t)]$，$F_2(s) = L[f_2(t)]$，a 和 b 为常数，则有

$$L[af_1(t) + bf_2(t)] = aL[f_1(t)] + bL[f_2(t)] = aF_1(s) + bF_2(s) \tag{A-2}$$

2. 微分定理

设 $F(s) = L[f(t)]$，则有

$$L\left[\frac{\mathrm{d}f(t)}{\mathrm{d}t}\right] = sF(s) - f(0) \tag{A-3}$$

式中，$f(0)$ 是函数 $f(t)$ 在 $t=0$ 时的值。

证明：由式(A-1) 有

$$L\left[\frac{\mathrm{d}f(t)}{\mathrm{d}t}\right] = \int_{0}^{\infty} \frac{\mathrm{d}f(t)}{\mathrm{d}t}\mathrm{e}^{-st}\mathrm{d}t$$

用分部积分法，令 $u = \mathrm{e}^{-st}$，$\mathrm{d}v = \frac{\mathrm{d}f(t)}{\mathrm{d}t}\mathrm{d}t$，则

$$L\left[\frac{\mathrm{d}f(t)}{\mathrm{d}t}\right]=\left[\mathrm{e}^{-st}f(t)\right]\Big|_0^\infty+s\int_0^\infty f(t)\mathrm{e}^{-st}\mathrm{d}t=sF(s)-f(0)$$

同理，函数$f(t)$的高阶导数的拉普拉斯变换为

$$L\left[\frac{\mathrm{d}^2f(t)}{\mathrm{d}t^2}\right]=s^2F(s)-[sf(0)+\dot{f}(0)]$$

$$L\left[\frac{\mathrm{d}^3f(t)}{\mathrm{d}t^3}\right]=s^3F(s)-[s^2f(0)+s\dot{f}(0)+\ddot{f}(0)]$$

$$L\left[\frac{\mathrm{d}^nf(t)}{\mathrm{d}t^n}\right]=s^nF(s)-[s^{n-1}f(0)+s^{n-2}\dot{f}(0)+\cdots+f^{(n-1)}(0)]$$

式中，$f(0)$，$\dot{f}(0)$，$\ddot{f}(0)$，…，$f^{(n-1)}(0)$为$f(t)$及其各阶导数在$t=0$时的值。

显然，如果原函数$f(t)$及其各阶导数的初始值都等于零，则原函数$f(t)$的n阶导数拉普拉斯变换就等于其象函数$F(s)$乘以s^n，即

$$L\left[\frac{\mathrm{d}^nf(t)}{\mathrm{d}t^n}\right]=s^nF(s)$$

3. 积分定理

设$F(s)=L[f(t)]$，则有

$$L\left[\int f(t)\mathrm{d}t\right]=\frac{1}{s}F(s)+\frac{1}{s}f^{(-1)}(0) \tag{A-4}$$

式中，$f^{(-1)}(0)$是$\int f(t)\mathrm{d}t$在$t=0$时的值。

证明：由式(A-1)有

$$L\left[\int f(t)\mathrm{d}t\right]=\int_0^\infty\left[\int f(t)\mathrm{d}t\right]\mathrm{e}^{-st}\mathrm{d}t$$

用分部积分法，令$u=\int f(t)\mathrm{d}t$，$\mathrm{d}v=\mathrm{e}^{-st}\mathrm{d}t$，则有

$$L\left[\int f(t)\mathrm{d}t\right]=\left[-\frac{1}{s}\mathrm{e}^{-st}\int f(t)\mathrm{d}t\right]\Bigg|_0^\infty+\frac{1}{s}\int_0^\infty f(t)\mathrm{e}^{-st}\mathrm{d}t$$

$$=\frac{1}{s}f^{(-1)}(0)+\frac{1}{s}F(s)$$

同理，对于$f(t)$的多重积分的拉普拉斯变换，有

$$L\left[\iint f(t)(\mathrm{d}t)^2\right]=\frac{1}{s^2}F(s)+\frac{1}{s^2}f^{(-1)}(0)+\frac{1}{s^2}f^{(-2)}(0)$$

$$L\Big[\underbrace{\int\cdots\int}_{n} f(t)(\mathrm{d}t)^n\Big]=\frac{1}{s^n}F(s)+\frac{1}{s^n}f^{(-1)}(0)+\cdots+\frac{1}{s^n}f^{(-n)}(0)$$

式中，$f^{(-1)}(0)$、$f^{(-2)}(0)$、$f^{(-n)}(0)$为$f(t)$的各重积分在$t=0$时的值。如果$f^{(-1)}(0)=f^{(-2)}(0)=\cdots=f^{(-n)}(0)=0$，则有

$$L\left[\int\cdots\int f(t)(\mathrm{d}t)^n\right]=\frac{1}{s^n}F(s)$$

即原函数$f(t)$的n重积分的拉普拉斯变换等于其象函数$F(s)$除以s^n。

4. 初值定理

若函数$f(t)$及其一阶导数都是可拉普拉斯变换的，则函数$f(t)$的初值为

$$f(0^+)=\lim_{t\to0^+}f(t)=\lim_{s\to\infty}sF(s) \tag{A-5}$$

即原函数$f(t)$在自变量趋于零（从正向趋于零）时的极限值，取决于其象函数$F(s)$在自变量趋于无穷大时的极限值。

证明：由微分定理，有

$$\int_0^\infty \frac{\mathrm{d}f(t)}{\mathrm{d}t}\mathrm{e}^{-st}\mathrm{d}t = sF(s) - f(0)$$

令$s\to\infty$，对等式两边取极限，得

$$\lim_{s\to\infty}\int_0^\infty \frac{\mathrm{d}f(t)}{\mathrm{d}t}\mathrm{e}^{-st}\mathrm{d}t = \lim_{s\to\infty}[sF(s) - f(0)]$$

在$0^+ < t < \infty$的时间区间，当$s\to\infty$时，e^{-st}趋于零，因此等式左边为

$$\lim_{s\to\infty}\int_{0^+}^\infty \frac{\mathrm{d}f(t)}{\mathrm{d}t}\mathrm{e}^{-st}\mathrm{d}t = \int_{0^+}^\infty \frac{\mathrm{d}f(t)}{\mathrm{d}t}\lim_{s\to\infty}\mathrm{e}^{-st}\mathrm{d}t = 0$$

于是

$$\lim_{s\to\infty}[sF(s) - f(0^+)] = 0$$

即

$$f(0^+) = \lim_{t\to 0^+} f(t) = \lim_{s\to\infty} sF(s)$$

式中，$f(0^+)$表示$f(t)$在$t=0$右极限时的值。

5. 终值定理

若函数$f(t)$及其一阶导数都是可拉普拉斯变换的，则函数$f(t)$的终值为

$$\lim_{t\to\infty} f(t) = \lim_{s\to 0} sF(s) \tag{A-6}$$

即原函数$f(t)$在自变量趋于无穷大时的极限值，取决于象函数$F(s)$在自变量趋于零时的极限值。

证明：由微分定理，有

$$\int_0^\infty \frac{\mathrm{d}f(t)}{\mathrm{d}t}\mathrm{e}^{-st}\mathrm{d}t = sF(s) - f(0)$$

令$s\to 0$，对等式两边取极限，得

$$\lim_{s\to 0}\int_0^\infty \frac{\mathrm{d}f(t)}{\mathrm{d}t}\mathrm{e}^{-st}\mathrm{d}t = \lim_{s\to 0}[sF(s) - f(0)]$$

等式左边为

$$\lim_{s\to 0}\int_{0^+}^\infty \frac{\mathrm{d}f(t)}{\mathrm{d}t}\mathrm{e}^{-st}\mathrm{d}t = \int_{0^+}^\infty \frac{\mathrm{d}f(t)}{\mathrm{d}t}\lim_{s\to 0}\mathrm{e}^{-st}\mathrm{d}t = \int_0^\infty \mathrm{d}f(t) = \lim_{t\to\infty}[f(t) - f(0)]$$

于是

$$\lim_{t\to\infty} f(t) = \lim_{s\to 0} sF(s)$$

注意，当$f(t)$是周期函数，如正弦函数$\sin\omega t$时，由于它没有终值，故终值定理不适用。

6. 位移定理

设$F(s) = L[f(t)]$，则有

$$L[f(t-\tau_0)] = \mathrm{e}^{-\tau_0 s}F(s) \tag{A-7}$$

和

$$L[\mathrm{e}^{\alpha t}f(t)] = F(s-\alpha)$$

它们分别表示实域中的位移定理和复域中的位移定理。

证明：由式(A-1)，得

$$L[f(t-\tau_0)]=\int_0^{\infty}f(t-\tau_0)\mathrm{e}^{-st}\mathrm{d}t$$

令 $t-\tau_0=\tau$，则有

$$L[f(t-\tau_0)]=\int_{-\tau_0}^{\infty}f(\tau)\mathrm{e}^{-s(\tau+\tau_0)}\mathrm{d}\tau=\mathrm{e}^{-\tau_0 s}\int_{-\tau_0}^{\infty}f(\tau)\mathrm{e}^{-\tau s}\mathrm{d}\tau=\mathrm{e}^{-\tau_0 s}F(s)$$

上式表示实域中的位移定理，即当原函数 $f(t)$ 沿时间轴平移 τ_0时，相应的象函数 $F(s)$ 乘以 $\mathrm{e}^{-\tau_0 s}$。

同样，由式(A-1)，有

$$L[\mathrm{e}^{\alpha t}f(t)]=\int_0^{\infty}\mathrm{e}^{\alpha t}f(t)\mathrm{e}^{-st}\mathrm{d}t=\int_0^{\infty}f(t)\mathrm{e}^{-(s-\alpha)}\mathrm{d}t=F(s-\alpha)$$

上式表示复域中的位移定理，即象函数 $F(s)$ 的自变量 s 位移 α 时，相应于其原函数 $f(t)$ 乘以 $\mathrm{e}^{\alpha t}$。

位移定理在工程上很有用，可方便地求一些复杂函数的拉普拉斯变换，例如由

$$L[\sin\omega t]=\frac{\omega}{s^2+\omega^2}$$

可直接求得

$$L[\mathrm{e}^{-\alpha t}\sin\omega t]=\frac{\omega}{(s+\alpha)^2+\omega^2}$$

7. 相似定理

设 $F(s)=L[f(t)]$，则有

$$L\left[f\left(\frac{t}{a}\right)\right]=aF(as) \tag{A-8}$$

式中，a 为实常数。

式(A-8) 表示，原函数 $f(t)$ 自变量 t 的比例尺改变时，其象函数 $F(s)$ 具有类似的形式。

证明：由式(A-1)，有

$$L\left[f\left(\frac{t}{a}\right)\right]=\int_0^{\infty}f\left(\frac{t}{a}\right)\mathrm{e}^{-st}\mathrm{d}t$$

令 $t/a=\tau$，则有

$$L\left[f\left(\frac{t}{a}\right)\right]=\int_0^{\infty}f(\tau)\mathrm{e}^{-as\tau}\mathrm{d}t=aF(as)$$

8. 卷积定理

设 $F_1(s)=L[f_1(t)]$，$F_2(s)=L[f_2(t)]$，则有

$$F_1(s)F_2(s)=L\left[\int_0^t f_1(t-\tau)f_2(\tau)\mathrm{d}\tau\right] \tag{A-9}$$

式中，$\int_0^t f_1(t-\tau)f_2(\tau)\mathrm{d}\tau$ 叫作 $f_1(t)$ 和 $f_2(t)$ 的卷积，可写为 $f_1(t)*f_2(t)$。因此，式(A-9)表示，两个原函数的卷积相应于它们象函数的乘积。

证明：由式(A-1)，有

$$L\left[\int_0^t f_1(t-\tau)f_2(\tau)\mathrm{d}\tau\right]=\int_0^{\infty}\left[\int_0^t f_1(t-\tau)f_2(\tau)\mathrm{d}\tau\right]\mathrm{e}^{-st}\mathrm{d}t$$

为了变积分限为0到∞，引入单位阶跃函数 $1(t-\tau)$，即有

$$f_1(t-\tau)1(t-\tau)=\begin{cases}0 & t<\tau \\ f_1(t-\tau) & t>\tau\end{cases}$$

因此

$$\int_0^t f_1(t-\tau)f_2(\tau)=\int_0^\infty f_1(t-\tau)1(t-\tau)f_2(\tau)\mathrm{d}\tau$$

所以

$$\begin{aligned}L\left[\int_0^t f_1(t-\tau)f_2(\tau)\mathrm{d}\tau\right]&=\int_0^\infty\int_0^\infty f_1(t-\tau)1(t-\tau)f_2(\tau)\mathrm{d}\tau\mathrm{e}^{-st}\mathrm{d}t\\&=\int_0^\infty f_2(\tau)\mathrm{d}\tau\int_0^\infty f_1(t-\tau)1(t-\tau)\mathrm{e}^{-st}\mathrm{d}t\\&=\int_0^\infty f_2(\tau)\mathrm{d}\tau\int_\tau^\infty f_1(t-\tau)\mathrm{e}^{-st}\mathrm{d}t\end{aligned}$$

令 $t-\tau=\lambda$，可得

$$\begin{aligned}L\left[\int_0^t f_1(t-\tau)f_2(\tau)\mathrm{d}\tau\right]&=\int_0^\infty f_2(\tau)\mathrm{d}\tau\int_0^\infty f_1(\lambda)\mathrm{e}^{-s\lambda}\mathrm{e}^{-s\tau}\mathrm{d}\lambda\\&=\int_0^\infty f_2(\tau)\mathrm{e}^{-s\tau}\mathrm{d}\tau\int_0^\infty f_1(\lambda)\mathrm{e}^{-s\lambda}\mathrm{d}\lambda=F_2(s)F_1(s)\end{aligned}$$

A.4 拉普拉斯反变换

由象函数 $F(s)$ 求原函数 $f(t)$ 的过程称为拉普拉斯反变换。对于简单的象函数，可直接应用拉普拉斯变换对照表 A-1 查出相应的原函数。工程实践中，求复杂象函数的原函数时，通常先用部分分式展开法（也称海维赛德展开定理）将复杂函数展成简单函数的和，再应用拉普拉斯变换对照表。

一般，象函数 $F(s)$ 是复变数 s 的有理代数分式，即 $F(s)$ 可表示为如下两个 s 多项式比的形式：

$$F(s)=\frac{B(s)}{A(s)}=\frac{b_0s^m+b_1s^{m-1}+\cdots+b_{m-1}s+b_m}{s^n+a_1s^{n-1}+\cdots+a_{n-1}s+a_n}\tag{A-10}$$

式中，系数 a_1，a_2，…，a_n，b_0，b_1，…，b_m 都是实常数；m，n 是正整数，通常 $m\leqslant n$。为了将 $F(s)$ 写为部分分式形式，首先把 $F(s)$ 的分母因式分解，则有

$$F(s)=\frac{K(s-z_1)(s-z_2)\cdots(s-z_m)}{(s-s_1)^r(s-s_2)(s-s_3)\cdots(s-s_n)}\tag{A-11}$$

式中，s_1 为 $A(s)=0$ 的 r 重根，s_2，s_3，…，s_n 是 $A(s)=0$ 的根，称为 $F(s)$ 的极点；z_1，z_2，…，z_m 为 $F(s)=0$ 的零点。按照这些根的性质，分以下两种情况研究。

1. $A(s)=0$ 无重根（$r=0$）

这时，$F(s)$ 可展开为 n 个简单的分式之和，每个部分分式都以 $A(s)$ 的一个因式作为其分母，即

$$F(s)=\frac{c_1}{s-s_1}+\frac{c_2}{s-s_2}+\cdots+\frac{c_i}{s-s_i}+\cdots+\frac{c_n}{s-s_n}=\sum_{i=1}^{n}\frac{c_i}{s-s_i}\tag{A-12}$$

式中，c_i 为待定常数，称为 $F(s)$ 在极点 s_i 处的留数，可按下式计算：

$$c_i=\lim_{s\to s_i}(s-s_i)F(s)\tag{A-13}$$

或

$$c_i=\left.\frac{B(s)}{\dot{A}(s)}\right|_{s=s_i}\tag{A-14}$$

式中，$\dot{A}(s)$ 为 $A(s)$ 对 s 求一阶导数。

根据拉普拉斯变换的线性性质，从式(A-2) 可求得原函数

$$f(t) = L^{-1}[F(s)] = L^{-1}\left[\sum_{i=1}^{n} \frac{c_i}{s - s_i}\right] = \sum_{i=1}^{n} c_i e^{s_i t} \tag{A-15}$$

式(A-15) 表明，有理代数分式函数的拉普拉斯反变换，可表示为若干指数项之和。

【例 A-1】 求 $F(s) = \dfrac{s+2}{s^2+4s+3}$的原函数$f(t)$。

【解】 将 $F(s)$ 的分母因式分解为

$$s^2+4s+3=(s+1)(s+3)$$

则

$$F(s) = \frac{s+2}{s^2+4s+3} = \frac{s+2}{(s+1)(s+3)} = \frac{c_1}{s+1} + \frac{c_2}{s+3}$$

按式(A-3) 计算，得

$$c_1 = \lim_{s\to-1}(s+1)F(s) = \lim_{s\to-1}\frac{s+2}{s+3} = \frac{1}{2}$$

$$c_2 = \lim_{s\to-3}(s+3)F(s) = \lim_{s\to-3}\frac{s+2}{s+1} = \frac{1}{2}$$

因此，由式(A-5) 可求得原函数为

$$f(t) = \frac{1}{2}(e^{-t} + e^{-3t})$$

【例 A-2】 求 $F(s) = \dfrac{s-3}{s^2+2s+2}$的原函数。

【解】 将 $F(s)$ 的分母因式分解为

$$s^2+2s+2=(s+1-j)(s+1+j)$$

本例 $F(s)$ 的极点为一对共轭复数，仍可用式(A-5) 求原函数。因此，$F(s)$ 可写为

$$F(s) = \frac{s-2}{s^2+2s+2} = \frac{s-3}{(s+1-j)(s+1+j)} = \frac{c_1}{s+1-j} + \frac{c_2}{s+1+j}$$

式中

$$c_1 = \lim_{s\to-1+j}(s+1-j)F(s) = \lim_{s\to-1+j}\frac{s-3}{s+1+j} = \frac{-4+j}{2j}$$

$$c_2 = \lim_{s\to-1-j}(s+1+j)F(s) = \lim_{s\to-1-j}\frac{s-3}{s+1-j} = \frac{-4-j}{2j}$$

所以，原函数

$$f(t) = c_1 e^{-(-1+j)t} + c_2 e^{(-1-j)t} = e^{-t}(\cos t - 4\sin t)$$

如果函数 $F(s)$ 的分母是 s 的二次多项式，可将分母配成二项二次方和的形式，并作为一个整体来求原函数。对于本例的 $F(s)$ 可写为

$$F(s) = \frac{s-2}{s^2+2s+2} = \frac{s-3}{(s+1)^2+1} = \frac{s+1}{(s+1)^2+1} - \frac{4}{(s+1)^2+1}$$

应用位移定理并查拉普拉斯变换对照表 A-1，原函数求得为

$$f(t) = L^{-1}\left[\frac{s+1}{(s+1)^2+1} - \frac{4}{(s+1)^2+1}\right] = e^{-t}(\cos t - 4\sin t)$$

2. $A(s)=0$ 有重根

设 $A(s)$ 次数为 n，n_j 表示满足 $A(s)=0$ 的零点的阶数，k 表示零点的个数，则 $F(s)$ 拉普拉斯反变换为

$$f(t)=\sum_{j=1}^{k}\frac{1}{(n_j-1)!}\lim_{s\to s_j}\frac{\mathrm{d}^{n_j-1}}{\mathrm{d}s^{n_j-1}}\left[(s-s_j)^{n_j}\frac{B(s)}{A(s)}\mathrm{e}^{st}\right] \tag{A-16}$$

表 A-1 常见函数拉普拉斯变换对照表

序号	$f(t)$	$F(s)$
1	$\delta(t)$（单位脉冲函数）	1
2	$u(t)$（单位阶跃函数）	$\frac{1}{s}$
3	t	$\frac{1}{s^2}$
4	e^{-at}	$\frac{1}{s+a}$
5	$t\mathrm{e}^{-at}$	$\frac{1}{(a+s)^2}$
6	$\sin\omega t$	$\frac{\omega}{s^2+\omega^2}$
7	$\cos\omega t$	$\frac{s}{s^2+\omega^2}$
8	$t^n(n=1,2,3,\cdots)$	$\frac{n!}{s^{n+1}}$
9	$t^n\mathrm{e}^{-at}(n=1,2,3,\cdots)$	$\frac{n!}{(s+a)^{n+1}}$
10	$\frac{1}{a}(1-\mathrm{e}^{-at})$	$\frac{1}{s(s+a)}$
11	$\frac{1}{b-a}(\mathrm{e}^{-at}-\mathrm{e}^{-bt})$	$\frac{1}{(s+a)(s+b)}$
12	$\mathrm{e}^{-at}\sin\omega t$	$\frac{\omega}{(s+a)^2+\omega^2}$
13	$\mathrm{e}^{-at}\cos\omega t$	$\frac{s+a}{(s+a)^2+\omega^2}$
14	$\frac{1}{t}\sin\omega t$	$\arctan\frac{\omega}{s}$
15	$\frac{1}{a^2}(at-1+\mathrm{e}^{-at})$	$\frac{1}{s^2(s+a)}$
16	$\frac{\omega_n}{\sqrt{1-\zeta^2}}\mathrm{e}^{-\zeta\omega_n t}\sin(\omega_n\sqrt{1-\zeta^2}t)\quad \zeta<1$	$\frac{\omega_n^2}{s^2+2\zeta\omega_n s+\omega_n^2}$
17	$-\frac{1}{\sqrt{1-\zeta^2}}\mathrm{e}^{-\zeta\omega_n t}\sin(\omega_n\sqrt{1-\zeta^2}t+\phi)$ $\phi=\arctan\frac{\sqrt{1-\zeta^2}}{\zeta}\quad \zeta<1$	$\frac{s}{s^2+2\zeta\omega_n s+\omega_n^2}$
18	$1-\frac{1}{\sqrt{1-\zeta^2}}\mathrm{e}^{-\zeta\omega_n t}\sin(\omega_n\sqrt{1-\zeta^2}t+\phi)$ $\phi=\arctan\frac{\sqrt{1-\zeta^2}}{\zeta}\quad \zeta<1$	$\frac{\omega_n^2}{s(s^2+2\zeta\omega_n s+\omega_n^2)}$

附录 B　差分方程与 z 变换

对于线性连续控制系统，可以采用微分方程来描述，拉普拉斯变换是主要的数学工具。而对于采样系统而言，由于采样后的信号处处不连续，且在除采样点外没有定义，因此就不能再用微分方程来描述其运动规律，而要改用差分方程来描述，主要的数学工具是 z 变换。

B.1　线性常系数差分方程

对于一个单输入单输出的线性采样系统，设输入脉冲序列为 $u(kT)$，输出脉冲序列为 $y(kT)$，且为了表示简便起见，通常都省略 T，而直接写为 $u(k)$ 和 $y(k)$。显然，某一采样时刻的输出 $y(k)$ 不但与这一时刻的输入值 $u(k)$ 有关，还与过去采样时刻的输入 $u(k-1)$，$u(k-2)$，…有关，也与此时刻前的输出 $y(k-1)$，$y(k-2)$，…有关。这种关系可以用以下的方程来描述：

$$
\begin{aligned}
&y(k)+a_1y(k-1)+a_2y(k-2)+\cdots+a_ny(k-n)\\
&=b_0u(k)+b_1u(k-1)+\cdots+b_mu(k-m)
\end{aligned}
$$

这就是 n 阶线性常微分差分方程。上式还可以写成递推的形式：

$$
\begin{aligned}
y(k)&=b_0u(k)+b_1u(k-1)+\cdots+b_mu(k-m)-\\
&\quad a_1y(k-1)-a_2y(k-2)-\cdots-a_ny(k-n)\\
&=\sum_{j=0}^{m}b_ju(k-j)-\sum_{i=0}^{n}a_iy(k-i)
\end{aligned}
$$

B.2　z 变换

1. z 变换的定义

$x(t)$ 的采样信号 $x^*(t)$ 可以表示为

$$
x^*(t)=\sum_{k=0}^{\infty}x(kT)\delta(t-kT)\qquad \text{对于 } k<0,\text{有 } x(kT)=0
$$

式中，T 为采样周期。对上式进行拉普拉斯变换，可得

$$
x^*(s)=\sum_{k=0}^{\infty}x(kT)\mathrm{e}^{-kTs}
$$

引入变量 z，并令其为

$$
z=\mathrm{e}^{Ts}
$$

于是 $x^*(s)$ 可以写为

$$
x^*(s)=\sum_{k=0}^{\infty}x(kT)z^{-k}
$$

这样 $x^*(s)$ 就成了以 z 为自变量的函数，把这个函数称为 $x(t)$ 的 z 变换，记作 $x(z)$。也就是说，z 变换的定义是

$$
x(z)=Z[x(t)]=\sum_{k=0}^{\infty}x(kT)z^{-k}\tag{B-1}
$$

与 $x(t)$ 拉普拉斯变换的定义

$$
x(s)=L[x(t)]=\int_0^{\infty}x(t)\mathrm{e}^{-st}\mathrm{d}t
$$

做一比较就可以看出，z 变换实质上是拉普拉斯变换的一种推广，也称为采样拉普拉斯变换或离散拉普拉斯变换。还需要强调指出的是，在定义 z 变换时，是从 $x^*(t)$ 的拉普拉斯变换入手的，也就是将 $x^*(t)$ 的拉普拉斯变换叫作 $x(t)$ 的拉普拉斯变换，但定义之后就不再需要考虑 $x^*(t)$ 了。在求某一个函数 $f(t)$ 的 z 变换时，可直接利用公式而不必去考虑 $f(t)$ 是否被采样或是被采样成怎样的脉冲序列。

表 B-1 中列出了一些常用函数的 z 变换。为了便于使用，表中同时列出了这些函数相应的拉普拉斯变换。

表 B-1 常用函数的 z 变换表

序号	$F(s)$	$f(t)$	$F(z)$
1	1	$\delta(t)$	1
2	e^{-aTs}	$\delta(t-nT)$	z^{-n}
3	$\frac{1}{1-e^{-Ts}}$	$p(t)=\sum_{n=0}^{\infty}\delta(t-nT)$	$\frac{z}{z-1}$
4	$\frac{1}{s}$	$u(t)$	$\frac{z}{z-1}$
5	$\frac{1}{s^2}$	t	$\frac{Tz}{(z-1)^2}$
6	$\frac{1}{s^3}$	$\frac{t^2}{2}$	$\frac{T^2z(z+1)}{2(z-1)^3}$
7	$\frac{1}{s^{n+1}}$	$\frac{t^n}{n!}$	$\lim\limits_{a\to 0}\frac{(-1)^n}{n!}\frac{\partial^n}{\partial a^n}\left(\frac{z}{z-e^{-aT}}\right)$
8		a^{nT}	$\frac{z}{z-z^T}$
9	$\frac{1}{s+a}$	e^{-at}	$\frac{z}{z-e^{-aT}}$
10	$\frac{1}{(s+a)^2}$	te^{-at}	$\frac{Tze^{-aT}}{(z-e^{-aT})^2}$
11	$\frac{a}{s(s+a)}$	$1-e^{-at}$	$\frac{(1-e^{-aT})z}{(z-1)(z-e^{-aT})}$
12	$\frac{\omega}{s^2+\omega^2}$	$\sin\omega t$	$\frac{z\sin\omega T}{z^2-2z\cos\omega T+1}$
13	$\frac{\omega}{(s+a)^2+\omega^2}$	$e^{-at}\sin\omega t$	$\frac{ze^{-aT}\sin\omega T}{z^2-2ze^{-aT}\cos\omega T+e^{-2aT}}$
14	$\frac{s}{s^2+\omega^2}$	$\cos\omega t$	$\frac{z(z-\cos\omega T)}{z^2-2z\cos\omega T+1}$
15	$\frac{s+a}{(s+a)^2+\omega^2}$	$e^{-at}\cos\omega t$	$\frac{z(z-e^{-aT}\cos\omega T)}{z^2-2ze^{-aT}\cos\omega T+e^{-2aT}}$
16		$(-1)^n$	$\frac{z}{z+1}$
17		na^n	$\frac{az}{(z-a)^2}$
18		n^2a^n	$\frac{az(z+a)}{(z-a)^3}$

2. z变换的性质

(1) 线性性质　若

$$Z[x_1(t)]=x_1(z),Z[x_2(t)]=x_2(z)$$

则

$$Z[x_1(t)\pm x_2(t)]=x_1(z)\pm x_2(z) \tag{B-2}$$

$$Z[mx(t)]=mZ[x(t)]=mx(z)\quad (m\text{ 为任意实数}) \tag{B-3}$$

(2) 实位移定理　实位移定理包括滞后定理（负偏移定理）和超前定理（正偏移定理）。

1) 滞后定理（负偏移定理）。设连续函数 $f(t)$，当 $t<0$ 时为零，且 $Z[f(t)]=F(z)$，则

$$Z[f(t-nT)]=z^{-n}F(z) \tag{B-4}$$

2) 超前定理（正偏移定理）。设连续函数 $f(t)$ 的 z 变换 $Z[f(t)]=F(z)$，则

$$Z[f(t+nT)]=z^nF(z)-z^n\sum_{k=0}^{n-1}f(kT)z^{-k}$$

特别是，当

$$f(0)=f(T)=f(2T)=\cdots=f[(n-1)T]=0$$

时，则

$$Z[f(t+nT)]=z^nF(z) \tag{B-5}$$

(3) 初值定理　若 $Z[f(t)]=F(z)$，且 $\lim\limits_{z\to\infty}F(z)$ 存在，则

$$\lim_{t\to 0}F(z)=f(0)=\lim_{z\to\infty}F(z) \tag{B-6}$$

(4) 终值定理　若 $Z[f(t)]=F(z)$，且 $(1-z^{-1})F(z)$ 定义在 z 平面的单位圆上，或者在单位圆外无极点，则

$$\lim_{t\to\infty}F(z)=f(\infty)=\lim_{z\to 1}(1-z^{-1})F(z) \tag{B-7}$$

(5) 非一一对应性　非一一对应性是 z 变换的一个重要性质。注意，在 z 变换的定义式

$$x(z)=\sum_{k=0}^{\infty}x(kT)z^{-k} \tag{B-8}$$

中，仅仅含有函数 $x(t)$ 在采样时刻的瞬时值 $x(kT)$，而 $x(t)$ 在各采样时刻之间的值在 $x(z)$ 中都没有反映。如果有两个函数 $x_1(t)$ 和 $x_2(t)$（见图 B-1），它们在 $t=kT$（$k=0$，1，2，…）的各个采样时刻的值彼此相等，而在其他时刻并不相等。从 z 变换的定义可知，这两个函数的 z 变换是相同的。这说明同一个 z 变换可以对应于许多互不相同的原函数。由于 z 变换有这种性质，所以如果利用 z 变换表来查找 $x(z)$ 的原函数，则 z 变换表给出的原函数只是许多可能的答案之一，而不是唯一的答案。z 变换表实际上只能给出原函数的一连串离散的数值，而不能给出原函数。

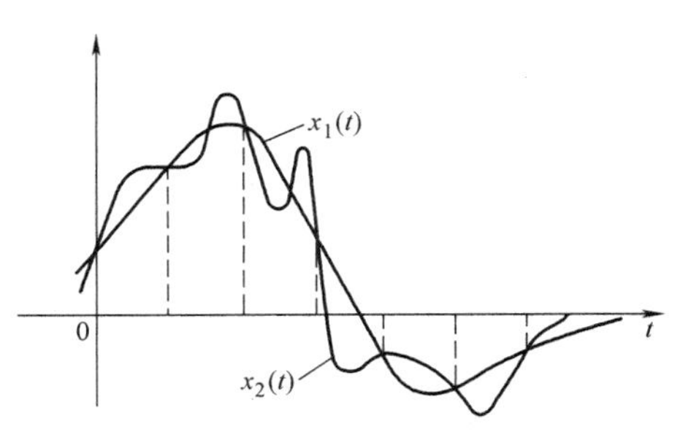

图 B-1　z 变换的非一一对应性

参 考 文 献

[1] 任庆昌，袁冬莉，魏东．自动控制原理［M］．北京：中国建筑工业出版社，2011.
[2] 毕效辉，于春梅．自动控制原理［M］．北京：科学出版社，2014.
[3] 陈芝久，吴静怡．制冷装置自动化［M］．2版．北京：机械工业出版社，2010.
[4] 袁德成，王玉德，李凌．自动控制原理［M］．2版．北京：北京大学出版社，2015.
[5] 潘玉民，吴立锋，邓永红．自动控制原理典型题解及考研指导［M］．北京：科学出版社，2017.
[6] 江亿，姜子炎．建筑设备自动化［M］．2版．北京：中国建筑工业出版社，2017.
[7] 李友善，梅晓蓉，王彤．自动控制原理480题［M］．哈尔滨：哈尔滨工业大学出版社，2015.
[8] 滕青芳，范多旺，董海鹰，等．自动控制原理［M］．北京：机械工业出版社，2015.
[9] 田思庆，李艳辉．自动控制原理［M］．北京：化学工业出版社，2015.
[10] 董红生，李双科，李先山．自动控制原理及应用［M］．北京：清华大学出版社，2014.
[11] 孔宪光，殷磊．自动控制原理与技术研究［M］．北京：中国水利水电出版社，2014.
[12] 张子慧．热工测量与自动控制［M］．北京：中国建筑工业出版社，2007.
[13] 李冰，徐秋景，曾凡菊．自动控制原理［M］．北京：人民邮电出版社，2014.
[14] 刘国海，杨年法．自动控制原理［M］．2版．北京：机械工业出版社，2014.
[15] 刘小河，管萍，刘丽华，等．自动控制原理［M］．北京：高等教育出版社，2014.
[16] 漆海霞，杨秀丽，邢航，等．《自动控制原理》学习指导与习题解答［M］．西安：西安电子科技大学出版社，2014.
[17] 安大伟．暖通空调系统自动化［M］．北京：中国建筑工业出版社，2009.
[18] 谢辉．调节阀流量特性及应用分析［J］．化工管理，2016（9）：76.
[19] 郑红丽，韩伟实．调节阀流量特性分析及应用选型［J］．科技创新与应用，2013（18）：29.
[20] 刘秋琼，李志生．自动控制在暖通空调系统中的发展与应用［J］．建筑节能，2017，45（7）：104-107.
[21] 绪方胜彦．现代控制工程［M］．卢伯英，于海勋，译．4版．北京：清华大学出版社，2006.
[22] 朱瑞琪．制冷装置自动化［M］．2版．西安：西安交通大学出版社，2009.
[23] 张彬．自动控制原理［M］．北京：北京邮电大学出版社，2002.
[24] 胡寿松．自动控制原理［M］．5版．北京：科学出版社，2017.
[25] 卢京潮，刘慧英．自动控制原理典型题解析及自测试题［M］．西安：西北工业大学出版社，2001.
[26] 刘慧英．自动控制原理：导教·导学·导考［M］．4版．西安：西北工业大学出版社，2003.
[27] 袁冬莉．自动控制原理解题题典［M］．西安：西北工业大学出版社，2001.
[28] 张爱民，葛思擘，杜行俭．自动控制理论重点难点及典型题解析［M］．西安：西安交通大学出版社，2002.
[29] 尾形克彦．现代控制工程［M］．卢伯英，佟明安，译．5版．北京：电子工业出版社，2017.
[30] 李震，肖勇全．空调系统中调节阀的选择、安装与调试［J］．安装，2003（6）：23-25，37.
[31] 李炎锋，贾衡，李俊梅．露天管道层绝热保温加电伴热防冻方案及其经济分析［J］．暖通空调，2002，32（6）：112-114.
[32] 李金川，郑智慧．空调制冷自控系统运行与管理［M］．北京：中国建材工业出版社，2002.
[33] 黄治钟．楼宇自动化原理［M］．北京：中国建筑工业出版社，2003.
[34] 付祥钊，肖益民．流体输配管网［M］．3版．北京：中国建筑工业出版社，2010.
[35] 陆培文．调节阀实用技术［M］．北京：机械工业出版社，2006.
[36] 明赐东．调节阀应用1000问［M］．北京：化学工业出版社，2006.
[37] 谢莉萍，顾家蒨．自动控制原理学习指导及习题解答［M］．北京：机械工业出版社，2010.
[38] 陈建明，何琳琳，姜素霞．自动控制理论：非自动化专业［M］．北京：电子工业出版社，2009.
[39] 赵静野．注册公用工程师考试专业基础课历年真题与解析与模拟试卷：暖通空调及动力专业［M］．北京：中国电力出版社，2013.
[40] 李洪欣，曹纬浚．注册公用设备工程师（暖通空调、动力）执业资格考试基础考试复习教程：上册［M］．北京：中国建筑工业出版社，2017.
[41] 李洪欣，曹纬浚．注册公用设备工程师（暖通空调、动力）执业资格考试基础考试复习教程：下册［M］．北京：中国建筑工业出版社，2017.